U0172358

国家科学技术学术著作出版基金资助出版

太 阳 磁 学

张洪起 著

科 学 出 版 社

北 京

内 容 简 介

本书主要介绍了太阳磁场理论与观测的基本原理和进展，讨论了从太阳观测的测量设备到太阳磁场的演化、磁能的储存、太阳大气中的磁螺度及其与太阳周期的关系等。太阳磁学作为太阳物理和空间天气研究的重要组成部分，涵盖了太阳爆发过程中磁场的形成、发展和耗散。本书还介绍了太阳磁剪切、电流、磁螺度与太阳周期的测量和观测的新进展。

本书是为那些对太阳磁学及其在天体物理学中的作用感兴趣的学生和研究人员准备的。

图书在版编目（CIP）数据

太阳磁学/张洪起著. —北京：科学出版社，2024.1
ISBN 978-7-03-077453-8

I. ①太… II. ①张… III. ①太阳磁场 IV. ①P182.7

中国国家版本馆 CIP 数据核字（2024）第 004476 号

责任编辑：胡庆家 孔晓慧／责任校对：杨聪敏
责任印制：吴兆东／封面设计：无极书装

科学出版社出版
北京东黄城根北街 16 号
邮政编码：100717
http://www.sciencep.com
涿州市殷润文化传播有限公司印刷
科学出版社发行 各地新华书店经销
*
2024 年 1 月第 一 版 开本：720×1000 1/16
2024 年 7 月第二次印刷 印张：24 3/4
字数：496 000
定价：198.00 元
（如有印装质量问题，我社负责调换）

衷心感谢你们

我的同事、合作者和学生

在太阳物理的共同研究中的贡献

作 者 简 介

张洪起，长期从事太阳磁场的观测和研究，中国科学院国家天文台研究员，博士生导师，曾任中国科学院国家天文台怀柔太阳观测基地首席科学家等。

作者在以往太阳磁场研究中曾负责的被资助项目：

中国科学院和国家天文台诸多科研项目；

国家重点基础研究发展计划（"973"计划）项目：TG 2000078401，TG2006CB806301 等；

国家高技术研究发展计划"863-703"中重点专项等；

国家自然科学基金项目：19425005，19791092，10211120117，10310101078，10310401052，10311120115，10410101007，10510101095，10510101099，10510101146，10510101149，10611120338，10673016，10733020，10810301063，10910301080，10911120051，41174153，11311120048，11511130013，11673033，12073041 等支持；

以及其他科研项目支持。

在此表示感谢!

前　　言

亲爱的朋友，所有理论都是灰色的，生命的金树常青。
约翰·沃尔夫冈·冯·歌德

道生一，一生二，二生三，三生万物。
老子

太阳物理学是天体物理学的一个基本分支，有着悠久的历史。人们已经注意到太阳的活动很久了。例如，早在 3000 多年前，中国商代甲骨文中就有关于太阳黑子的记载。世界上最早的太阳黑子记录之一是在中国西汉成帝河平元年 (公元前 28 年)。"日出黄，有黑气，大如钱，居日中央。"(白话文：太阳生病了，它携带黑色气体，在日面中央，有一个硬币大小。) 这里所谓的"黑色气体"就是太阳黑子。在古代中国，太阳黑子的观测和记录比世界其他国家早 1000 多年。

对太阳黑子的现代科学观测可以追溯到伽利略 (Galileo，1564~1642)。1908年，美国天文学家海尔 (G. E. Hale，1868~1938) 首次利用太阳光谱的塞曼效应，发现太阳黑子的磁场强度可达 3~4 千高斯 (Hale，1908)。1952 年，美国太阳物理学家 H. D. Babcock(1882~1968) 和他的儿子利用光电磁强计成功地发现了整个日面磁场的存在 (Babcock and Babcock，1955)。太阳磁场的发现和太阳光谱从 X 射线、紫外线、可见光到红外线的观测，使太阳物理学的研究有了质的飞跃。太阳磁场的研究在太阳物理领域一直处于前沿地位。

1956 年，日本天体物理学家海野 (W. Unno) 首先讨论了太阳大气磁场中偏振光谱的辐射转移，然后苏联太阳物理学家 D. N. Rachkovsky(1962a，b) 分析了磁光效应对太阳磁场测量的影响，为进一步分析太阳磁场测量结果奠定了理论基础。

1942 年，阿尔芬 (H. O. G. Alfvén，1908~1995) 在利用电磁感应定律研究太阳等离子体的过程中提出了磁冻结的概念。更重要的是，他发现了一种新的波型——阿尔芬波 (Alfvén, 1942)。这一发现表明，人们对导电流体和磁场之间的相互作用有了基本的了解。大量的研究工作促成了磁流体力学这一新兴学科的诞生，为研究太阳大气中与磁场有关的物理过程提供了重要手段。

下面介绍本书的梗概和希望探讨的主要内容。

本书从太阳磁场测量问题拉开序幕。它涉及磁敏谱线在太阳大气中形成的基本机制。我们以光球 FeI λ5324.19Å 和色球 Hβ λ4861.34Å 两条谱线为例，探讨了较低层太阳大气磁场中谱线形成的基本机制、可能存在的问题和不确定性。我们讨论了如何利用磁像仪进行太阳磁场测量的基本原理。作为例子，我们专门介绍了局部和全日面磁场测量的方法和其中存在的问题。虽然只是一些个例，但其基本原理应当是普适的。随后我们试图讨论，当利用偏振光谱分析获得太阳大气中磁场信息后，基本的疑问就是，可被观察到的太阳基本结构是什么样的，如何通过观测判断磁场是从太阳光球向较高层大气延伸的，观测的色球的磁场资料给我们提供了哪些重要的信息。如果从等离子体物理的基本原理出发，如何探讨太阳磁场的观测资料之间的基本联系？

太阳活动区磁场的观测和研究是一个引人关注的话题。通常的太阳爆发活动都和它有密切关系。从本书展现的太阳活动区光球的矢量磁图上可以看到，太阳爆发活动区的磁场通常强烈地扭曲。其表征形式是剧烈的磁场剪切、局地强电流和磁螺度密度。这里非势磁场如何形成，以及与太阳耀斑–日冕物质抛射之间的内在联系，往往被诸多太阳物理学家探讨和争论。

本书虽然介绍了太阳光球和色球的磁场测量的结果，但对太阳高层大气磁场较为精细的测量，依然有待深入。它涉及太阳活动区的非势磁能在太阳高层大气中的延展形式。它自然而然地与太阳爆发活动联系在一起。这里也介绍了太阳光球磁场无力场外推的基本形式，并提供一些探讨的结果。

太阳磁场的长时间连续观测，对理解太阳活动周期性具有重要的意义。在本书中，我们从不同的太阳磁场观测资料的角度，侧重探讨磁螺度随太阳周的变化。观测表明，虽然太阳表层磁螺度的分布表现出北 (南) 半球呈现负 (正) 号的统计特征，但其时空分布的复杂性在本书中被展现出来。

太阳大气中磁螺度的系统研究实际上揭示了磁场在太阳内部的缠绕过程。这个过程可能是非常复杂的。理论研究表明，磁螺度是太阳发电机理论中的一个重要参数。它提供了探讨太阳内部磁场形成的一个窗口。在本书中，我们以湍流发电机理论为基础，探讨了太阳磁场形成的可能机制，以及与磁螺度的内在联系。

在本书的最后部分，一些太阳磁场研究中的疑问被提出来供参考，不同人可能会有不同的看法和理解。这是非常自然的，因为与太阳磁场相联系的诸多问题和脉络依然不十分清晰。

我们知道，太阳磁场的研究涉及的诸多方面均有待于深入。本书并没有涵盖其中的所有方面或问题。只希望读者通过阅读本书能够进入更加高深的层次。

太阳物理的基本内容和知识请参考英文系列书籍，如 Zirin(1988), Stix(2002)，以及关于太阳和宇宙磁流体动力学的书籍 (Moffatt, 1978; Parker, 1979c; Krause and Rädler, 1980; Zeldovich et al., 1983; Rüdiger, 1989; Priest, 2014)。

此外，还有更多中文书籍，如胡文瑞等 (1983)，章振大 (1992)，林元章 (2000)，方成等 (2008)，杨志良和景海荣 (2015) 等太阳物理专著，以及与太阳和宇宙磁流体动力学相关的资料，如胡文瑞 (1987)，毛信杰 (2013)。本书中没有涉及与太阳磁场有关的等离子体动力论和波动方面的课题。感兴趣的读者可涉猎上述书籍的有关部分，例如吴德金和陈玲 (2021) 等。

说明：本书正文涉及的所有图都可以扫封底二维码查看。感谢中国科学院国家天文台太阳观测基地提供封面用图。

目　　录

第 1 章　太阳磁场测量

1.1　光的辐射转移

辐射转移是以电磁辐射形式进行能量传输的物理现象。辐射在介质中的传播受吸收、发射和散射过程的影响。辐射转移方程以数学方式描述了这些相互作用。在天体物理研究中,辐射转移过程是探讨宇宙的重要手段。

1.1.1　定义

根据光谱辐射 I_ν,在频率间隔 ν 至 $\nu + d\nu$,时间为 dt,位于 $\mathbf{r}$ 处,立体角为 $d\Omega$,流经区域 da 面积元,在方向 $\mathbf{n}$ 上的能量是

$$dE_\nu = I_\nu(\mathbf{r}, \mathbf{n}, t)\cos\theta \; d\nu \, da \, d\Omega \, dt \tag{1.1}$$

其中,θ 是单位方向向量 $\hat{\mathbf{n}}$ 与面积元素法线的夹角。光谱辐射的量纲为能量/(时间·面积·立体角·频率)。在 MKS 单位中,这将是 W/ (m²· sr· Hz) (瓦/(米 ²· 球面度·赫兹))。

1.1.2　辐射转移方程

辐射转移方程简单地说,当一束光辐射传播时,它由于吸收而损失能量,通过发射过程获得能量,并通过散射重新分配能量。辐射转移方程的微分形式为

$$\frac{1}{c}\frac{\partial}{\partial t}I_\nu + \boldsymbol{\Omega} \cdot \nabla I_\nu + (k_{\nu,\mathrm{s}} + k_{\nu,\mathrm{a}})\rho I_\nu = j_\nu\rho + \frac{1}{4\pi}k_{\nu,\mathrm{s}}\rho \int_\Omega I_\nu d\Omega \tag{1.2}$$

其中,c 是光速;j_ν 是发射系数;$k_{\nu,\mathrm{s}}$ 表示散射不透明度;$k_{\nu,\mathrm{a}}$ 表示吸收不透明度;ρ 是质量密度;$\frac{1}{4\pi}k_{\nu,\mathrm{s}}\int_\Omega I_\nu d\Omega$ 项表示从其他方向物体散射的辐射到表面上。

如果忽略散射,基于平行平面介质中发射和吸收系数的一般稳态解可以写成

$$I_\nu(s) = I_\nu(s_0)\mathrm{e}^{-\tau_\nu(s_0,s)} + \int_{s_0}^{s} j_\nu(s')\mathrm{e}^{-\tau_\nu(s',s)} \, ds' \tag{1.3}$$

其中, 如 $\tau_\nu(s_0, s)$ 是 s_0 和 s 之间的光学深度;$\tau_\nu(s', s)$ 是 s' 和 s 之间的光学深度。

$$\tau_\nu(s_1, s_2) = \int_{s_1}^{s_2} \rho \, k_{\nu,\mathrm{a}}(s) \, ds \tag{1.4}$$

对于处于局部热力学平衡 (LTE) 条件下的介质, 发射系数和吸收系数仅为温度和密度的函数, 并通常表现为下面形式:

$$\frac{j_\nu}{k_{\nu,\mathrm{a}}} = B_\nu(T) \tag{1.5}$$

其中, $B_\nu(T)$ 是温度 T 的黑体光谱辐射。辐射转移方程的解为

$$I_\nu(s) = I_\nu(s_0)\mathrm{e}^{-\tau_\nu(s_0,s)} + \int_{s_0}^{s} B_\nu(T(s'))k_{\nu,\mathrm{a}}(s')\mathrm{e}^{-\tau_\nu(s',s)} \, ds' \tag{1.6}$$

这表明, 当知道介质的温度分布和密度分布时可以计算辐射转移方程获得解。

1.2　太阳大气中谱线的辐射和偏振

太阳以及恒星的磁场可以通过太阳偏振光的诊断来获得。通常, 太阳大气中的原子会吸收电磁光谱中某些频率的能量, 在光谱中产生特征性的暗吸收线。然而, 由于塞曼效应, 磁场中的谱线分裂成多条靠近的子线。子线的偏振状态取决于磁场的方向。因此, 太阳磁场的强度和方向可以通过检测塞曼效应作用下谱线的状态来确定。此外, 在较高层次的太阳大气中谱线的汉勒效应也可以用来诊断磁场 (Zirin, 1988; Stix, 2002)。

1.2.1　偏振光的表述

对偏振光的完整描述需要四个参数。图 1.1 中显示了四种典型光束。其中, F_0 是一种非偏振光束, F_1 和 F_2 分别为电矢量位置角为 0° 和 45° 的线偏振, F_3 传输右旋圆偏振。

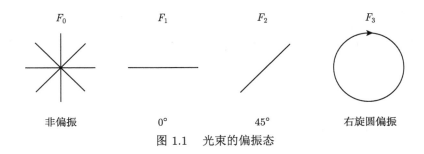

图 1.1　光束的偏振态

在空间中的任何固定点，电矢量 $\mathbf{E}$ 可以分解为

$$\mathbf{E} = \mathrm{Re}(E_1 \mathbf{e}_1 + E_2 \mathbf{e}_2) \tag{1.7}$$

其中，

$$E_k = E_{0k} \mathrm{e}^{-\mathrm{i}\omega t}, \quad k = 1, 2 \tag{1.8}$$

这里，E_{0k} 是复振幅。由于涉及振幅和相位，这两个复数表示表征光的四个参数。对于偏振问题，振荡相位因子 $\mathrm{e}^{-\mathrm{i}\omega t}$ 可以忽略，因为它对于电矢量的两个分量是相同的，并且在形成可观测量时消失 (Stenflo, 1994)。

琼斯向量 $\mathbf{J}$ 的定义如下：

$$\mathbf{J} = \begin{pmatrix} E_1 \\ E_2 \end{pmatrix} \tag{1.9}$$

与介质的相互作用，可通过作用在 $\mathbf{J}$ 上的矩阵 $\mathbf{w}$ 来描述：

$$\mathbf{J}' = \mathbf{w}\mathbf{J} \tag{1.10}$$

图 1.1中展示的四个滤波器的琼斯矩阵为

$$
\mathbf{w}_0 = \begin{pmatrix} 1 & 0 \\ 0 & 1 \end{pmatrix}, \quad \mathbf{w}_1 = \begin{pmatrix} 1 & 0 \\ 0 & 0 \end{pmatrix}
$$
$$
\mathbf{w}_2 = \frac{1}{2}\begin{pmatrix} 1 & 1 \\ 1 & 1 \end{pmatrix}, \quad \mathbf{w}_3 = \frac{1}{2}\begin{pmatrix} 1 & \mathrm{i} \\ -\mathrm{i} & 1 \end{pmatrix} \tag{1.11}
$$

为了推导线性偏振滤波器的 $\mathbf{w}_1$ 和 $\mathbf{w}_2$，需要使用线性偏振基 $\mathbf{e}_1$ 和 $\mathbf{e}_2$，而对于 $\mathbf{w}_3$ 的推导，圆偏振基是合适的。(请注意，滤光器 F_3 并不代表 $\lambda/4$ 波片 + 线性偏振器，实际仪器中通常用于检测圆偏振，因为出现的光将是线性偏振光，而不是圆偏振光。必须添加另一个 $\lambda/4$ 波片，使透射光具有与入射光束相同的右旋圆偏振，以表示 F_3 的功能。)

辐射场的 2×2 相干矩阵 D 直接从琼斯矢量中获得：

$$\mathbf{D} = \mathbf{J}\mathbf{J}^\dagger = \begin{pmatrix} E_1 E_1^* & E_1 E_2^* \\ E_1^* E_2 & E_2 E_2^* \end{pmatrix} \tag{1.12}$$

其中，$\mathbf{J}^\dagger$ 表示 $\mathbf{J}$ 的伴随 ($\mathbf{J}$ 的转置和复共轭)。

光束的强度 I 与电矢量振幅的平方 $|\mathbf{E}_0|^2$ 成正比。由于比例常数对于描述偏振状态并不重要，所以在偏振理论的背景下，选择其归一化是方便的。因此我们定义

$$I = |\mathbf{E}_{01}|^2 + |\mathbf{E}_{02}|^2 \tag{1.13}$$

这意味着

$$I = \mathrm{tr}\mathbf{D} \tag{1.14}$$

式中，tr 表示迹 (矩阵对角线元素的和)。

2×2 相干矩阵也可以表示为四维向量 $\mathbf{D}_v$ 的形式，定义为

$$\mathbf{D}_v = \begin{pmatrix} D_{11} \\ D_{12} \\ D_{21} \\ D_{22} \end{pmatrix} \tag{1.15}$$

其中，D_{ij} 是 $\mathbf{D}$ 的分量。

泡利自旋矩阵 σ_k 定义为

$$\sigma_0 = \begin{pmatrix} 1 & 0 \\ 0 & 1 \end{pmatrix}, \quad \sigma_1 = \begin{pmatrix} 1 & 0 \\ 0 & -1 \end{pmatrix}, \quad \sigma_2 = \begin{pmatrix} 0 & 1 \\ 1 & 0 \end{pmatrix}, \quad \sigma_3 = \begin{pmatrix} 0 & i \\ -i & 0 \end{pmatrix} \tag{1.16}$$

四个滤波器的琼斯矩阵现在可以方便地用紧凑的形式表示：

$$\mathbf{w}_k = \frac{1}{2}(\sigma_0 + \sigma_k), \quad k = 0, 1, 2, 3 \tag{1.17}$$

相干矩阵和斯托克斯公式将使我们对这些不同的 2×2 矩阵有更深入的物理理解。

将 $\mathbf{w}_k$ 代入式 (1.17)，我们得到一个表达式，随后可以简化为简单形式：

$$I_k = \frac{1}{2}[I + \mathrm{tr}(\sigma_k D)], \quad k = 0, 1, 2, 3 \tag{1.18}$$

注意 $\sigma_k^\dagger = \sigma_k, \mathbf{D}^\dagger = \mathbf{D}$ (由于定义 (1.12))，$\sigma_0 \mathbf{D} = \mathbf{D}, \sigma_k^2 = \sigma_0$，以及 $\mathrm{tr}(\sigma \mathbf{D}) = \mathrm{tr}(\mathbf{D}\sigma)$。

使用图 1.1 的四个滤波器进行操作性定义，斯托克斯 (Stokes) 参数 S_k 可根据强度测量值 I_k 获得：

$$S_k = 2I_k - I_0 \tag{1.19}$$

因此，S_0 表示通常的强度，S_1 和 S_2 表示线偏振分量以及位置角 0° 和 45°，S_3 表示右旋圆偏振分量。

利用式 (1.19) 中的表达式 (1.18)，我们得到斯托克斯参数和相干矩阵之间的关系：

$$S_k = \mathrm{tr}(\sigma_k \mathbf{D}) \tag{1.20}$$

斯托克斯参数通常表示为 I、Q、U 和 V(而不是 S_k 所示的) 的一个四维向量形式:

$$\mathbf{S} = \begin{pmatrix} S_0 \\ S_1 \\ S_2 \\ S_3 \end{pmatrix} = \begin{pmatrix} I \\ Q \\ U \\ V \end{pmatrix} = \begin{pmatrix} E_1 E_1^* + E_2 E_2^* \\ E_1 E_1^* - E_2 E_2^* \\ E_1^* E_2 + E_1 E_2^* \\ iE_1^* E_2 - iE_1 E_2^* \end{pmatrix} \quad (1.21)$$

1.2.2 球面向量和分量方程的解耦

经典振子的完整方程形式是 (Stenflo, 1994)

$$\ddot{\mathbf{x}} + \frac{2}{m}(\dot{\mathbf{x}} \times B) + \gamma\dot{\mathbf{x}} + \omega_0^2\mathbf{x} = -\frac{e}{m}\mathbf{E} \quad (1.22)$$

复球面单位向量 $\mathbf{e}_q$ $(q = 0, \pm 1)$ 可根据笛卡儿线性单位向量 $\mathbf{e}_x$, $\mathbf{e}_y$ 和 $\mathbf{e}_z$ 定义为

$$\mathbf{e}_0 = \mathbf{e}_z$$
$$\mathbf{e}_\pm = \mp(\mathbf{e}_x \pm i\mathbf{e}_y)/\sqrt{2} \quad (1.23)$$

其中,我们使用了更紧凑的符号 $\mathbf{e}_\pm$,而不是 $\mathbf{e}_{\pm 1}$ (Shore and Menzel, 1968)。

现在让向量 $\mathbf{E}$ 的笛卡儿分量为 E_x, E_y 和 E_z,而相应的球面向量分量表示为 E_q, $q = 0, \pm 1$。我们定义这些球面向量分量,使其与笛卡儿分量的关系形式上与相应单位向量之间的关系相同:

$$\mathbf{E}_0 = \mathbf{E}_z$$
$$\mathbf{E}_\pm = \mp(\mathbf{E}_x \pm i\mathbf{E}_y)/\sqrt{2} \quad (1.24)$$

然后,根据这些定义,实线性向量 $\mathbf{E}$ 的球面向量分解可以按以下形式进行:

$$\mathbf{E} = \sum_q E_q^* \mathbf{e}_q = \sum_q E_q \mathbf{e}_q^* = \sum_q (-1)^q E_q \mathbf{e}_{-q} \quad (1.25)$$

标量积变为

$$\mathbf{a} \cdot \mathbf{b} = \sum_q a_q b_q^* = \sum_q (-1)^q a_q b_{-q} \quad (1.26)$$

如果我们选择一个坐标系,使 z 轴沿着磁场 $\mathbf{B}$ 的方向,并用球矢量分量表示动量方程 (1.22),则可以看出球矢量的基本作用。

有些烦琐的 $\mathbf{v} \times \mathbf{B}$ 项将变为

$$\mathbf{v} \times \mathbf{B} = iB \sum_q v_q \mathbf{e}_q^* \tag{1.27}$$

其中, $B = |\mathbf{B}|$.

式 (1.27) 表明, $\mathbf{v}$ 和 $\mathbf{B}$ 的不同组成部分不再相互耦合 (不同的 q 值不会在结果中混合), 这与笛卡儿的情况相反。这意味着动量向量方程 (1.22) 可以表示为三个独立的标量方程,

$$\left[\frac{d^2}{dt^2} - \left(q i \frac{eB}{m} - \gamma \right) \frac{d}{dt} + \omega_0^2 \right] x_q = -\frac{e}{m} E_q, \quad q = 0, \pm 1 \tag{1.28}$$

这三个方程描述了三个独立的阻尼谐波振子, 由于式 (1.28) 中的 q 依赖项, 它们具有不同的振荡频率。在磁场 $\mathbf{B}$ 消失的极限, 三个频率重合。

1.2.3 球矢量分量的演化

如果我们将线性偏振单位向量 $\mathbf{e}_\alpha$ 分解为笛卡儿分量, 然后将其转换为球面向量分量, 我们容易获得 (Stenflo, 1994)

$$\varepsilon_{\pm}^{\alpha} = \mp \frac{1}{\sqrt{2}} (\cos \gamma \cos \alpha \pm i \sin \alpha) e^{\pm i \phi}$$
$$\varepsilon_0^{\alpha} = -\sin \gamma \cos \alpha \tag{1.29}$$

对于我们在这里考虑的吸收–色散问题, 方位角相位因子 $e^{\pm i \phi}$ 没有任何影响。因此, 我们可以自由选择 ϕ 的任何值, 例如为 0。

现在, 让我们选择一个线性偏振基 $\mathbf{e}_1$ 和 $\mathbf{e}_2$, 这样磁场矢量的投影 $B_\perp$ 与 $\mathbf{e}_1$ 夹角为 χ(逆时针方向), 与 $\mathbf{e}_2$ 夹角为 $\chi - \pi/2$。因此 $\alpha = \pi - \chi$ 表征 $\mathbf{e}_1$, $\pi - (\chi - \pi/2)$ 表征 $\mathbf{e}_2$。如果我们进一步自由选择 $\phi = 0$, 从式 (1.29) 可以获得

$$\varepsilon_0^1 = \sin \gamma \cos \chi$$
$$\varepsilon_0^2 = \sin \gamma \sin \chi$$
$$\varepsilon_{\pm}^1 = \pm (\cos \gamma \cos \chi \mp i \sin \chi)/\sqrt{2} \tag{1.30}$$
$$\varepsilon_{\pm}^2 = \pm (\cos \gamma \sin \chi \pm i \cos \chi)/\sqrt{2}$$

对于 $\chi = 0$ 的特殊情况, 此系统简化为

$$\varepsilon_0^1 = \sin\gamma$$

$$\varepsilon_0^2 = 0$$

$$\varepsilon_\pm^1 = \pm\cos\gamma/\sqrt{2} \tag{1.31}$$

$$\varepsilon_\pm^2 = \mathrm{i}/\sqrt{2}$$

1.3　谱线加宽和热力学平衡关系

1.3.1　谱线加宽

1. 多普勒和压力加宽

在许多情况下, 假设辐射子 (或吸收子) 的速度为非相对论性且其分布为麦克斯韦分布, 即相关的一维速度分布为高斯分布, 相应的归一化谱线形函数通常也是高斯分布 (Griem, 1997, 第 54 页):

$$L_{\mathrm{D}}(\omega) = \exp[-(\Delta\omega/\omega_{\mathrm{D}})^2]/\sqrt{\pi}\omega_{\mathrm{D}} \tag{1.32}$$

其多普勒展宽参数由

$$\omega_{\mathrm{D}} = \left(\frac{2kT}{Mc^2}\right)^{1/2}\omega_0 \tag{1.33}$$

通过辐射的动力学温度 T、辐射质量 M 和从静止框架频率 ω_0 转换的频率变化 $\Delta\omega$。

除了根据基本物理机制或在谱线轮廓计算中使用的基本近似值进行分类外, 压力展宽对任何一般性陈述都不太容易。相应的谱线形函数通常没有简单的解析形式, 除了对孤立谱线的碰撞近似, 即在同一光谱中谱线的跃迁不重叠。这些线条形状是洛伦兹轮廓, 通常

$$L(\omega) = \frac{w/\pi}{w^2 + (\Delta\omega - d)^2} \tag{1.34}$$

就半峰半宽 (HWHM) w 和位移 d 而言。出于理论上的目的, 使用 w 比半峰全宽 (FWHM) $2w = \gamma$ 更方便。

多普勒和洛伦兹轮廓等于 FWHM 的示意图如图 1.2 所示, 以及通过卷积获得的组合轮廓

$$L_{\mathrm{c}}(\omega) = \int_{-\infty}^{+\infty} L_{\mathrm{D}}(\Delta\omega')L(\Delta\omega - \Delta\omega')d\Delta\omega' \tag{1.35}$$

在这种情况下，它是沃伊特 (Voigt) 轮廓 (Voigt, 1912)。具体形式参见 1.4.5 节。

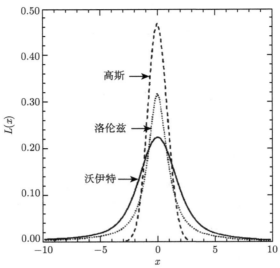

图 1.2　等半宽度的归一化高斯 (多普勒) 和洛伦兹 (碰撞) 分布 (以 x 为单位，FWHM = 2)。
还显示了由这两个轮廓的卷积产生的沃伊特轮廓。来自 Griem(1997)

2. 离子微观场

与用于线加宽计算的横截面和相关量同样重要的是离子–微观场 ($\mathbf{F}$) 分布。这种分布的原型是由 Holtsmark(1919) 在扰动离子的理想气体极限中推导出来的。由于各向同性，我们可以写成 (Griem, 1997)

$$W(\mathbf{F}) = 4\pi F^2 P(\mathbf{F})dF \tag{1.36}$$

如果 $P(\mathbf{F})$ 描述了在 $dF_x dF_y dF_z$ 中找到场向量的概率，而 $W(\mathbf{F})$ 是场强大小的分布。

$P(\mathbf{F})$ 的一般表达式是

$$P(\mathbf{F}) = \int \cdots \int \delta \left(\mathbf{F} - \sum_{j=1}^{n} \mathbf{F}_j \right) p(\mathbf{r}_1, \mathbf{r}_2, \cdots, \mathbf{r}_n) d\mathbf{r}_1 d\mathbf{r}_2 \cdots d\mathbf{r}_n \tag{1.37}$$

就由位于 $\mathbf{r}_j$ 位置的 n 个离子 j 产生的场而言。Holtsmark 假设非屏蔽库仑场和位置的均匀分布 $p(\mathbf{r}_1, \mathbf{r}_2, \cdots)$，即对于归一化体积 V，$p = V^{-n}$。在这个极限下，很容易计算出 $P(\mathbf{F})$ 的傅里叶变换 $A(\mathbf{k}) = A(k)$，它是通过与 $\exp(i\mathbf{k} \cdot \mathbf{F})d\mathbf{F}$ 相乘并进行场积分得到的。实际上，$A(\mathbf{k})$ 只是 $\mathbf{k}$ 的函数，位置空间中的 $3n$ 维积分成

为积分的 n 次幂，例如离子 1。除了最后的逆变换，所有的计算都可以解析完成，
导致

$$W_{\mathrm{H}}(F) = H_0(\beta)/F_0 \tag{1.38}$$

随着简化的场强

$$\beta = F/F_0 \tag{1.39}$$

和 Holtsmark 的常态场强

$$F_0 = 2\pi \left(\frac{4}{15}\right)^{2/3} \frac{z_{\mathrm{p}}e}{4\pi\epsilon_0} N_{\mathrm{p}}^{2/3} \approx 2.603 \frac{z_{\mathrm{p}}e}{4\pi\epsilon_0} N_{\mathrm{p}}^{2/3} \tag{1.40}$$

依据离子电荷 z_{p} 和数密度 N_{p}。图 1.3 包含 Holtsmark 函数 $H_0(\beta)$ 的曲线，以
及更适合现在讨论的密集等离子体的分布函数。可参见 1.13.1 节中关于氢谱线加
宽的讨论。

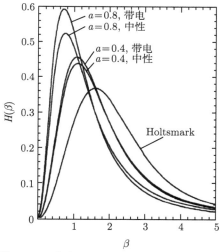

图 1.3 离子微场分布函数 $H(\beta)$，根据 Hooper(1968) 作为中性和单电荷辐射体的简化场强
β 的函数。参数 a 是平均离子–离子分离与电子德拜长度的比值。Holtsmark 分布对应于
$a = 0$。来自 Griem(1997)

图 1.3 中显示的其他场强分布，包括物理模型的两个改进。通过将两个粒子
关联函数 $g(|\mathbf{r}_i - \mathbf{r}_k|) = g(\mathbf{r}_k)$ 引入离子之间，可以校正结构空间分布函数 (configuration space distribution function) 的离子关联性 (Mozer and Baranger, 1960)

$$p(\mathbf{r}_1, \mathbf{r}_2, \cdots, \mathbf{r}_n) = V^{-n} \left[1 + \sum_{j<k} g(r_{jk}) + \cdots \right] \tag{1.41}$$

并用德拜屏蔽场代替库仑场，即

$$F_j = \frac{z_{\mathrm{p}} e}{4\pi\epsilon_0 r_j^2} \left(1 + \frac{r_j}{\rho_{\mathrm{D}}}\right) \exp\left(-\frac{r_j}{\rho_{\mathrm{D}}}\right) \tag{1.42}$$

德拜半径

$$\rho_{\mathrm{D}} = \left(-\frac{\epsilon_0 k T}{N_{\mathrm{e}} e^2}\right)^{1/2} \tag{1.43}$$

这里只考虑电子屏蔽，因为我们需要在离子时间尺度上或多或少是瞬时的场。

1.3.2   热力学平衡与统计力学

为了以平衡量子统计和热力学方法简洁地表述，我们首先考虑 N 个电子在不同的单电子态 n 上的分布，具有能量 E_n 相同的种类的 N 个原子。系统由集合 N_n 来宏观描述，每个值表示处于 n 状态中的原子数目，这里表示为 (Griem, 1997)

$$W = \frac{N!}{\Pi_n N_n!} \tag{1.44}$$

集合 $\{N_n\}$ 相关的不同微观分布，如果我们记得相同状态的原子之间的电子交换由于它们的全同性而不能被计算在内。

对于大量粒子的情况，且 N_n 很大，有

$$N = \sum_n N_n \tag{1.45}$$

通过斯特林 (Stirling) 公式近似，可以写成对数的形式：

$$\begin{aligned} \ln N! &= \sum_1^N \ln x \approx \int_1^N \ln x\, dx \\ &= x(\ln x - 1)_1^N \approx N(\ln N - 1) \end{aligned} \tag{1.46}$$

通过这个近似值，$\ln W$ 变为

$$\begin{aligned} \ln W &\approx N(\ln N - 1) - \sum_n N_n(\ln N_n - 1) \\ &= -N \sum_n \frac{N_n}{N} \ln\left(\frac{N_n}{N}\right) \end{aligned} \tag{1.47}$$

如果我们现在取 N_n/N 对应于均衡分布，那么它的变分 $\delta(N_n/N)$ 必须导致 $\delta(\ln W) = 0$，即

$$
\begin{aligned}
\delta(\ln W) &= -N \sum_n \left[\ln\left(\frac{N_n}{N}\right) + 1 \right] \delta\left(\frac{N_n}{N}\right) \\
&= -N \sum_n \left[\ln\left(\frac{N_n}{N}\right) \right] \delta\left(\frac{N_n}{N}\right) = 0
\end{aligned}
\tag{1.48}
$$

再次使用式 (1.45) 来简化给定原子或离子总数的结果。这样可以写为

$$
N = N \sum_n \left(\frac{N_n}{N}\right)
\tag{1.49}
$$

我们还假设总能量

$$
E = N \sum_n E_n \left(\frac{N_n}{N}\right)
\tag{1.50}
$$

不会因分布的变化而改变。

寻找热平衡粒子数比率 N_n/N 的问题，即等效于在式 (1.49) 和式 (1.50) 两个约束条件下求解式 (1.48)，可以用拉格朗日乘子法。将式 (1.49) 和式 (1.50) 的变分分别与 $-\ln\alpha$ 和 β 相乘，并将结果表达式添加到式 (1.48)，得到

$$
\sum_n \left[\ln\left(\frac{N_n}{N}\right) - \ln\alpha + \beta E_n \right] \delta\left(\frac{N_n}{N}\right) = 0
\tag{1.51}
$$

由于乘数是任意常数，且所有 $\delta(N_n/N)$ 现在都可以被认为是独立的。在平衡态，$[\cdots]$ 必须为零，给出

$$
\frac{N_n}{N} = \alpha \exp(-\beta E_n) = \frac{\exp(-\beta E_n)}{Z_a}
\tag{1.52}
$$

其中，Z_a 为内配分函数：

$$
Z_a = \sum_n \exp(-\beta E_n) = \frac{1}{\alpha}
\tag{1.53}
$$

为了找到拉格朗日乘数的值，可以将其与来自式 (1.50) 的总能量联系起来：

$$
E = \frac{N}{Z_a} \sum_n E_n \exp(-\beta E_n)
\tag{1.54}
$$

根据热量 Q 和熵 S 的定义，并考虑到我们系统的体积可能发生的变化，假设系统与周围温度 T 的大热容物质处于热平衡状态，我们从热力学第一定律得

$$dQ = TdS = dE + pdv \tag{1.55}$$

换言之，系统内能 E 和系统功的任何增加都是通过热库的热传递来弥补的。在任何情况下，T 或更确切地说，$1/T$ 的热力学定义是

$$\frac{1}{T} = \left(\frac{\partial S}{\partial E}\right)_v \tag{1.56}$$

即熵相对于固定体积内的内能的偏导数。

根据玻尔兹曼 (Boltzmann) 的观点，熵 (一个附加的热力学量) 和统计力学之间的联系由他的著名方程式提供：

$$S = k \ln W \tag{1.57}$$

式中，k 是玻尔兹曼常量。使用式 (1.47)，式 (1.49)~式 (1.51) 和式 (1.54)，这可以写成

$$
\begin{aligned}
S &= -kN \sum_n \frac{N_n}{N} \ln\left(\frac{N_n}{N}\right) \\
&= -kN \sum_n \frac{N_n}{N} \ln\left(\ln\alpha - \beta E_n\right) = kN \ln Z_a + k\beta E
\end{aligned}
\tag{1.58}
$$

它的偏导数，

$$\frac{\partial S}{\partial E} = kN \frac{1}{Z_a} \frac{\partial Z_a}{\partial \beta} \frac{d\beta}{dE} + kE \frac{d\beta}{dE} + k\beta \tag{1.59}$$

可以使用式 (1.53) 和式 (1.54) 大大简化，即

$$\frac{N}{Z_a} \frac{\partial Z_a}{\partial \beta} = -\frac{N}{Z_a} \sum_n E_n \exp(-\beta E_n) = -E \tag{1.60}$$

这里，

$$\beta = \frac{1}{kT} \tag{1.61}$$

我们得出结论，LTE 条件下原子或离子状态分布服从

$$\frac{N_n}{N} = \frac{g_n}{Z_a(T)} \exp(-E_n/kT) \tag{1.62}$$

如果我们进一步引入简并度或统计权重因子 $g_n(= 2n^2$，对于精细结构可忽略的单电子系统，或者更一般地说，$= 2J_n + 1$，其中 J_n 是总角动量量子数)。随着式 (1.53) 的相同变化，原子或内部分区函数变为

$$Z_a(T) = \sum_n g_n \exp(-E_n/kT) \tag{1.63}$$

到目前为止，我们隐含地假设原子相互独立，即每个原子的体积大于束缚电子所占据的体积。这种假设不仅与碰撞促进 LTE 的概念不一致，而且对于处于高激发态 (通常称为里德伯能级) 的原子来说显然是错误的。然而，这些有限原子体积效应的讨论最好推迟到我们将玻尔兹曼因子关系式 (1.62) 和式 (1.63) 扩展到正能量状态，即自由电子。

1.3.3 电离平衡方程

进一步扩展玻尔兹曼因子关系，例如两个束缚态 n 和 m 中的 LTE 布居比，可能是也可能不是我们原子或离子的基态，即根据式 (1.62) (Griem, 1997)

$$\frac{N_n}{N_m} = \frac{g_n}{g_m} \exp\left(-\frac{E_n - E_m}{kT}\right) \tag{1.64}$$

它也可以推广到连续状态。

如果将单电子质子对作为我们的物理系统，可以将式 (1.64) 解释为该对处于两个束缚态 n 和 m 的相对 LTE 概率。将式 (1.64) 推广到能量 E_k 和波数 k 的连续态 (不要与玻尔兹曼常量混淆)，则包括将 N_n 替换为 dN_k，自由电子–离子对的数密度与波数间隔 k，$k + dk$ 内的电子，以及 g_n 乘以这个区间内自由电子态的数量 dg_k。通过替换并考虑到产生的离子可能的简并度 g_i，式 (1.64) 变成

$$\frac{dN_k}{N_m} = \frac{V g_i}{\pi^2 g_m} \exp\left(-\frac{E_n - E_m}{kT}\right) k^2 dk \tag{1.65}$$

使用 $E_k = \hbar^2 k^2 / 2m_e$ 并在 k 上积分，我们得到自由电子密度 $N_e = \int dN_k$，或

$$\begin{aligned}
\frac{N_e}{N_m} &= \frac{V g_i}{\pi^2 g_m} \exp\left(\frac{E_m}{kT}\right) \int_0^\infty k^2 \exp\left(-\frac{\hbar^2 k^2}{2m_e kT}\right) dk \\
&= V \frac{2 g_i}{g_m} \left(\frac{m_e kT}{2\pi\hbar^2}\right)^{3/2} \exp\left(\frac{E_m}{kT}\right)
\end{aligned} \tag{1.66}$$

还有需要确定我们的质子 (离子)–自由电子对的适当标准化体积。正确的选择是 $V = 1/N_i$，即每个产生离子的平均体积，即每个自由电子–质子 (离子) 对的可用

体积。如果我们也将各种常数组合成 E_H 和 a_0，就得到了萨哈 (Saha) 方程

$$\frac{N_\mathrm{e}N_\mathrm{i}}{N_m} = \frac{2g_\mathrm{i}}{g_m a_0^3}\left(\frac{kT}{4\pi E_\mathrm{H}}\right)^{3/2}\exp\left(-\frac{E_{m\mathrm{i}}}{kT}\right) \tag{1.67}$$

萨哈曾以相应的质量作用定律的形式写下，并将其应用于恒星光谱和温度的关联。

1.4   偏振辐射转移的量子场理论

1.4.1   塞曼效应

电子在外部电磁场中的经典哈密顿量由矢量势 $\mathbf{A}$ 表征，中心电势 $V(r)$ 为 (Stenflo, 1994)

$$H = \frac{1}{2m_\mathrm{e}}(\mathbf{p} + e\mathbf{A})^2 + V(r) \tag{1.68}$$

在量子力学中，谱线频率和波长的变化意味着跃迁所涉及的一个或两个状态的能级的移动。由单线态之间的跃迁产生的谱线发生的塞曼效应传统上称为正常效应，而当初始或最终态或两者的总自旋非零时发生的效应称为反常效应。

引入电子的总角动量向量 $\mathbf{J}$ 和自旋角动量 $\mathbf{S}$，我们可以写出方程的相互作用哈密顿量。式 (1.68) 包含塞曼效应为

$$H_z = \frac{e}{2m_\mathrm{e}}(\mathbf{J} + \mathbf{S})\cdot\mathbf{B} \tag{1.69}$$

很方便地选择坐标系使得 z 轴沿着磁场矢量 $\mathbf{B}$，这样就可以写成

$$H_z = \frac{eB}{2m_\mathrm{e}}(J_z + S_z) \tag{1.70}$$

矢量 $\mathbf{J}$ 和 $\mathbf{S}$ 都将围绕磁场 $\mathbf{B}$ 运动，但另外，自旋矢量 $\mathbf{S}$ 将围绕 $\mathbf{J}$ 运动。由于轴对称，J_z 在时间上保持不变。另一方面，S_z 是时变的，因为它在 $\mathbf{S}$ 附近的进动破坏了相对于 $\mathbf{B}$ 的对称性。

我们可以根据能级的塞曼分裂 H_Z 与精细结构分裂 H_LS 的大小来区分三个区域：

A: $H_Z \ll H_\mathrm{LS}$。在这种情况下，$\mathbf{S}$ 的进动率在 $\mathbf{J}$ 附近比在 $\mathbf{B}$ 附近快得多。我们对两个进动时间标度进行了清晰的分离，因此可以在两个连续步骤中进行时间平均，首先平均出围绕 $\mathbf{J}$ 更快进动。

B: H_Z 与 H_LS 相当。这就是所谓的帕邢–巴克 (Paschen-Back) 效应。

C: $H_Z \gg H_\mathrm{LS}$，称为强场区。$\mathbf{S}$ 围绕 $\mathbf{B}$ 进动，几乎与 $\mathbf{J}$ 围绕 $\mathbf{B}$ 进动无关。

对于正常恒星 (除了崩塌的晚期演化阶段), 除了少数例外, 只有情况 A 是相关的。这种情况通常会导致反常分裂模式, 我们将在下面处理。另一方面, 在强场区 (情况 C), 进动系统大大简化, 因此分裂模式总是所谓的"正常塞曼三重态"。

1. 情况 A: 正常场

现在让我们看一下相关案例 A 和 $\langle S_z \rangle$ 的计算。对于单线态, 自旋为零, 总角动量 **J** 等于轨道角动量 **L**。当放置在外部磁场中时, 原子的能量会发生变化, 因为原子在图 1.4 和表 1.1 中的磁场中的磁矩能量由下式给出 (Ye, 1994):

$$\Delta E = -\mu \cdot B = gM_j \left(\frac{e\hbar B}{2m_e} \right) = gM_j \mu_B B \qquad (1.71)$$

由于塞曼效应, 磁敏谱线的不同子分量的相应分裂可以写成

$$\Delta\lambda_b = \frac{e\lambda_0^2 B}{4\pi m_e c^2}(M_1 g_1 - M_2 g_2)$$
$$= 4.6685 \times 10^{-5}(M_1 g_1 - M_2 g_2)\lambda_0^2 B \qquad (1.72)$$

其中, B 的单位为高斯; λ 的单位为厘米; 以及

$$g_k = \frac{3}{2} + \frac{S_k(S_k+1) - L_k(L_k+1)}{2J_k(J_k+1)} \quad (k=1,2) \qquad (1.73)$$

和

$$\Delta M = M_2 - M_1 = 0, \pm 1 \qquad (1.74)$$

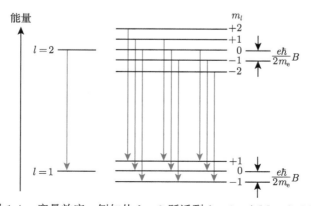

图 1.4 塞曼效应, 例如从 $l=2$ 跃迁到 $l=1$, $\Delta M = 0, \pm 1$

表 1.1   塞曼分量的非归一化强度

$J_2 - J_1$	$M_2 - M_1 = 1$	$M_2 - M_1 = 0$	$M_2 - M_1 = -1$
1	$(J_2 + M_2)(J_1 + M_2)$	$2(J_2^2 - M_2^2)$	$(J_2 - M_2)(J_1 - M_2)$
0	$(J_2 + M_2)(J_1 - M_2 + 1)$	$2M_2^2$	$(J_2 - M_2)(J_1 + M_2 + 1)$
-1	$(J_2 - M_2)(J_1 - M_2 + 2)$	$2(J_1^2 - M_2^2)$	$(J_1 + M_2)(J_1 + M_2 + 2)$

2. 情况 B: 强场

当磁场扰动显著超过自旋–轨道相互作用时,可以有把握地假设 $[H_0, S] = 0$(参见 https://en.wikipedia.org/wiki/Zeeman_effect)。这使得对于状态 $|\psi\rangle$, L_z 和 S_z 的期望值可以很容易地求出。能量表达式很简单,

$$E_z = \left\langle \psi \left| H_0 + \frac{B_z \mu_{\mathrm{B}}}{\hbar}(L_z + g_s S_z) \right| \psi \right\rangle = E_0 + B_z \mu_{\mathrm{B}}(M_l + g_s M_s) \tag{1.75}$$

以上可以理解为暗示 LS-耦合被外部磁场完全破坏。然而, M_l 和 M_s 仍然是 "好" 量子数。加上电偶极子跃迁的选择规则, 即 $\Delta S = 0$, $\Delta M_s = 0$, $\Delta L = \pm 1$, $\Delta M_l = 0, \pm 1$,这允许完全忽略自旋自由度。因此, 只有三条谱线可见, 对应于 $\Delta M_l = 0, \pm 1$ 选择规则。分裂 $\Delta E = B \mu_{\mathrm{B}} \Delta M_l$ 与所考虑能级的未扰动能量和电子组态无关。通常 (如果 $S \neq 0$),由于剩余的自旋轨道耦合,这三个分量是若干个跃迁的组合。

一般来说, 现在必须将自旋轨道耦合和相对论修正 (它们的阶数相同, 称为 "精细结构") 作为扰动添加到这些 "未扰动" 能级。我们可以获得精细结构修正下一阶微扰理论 (Paschen-Back 极限) 中的氢原子公式:

$$E_{z+fs} = E_z + \frac{m_{\mathrm{e}} c^2 \alpha^4}{2n^3} \left\{ \frac{3}{4n} - \left[\frac{L(L+1) - M_l M_s}{L(L+1/2)(L+1)} \right] \right\} \tag{1.76}$$

1.4.2   斯塔克效应

电场部分地移开了原子能级的简并性。这种分裂由斯塔克 (Stark, 1915) 观察到,并由薛定谔 (Schrödinger, 1926) 解释。我们使用扰动理论通过对角化具有主量子数 N 的 N^2 倍简并多重态中的扰动项来计算对原子氢的斯塔克效应。我们利用这个问题的对称性来简化数值计算。特别地,在假设哈密顿 $\langle N'L'M'|H|NLM \rangle$ 的 $N' - N$ 矩阵元素不重要后, 我们使用对称性来证明这些矩阵元素:① 消失, 除非 $M' = M$;② 消失, 除非 $L' = L \pm 1$;③ M 和 $-M$ 相同;④ 分解为两个更简单的函数的乘积, 这些函数可简单地查找。斯塔克效应将主量子能级 N 中的 N^2 倍简并性分解为一个 N 倍简并多重态和两个具有简并性 k 的多重态,其

中，$k = 0, 1, 2, \cdots, N - 1$。(引自宾夕法尼亚州费城德雷塞尔大学物理系 Robert Gilmore 19104，2010 年 4 月 21 日。)

氢原子通过电偶极相互作用与静态外部电场 $\mathbf{E}$ 相互作用。它的形式是

$$H_{\text{pert}} = -e\mathbf{E} \cdot \mathbf{r} \tag{1.77}$$

这里，e 是电子电荷 ($e = -|e|$)；而 $\mathbf{r}$ 是电子相当于质子的位移。

氢原子的能级是通过对角化总哈密顿量来计算。我们在未扰动哈密顿量本征态的基础上这样做：

$$\langle N'L'M'|H + H_{\text{pert}}|NLM \rangle = E_N \delta_{N'N} \delta_{L'L} \delta_{M'M} + \langle N'L'M'|H_{\text{pert}}|NLM \rangle \tag{1.78}$$

在氢原子的非相对论薛定谔方程中，具有相同主量子数 N 的未扰动态在能量上退化 (忽略所有其他扰动)。因此，在应用微扰理论的标准计算之前，我们必须对每个 n 重态内的微扰进行对角化，微扰理论是为非简并态发展的。我们做了一个近似，即对角化可以在每个 n 乘数内独立进行：

$$\langle NL'M'|(-e\mathbf{E} \cdot \mathbf{r})|NLM \rangle \tag{1.79}$$

然后对这个 $N^2 \times N^2$ 矩阵进行对角化。

通过仔细选择我们的坐标轴来简化计算。为此，我们选择电场 E 方向上的 z 轴。在这个坐标系中 $-e\mathbf{E} \cdot \mathbf{r} = |eE|_z$。接下来，我们替换 $|\mathbf{E}| \to E$ 和 $z = r\cos\theta = 4\pi r Y_0^1(\theta, \phi)$。要计算的矩阵元素是

$$\begin{aligned} \langle NL'M'|(-e\mathbf{E} \cdot \mathbf{r})|NLM \rangle = {} & |eE| \int_0^\infty R_{NL'}(r) r R_{NL}(r) dr \\ & \times \sqrt{\frac{4\pi}{3}} \int_\Omega Y_{M'}^{L'*}(\Omega) Y_0^1(\Omega) Y_M^L(\Omega) d\Omega \end{aligned} \tag{1.80}$$

其中，$R_{NL}(r)$ 是径向函数；$Y_M^L(\Omega)$ 是球谐函数。角度积分提供了有用的选择定则。首先，$\Delta L = \pm 1, 0$。通过奇偶参数，$\Delta L = 0$ 的积分为零。因此唯一相关的积分是

$$\begin{aligned} A(L \leftrightarrow L - 1, M) = {} & \sqrt{\frac{4\pi}{3}} \int_\Omega \int_\Omega Y_{M'}^{L'*}(\Omega) Y_0^1(\Omega) Y_M^L(\Omega) d\Omega \\ = {} & \delta_{M'M} \sqrt{\frac{(L+M)(L-M)}{(2L+1)(2L-1)}} \end{aligned} \tag{1.81}$$

其中 $1 \leqslant L \leqslant N - 1$。可以看到 $M \to -M$ 条件下的积分没有变化。

径向积分是

$$R(N, L \leftrightarrow L-1) = \int_0^\infty R_{NL'}(r) r R_{NL}(r) dr = -\frac{3}{2} a_0 N \sqrt{N^2 - L^2} \qquad (1.82)$$

这里，a_0 是氢原子的玻尔半径；L 在如下范围内：$1 \leqslant L \leqslant N-1$。

图 1.5 显示了氢的 Hα 谱线在弱电场中的精细结构和斯塔克效应的例子。

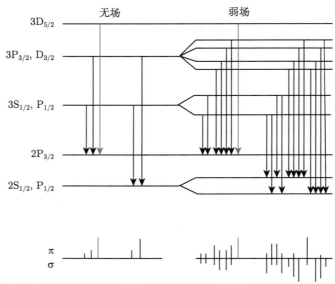

图 1.5　弱电场中氢和斯塔克效应的 Hα 线的精细结构。不同偏振的线分量——π 分量和 σ
　　　　分量——出现在特定的子级别组合中

1.4.3　电偶极子近似

我们现在可以扩展 $\mathrm{e}^{-\mathrm{i}\mathbf{k}\cdot\mathbf{r}} \approx 1 - \mathrm{i}\mathbf{k}\cdot\mathbf{r} + \cdots$ 项来允许我们更容易计算矩阵元素。由于 $\mathbf{k}\cdot\mathbf{r} \approx \frac{\alpha}{2}$ 并且矩阵元素是平方的，所以我们的展开将是 α^2 的幂，这是一个很小的数值。主要衰减将来自零阶近似，即 (Branson et al., 2003)

$$\mathrm{e}^{-\mathrm{i}\mathbf{k}\cdot\mathbf{r}} \approx 1 \qquad (1.83)$$

这称为电偶极子近似。在这个电偶极子近似中，我们可以在矩阵元素的计算上取得通常的进展。如果哈密顿量的形式为 $H = \dfrac{p^2}{2m} + V$ 且 $[V, \mathbf{r}] = 0$，则 $[H, \mathbf{r}] = \dfrac{\hbar}{\mathrm{i}} \dfrac{p}{m}$，

我们可以根据对易写出 $\mathbf{p} = \frac{\mathrm{i}m}{\hbar}[H, \mathbf{r}]$。

$$
\begin{aligned}
\langle \phi_n | \mathrm{e}^{-\mathrm{i}\mathbf{k}\cdot\mathbf{r}} \epsilon \cdot \mathbf{p} | \phi_i \rangle &\approx \epsilon \cdot \langle \phi_\mathrm{n} | \mathbf{p}_e | \phi_i \rangle \\
&= \frac{im}{\hbar} \epsilon \cdot \langle \phi_\mathrm{n} | [H, \mathbf{r}] | \phi_i \rangle = \frac{im}{\hbar} \epsilon \cdot \langle \phi_\mathrm{n} | H\mathbf{r} - \mathbf{r}H | \phi_i \rangle \\
&= \frac{im}{\hbar} (E_\mathrm{n} - E_i) \epsilon \cdot \langle \phi_\mathrm{n} | \mathbf{r} | \phi_i \rangle \\
&= \frac{im(E_\mathrm{n} - E_i)}{\hbar} \langle \phi_\mathrm{n} | \hat{\epsilon} \cdot \mathbf{r} | \phi_i \rangle
\end{aligned}
\tag{1.84}
$$

这个方程表明了电偶极子名称的来源：向量 $\mathbf{r}$ 的矩阵元，它是一个偶极子 (参考自《量子物理学》(*UCSD Physics 130*)，2003)

1.4.4 超越电偶极子近似

一些原子态也没有满足电偶极子 ($E1$) 近似衰减选择规则的低能态，则必须考虑高阶过程。$\mathrm{e}^{-\mathrm{i}\mathbf{k}\cdot\mathbf{r}} = 1 - \mathrm{i}\mathbf{k}\cdot\mathbf{r} + \cdots$ 扩展中的下一个阶项将允许其他跃迁发生，但速率较低。当我们包含 $\mathrm{i}\mathbf{k}\cdot\mathbf{r}$ 项时，将尝试理解选择规则 (Branson et al., 2003)。

矩阵元素与 $-\mathrm{i}\langle \phi_\mathrm{n} | (\mathbf{k}\cdot\mathbf{r})(\epsilon\cdot\mathbf{p}_e) | \phi_i \rangle$ 成正比，我们将其分为两项。你可能会问为什么要拆分它。原因是我们本质上将计算张量的矩阵元素并将其点乘两个不依赖于原子状态的向量：

$$
\mathbf{k} \cdot \langle \phi_\mathrm{n} | (\mathbf{r}\mathbf{p}_\mathrm{e}) | \phi_i \rangle \cdot \epsilon
\tag{1.85}
$$

我们也可以使用 Wigner-Eckart 定理来推导选择规则。在坐标轴旋转的情况下，9 分量笛卡儿张量的旋转矩阵将是块对角的。它可以简化为三个球面张量。在旋转下，5 分量 (无迹) 对称张量将始终旋转为另一个 5 分量对称张量。三分量反对称张量将旋转为另一个反对称张量，与恒等式成比例的部分将旋转为恒等式：

$$
\begin{aligned}
(\mathbf{k}\cdot\mathbf{r})(\epsilon\cdot\mathbf{p}_\mathrm{e}) &= \frac{1}{2}[(\mathbf{k}\cdot\mathbf{r})(\epsilon\cdot\mathbf{p}) + (\mathbf{k}\cdot\mathbf{p})(\epsilon\cdot\mathbf{r})] \\
&+ \frac{1}{2}[(\mathbf{k}\cdot\mathbf{r})(\epsilon\cdot\mathbf{p}) - (\mathbf{k}\cdot\mathbf{p})(\epsilon\cdot\mathbf{r})]
\end{aligned}
\tag{1.86}
$$

通过构造，第一项是对称的，第二项是反对称的。

第一项可以重写为

$$\frac{1}{2}\langle\phi_n|[(\mathbf{k}\cdot\mathbf{r})(\boldsymbol{\epsilon}\cdot\mathbf{p})+(\mathbf{k}\cdot\mathbf{p})(\boldsymbol{\epsilon}\cdot\mathbf{r})]|\phi_i\rangle = \frac{1}{2}\mathbf{k}\cdot\langle\phi_n|[\mathbf{rp}+\mathbf{pr}]|\phi_i\rangle\cdot\boldsymbol{\epsilon}$$

$$= \frac{1}{2}\frac{im}{\hbar}\mathbf{k}\cdot\langle\phi_n|[H_0,\mathbf{rr}]|\phi_i\rangle\cdot\boldsymbol{\epsilon}$$

$$= \frac{1}{2}\frac{im}{\hbar}(E_n-E_i)\mathbf{k}\cdot\langle\phi_n|\mathbf{rr}|\phi_i\rangle\cdot\boldsymbol{\epsilon} \tag{1.87}$$

$$= -\frac{im\omega}{2}\mathbf{k}\cdot\langle\phi_n|\mathbf{rr}|\phi_i\rangle\cdot\boldsymbol{\epsilon}$$

这使得对称性清晰。正常地去除张量的迹：$\mathbf{rr}\rightarrow\mathbf{rr}-\frac{\delta_{ij}}{3}r^2$。与 δ_{ij} 成正比的项给出零，因为 $\mathbf{k}\cdot\boldsymbol{\epsilon}=0$。无迹对称张量有 5 个分量，如 $l=2$ 运算符；反对称张量有 3 个分量；并且迹项有一个。这是将笛卡儿张量分离为不可约球面张量。无迹对称张量的 5 个分量可以写成线性组合 Y_{2m}。

同样，第二 (反对称) 项可以稍微改写为

$$\frac{1}{2}\langle\phi_n|[(\mathbf{k}\cdot\mathbf{r})(\boldsymbol{\epsilon}\cdot\mathbf{p})-(\mathbf{k}\cdot\mathbf{p})(\boldsymbol{\epsilon}\cdot\mathbf{r})]|\phi_i\rangle = (\mathbf{k}\times\boldsymbol{\epsilon})\cdot(\mathbf{r}\times\mathbf{p}) \tag{1.88}$$

其中与原子状态相关的部分 $\mathbf{r}\times\mathbf{p}$ 是一个轴向向量，因此具有 3 个分量。(记住，轴向量与反对称张量是一回事。) 所以这显然是一个 $l=1$ 运算符，可以根据 Y_{1m} 展开。请注意，它实际上是轨道角动量算子 $\mathbf{L}$ 的常数倍。

所以第一项被合理地命名为电四极子项，因为它取决于状态的四极矩。它不会改变奇偶性并为我们提供选择规则：

$$|L_n-L_i|\leqslant 2\leqslant L_n+L_i \tag{1.89}$$

第二项点积辐射磁场为原子态的角动量，因此它被合理地称为磁偶极相互作用。电子自旋与磁场的相互作用是同阶的，应该与 $E2$ 和 $M1$ 项一起包括在内。

$$\frac{e\hbar}{2mc}(\mathbf{k}\times\boldsymbol{\epsilon})\cdot\boldsymbol{\sigma} \tag{1.90}$$

例如，氢中 $E1$ 跃迁的寿命小到 10^{-9}s，电四极 ($E2$) 或磁偶极子 ($M1$) 跃迁的寿命约为 10^{-3}s，2s 态的寿命约为 $\frac{1}{7}$s(参考自《量子物理学》(*UCSD Physics 130*)，2003)。

在日冕稀薄高温等离子体状态中，一些电四极辐射和磁偶极辐射现象可以被发现,例如通常用于日冕磁场诊断的磁偶极子禁线 (FeXIV λ5304Å, FeXIII λ10747Å 和 λ10798Å, FeX λ6374Å)。

1.4.5 复折射率和加宽

如果我们引入平面波

$$\mathbf{A}(t, \mathbf{r}) = \mathbf{A}_0(\omega) \mathrm{e}^{-\mathrm{i}\omega t + \mathrm{i}\mathbf{k} \cdot \mathbf{r}} \tag{1.91}$$

规范条件意味着

$$\mathbf{k} \cdot \mathbf{A} = 0 \tag{1.92}$$

即波必须是横向的。

标量势 Φ 因而与波传播问题解耦，电磁波由单一方程描述：

$$\nabla^2 \mathbf{A} - \frac{1}{c^2} \frac{\partial^2 \mathbf{A}}{\partial t^2} = -\mu \mathbf{j}_t \tag{1.93}$$

波动方程 (1.93) 具有式 (1.91) 形式的平面波解意味着 (Stenflo, 1994)

$$\left(-k^2 + \frac{\omega^2}{c^2} \right) \mathbf{A}_0 \mathrm{e}^{\mathrm{i}\omega t + \mathrm{i}\mathbf{k} \cdot \mathbf{r}} = -\mu \mathbf{j}_t \tag{1.94}$$

如果电流 $\mathbf{j}$ 由电子运动产生，则每个电子 i 对电流密度的贡献量为

$$\mathbf{j}_i = -e\dot{\mathbf{r}}_i \tag{1.95}$$

如果

$$\dot{x}_q = -\mathrm{i}\omega x_0 \mathrm{e}^{-\mathrm{i}\omega t} \tag{1.96}$$

和

$$\dot{d}_q = -eN\dot{x}_q \tag{1.97}$$

其中，N 是振子的数量密度，$q = 0, \pm 1$。我们可以得到

$$\dot{d}_q = \frac{Ne^2\omega^2 A_{0q} \mathrm{e}^{-\mathrm{i}\omega t + \mathrm{i}\mathbf{k} \cdot \mathbf{r}}/m}{\omega_0^2 - \omega^2 - 2q\omega_{\mathrm{L}}\omega - \mathrm{i}\gamma\omega} \tag{1.98}$$

让我们定义一个折射率 n 来体现波数 k 和角频率 ω 之间的色散关系：

$$k \equiv n\omega/c \tag{1.99}$$

如果我们用 n_q 表示由振动的矢量分量 q 引起的折射率，可以得到

$$\dot{d}_q = \epsilon\omega^2(n_q^2 - 1)A_{0q} \mathrm{e}^{-\mathrm{i}\omega t + \mathrm{i}\mathbf{k} \cdot \mathbf{r}} \tag{1.100}$$

通过式 (1.98) 和式 (1.100) 给出折射率：

$$n_q^2 - 1 = \frac{\omega_A^2}{\omega_0^2 - \omega^2 - 2q\omega_L\omega - \mathrm{i}\gamma\omega} \tag{1.101}$$

在这里我们引入了拉莫尔 (Larmor) 频率

$$\omega_L = \frac{e}{2m}B \tag{1.102}$$

和经典振子的频率

$$\omega_A = \sqrt{\frac{e^2 N}{\epsilon_0 m}} \tag{1.103}$$

如果 N 等于电子数密度 N_e，则与等离子体频率 ω_p 相同。在我们的例子中，N 是经典振子的数密度。

当 $|n_q - 1| \ll 1$ 并且 $|\omega_0 - \omega| \ll \omega_0$ 时，式 (1.101) 可以简化为

$$n_q - 1 \approx \frac{\omega_A^2}{4\omega_0} \frac{1}{\omega_0 - \omega - q\omega_L - \mathrm{i}\gamma/2} \tag{1.104}$$

或

$$n_q - 1 \approx \frac{\omega_A^2}{4\omega_0} \frac{\omega_0 - \omega - q\omega_L + \mathrm{i}\gamma/2}{(\omega_0^2 - \omega^2 - 2q\omega_L)^2 + (\gamma\omega)^2} \tag{1.105}$$

现在让我们通过将所有频率除以频率宽度 $\Delta\omega_D$ 来引入无量纲单位，我们将选择后者作为多普勒宽度。如果我们进一步引入符号

$$v_q = (\omega_0 - \omega - q\omega_L)/\Delta\omega_D$$
$$a = \gamma/(2\Delta\omega_D) \tag{1.106}$$

折射率可表示为

$$n_q = 1 + \frac{k_N}{\pi} \frac{v_q + \mathrm{i}a}{v_q^2 + a^2} \tag{1.107}$$

这里，

$$k_N = \frac{\pi\omega_A^2}{4\omega_0\Delta\omega_D} \tag{1.108}$$

显式使用因子 $1/\pi$ 的原因是它使色散函数区域归一化，即 $\int_{-\infty}^{+\infty} dv_q (a/\pi)/ (v_q^2 + a^2) = 1$，这将在下面与多普勒速度分布进行卷积时使用。

这里 n_q 的实部表示反常色散，而虚部 (洛伦兹或色散轮廓) 表示吸收。式 (1.107) 的另一种形式是

$$n_q - 1 = \frac{ik_N}{\pi a} \cos \Theta_q e^{i\Theta_q} \tag{1.109}$$

其中，"相位角" Θ_q 由以下公式确定：

$$\tan \Theta_q = -v_q/a \tag{1.110}$$

当 $|\Theta_q| \gg a$ 时，$\Theta_q \approx \pm\pi/2$ 并且色散效应占主导地位，尽管振幅消失。另一方面，当 $|\Theta_q| \ll a$ 时，$\Theta_q \approx 0$ 并且吸收效应占主导地位。在我们对汉勒 (Hanle) 效应的处理中，也会导出形式上类似的表达式，其中相位角的概念将被证明有助于描述偏振效应 (Stenflo, 1994)。

我们注意，根据式 (1.106)，对应于偶极矩 $\mathbf{d}$ 的球面矢量分量 d_q 的折射率 n_q 可以写为

$$\operatorname{Re} n_q = 1 + \frac{k_N}{\pi} \frac{v_q}{v_q^2 + a_N^2}$$
$$\operatorname{Im} n_q = \frac{k_N}{\pi} \frac{a_N}{v_q^2 + a_N^2} \tag{1.111}$$

其中，a_N 是自然阻尼或辐射阻尼参数，并且

$$k_N = \frac{e^2 N f}{16\pi\epsilon_0 m \nu_0 \Delta\nu_D} \tag{1.112}$$

其中包括了振子强度 f，从现象学上解释了量子效应。角频率 ω 已被频率 $\nu(= \omega/(2\pi))$ 取代。根据式 (1.106)，有

$$v_q = v - g v_H \tag{1.113}$$

和

$$v = (\nu_0 - \nu)/\Delta\nu_D$$
$$q v_H = \Delta\nu_H/\Delta\nu_D \tag{1.114}$$

并且塞曼分裂 $\Delta\nu_H = \Delta\omega_H/(2\pi)$。

接下来，由于视线速度的分布，我们用高斯 $\exp(-v^2)/\sqrt{\pi}$ 卷积碰撞展宽的折射率。我们表示为 $\overline{n}_q$ 的结果可以写成

$$\overline{n}_q - 1 = i\frac{k_N}{\sqrt{\pi}}\mathcal{H}(a, v_q) \tag{1.115}$$

这里，

$$\mathcal{H}(a,v) = H(a,v) - 2\mathrm{i}F(a,v) \tag{1.116}$$

实部是沃伊特 (Voigt) 函数

$$H(a,v) = \frac{a}{\pi}\int_{-\infty}^{+\infty}\frac{\mathrm{e}^{-y^2}dy}{(v-y)^2+a^2} \tag{1.117}$$

当对 v 积分时，其面积为 $\sqrt{\pi}$(因此定义为 $H(0,0)=1$)，而虚部包含所谓的谱线色散函数

$$F(a,v) = \frac{1}{2\pi}\int_{-\infty}^{+\infty}\frac{(v-y)\mathrm{e}^{-y^2}dy}{(v-y)^2+a^2} \tag{1.118}$$

Voigt 函数 H 描述了吸收效应，而谱线色散函数 F 代表了所谓的磁光效应 (也称为反常色散)。

1.5　谱线的偏振辐射转移

在研究太阳磁大气斯托克斯光谱辐射的过程中，海野 (Unno, 1956) 首先以现象学的方式发展了偏振辐射转移的理论形式。Stepanov (1958) 独立提出了一个更严格的经典推导，其中隐含地包括磁光效应，并由 Rachkovsky(1962a, b) 扩展。E. Landi Degl'Innocenti 和 M. Landi Degl'Innocenti (1972) 对磁场中的偏振辐射转移方程进行了量子力学推导。

1.5.1　辐射转移的一般描述

当塞曼子级之间存在完全再分布偏差时，我们可以引入轮廓函数

$$\Phi_{q,J_l} = \frac{N(2J_l+1)}{N_{J_l}\sqrt{\pi}\Delta\nu_D}\sum_{M_l,M_u}\rho_{M_lM_l}S_q(M_l,M_u)\mathcal{H}_q \tag{1.119}$$

对于 J_l 能级，同样函数 Φ_{q,J_u} 用于表示 J_u 能级，这里 $\rho_{M_lM_l}$ 是密度矩阵的磁对角项。跃迁分量的相对强度为

$$S_q(M_l,M_u) = 3\begin{pmatrix} J_l & J_u & 1 \\ -M_l & M_u & q \end{pmatrix}^2$$

式 (1.119) 中的归一化因子确保

$$\int_0^\infty \Phi_{q,J_{l,u}}d\nu = 1 \tag{1.120}$$

这些定义允许我们以矩阵形式写出偏振辐射转移的非局部热动平衡 (NLTE) 方程

$$\frac{d\mathbf{I}_\nu}{ds} = -(N_{J_1}B_{J_1J_u}\Phi_{J_1} - N_{J_u}B_{J_uJ_1}\Phi_{J_u})\frac{h\nu}{4\pi}\mathbf{I}_\nu + \mathbf{j} \tag{1.121}$$

其中，在非散射过程的情况下，发射矢量可近似为

$$\mathbf{j} = \frac{h\nu}{4\pi}\Phi_{J_u}\mathbf{I}N_{J_u}A_{J_uJ_1} \tag{1.122}$$

这里，$\mathbf{I}$ 表示为斯托克斯参数 (式 (1.18) 和式 (1.21))；N_{J_u} 和 N_{J_1} 是上下能级粒子数密度；$A_{J_uJ_1}$，$B_{J_uJ_1}$ 和 $B_{J_1J_u}$ 是爱因斯坦系数 (式 (1.196))。

在式 (1.121) 和式 (1.122) 中引入的 4×4 矩阵轮廓函数 $\Phi_{J_{1,u}}$ 是从式 (1.116) 和式 (1.119) 定义的复标量分布函数 $\Phi_{q,J_{1,u}}$ 中获得的。让我们定义微分光学深度 (Stenflo, 1994)

$$d\tau_\nu = -\kappa_\mathrm{L}ds \tag{1.123}$$

和吸收系数比

$$r = \kappa_\mathrm{c}/\kappa_\mathrm{L} \tag{1.124}$$

如果我们包括连续发射向量，则一般方程形式 (1.121) 变成

$$\begin{aligned}
\frac{d\mathbf{I}_\nu}{d\tau_\nu} =& (\mathbf{\Phi} + r\mathbf{E})\mathbf{I}_\nu - (S_\mathrm{L}\mathbf{\Phi} + rB_\nu)\mathbf{1} - \sigma_\mathrm{c}\mathbf{J}_{\nu,\mathrm{cl}}/\kappa_\mathrm{L} \\
& - \alpha\kappa_\mathrm{c}S_\mathrm{ul}\int\frac{d\Omega'}{4\pi}\int d\nu'\mathbf{R}_\mathrm{coh}\mathbf{I}_{\nu'}\Big/\int\varphi_\nu J_\nu d\nu
\end{aligned} \tag{1.125}$$

其中，$\mathbf{\Phi}$ 的扩展形式是

$$\mathbf{\Phi} = \begin{pmatrix} \phi_I & \phi_Q & \phi_U & \phi_V \\ \phi_Q & \phi_I & \psi_V & -\psi_U \\ \phi_U & -\psi_V & \phi_I & \psi_Q \\ \phi_V & \psi_U & -\psi_Q & \phi_I \end{pmatrix} \tag{1.126}$$

它可以参考下面的式 (1.130) 和式 (1.131)，以及

$$S_\mathrm{L} = S_\mathrm{ul}\left[1 - \alpha + \alpha e(1 - \kappa_\mathrm{c})\Big/\int\varphi_\nu J_\nu d\nu\right] \tag{1.127}$$

和

$$S_\mathrm{ul} = \frac{\int\varphi_\nu J_\nu d\nu + \epsilon B_\nu}{1 + \epsilon} \tag{1.128}$$

以及

$$e = \int \frac{d\Omega'}{4\pi} \int d\nu' (\boldsymbol{\Phi}_I' I_{\nu'} + \boldsymbol{\Phi}_Q' Q_{\nu'} + \boldsymbol{\Phi}_U' U_{\nu'} + \boldsymbol{\Phi}_V' V_{\nu'}) \tag{1.129}$$

1.5.2　无散射的偏振辐射转移的形式解

在我国早已经开展关于太阳磁场中谱线辐射转移的研究，如 Ai 等 (1982)，Jin 和 Ye(1983)，以及 Zhang(1986)。当我们用斯托克斯参数研究磁场中偏振光的形成时，太阳大气磁场中没有散射的谱线偏振辐射转移的 Unno-Rachkovsky 方程为

$$\mu \frac{d}{d\tau_c} \begin{pmatrix} I \\ Q \\ U \\ V \end{pmatrix} = \begin{pmatrix} \eta_0 + \eta_I & \eta_Q & \eta_U & \eta_V \\ \eta_Q & \eta_0 + \eta_I & \rho_V & -\rho_U \\ \eta_U & -\rho_V & \eta_0 + \eta_I & \rho_Q \\ \eta_V & \rho_U & -\rho_Q & \eta_0 + \eta_I \end{pmatrix} \begin{pmatrix} I - S \\ Q \\ U \\ V \end{pmatrix} \tag{1.130}$$

方程中的符号含义在下面给出，同时可参考 Landi Degl'Innocenti(1976)。在方程 (1.130) 中，$d\tau_c = -\kappa_c ds$，并且参数 ρ_Q，ρ_U 和 ρ_V 与磁光效应有关，它们的形式为

$$\eta_I = \frac{1}{2} \left[\eta_p \sin^2 \psi + \frac{1}{2}(\eta_l + \eta_r)(1 + \cos^2 \psi) \right]$$

$$\eta_Q = \frac{1}{2} \left[\eta_p - \frac{1}{2}(\eta_l + \eta_r) \right] \sin^2 \psi \cos 2\varphi$$

$$\eta_U = \frac{1}{2} \left[\eta_p - \frac{1}{2}(\eta_l + \eta_r) \right] \sin^2 \psi \sin 2\varphi$$

$$\eta_V = \frac{1}{2}(\eta_r - \eta_l) \cos \psi \tag{1.131}$$

$$\rho_Q = \frac{1}{2} \left[\rho_p - \frac{1}{2}(\rho_l + \rho_r) \right] \sin^2 \psi \cos 2\varphi$$

$$\rho_U = \frac{1}{2} \left[\rho_p - \frac{1}{2}(\rho_l + \rho_r) \right] \sin^2 \psi \sin 2\varphi$$

$$\rho_V = \frac{1}{2}(\rho_r - \rho_l) \cos \psi$$

在图 1.6 中，ψ 是磁场与视线的夹角，φ 是磁场的方位角。源函数可以写为

$$S = c_2 \lambda_0^{-5} \left(\frac{b_l}{b_u} \exp(c_1/\lambda_0 T) - 1 \right)^{-1} \tag{1.132}$$

其中，c_1 和 c_2 是第一和第二辐射常数；b_1 和 b_u 是非局部热动平衡偏离系数。

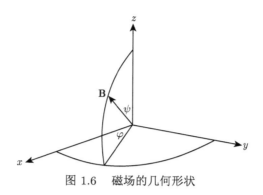

图 1.6　磁场的几何形状

这里线吸收系数可以表示为

$$\eta_j(v) = \eta_0 \sum_{i=1}^{N} f_{ij} H(a, v - v_i) \quad \text{和} \quad \rho_j(v) = 2\eta_0 \sum_{i=1}^{N} f_{ij} F(a, v - v_i) \quad (j = p, r, l) \tag{1.133}$$

其中，f_{ij} 是下述形式的子线归一化强度：

$$\sum_{i=1}^{N} f_{ij} = 1 \tag{1.134}$$

$H(a, v)$ 是式 (1.116) 中的 Voigt 函数，$F(a, v)$ 是法拉第–沃伊特 (Faraday-Voigt) 函数，特别定义的波长：

$$v = \frac{\Delta\lambda}{\Delta\lambda_{\mathrm{D}}} \tag{1.135}$$

线吸收系数：

$$\eta_0 = \frac{\chi_{\mathrm{L}}(a = 0, v = 0)}{\chi_{\mathrm{c}}} = \frac{\pi e}{mc} g f A \frac{\lambda_0 \beta_1 N^*}{\sqrt{\pi} c \Delta\lambda_{\mathrm{D}}} \frac{1}{\chi_{\mathrm{c}}} \left[1 - \frac{b_{\mathrm{u}}}{b_{\mathrm{l}}} \exp(-c_1/\lambda_0 T) \right] \tag{1.136}$$

η_0 是线中心处的虚拟吸收系数 (对于 $a = 0$) 与参考波长处的连续吸收系数之间的比值；吸收系数由受激发射进行了校正。g 是参与跃迁的较低能级的简并度，f 是跃迁本身的振子强度，AN^* 是在 LTE 情况下计算的较低能级中原子的数量密度，并且 $g = 1$，e 和 m 有它们通常的电子电荷和质量的含义。多普勒宽度为

$$\Delta\lambda_{\mathrm{D}} = \frac{\lambda_0}{c}\sqrt{\frac{2RT}{m} + \xi_{\mathrm{t}}^2} \tag{1.137}$$

$$a = \frac{\gamma\lambda_0^2}{4\pi c\Delta\lambda_{\mathrm{D}}} \tag{1.138}$$

其中，ξ_{t} 是宏观湍动速度，γ 是阻尼参数。

在 Unno(1956) 给出的偏振辐射转移方程的解析解中，隐含了几个限制：(a) 具有恒定磁场的无维度的平面平行大气；(b) 源函数与光学深度的线性相关性；(c) 线性和连续吸收系数的恒定比率；(d) 忽略磁光效应。保留近似 (a)~(c)，偏振辐射转移方程可以求解为

$$
\begin{aligned}
I &= B_0 + \mu B_1\Delta^{-1}\{(1+\eta_I)[(1+\eta_I)^2 + \rho_Q^2 + \rho_U^2 + \rho_V^2]\}\\
Q &= -\mu B_1\Delta^{-1}[(1+\eta_I)^2\eta_Q + (1+\eta_I)(\eta_V\rho_U - \eta_U\rho_V)\\
&\quad + \rho_Q(\eta_Q\varrho_Q + \eta_U\varrho_U + \eta_V\varrho_V)]\\
U &= -\mu B_1\Delta^{-1}[(1+\eta_I)^2\eta_U + (1+\eta_I)(\eta_Q\rho_V - \eta_V\rho_Q)\\
&\quad + \rho_Q(\eta_Q\varrho_Q + \eta_U\varrho_U + \eta_V\varrho_V)]\\
V &= -\mu B_1\Delta^{-1}[(1+\eta_I)^2\eta_V + \rho_V(\eta_Q\varrho_Q + \eta_U\varrho_U + \eta_V\varrho_V)]
\end{aligned}
\tag{1.139}
$$

其中，

$$
\begin{aligned}
\Delta =\ & (1+\eta_I)^2[(1+\eta_I)^2 - \eta_Q^2 - \eta_U^2 - \eta_V^2 + \rho_Q^2 + \rho_U^2 + \rho_V^2]\\
& - (\eta_Q\varrho_Q + \eta_U\varrho_U + \eta_V\varrho_V)^2
\end{aligned}
$$

并且 $B(\tau) = B_0 + B_1\tau$。

电离态之间的萨哈方程可以写成

$$\frac{N_{r+1}}{N_r} = \frac{2u_{r+1}(T)}{u_r(T)}\frac{(2\pi m_{\mathrm{e}})^{3/2}(\kappa T)^{5/2}}{h^3}\exp\left(-\frac{\chi_r}{\kappa T}\right) \tag{1.140}$$

这里，χ_r 是从状态 r 到状态 $r+1$ 的电离能；u_r 和 u_{r+1} 是配分函数 (这些是每个原子能级乘以 $\exp(\Delta E/kT)$)。

在弱磁场的近似情况下 (Stix, 2002)，可以从方程 (1.131) 得到以下公式：

$$\eta_I = \eta_{\mathrm{p}} + O(v_{\mathrm{b}}^2)$$

$$\eta_Q = -\frac{1}{4}\frac{\partial^2 \eta_{\mathrm{p}}}{\partial v^2} v_{\mathrm{b}}^2 \sin^2 \psi \cos 2\varphi + O(v_{\mathrm{b}}^4)$$

$$\eta_U = -\frac{1}{4}\frac{\partial^2 \eta_{\mathrm{p}}}{\partial v^2} v_{\mathrm{b}}^2 \sin^2 \psi \sin 2\varphi + O(v_{\mathrm{b}}^4) \tag{1.141}$$

$$\eta_V = \frac{\partial \eta_{\mathrm{p}}}{\partial v} v_{\mathrm{b}} \cos \psi + O(v_{\mathrm{b}}^3)$$

其中,

$$v_{\mathrm{b}} = \Delta\lambda_{\mathrm{b}}/\Delta\lambda_{\mathrm{D}} \tag{1.142}$$

使用方程 (1.139) 和忽略磁光效应, 我们可以得到磁场和斯托克斯参数之间的简单关系。可以发现

$$I \approx B_0 + \frac{\mu B_1}{(1+\eta_I)}$$

$$Q \approx -\frac{\mu B_1}{(1+\eta_I)^2}\eta_Q \approx C_T' B^2 \sin^2 \psi \cos 2\varphi = C_T' B_T^2 \cos 2\varphi$$

$$U \approx -\frac{\mu B_1}{(1+\eta_I)^2}\eta_U \approx C_T' B^2 \sin^2 \psi \sin 2\varphi = C_T' B_T^2 \sin 2\varphi \tag{1.143}$$

$$V \approx -\frac{\mu B_1}{(1+\eta_I)^2}\eta_V \approx C_L' B \cos \psi = C_L' B_L$$

这里,

$$C_T' = \frac{\mu B_1}{4(1+\eta_I)^2}\frac{\partial^2 \eta_{\mathrm{p}}}{\partial v^2}\left[\frac{e\lambda_0^2}{4\pi m_{\mathrm{e}}c^2\Delta\lambda_{\mathrm{D}}}(M_1 g_1 - M_2 g_2)\right]^2$$

$$\tag{1.144}$$

$$C_L' = -\frac{\mu B_1}{(1+\eta_I)^2}\frac{\partial \eta_{\mathrm{p}}}{\partial v}\frac{e\lambda_0^2}{4\pi m_{\mathrm{e}}c^2\Delta\lambda_{\mathrm{D}}}(M_1 g_1 - M_2 g_2)$$

这意味着磁场的纵向分量可以写成

$$B_L = C_L V \tag{1.145}$$

其中, C_L 是场纵向分量的定标参数, 它是谱线波长的函数。可以得到横向磁场的强度 B_T 和方位角 φ:

$$B_T = C_T \sqrt[4]{Q^2 + U^2}, \quad \varphi = \frac{1}{2} \arctan \left(\frac{U}{Q} \right) \tag{1.146}$$

在磁场中，FeI λ5324.19Å 线是的正常三重态，朗德因子 $g = 1.5$，这条线的低能级激发电位为 3.197eV，如图 1.7 所示。线的等效宽度为 0.33Å，线心处的剩余强度为 0.17 (Kurucz et al., 1984)。这意味着它是一条比普通光球线相对宽的线。例如，它不同于马歇尔航天飞行中心 (MSFC) 视频矢量磁仪使用的 FeI λ5250.2Å 线 (朗德因子 $g = 3$)(West and Hagyard, 1983)，以及在密斯 (Mees) 太阳天文台使用的 FeI λ6301.5Å(朗德因子 $g = 1.667$) 和 FeI λ6302.5Å(朗德因子 $g = 2.5$)(Ronan et al., 1987)。

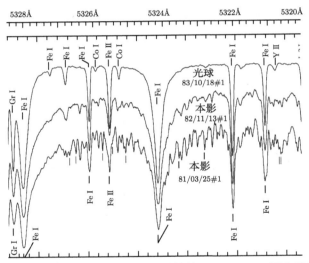

图 1.7　FeI λ5324.19Å 的光谱，来自美国基特峰 (Kitt Peak) 国家天文台观测结果

使用 FeI λ5324.19Å 谱线的怀柔太阳矢量磁场望远镜携带 3 组 KDP 晶体调制器的双折射滤光器，带通约为 0.15Å。滤光器的中心波长可以随波长移动，通常在 FeI λ5324.19Å−0.075Å 处用于纵向磁场测量，而在线中心用于横向磁场观测 (Ai and Hu, 1986)。怀柔太阳矢量磁场望远镜的理论标定从 Ai 等 (1982) 开始，由 Zhang(1986)，宋慰鸿等 (1990, 1992)，Ai(1993b)，Wang 等 (1996b)，Su 和 Zhang(2004a, 2004b, 2005)，Su 等 (2006)，Zhang(2019, 2020) 的一系列观测和理论标定工作而逐步完善。我们将在下面介绍其中的部分研究工作。

在这里，我们关注横向磁场的测量精度，特别是 FeI λ5324.19Å 谱线法拉第旋转 (FR) 所引起的横向磁场的方位角误差。在弱磁场近似条件下，从斯托克斯

参数 (Q、U 和 V) 推断矢量磁场的基本公式，

$$B_T = C_T(Q^2 + U^2)^{1/4}, \quad \frac{U}{Q} = \tan(2\varphi), \quad \tan\varphi = \frac{B_y}{B_x} \tag{1.147}$$

我们也可以得到以下关系：

$$\left(\frac{B_T}{C_T}\right)^4 = Q^2 + U^2, \quad U = Q \cdot \tan(2\varphi) \tag{1.148}$$

以及

$$\left(\frac{B_T}{C_T}\right)^4 = Q^2[1 + \tan^2(2\varphi)] \tag{1.149}$$

则

$$Q^2 = \frac{1}{1 + \tan^2(2\varphi)}\left(\frac{B_T}{C_T}\right)^4, \quad U^2 = \frac{\tan^2(2\varphi)}{1 + \tan^2(2\varphi)}\left(\frac{B_T}{C_T}\right)^4 \tag{1.150}$$

所以，我们可以得到斯托克斯参数 (Q，U) 和磁场横向分量 B_T 之间的另一个简单的关系，

$$Q = \pm\cos(2\varphi)\left(\frac{B_T}{C_T}\right)^2, \quad U = \pm\sin(2\varphi)\left(\frac{B_T}{C_T}\right)^2 \tag{1.151}$$

与 $\dfrac{U}{Q} = \tan(2\varphi)$ 相比，我们可以选择式 (1.151) 的正负符号，例如，

$$Q = \cos(2\varphi)\left(\frac{B_T}{C_T}\right)^2, \quad U = \sin(2\varphi)\left(\frac{B_T}{C_T}\right)^2 \tag{1.152}$$

在弱场近似下，我们可从观测的角度分析斯托克斯参数推演矢量磁场时产生的测量误差。由式 (1.145) 和式 (1.146) 可以发现

$$\delta B_L = V\delta C_L + C_L\delta V \tag{1.153}$$

以及

$$\delta B_T = (Q^2 + U^2)^{1/4}\delta C_T + \frac{C_T}{2}(Q^2 + U^2)^{-3/4}(Q\delta Q + U\delta U) \tag{1.154}$$

$$\delta\varphi = \frac{1}{2}\frac{\dfrac{U}{Q}}{1 + \left(\dfrac{U}{Q}\right)^2}\delta\left(\frac{U}{Q}\right) = \frac{1}{2}\frac{\dfrac{U}{Q}}{\dfrac{Q^2 + U^2}{Q^2}}\frac{Q\delta U - U\delta Q}{Q^2} = \frac{QU\delta U - U^2\delta Q}{2Q(Q^2 + U^2)}$$

$$\tag{1.155}$$

　　我们可以在弱场近似中找到斯托克斯参数 V 与磁场纵向分量之间的相对简单的关系，但非线性关系存在于斯托克斯参数 Q 和 U 与磁场的横向分量之间。这意味着在从观测的斯托克斯参数定标矢量磁场时，由于它们之间的非线性关系，误差是显著的。

　　图 1.8 和图 1.9 显示了 FeI $\lambda6301.5$Å(朗德因子 $g_{\text{eff}} = 1.67$) 和 FeI $\lambda6302.5$Å (朗德因子 $g_{\text{eff}} = 2.5$) 谱线的斯托克斯光谱，它分别是用日本"日出"空间太阳卫星和在云南天文台通过观测获得的。在云南天文台，通过对斯托克斯光谱数据进行傅里叶变换解调出斯托克斯参数 I、Q、U 和 V(Qu et al., 2001)。

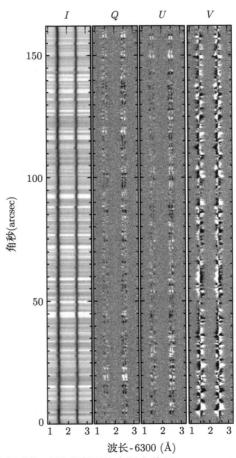

图 1.8　日本"日出"空间太阳卫星观测到的太阳宁静区 630.1~630.3nm 范围内的斯托克斯
光谱 (Lites et al., 2008)

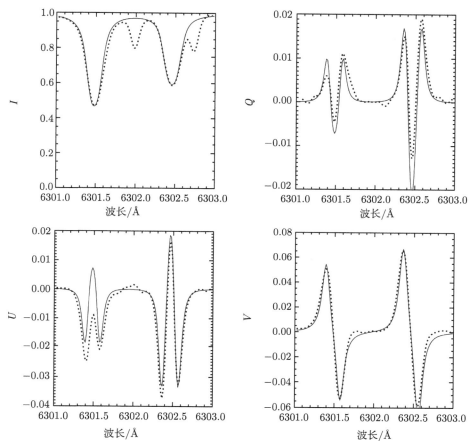

图 1.9 云南天文台观测的太阳活动区斯托克斯参数 I, Q, U 和 V (虚线) 与相应合成轮廓 (实线) 的比较 (Liang et al., 2006)

1.5.3 磁光效应

Wittmann(1974) 指出，方程 (1.130) 矩阵中的反对称元素对应于磁光效应作用。法拉第效应 (诱导圆双折射) 导致线偏振光的电矢量旋转一个角度，该角度取决于圆偏振光的两个正交模式的介质的折射率 n。差动旋转角由下式给出：

$$\cos\theta \frac{d\varphi}{dz} = \frac{\pi}{\lambda_0}(n_{\mathrm{r}} - n_{\mathrm{l}})\cos\psi \tag{1.156}$$

单个未移位分量的折射率由 Born(1972) 给出：

$$n(v) = 1 + \frac{Nfe^2\lambda_0^3}{2\sqrt{\pi}mc^2\Delta\lambda_{\mathrm{D}}}F(a, v) \tag{1.157}$$

我们需要叠加来自式 (1.156) 的各个 σ 分量的贡献：

$$\cos\theta \frac{d(2\varphi)}{d\tau} = \varrho_V = -\eta_0 \cos\psi \left[\sum_{i_r=1}^{N_r} S_{i_r} F(a, v - v_{i_r}) - \sum_{i_1=1}^{N_1} S_{i_1} F(a, v - v_{i_1}) \right]$$

(1.158)

Voigt 效应 (诱导线性双折射，也称为 Cotton-Mouton 效应) 导致平行于和垂直于磁场的线偏振之间的相位延迟，这取决于相应的折射率差。微分延迟由下式给出：

$$\cos\theta \frac{d\delta}{dz} = \frac{2\pi}{\lambda_0}(n_\parallel - n_\perp)\sin^2\psi$$

(1.159)

对于相应的矩阵元素，可以得到

$$\cos\theta \frac{d\delta}{d\tau} = \varrho_W = -\eta_0 \sin^2\psi \left[\frac{1}{2} \sum_{i_r=1}^{N_r} S_{i_r} F(a, v - v_{i_r}) \right.$$

$$\left. + \frac{1}{2} \sum_{i_1=1}^{N_1} S_{i_1} F(a, v - v_{i_1}) - \sum_{i_p=1}^{N_p} S_{i_p} F(a, v - v_{i_p}) \right]$$

(1.160)

其中，ϱ_W 满足以下关系：

$$\rho_Q = \varrho_W \sin 2\varphi, \quad \rho_U = \varrho_W \cos 2\varphi$$

(1.161)

1.5.4　斯托克斯参数辐射转移的数值计算

磁场中斯托克斯参数的理论分析是诊断太阳大气中磁场的重要途径。现在，我们首先研究 FeI λ5324.19Å 谱线的斯托克斯轮廓。在非磁场的宁静 VAL-C 太阳模型大气 (Vernazza et al., 1981) 情况下，用 Ai 等 (1982) 的数值计算程序，我们拟合计算出观测的 (Kurucz et al., 1984) 斯托克斯轮廓 I 分量。

图 1.10 显示了 FeI λ5324.19Å 线的斯托克斯参数 I，Q，U，V，使用 VAL-C 模型大气，均匀磁场 (B) 500~4000 G，磁场倾角 ψ=30°，方位角 φ=22.5°，$\mu = 1$。图 1.11 显示了与 SW 本影模型大气 (Stellmacher and Wiehr, 1970, 1975) 的比较。根据式 (1.148)，我们选择场的方位角为 22.5°，如果忽略磁光效应，斯托克斯参数 Q 等于 U。因此，图 1.10 和图 1.11 中提供了斯托克斯参数 Q 和 U 之间的差异，表明在真实情况下，导致偏振面法拉第旋转的信息磁光效应不容忽视。

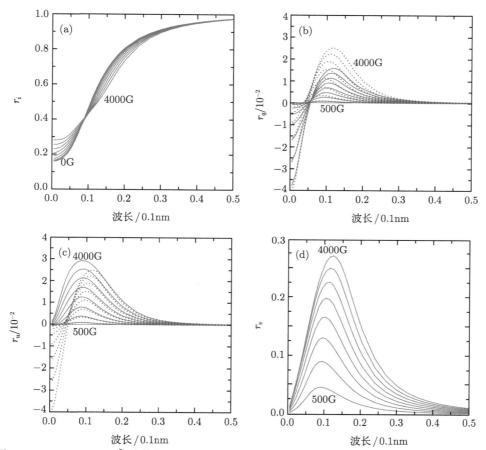

图 1.10　FeI λ5324.19Å 线的斯托克斯参数 r_i, r_q, r_u 和 r_v(即 I/I_c, Q/I_c, U/I_c 和 V/I_c) 在 VAL-C 模型大气下数值计算 (实线)(Vernazza et al., 1981)，倾角 $\psi=30°$，方位角 $\varphi = 22.5°$，$\mu = 1$，磁场强度从 500G 到 4000G，间隔为 500G，但 I 从 0G 开始。在忽略磁光效应的情况下，虚线 (在图 (b) 和 (c) 中) 分别标记了 r_q 和 r_u。来自 Zhang(2019)

　　图 1.12 以几乎等效的形式，显示了图 1.11 中计算的斯托克斯参数 Q，U 和 V。它呈现了关于磁场强度与斯托克斯参数 Q，U 和 V 之间关系的曲线簇，以及在宁静太阳 (VAL-C)(Vernazza et al., 1981) 和本影 (Stellmacher and Wiehr, 1970, 1975) 模型大气中不同 FeI λ5324.19Å 波长处由磁光效应导致的横向场的"误差方位角"。图 1.12(a) 和 (b) 的实线显示了 FeI λ5324.19Å 线翼，距离线中心 0.075Å 的斯托克斯参数 V/I_c，而图 1.12(c)~(f) 中其他实线显示 $[(Q/I_c)^2 + (U/I_c)^2]^{1/4}$ 和偏离线中心波长 0.005Å(几乎在线中心) 的"误差方位角"。

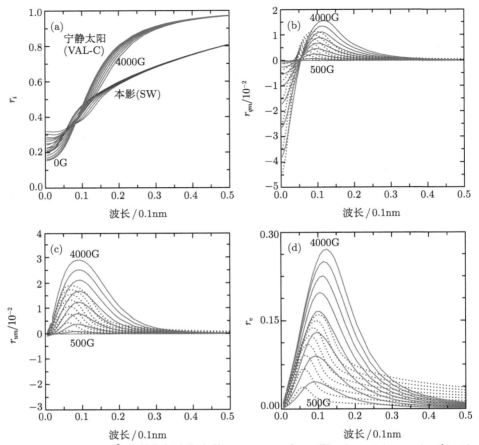

图 1.11　FeI λ5324.19Å 线的斯托克斯参数 r_i, r_q, r_u 和 r_v(即 I/I_c, Q/I_c, U/I_c 和 V/I_c) 在 VAL-C 模型大气下数值计算 (黑色实线)(Vernazza et al., 1981)，倾角 $\psi = 30°$，方位角 $\varphi = 22.5°$，$\mu = 1$，强度从 500G 到 4000G，间隔 500G，但 I 从 0G 开始，SW 本影模型大气下情况相同 (灰色实线或虚线) (Stellmacher and Wiehr, 1970, 1975)。来自 Zhang(2019)

　　图 1.12 表明，宁静太阳和黑子大气对光谱线的斯托克斯参数具有不同的敏感性。宁静太阳与太阳黑子本影的斯托克斯参数 r_v(即 V/I_c) 的比值约为 1.8，并且斯托克斯参数 V 的线性近似仅可以应用于 2000G 以下宁静太阳和 1000G 以下本影情况的相对较弱的磁场。同理，宁静太阳和太阳黑子本影斯托克斯参数之间的比值 $(r_{qm} + r_{um})^{1/4}$(即 $[(Q/I_c)^2 + (U/I_c)^2]^{1/4}$) 大约为 1.5，并且线性近似仅可以用于低于 1000G 的宁静太阳和 600G 本影的相对较弱的磁场。这意味着需要针对太阳的不同区域使用不同的磁场定标系数，这也反映了磁场与被测谱线偏振光之间的非线性 (Ruan and Zhang, 2006, 2008)。

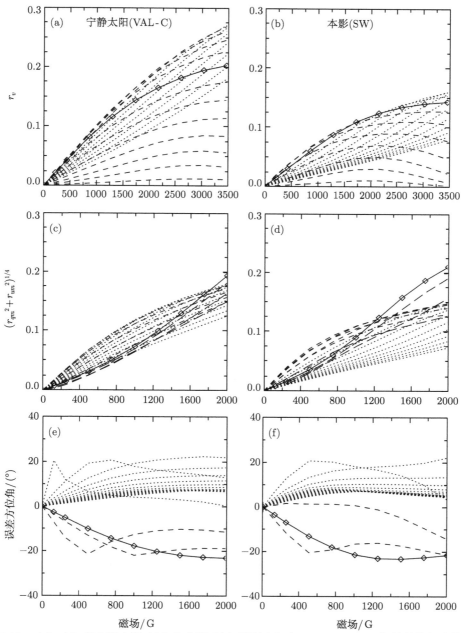

图 1.12 (a)~(d) 在宁静太阳 (左) 和本影 (右) 模型大气中，FeI λ5324.19Å 线的斯托克斯参数 V/I_c，Q/I_c 和 U/I_c，以及线翼从 0.005Å 到 0.185Å，间隔为 0.01Å 时与磁场强度之间的关系。(e) 和 (f) 由磁光效应推断出的横向场的"误差方位角"。其他同图 1.11。V/I_c 与磁场纵向分量有关，而 Q/I_c 和 U/I_c 相对于横向磁场。来自 Zhang(2019)

从图 1.12 可以看出，在太阳宁静光球和黑子处，谱线对磁场的敏感程度存在较大的差异。我们也注意到在进行日面纵向磁场观测时，仅在非常靠近 FeI λ5324.19Å 谱线线心，磁饱和的影响才会变得比较明显。通过理论计算，Ai 等 (1982) 曾指出该谱线是一条弱饱和谱线。

磁光效应是使用磁敏线的矢量磁图诊断太阳活动区磁场的一个重要课题 (Landolfi and Landi Degl'Innocenti, 1982; West and Hagyard, 1983; Skumanich and Lites, 1987)。通常认为，磁光效应会影响横向磁场方位角的确定。因此，对于国家天文台怀柔太阳观测站视频太阳磁场望远镜所使用的 FeI λ5324.19Å 线对横向磁场的测量，有必要分析这种效应的影响。它涉及斯托克斯参数的观测数据反演以及测量的横向场的准确性。这一分析的重要性在于，如何精确分析怀柔太阳磁场望远镜已经持续观测了三十多年的大量光球矢量磁图。

磁光效应引起的"误差方位角"可以定义为磁光效应与非磁光效应观测结果的差值，

$$\Delta\varphi = 0.5\left[\arctan\left(\frac{U_f}{Q_f}\right) - \arctan\left(\frac{U}{Q}\right)\right] \tag{1.162}$$

其中，下标 f 表示必须考虑偏振谱线的法拉第旋转。Zhang(2000) 发现横向场的"误差方位角"与丛线中心到线翼的波长有关，对于磁场为 1000 G 横向场的"误差方位角"，在谱线线心附近约为 10°，在离线中心 −0.15Å 处大约为 5°；横向场的"误差方位角"在线中心附近约为 20°，在 −0.15Å 处约为 10° 的范围。

虽然作为个例我们只展示了 FeI λ5324.19Å 谱线上磁光效应的影响，但它为利用 FeI λ5324.19Å 谱线进行横向磁场测量提供了"误差方位角"数量级的基本估计。从计算的量级可以发现，"误差方位角"的影响对于小倾角的强磁场强度来说是大的。与由 Solanki(1993)，以及 West 和 Hagyard(1983) 计算的另一条磁敏线 FeI λ5250.22Å 线相比，似乎没有发现磁光效应对于 FeI λ5324.19Å 谱线的严重影响。它与 Landolfi 和 Landi Degl'Innocenti(1982) 得到的结果一致，即如果我们记住，对于塞曼分裂的中间值 ($0.5 \leqslant v_H \leqslant 2.5$) (式 (1.114))，方位角的误差更大的 FeI λ5250.22Å 谱线的朗德因子为 3.0，是 FeI λ5324.19Å 线的两倍，两条谱线的等效宽度不同。这意味着，在强磁场区域 (如太阳黑子本影)，可能需要仔细分析磁光效应的影响。我们还注意到，磁光效应的幅度估计取决于太阳模型大气参数的选择和磁场中辐射转移方程的处理等。

1.5.5　谱线形成层

一个重要课题是要知道给定的光谱线在太阳大气中的形成层次。此信息由谱

线的贡献函数 $C_{\mathbf{I}}$ 提供 (Stenflo, 1994)：

$$\mathbf{I}(0) = \int_0^\infty C_{\mathbf{I}}(\tau_c)d\tau_c = \int_{-\infty}^\infty C_{\mathbf{I}}(x)dx \tag{1.163}$$

对于斯托克斯向量 $\mathbf{I} = (I, Q, U, V)$，其中 $C_{\mathbf{I}}(x) = (\ln 10)\tau_c C_{\mathbf{I}}(\tau_c)$，$x = \lg \tau_c$，$\tau_c$ 是 5000Å 处的连续光学深度。它提供了太阳大气不同层对出射光斯托克斯参数的贡献。斯托克斯参数 Q 和 U 带来关于横向磁场的信息，V 带来关于纵向磁场的信息。

现在，我们可以定义等效的源函数 $S_{\mathbf{I}}^\star$(Zhang, 1986)

$$\begin{aligned}
S_I^\star &= S - \frac{1}{\eta_0 + \eta_I}(\eta_Q Q + \eta_U U + \eta_V V) \\
S_Q^\star &= -\frac{1}{\eta_0 + \eta_I}[(\eta_Q(I - S) + \rho_V U - \rho_U V)] \\
S_U^\star &= -\frac{1}{\eta_0 + \eta_I}[(\eta_U(I - S) - \rho_V Q + \rho_Q V)] \\
S_V^\star &= -\frac{1}{\eta_0 + \eta_I}[(\eta_V(I - S) + \rho_U Q - \rho_Q U)]
\end{aligned} \tag{1.164}$$

或

$$\begin{pmatrix} S_I^\star \\ S_Q^\star \\ S_U^\star \\ S_V^\star \end{pmatrix} = \begin{pmatrix} S \\ 0 \\ 0 \\ 0 \end{pmatrix} - \frac{1}{\eta_0 + \eta_I} \begin{pmatrix} 0 & \eta_Q & \eta_U & \eta_V \\ \eta_Q & 0 & \rho_V & -\rho_U \\ \eta_U & -\rho_V & 0 & \rho_Q \\ \eta_V & \rho_U & -\rho_Q & 0 \end{pmatrix} \begin{pmatrix} I - S \\ Q \\ U \\ V \end{pmatrix} \tag{1.165}$$

它们表示斯托克斯参数的辐射源函数形式，即太阳大气不同层的出射斯托克斯参数的贡献。偏振光辐射转移的 Unno-Rachkovsky 方程可以写成

$$\mu \frac{d\mathbf{I}}{d\tau_c} = (\eta_0 + \eta_I)(\mathbf{I} - S_{\mathbf{I}}^\star) \tag{1.166}$$

它与 Stenflo(1994) 的方程 (11.129) 相同，μ 是日心角的余弦。式 (1.164) 和式 (1.166) 中的符号可以参考式 (1.130) 和式 (1.131)。下面我们分析日面中心的谱线形成，其中 $\mu = 1$。我们注意到，远翼的贡献函数也携带一些连续谱的信息，同时我们也注意到，连续谱对怀柔太阳磁场望远镜工作波长附近的谱线的斯托克斯参数 V 没有明显贡献，以影响斯托克斯参数 V 形成层与磁场基本关系的估计。贡

献函数 $C_{\mathbf{I}}$ 是

$$C_{\mathbf{I}}(\tau_{ci}) = \frac{1}{\mu} S_{\mathbf{I}}^{\star} \exp\left[-\frac{1}{\mu}\int_0^{\tau_{ci}}(\eta_0 + \eta_I)d\tau_c\right](\eta_0 + \eta_I) \tag{1.167}$$

其中，τ_{ci} 是第 i 深度点处的连续光学深度。我们可以发现，这个贡献函数与辐射转移方程的简单形式 (1.166) 有关，可以方便地用于辐射转移方程的数值计算。

图 1.13 显示了太阳 VAL-C 模型大气中 FeI λ5324.19Å 谱线从线心开始，在 0.005$\sim$0.2Å 范围内不同波长处斯托克斯参数的形成深度。发现在远翼 $\Delta\lambda = 0.2$Å，斯托克斯参数 I，Q，U，V 主要形成于相对深部太阳光球 $\lg\tau_5 D \sim (-1, 0)$，而在

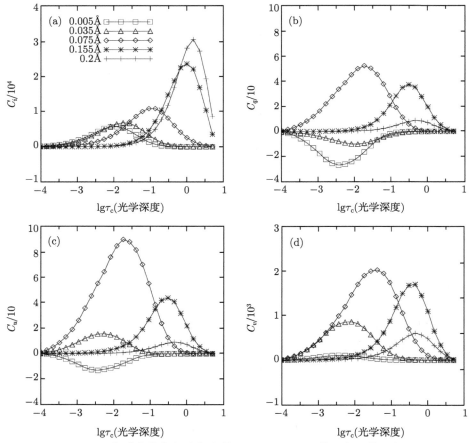

图 1.13　FeI λ5324.19Å 谱线的斯托克斯参数 I，Q，U 和 V 的贡献函数。它们是在 VAL-C 模型大气下进行的数值计算。偏离线心波长 $\Delta\lambda$=0.2Å(十字)、0.155Å(星形)、0.075Å(菱形)、0.035Å(三角形) 和 0.005Å(正方形)，磁场 B=1000G，倾角 ψ=30°，方位角 φ=22.5°，$\mu = 1$。来自 Zhang(2019)

线中心附近 $\Delta\lambda = 0.005$Å，斯托克斯参数形成在相对高的光球面 $\lg\tau_5 \sim (-3, -2)$ 中，其中 τ_5 表示连续光谱在 5000Å 处的光学深度。

发现 FeI λ5324.19Å 谱线的斯托克斯参数形成深度低于太阳温度极小区域 (约 $\tau_{500\text{nm}} = 10^{-4} \sim 10^{-3}$) 并位于光球层，与图 1.14 中的模型大气 (Vernazza et al., 1976) 相比。这意味着 FeI λ5324.19Å 是一条典型的光球谱线。

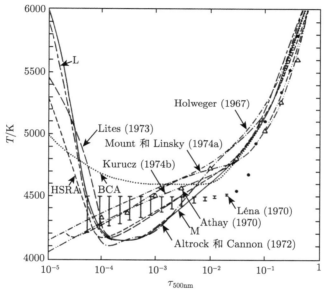

图 1.14　太阳大气模型。不同文章中提供在 $10^{-5} \leqslant \tau_{500\text{nm}} \leqslant 1$ 区域的温度 T 分布。来自 Vernazza 等 (1976)

1.5.6　非线性最小二乘拟合

最小二乘拟合技术 (卡方 (chi-square) 拟合) 已用于宽带分辨率斯托克斯参数 Q，U 和 V 轮廓 (Su and Zhang, 2004a, b)。在他们的拟合过程中没有使用斯托克斯 I 轮廓。用于将分析轮廓最佳地拟合到观测轮廓的 8 个参数为线中心 (λ_0)、多普勒宽度 ($\Delta\lambda_{\mathrm{D}}$)、阻尼常数 ($a$)、源函数斜率 ($uB_1$)、不透明度比 ($\eta_0$)、总磁场强度 ($H$)、磁场矢量的倾角 ($\psi$) 以及磁场矢量的方位角 ($\phi$)。以上所有参数均视为独立参数。我们还假设谱线是对称的。为了我们的目的，χ^2 定义为

$$\chi^2 = \sum_i \frac{1}{\sigma_{Q_i}^2}[Q_i(\text{obs}) - Q_i(a_j; \text{fit})]^2 + \frac{1}{\sigma_{U_i}^2}[U_i(\text{obs}) - U_i(a_j; \text{fit})]^2$$

$$+ \frac{1}{\sigma_{V_i}^2} [V_i(\text{obs}) - V_i(a_j; \text{fit})]^2 \tag{1.168}$$

所有波长点的总和由指标 i 索引。a_j 是指引入斯托克斯 Q，U 和 V 轮廓的所有参数。拟合方法的详细介绍请参考 Balasubramaniam 和 West(1991) 的论文。

我们采用 Hagyard 等 (2000) 的方法选取一些像素进行分析。在图 1.15 中，我们展示了观察到的 Q/I，U/I 和 V/I 的斯托克斯轮廓，以及绘制为 $\Delta\lambda$ 函数的模型的曲线。

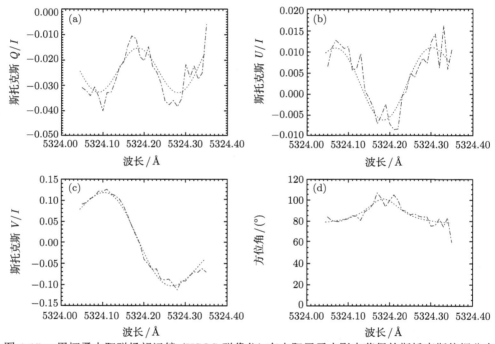

图 1.15　用怀柔太阳磁场望远镜 (HSOS 磁像仪) 在太阳黑子本影中获得的斯托克斯偏振分布 Q/I，U/I 和 V/I(点划线)，与非线性最小二乘反演 (虚线) 产生的拟合分布进行比较。图 (d) 是从 Q/I，U/I 的分布图导出的磁场方位角分布图，分别是观察到的和拟合的。它们的线型与斯托克斯偏振轮廓的线型相同。拟合得到的导出参数值如下：$a = 0.112$, $\lambda_0 = 5324.188$ Å, $\eta_0 = 4.59$, $\Delta\lambda_D = 48.5$ mÅ, $uB_1 = -0.76$, $H = 1731$ G, $\psi = 56°$, $\phi = 73.6°$。来自 Su 和 Zhang (2004b)

当分析与每个像素的观测值最佳拟合的理论模型时，使用模型值 Q/I，U/I 和 V/I 代替观测值以获得优质 η 和斯托克斯 V/I。在图 1.16中，我们给出了 η 和横向场强 B_T 的相关图，其中符号 η 为线偏振强度量 $100 \times [(Q/I)^2 + (U/I)^2]^{1/4}$，它们取自线中心和偏离线 -0.12 Å。在图 1.16 中，我们给出了斯托克斯 V/I 的相关图，取自线中心 -0.12 Å 和 -0.075 Å，以及纵向场强 B_L。表 1.2 中列出了滤光器透过带在不同偏移时的定标系数 C_L 和 C_T。请注意，C_T 已乘以参数 η $(100 \times [(Q/I)^2 + (U/I)^2]^{1/4})$。

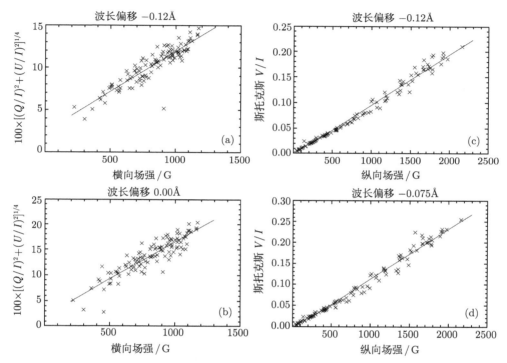

图 1.16　相关图显示了线偏振强度量 η 和横向场强之间的关系。(a) 从线中心 -0.12Å 观察到的 η，(b) 在线中心观察到的 η，两个图中的实线代表线性拟合。(c)、(d) 与 (a)、(b) 相似，但用于斯托克斯 V/I 和纵向场强之间的关系。来自 Su 和 Zhang(2004a)

表 1.2　基于最小二乘拟合技术的定标系数

分量	带宽/Å	系数 (C_L, C_T)/T
B_T	-0.12	10550 ± 92
B_T	0.00	6790 ± 52
B_L	-0.12	10076.5 ± 134.3
B_L	-0.075	8381.0 ± 159.1

我们讨论了磁场矢量的场强、倾角和方位角拟合过程的准确性。设真参数为 $\mathbf{a}_{\text{true}}$，拟合参数为 $\mathbf{a}_0$。$\mathbf{D}_0$ 为实现拟合参数 $\mathbf{a}_0$ 的实测数据集。由于测量误差具有随机成分，因此真实参数有无数种其他实现方式，如"假设数据集" $\mathbf{D}_i$。如果实

现了，每一个都会给出一组略有不同的拟合参数 $\mathbf{a}_i$。我们假设概率分布 $\mathbf{a}_i - \mathbf{a}_0$ 的概率分布形状 $\mathbf{a}_{\text{ture}} - \mathbf{a}_0$。蒙特卡罗 (Monte Carlo) 用于生成"假设数据集"，该数据集表示受不同水平随机噪声影响的合成斯托克斯曲线。这样就可以得到一系列拟合参数 $\mathbf{a}_i$。它们被用来估计误差。以像素为例，磁场强度误差约为 3.2%，倾角误差约为 2.2%，方位角误差约为 0.3%。拟合得出的其他参数的误差如下：线中心波长约为 1.6×10^{-6}%，多普勒宽度约为 3.8%，不透明度比约为 32%，阻尼常数约为 12%，源函数斜率约为 5%。

从总磁场强度 (H) 及其倾角 (ψ) 和方位角 (ϕ)，我们计算出纵向磁场强度 (B_L) 和横向磁场强度 (B_T) 分别为

$$B_L = H \cos\psi, \quad B_T = H \sin\psi \tag{1.169}$$

由于在拟合中仅使用了 Q，U 和 V 轮廓，不考虑填充因子，因此，场强不是绝对的，而仅代表通量。通过在卡方拟合中分别使用本影和半影的测量标准偏差，部分考虑了散射光的影响。通过广泛的数值模拟，Lites 和 Skumanich(1985) 发现，磁场强度和方向对测量误差的敏感度远低于代表大气局部热力学状态的参数。

由非线性最小二乘反演拟合产生的其他物理参数，例如多普勒宽度、不透明度比、阻尼常数和源函数的斜率，在某些情况下可能在物理上是不现实的。例如，阻尼常数下降到一个非常低的值 (~ 0) 或上升到一个非常高的值 (~ 4)，并且不透明度比从低的单位值至高到 600 变化。我们知道多普勒宽度是温度和微湍流速度的函数；不透明度比以复杂的方式与温度和原子数密度相关，并且与多普勒宽度成反比 (见 Landi Degl'Innocenti(1976)，有关这些量的明确表达)。将这些参数分解为更小的单位可能有助于我们解决它们之间的相互依赖性 (Balasubramaniam and West，1991)。

观察到的谱线 FeI λ5324.19Å，在图 1.7 所示的黑子本影谱线两个翼是不对称的，在光球中这条线的对称性由 Wallace 等 (2000) 探过。人们认为谱线的不对称性是由黑子中的速度梯度造成的 (Skumanich et al., 1985)。从图 1.7 中看出，本影中 FeI λ5324.19Å 谱线蓝翼与红翼存在不对称，粗略估算线偏振信号在谱线蓝翼与红翼 (比如偏离谱线线心 150mÅ 位置) 的比率是 1.5。除了本影内部区域外，两个横向场幅度的不对称性并不那么明显。但是，如果速度梯度确实给这种方法带来了问题，则应通过反演方案以某种方式处理它们，以提高拟合精度。

拟合的主要缺点是只能用于导出太阳黑子的强场，并且与使用矢量磁像仪仅在几个波长上观察的通常方法相比，获取数据的过程非常耗时。对于我们的数据，获得的最小 B_T 为 220G，最小 B_L 为 49G。校准结果可能会不适当地表现出较弱磁场，尤其是在光球的区域。此外，我们并不确切知道这些结果是否可以解释

内本影的磁场，因为拟合过程使用了减去本影中心部分的数据。下面我们想从理论上对线性校准精度进行更多的讨论。在弱场条件下，从式 (1.143) 和式 (1.144)，我们可以看到，当谱线吸收系数 η_p 的分布状态可用谱线轮廓比拟时，可以得到近似关系：

$$B_L \propto V \left(\frac{\partial I}{\partial \nu}\right)^{-1}$$

$$B_T \propto (Q^2 + U^2)^{1/4} \left(\frac{\partial I}{\partial \nu}\right)^{-1/2}$$

(1.170)

这为定标磁场提供了基础。然而，这种定标方法存在两个误差源：一个是 $\partial I/\partial \nu$ 的非线性项和磁饱和效应，另一个是上面已经讨论的不同大气模型的影响。当 B 弱时，$\partial I/\partial \nu$ 是主要的误差贡献；当 B 非常强时，涉及的不同大气模型及磁饱和效应可能是主要的误差贡献。由于无法将这两个误差分开，我们将它们视为一个整体：非线性误差 (NLE)。对于纵向场测量，如果在距离线中心 -0.075 Å 等固定带通处进行观测，太阳黑子上的视线速度会引入另一种误差。给定 1km/s (Ai et al., 1982) 的典型速度，我们可以得到波长位移 $\Delta \lambda = \pm 0.0175$ Å (相对于线中心 -0.075 Å 的位置)。由多普勒运动引起的实际波长偏移 (相对于线中心) 大约在 -0.095 Å$< \Delta \lambda < -0.055$Å 的范围内。红移的误差公式为

$$\Delta B = (-V/I_{-0.075} + V/I_{-0.095}) \cdot (C_{L-0.075} - C_{L-0.095})$$

(1.171)

如果 V/I 为正，那个符号是正。同样，对于蓝移，公式为

$$\Delta B = (-V/I_{-0.075} + V/I_{-0.055}) \cdot (C_{L-0.055} - C_{L-0.075})$$

(1.172)

如果 V/I 为负，则那个符号为负。

在图 1.17 中，我们展示了来自不同大气模型的纵向磁场和线性偏差曲线的理论定标曲线。虚线代表艾伦本影模型 (Allen, 1973)，点线代表丁–方 (DF) 半影模型 (Ding and Fang, 1989)，实线代表 VAL-C 宁静光球模型 (Vernazza et al., 1981)。图中的实直线是曲线的线性拟合。表 1.3 中列出了太阳黑子上的线性偏差误差和视线速度造成的误差，透过带距离线中心为 -0.075 Å。当 $B_L = 3000$ G 时，最大标定误差仅达到 ~ 200 G。同样，在图 1.17 中，我们给出了来自不同的大气模型的横向场理论标定曲线和线性偏差曲线。线性偏差误差列于表 1.4 中，透过带位于线中心。这里的讨论和图 1.12 提供的计算结果是一致的。

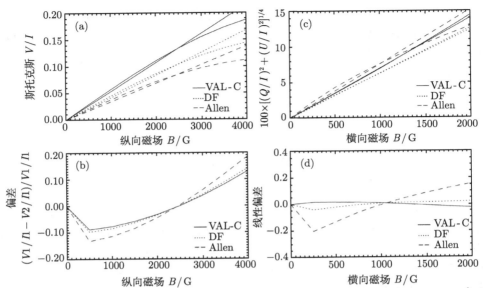

图 1.17 (a) 使用 Allen 本影、DF 半影和 VAL-C 宁静光球模型，在距线中心 −0.075 Å 处纵向磁场和带通的理论定标曲线；(b) 以线性拟合值为单位的线性偏差曲线；(c)、(d) 与 (a)、(b) 相似，但用于线中心的横向场和透过带。来自 Su 和 Zhang(2004a)

表 1.3 在距线中心 −0.075 Å 和 $B_L = 3000$ G，考虑滤光器的纵向场的理论定标误差

模型	NLE/G	红移/G	蓝移/G	叠加/G
Allen	180.5	24.8	−179	205 或 1.3
DF	130.5	61	−221	192 或 −90.5
VAL-C	117	71.6	−238	189 或 −121

表 1.4 在线中心考虑滤光器的横向场的理论定标误差

模型	$B1_T = 1500$G	$B2_T = 2000$G
Allen	126	306
DF	13.4	40
VAL-C	19.5	54

与 Wang 等 (1996a) 论文中出现的经验定标系数相比，我们发现 Su 和 Zhang (2004a) 的结果 $C_L = 8381$ 和 $C_T = 6790$ 分别小于 10000 和 9730。相比 Wang 等 (1996b) 给出的纵向场定标系数，$C_L = 8381$ 与 8880(经验定标) 相近，但小于 9600(速度定标)。不同方法得到的定标系数的差异表明矢量磁像仪的精确标定是复杂和困难的。

1.6 太阳磁场望远镜

1.6.1 利奥 (Lyot) 滤光器

非常窄带的滤光器首先由 Lyot(1933) 和 Öhman(1938) 描述。它也称为偏振干涉单色器、双折射滤光器或是利奥 (Lyot) 滤光器，由偏振器件和双折射晶体的交替序列组成 (Stix, 2002)，参见图 1.18、图 1.22、图 1.34 和图 1.35。

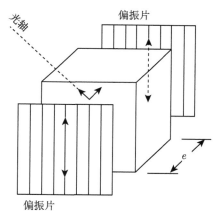

图 1.18 Lyot 滤光器的光学组件。来自 Stix(2002)

Lyot 滤光器的所有偏振片都相互平行安装。晶体是单轴的，切割平行于它们的光轴，并以这样的方式定位，即该轴与偏振片的轴成 45°。第 n 晶体片的厚度为

$$e_n = 2^{n-1}e \tag{1.173}$$

其中，e 是第一块片 $(n=1)$ 的厚度。

让我们首先考虑单晶及其两个紧靠偏振片的作用。振幅为 A 的入射波变为线偏振，并且在晶体中可以分解为两个垂直分量，每个分量的振幅为 $A/\sqrt{2}$。一个分量具有平行于光轴的电振动，该分量以异常射线的速度 c/n_e 传播；另一个分量在垂直方向振动并以正常光线的速度 c/n_o 传播。在穿过厚度为 e 的第一块板后，存在相位差 $\delta = 2\pi e(n_o - n_e)/\lambda$，其中 λ 是真空波长。差值 $J = n_o - n_e$ 称为材料的双折射。

在这两个分量中，第二偏振片仅透射与其自身方向平行的部分；这些部分每个都有一个振幅 $A/2$。设 ϕ 为公共相位，离开晶体的两个波干涉后产生的振幅为

$$\frac{A}{2}\cos(\phi + \delta) + \frac{A}{2}\cos\phi = A\cos(\delta/2)\cos(\phi + \delta/2) \tag{1.174}$$

也就是说，我们再次有一个相位为 ϕ(并且位移 $\delta/2$) 的变化，但是它的振幅 $A = A_0\cos(\delta/2)$ 现在根据 λ 进行调制。强度

$$I = A_0^2\cos^2(\delta/2) \tag{1.175}$$

在 $\delta = 2k\pi$ 处有最大值，在 $\delta = (2k-1)\pi$ 处为零，其中 k 是一个整数。最大值的波长为 $\lambda = eJ/k$；对于大 k，一个最大值到下一个最大值的距离是 $\lambda \simeq eJ/k^2$。

现在取 N 板，以厚度公式 (1.173)，放在 $N+1$ 个偏振器之间。通过最后一个偏振片后，强度为

$$I = A_0^2\cos^2(\pi eJ/\lambda)\cos^2(2\pi eJ/\lambda)\cos^2(4\pi eJ/\lambda) \cdots \cos^2(2^{N-1}\pi eJ/\lambda) \tag{1.176}$$

单个因子的最大值在

$$\lambda = eJ/k, \quad \lambda = 2eJ/k, \quad \lambda = 4eJ/k, \quad \cdots, \quad \lambda = 2^{N-1}eJ/k \tag{1.177}$$

在图 1.19 中，我们可以看到乘积 (1.176) 第一个因子的两个最大值之间的大部分间隔内几乎为零。

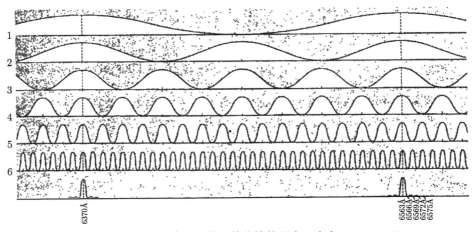

图 1.19　由 Lyot 滤光器的元件传输的强度。来自 Lyot(1944)

图 1.20 提供通过滤光器前后的吸收光谱线的斯托克斯轮廓。以怀柔太阳磁场望远镜的双折射滤光器 N 级为例，滤光器透过带轮廓为 (Ai et al., 1982)

$$T(\lambda) = \cos^2\left(\pi\frac{\lambda - \lambda_0}{0.15} + f_1\right)\cos^2\left(\pi\frac{\lambda - \lambda_0}{0.30} + f_2\right)\cos^2\left(\pi\frac{\lambda - \lambda_0}{0.60} + f_3\right)$$

$$\cdots \cos^2\left(\pi\frac{\lambda-\lambda_0}{0.15\times 2^{n-1}}+f_n\right)$$

$$=\prod_{i=1}^{n}\cos^2\left(\pi\frac{\lambda-\lambda_0}{0.15\times 2^{i-1}}+f_i\right) \tag{1.178}$$

这里，f_i 是可调节参数；λ_0 是选择的透过带中心波长。从图 1.20 可以发现，当斯托克斯光谱通过滤光器后，其幅度由于滤光器带宽的影响降低。对于不同的仪器和偏振光谱线，其幅度也应发生变化。也就是说，不同的磁场测量仪器，其接收的斯托克斯参数幅度也会有所不同。

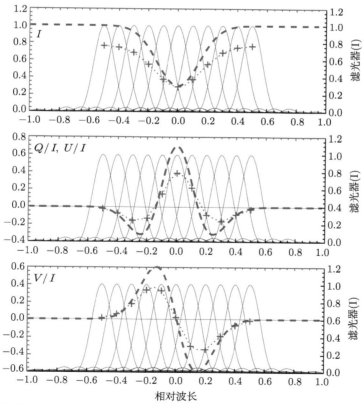

图 1.20 长虚线表示斯托克斯参数 I、$(Q/I、U/I)$ 和 V/I；细实线为滤光器透过带极大设置在不同相对波长上的滤光器轮廓；+ 号表示在相应波长上滤光器透过轮廓与斯托克斯参数 I、$(Q/I、U/I)$ 和 V/I 的卷积形式

1.6.2   太阳磁场望远镜

太阳磁场望远镜 (35cm 光学口径) 位于中国科学院国家天文台怀柔太阳观测基地。太阳磁场望远镜主要由艾国祥院士提出和设计，它于 1985 年开始投入使用，于 1987 年获中国科学院科技进步奖一等奖，1988 年获得国家科技进步奖一等奖，见图 1.21。

图 1.21   多通道太阳望远镜 (MCST) 是一种集成视频磁像仪系统，可以同时测量具有不同谱线的太阳矢量磁场和速度场。目前有两个已安装的通道/望远镜用于常规观测，35cm 太阳磁场望远镜 (SMFT，1986 年至今) 和 60cm 太阳三通道望远镜 (2008 年至今)

太阳磁场望远镜由 35cm 真空折射望远镜、偏振分析器、双折射滤光器及后端成像系统组成。偏振分析器是用来测量太阳磁场的重要器件，它主要由波片和 KD*P 晶体组成。双折射滤光器是磁场望远镜的核心部分，其作用是在太阳光中选择观测所需的特定波长的单色光通过，滤掉其余各种成分的光。

太阳磁场望远镜能获得 FeI λ5324Å 波段的光球矢量磁场和视向速度场数据，还可获得 Hβ 4861Å 波段的色球视向磁场和视向速度场数据。太阳磁场的测量原理是根据塞曼效应将测量到的偏振光斯托克斯参数 I, Q, U, V 强度信号通过精确定标得到所需的太阳磁场信息。磁场望远镜选用 FeI λ5324Å 谱线观测光球层中的磁场，该线是一条较宽和较强的吸收线，谱线轮廓比较规则对称，属简单三分裂，朗德因子为 1.5。在 512 帧偏振光叠加条件下，太阳纵向磁场的测量精度约为 10G，横向磁场的精度约为 150G(以定标后磁图的噪声水平计量归算)。太阳大气视向速度场是通过测定谱线波长的多普勒位移来得到的，测量太阳视向速度场的精度约为 30m/s。应当指出，太阳磁场测量的精确程度不仅依赖于仪器、测量方式，也与观测地点的大气宁静度和透明度有关。不同的作者得到的估计值往往也略有不同 (Ai, 1989, 1993a, 1993b; Wang et al., 1996b; Su and Zhang, 2004a; Zhang et al., 2007)。

图 1.22 显示用于 35 cm 太阳磁场望远镜 (SMFT) 上的在 FeI λ5324.19Å 和 Hβ 4861.34Å 波长进行太阳矢量磁场和速度场测量的窄带双折射滤光器的光学结构示意图。

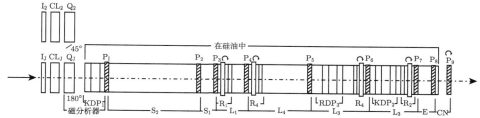

图 1.22　35 cm 太阳磁场望远镜 (SMFT) 用于太阳矢量磁场和速度场测量的窄带双折射滤光器的光学结构

太阳磁场望远镜投入观测以来，采用了对太阳活动课题观测和常规观测资料长时间积累两种主要运行方式。观测时间对国内外同行免费开放。由于优良的观测资料、开放的管理模式、良好的科学研究环境，许多重要的研究成果在这里出现。截止到目前，在国际一流刊物上发表大量学术论文。研究内容主要包括：太阳磁场速度场形态演化、磁场非势特征与太阳活动、太阳电流螺度与磁螺度观测、小尺度磁场及内禀性质和基于矢量磁场观测的三维外推等方向。

基于太阳磁场望远镜的观测，怀柔太阳观测基地与美国、日本、法国、俄罗斯等国家的科学家建立了长期的观测研究合作关系。从 1987 年起，与美国大熊湖太阳天文台 (BBSO) 开展的"日不落太阳磁场联合观测"和继而开展的"太阳活动全球监测网"等合作项目在太阳活动观测研究中取得了重要的科研成果。

太阳磁场望远镜的研发成功，也是科学研究中哲学思想的一次重大胜利。通过对太阳观测技术方法发展的分析，艾国祥院士等敏锐地把握到了太阳磁场观测从"点"、"线"到"面"的辩证发展规律，在国内没有任何基础、国际上尚不成熟的背景下，创新性地提出了发展太阳磁像仪的设想，从而造就了怀柔太阳观测基地在观测和科研上取得系列重要进展。

关于太阳磁场望远镜的详细设计和后续的技术发展可参看有关的文献专辑《北京天文台台刊》，1986 年，8 卷；《光学技术》，1995 年，增刊。

1.7　矢量磁场的观测和不同矢量磁像仪的比较

1.7.1　怀柔、三鹰和密斯天文台的矢量磁图

　　不同天文台获得的矢量磁图之间的比较是一项基础性研究, 因为它可以用于分析光球矢量磁场的分布并确认场测量的准确性 (Zhang et al., 2003b; Wang et al., 2009)。Ronan 等 (1992) 对两种非常不同的矢量磁像仪 (密斯太阳天文台 (MSO) 的哈雷阿卡拉 (Haleakala) 斯托克斯偏振仪 (HSP) 和马歇尔航天飞行中心 (MSFC) 的矢量磁像仪) 的磁图进行了比较, 发现两个磁图之间的视向场分量非常吻合。由于 MSFC 所在地的宁静度较差, 而 MSO 的宁静度通常较好, 横向场测量之间的一致性问题主要是由 MSFC 的图像质量引起的不确定性造成的。Wang 等 (1992) 对怀柔太阳观测站 (HSOS)、大熊湖太阳天文台和 MSO 三个天文台的矢量磁图进行了比较。HSOS 的太阳磁场望远镜 (SMFT) 与 BBSO 的矢量磁像仪观测结果非常相似, 而两者都与 MSO 的斯托克斯偏振仪有很大不同。比较包括形态、横向场的方位角和磁场强度。

　　位于日本国立天文台三鹰 (Mitaka) 的太阳耀斑望远镜 (SFT/MTK) 在测量磁场方面具有与 SMFT/HSOS 相似的设计。双折射滤光器的带宽为 0.125Å, 传输峰设置在 FeI λ6302.5Å 线的蓝翼 -0.08Å (朗德因子 $g = 2.5$) (Sakurai et al., 1995)。在对横向磁图的分析中, 发现在三鹰观测的强场区域的数据中, 纵向场大于 1000G 情况下存在法拉第旋转 (FR) 的一些影响 (Sakurai, 2002)。

　　密斯太阳天文台的 HSP 可能是同类中较早类型的偏振仪 (Mickey, 1985)。它的调制器是一个旋转波片, 它是"固定延迟、可变取向型"。调制器的输出包括由软件解卷积的 4 个斯托克斯参数。光谱仪是一阶梯光栅, 它提供"高角色散和效率, 同时保持低散射光水平" (Mickey, 1985)。FeI λ6301.5Å 谱线 (朗德因子 $g = 1.667$) 和 FeI λ6302.5Å 谱线 (朗德因子 $g = 2.5$) 被斯托克斯偏振仪使用 (Ronan et al., 1987)。斯托克斯偏振仪磁图 (SPM) 数据通常通过两种不同的方法进行分析: 最小二乘法拟合 (Skumanich and Lites, 1987) 和积分法。轮廓拟合包括法拉第旋转的影响, 而积分法受到的影响由 Ronan 等 (1987) 分析过。数据处理是积分和最小二乘 (LS) 线轮廓拟合的组合。他们发现对于弱偏振, LS 方法失败。对于 $B <$1000G 的像素, 采用积分法, 而对于 $B >$1000G 的像素, 采用 LS 法。

　　密斯太阳天文台的成像矢量偏振仪 (IVM) 是另一个斯托克斯轮廓分析磁像仪。它自 1992 年开始运行。磁像仪包括一个专用的 28 cm 孔径望远镜、一个偏振调制器、一个可调谐的法布里–珀罗 (Fabry-Perot) 滤光器、CCD 相机和控制电子设备。它拍摄太阳区域的图像, 并以序列形式记录偏振和波长 (Mickey et al., 1996)。LaBonte 等 (1999) 描述了数据处理过程。IVM 使用的典型谱线是 FeI λ6302.5Å。

图 1.23 显示了 1999 年 5 月 5 日 TRACE 卫星观测到的 NOAA 8525 活动区白光和紫外 171Å 图像。活动区由一个主黑子和一些主黑子西北部的小气孔组成。活动区位于靠近日面中心 (N22°，E6°) 处。可以清楚地看到，紫外 171Å 纤维结构从主太阳黑子中心向外延伸。这些提供了有关活动区大气中磁场的一些基本形态信息。图 1.24 显示了被白光和紫外 171Å 图像叠加的三幅光球矢量磁图。在怀柔 (HRM)、三鹰 (MTK) 和 HSP/Mees (SPM) 的磁图上，我们发现了这些观测矢量磁场的基本一致性。这个活动区是一个 αp 结构。横向磁场方向大致平行于 171Å 纤维结构，也与图 1.23 和图 1.24 中白光图像中的半影特征一致。对于强横向磁场 (大于 200G)，横向磁场的平均误差角为 −3°.6。在 SPM 和 HRM 之间的矢量磁图比较中发现了类似的情况。SPM 和 HRM 之间横向场 (大于 200G) 的平均误差角为 −12°.8，而 SPM 和 MTK 之间的平均误差角为 −17°.5。这意味着与 MTK 和 HRM 相比，SPM 观测到的横向场倾向于逆时针旋转。

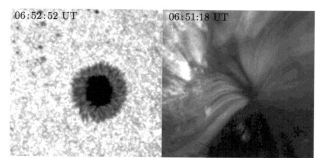

图 1.23   1999 年 5 月 5 日 TRACE 卫星在 NOAA 8525 活动区观测到的白光和紫外 171Å
图像。图像的大小为 $1.85' \times 1.85'$。上为北，右为东。来自 Zhang 等 (2003b)

在图 1.24 中，白光图像的相对强度在本影中约为 50，靠近太阳黑子的宁静太阳区域中为 250。发现强磁场的散射状分布一般出现在白光相对强度在 200 左右的地方；这正是活动区 NOAA 8525 中太阳黑子的半影区。人们注意到太阳黑子与强纵向磁场相联系，这实际上反映了活动区横向场和纵向场之间的相关性。横向和纵向磁场之间的关系，以及在距离 FeI λ5324.19Å 线中心不同波长处观测到的横向场之间的关系，通过 Zhang(2000) 对该活动区的分析获得。HRM 的观测结果与磁光效应导致正极性区谱线线偏振光逆时针旋转的解释一致。值得注意的是，不能排除法拉第效应对 MTK 矢量磁图测量的影响，即使在 FeI λ6302.5Å 谱线的 −0.08Å 处观察到的比在谱线中心要弱。不同矢量磁像仪观测到的活动区 8525 横向磁场比较的统计结果见表 1.5。

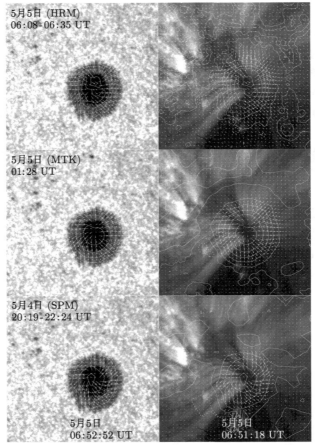

图 1.24   在怀柔 (HRM)、三鹰 (MTK) 和 HSP/Mees (SPM) 观测到的 NOAA 8525 活动区
矢量磁图。箭头标记了横向磁场的方向。实线 (虚线) 等高线对应于正 (负) 场强度 ±(50G、
200G、500G、1000G、1800G、3000 G)。来自 Zhang 等 (2003b)

表 1.5   活动区 8525

磁图差异	$\Delta\varphi$	σ_φ	σ_T	总观测点数	统计点数
MTK-HRM	$-3°.6$	$20°.5$	213.6G	3600	1100
HRM-SPM	$-12°.8$	$14°.5$	199.9G	255	29
MTK-SPM	$-17°.5$	$10°.2$	177.2G	255	30

由于去除了不同台站横向磁场标定的差异，比较了不同矢量磁像仪获得的矢
量磁图横向分量的相关性，可以发现不同磁像仪获得的矢量磁图还是具有良好的
统计相关性，如 SPM 和 IVM，SPM 和 MTK，HRM 和 MTK。

1.7.2 怀柔和云南天文台的矢量磁图

通过云南天文台太阳斯托克斯光谱望远镜 (S³T) 对太阳活动区二维扫描数据进行拟合，Liang 等 (2006) 研究了其矢量磁场的分布，如图 1.25所示，斯托克斯 I，Q，U，V 的轮廓已显示在图 1.8 和图 1.9 中。最大磁场强度约为 2100G，位于本影的南部，稍远离其中心。临边昏暗函数 (Pierce and Slaughter, 1977) 表明连续谱强度在太阳临边之外迅速下降。由于临边昏暗，活动区的东北部比西南部更暗，并且观察到的本影朝向太阳边缘而偏离原本的本影形态。相应地，磁场强度的最大值偏离观测到的本影朝日心方向。从最大值起强度单调递减。本影和半影交接处的强度约为 1400G，太阳黑子边缘处的强度约为 400G。

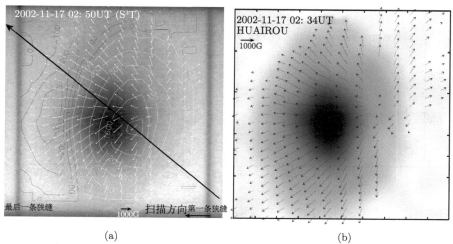

(a) (b)

图 1.25 (a) 太阳黑子的白光图像与纵向磁场和横向磁场的轮廓重叠 (由白色线表示)。(b) 由黑色箭头表示的横向磁场覆盖的 FeI λ5324Å 图像。视场为 $60'' \times 60''$。北在上，西在右侧。
来自 Liang 等 (2006)

使用磁场强度 B、倾角 γ 和方位角 χ，Liang 等 (2006) 计算了活动区的纵向和横向磁场，如图 1.25 (a) 所示。在计算横向磁场之前，方位角 χ 的 180° 不确定性已通过 Canfield 等 (1993) 描述的方法修正。等高线表示纵向磁场，而白色箭头表示横向磁场。结果表明，横向磁场呈放射状分布，其最大值约 1600G，位于本影的中心。图 1.25 还显示了 FeI λ5324Å 图像叠加了北京怀柔太阳观测站于 2002 年 11 月 17 日 02:34UT 获得的横向磁场 (Ai and Hu, 1986; Zhang et al., 2003b)，其中接近 S³T 观察的时间 (02:50UT)。每个像素分别为怀柔磁图 (HRM) 中的 $0.35'' \times 0.35''$ 和 S³T 磁图中的 $4.5'' \times 2.5''$。为了便于对比，HRM 已通过线性插值调整为每像素 $4.5'' \times 2.5''$，发现两个磁图给出的横向磁场基本一致。怀柔的横向磁场也几乎呈放射状分布。活动区 10197 的怀柔和 S^3T 磁图之间的关系如图 1.26 所示。在图 1.26(a) 中，X 轴和 Y 轴分别表示怀柔和 S^3T 观测到的横向磁场的方位角。这些方位角关系的线性拟合由实线 $Y = 12.8 + 0.88X$ 表示，相关系数 $\rho_{\text{Azimu}} = 0.86$。在图 1.26(b) 中，两个横向磁场的强度分别用 X 轴和 Y 轴表示。这些强度之间关系的线性拟合由实线 $Y = 39.5 + 0.965X$ 表示，相关系数 $\rho_{Bt} = 0.883$。两个相关系数 $\rho_{\text{Azimu}} = 0.86$ 和 $\rho_{Bt} = 0.883$ 表明，S^3T 和怀柔获得的横向磁场具有很强的相关性。因此，S^3T 和 HR(怀柔) 磁图的特征是相似的。

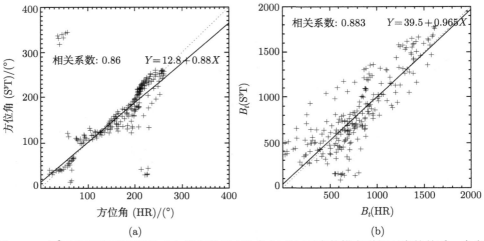

图 1.26 S^3T 和怀柔观测到的 (a) 横向磁场方位角与 (b) 对应的横向磁场强度的关系。来自 Liang 等 (2006)

1.8   视频矢量磁像仪诊断法拉第旋转

1.8.1   谱线不同波长的斯托克斯参数

图 1.27 显示在 1999 年 5 月 5 日距 FeI λ5324.19Å 中心不同波长 (0.0Å, -0.075Å, -0.12Å, -0.15Å) 处观察到的活动区中斯托克斯参数 Q 和 U。图 1.28 中显示了相对应的矢量磁图，其中磁场的横向分量由斯托克斯参数 Q 和 U 推断，它从 FeI λ5324.19Å 线的中心在 0.0Å 和 -0.15Å 处观察到，而斯托克斯参数 V 在 -0.075Å 处观测。

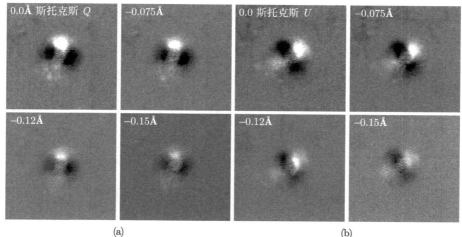

图 1.27　1999 年 5 月 5 日在怀柔太阳观测站观测活动区在 FeI λ5324.19Å 线蓝翼 (0.0Å, −0.075Å, −0.12Å, −0.15Å) 获得的斯托克斯图像 Q(a) 和 U(b)。白色 (黑色) 轮廓标记正 (负) 信号。图的大小是 $0.9' \times 0.9'$

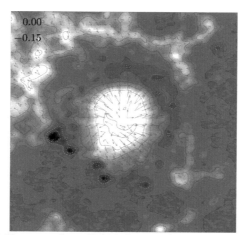

图 1.28　由斯托克斯参数 Q, U 和 V 推断出的 1999 年 5 月 5 日活动区矢量磁图，其中 Q 和 U 分别在 FeI λ5324.19Å 线心 (蓝色箭头) 和 −0.15Å(红色箭头) 处观察到，斯托克斯参数 V 在 −0.075Å 处观测。实线 (虚线) 轮廓对应于正 (负) 场。图的大小是 $0.9' \times 0.9'$

图 1.29 显示了 1999 年 5 月 5 日在距活动区 FeI λ5324.19Å 线心和不同波长 (−0.04Å, −0.075Å, −0.12Å, −0.15Å) 处获得的磁场 "横向分量" 的方位角相关性的散点图。发现与上述辐射转移的结果相比，磁场 "横向分量" 的方位角误差随着观测波长间隔的增加而增加，这是磁光效应的证据。一些数据分散可能还来自以下可能性：① 磁图位置调整的误差；② 由斯托克斯 Q 和 U 信号较

弱导致的磁图中的观测噪声。为了分析这些问题，我们关注活动区中横向磁场的分布。

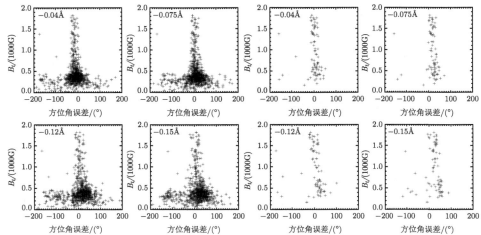

图 1.29   左：1999 年 5 月 5 日活动区横向磁场与横向磁场"方位角误差"的关系。右：纵向场大于 200 G，横向场大于 500 G。纵坐标表示横向场强度 (在 FeI λ5324.19Å 线中心获得，单位为 1000 G)，横坐标表示通过在线中心获得的和离线心 −0.04Å，−0.075Å，−0.12Å，−0.15Å 获得的斯托克斯参数 Q 和 U 推断的"横向场"角度差。来自 Zhang(2000)

主要结果如下所述。

(1) 磁光效应是测量 FeI λ5324.19Å 线横向场的一个显著问题。虽然磁光效应在怀柔磁像仪 (Wang et al., 1992) 获得的横向磁图的一般研究中可以忽略不计，但其影响在线中心附近比在远翼影响明显。

(2) FeI λ5324.19Å 线的翼在不同波长下获得的横向场"方位角"之间的差异可以在活动区的某些区域找到。它提供了很好的证据用于测量横向场的磁光效应。

West 和 Hagyard(1983) 证明，对于马歇尔航天飞行中心 (MSFC) 系统的视频矢量磁像仪，对于小于 1800 G 的场强和大于 45° 的场倾角可以忽略法拉第旋转。通过研究 FeI λ5250.22Å 谱线，Hagyard 等 (2000) 发现，对于在光谱线线心附近进行的低至 1200 G，以及倾角在 20° ∼ 80° 范围内的磁场观测而言，方位角的法拉第旋转是一个显著的问题。他们还发现很难将法拉第旋转效应与 π-σ 旋转效应分开。

为了更准确地研究法拉第旋转的影响，我们尝试使用斯托克斯轮廓的反演技术恢复矢量磁场参数和其他物理参数，如多普勒宽度、不透明度比、阻尼常数和线中心波长通过用矢量磁像仪系统 (HSOS) 扫描 FeI λ5324.19Å 线的每个波长获得。除了矢量磁场参数之外，由无约束非线性最小二乘反演拟合产生的其他参数在某些情况下可能在物理上是不现实的。这是由将这些参数视为相互独立所导致的 (Balasubramaniam and West, 1991)。

1.8.2 非线性最小二乘拟合

Auer(1977a, b) 建议在忽略磁光效应的情况下，将观测到的斯托克斯轮廓的非线性最小二乘拟合应用于 Unno(1956) 给出的偏振辐射的辐射转移方程的解析解。Landolfi 和 Landi Degl'Innocenti(1982) 推导出在平面平行的米尔恩–爱丁顿模型大气的限制性假设下，在塞曼展宽影响下的斯托克斯吸收谱线轮廓的解析解。因此，拟合程序已被增强以包括磁光效应和视向速度 (Skumanich et al., 1985; Skumanich and Lites, 1987)。Lites 和 Skumanich(1990) 的反演程序足够强大，可以让人们以自动化的方式分析斯托克斯轮廓数据。它们还可以校正杂散光或散射光以及磁元填充因子的综合影响。

1. 线性最小二乘拟合

对于不同偏振仪，斯托克斯参数的线性拟合的交叉串扰的估计是必要且足够的。斯托克斯 Q 和 U 之间的拟合可以写成

$$
\begin{aligned}
Q_b - Q_r &= a_1 + a_2(V_b - V_r) \\
U_b - U_r &= a_3 + a_4(V_b - V_r)
\end{aligned}
\tag{1.179}
$$

太阳黑子半影的偏振信号标准偏差散点图，作为其在活动区中各自偏振强度的函数如图 1.30所示。光谱扫描数据被用来校正仪器偏振串扰 (通过使用一组标准偏差数据确定并假设它与波长无关)。

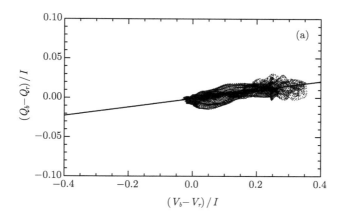

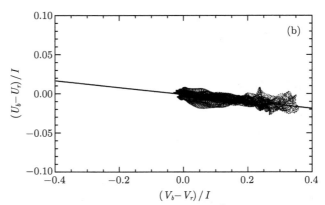

图 1.30　偏振计引入的偏振串扰。来自一组 ± 60 mÅ 数据的样本散点图。斯托克斯
$(Q_b - Q_r)/I$-$(V_b - V_r)/I$ 的散点图显示在图 (a)，$(U_b - U_r)/I$-$(V_b - V_r)/I$ 的散点图显示在图
(b)。两个图中的实线表示对数据的线性拟合。来自 Su 和 Zhang(2004b)

　　理论分析表明，谱线远翼磁光效应的影响不显著。所以法拉第旋转不应该会
导致磁图上横向场方位严重差异 (Su and Zhang, 2004a, 2004b, 2005)，我们从以
下两个方面来解释这个问题。① 在应用线性关系校正矢量磁图每个像素的方位角
和大小时，不能期望得到完美的结果。该校正方法适用于大多数像素，但对某些情
况无效。② 对于低信噪比和垂直场占主导的情况，本影中观察到的方位角是弥散
的，对我们的数据分析来说意义不大 (Hagyard et al., 2000)。所以我们在下面的数
据处理中省略了内本影的数据。对于第二个问题，在基特峰观测结果中 (Wallace
et al., 2000)，本影谱线 FeI λ5324.19Å 的两个翼是不对称的。谱线不对称是由黑
子中的速度梯度引起的 (Skumanich et al., 1985)。此外，FeI λ5324.19Å 的线翼
还存在其他谱线的扰动。

　　2. 非线性最小二乘拟合

　　Balasubramaniam 和 West (1991) 将该方法应用于使用马歇尔航天飞行中
心仪器观察到的低分辨率斯托克斯 Q，U 和 V 轮廓，而未使用斯托克斯 I 轮
廓。我们使用 Balasubramaniam 和 West (1991) 的拟合方法来研究法拉第旋
转。用于将分析轮廓最佳地拟合到观测轮廓的 8 个参数是线心 (λ_0)、多普勒宽
度 ($\Delta\lambda_D$)、阻尼常数 (a)、源函数的斜率 (uB_1)、不透明度比 (η_0)、总磁场强度
(H)、磁场矢量的倾角 (ψ) 和磁场矢量的方位角 (ϕ)。以上所有参数均视为独立
参数。我们还假设谱线是对称的。所有波长点的总和由 i 指标处理。a_j 是指进入
斯托克斯 Q，U 和 V 曲线的所有参数，见式 (1.168)。权重函数 σ 指的是标准
偏差 (图 1.31)。拟合方法的详细介绍参考 Balasubramaniam 和 West (1991) 的
论文。

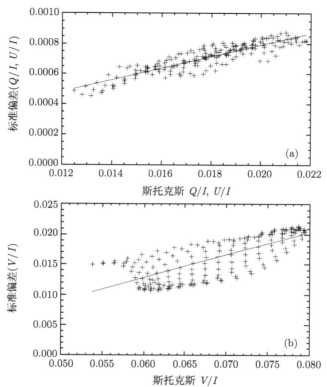

图 1.31　半影线偏振和圆偏振的标准偏差作为其各自偏振强度的函数的散点图。图中的实线
　　　　代表线性拟合。对于负极性，标准偏差相对于零对称。来自 Su 和 Zhang(2004b)

观测样本斯托克斯 Q/I，U/I 和 V/I 轮廓，以及从 Q/I 和 U/I 导出的横向场方位角拟合轮廓，如图 1.15 所示，它描述本影中的一个空间点，虚线是使用八个参数拟合的轮廓。在我们的分析中，磁场强度、倾角和方位角的磁场参数误差分别约为 1.6%，1.7% 和 1.0%。由图 1.15 拟合得出的其他参数的误差如下：阻尼常数约为 1.2%，线中心波长约为 0.71%，不透明度比率约为 4.5%，多普勒宽度约为 2%，以及源函数的斜率约为 5.8%。对所有参数拟合过程的准确性在 William 等 (1992, 第 15 章) 详细讨论。图 1.15 展示出与滤光器传输函数卷积后的斯托克斯轮廓。某些波长位置的图像出现一些波动的原因有两个。一个是不好的视宁度条件；另一个是 5 分钟振荡的不同相位，因为光谱扫描了大约两个小时 (Balasubramaniam and West，1991)。

3. 法拉第旋转和 π-σ 旋转的理论分析

众所周知，线偏振光方位的测量将联系于横向磁场的方位角 (受 180° 不确定性的限制)。然而，由于谱线线心处的线偏振光垂直于线翼偏振光的方向，所以从

方程 $\phi = \frac{1}{2}\arctan(U/Q)$ 推导出方位角 ϕ 时必须小心，其中 U 和 Q 是线性偏振光的斯托克斯强度。Hagyard 等 (2000) 称这种效应为 π-σ 旋转。因此，它取决于磁场强度、使用的磁敏线和测量仪器的光谱分辨率，横向场的方位角可能会从其在中心波长附近测量的方向突然旋转 90°。Hagyard 等 (2000) 认为他们无法将磁光效应和 π-σ 旋转效应分开，并将它们的净效应指定为塞曼–法拉第 (Z-F) 旋转。

如果 $S(\lambda)$ 代表任意斯托克斯参数的线轮廓，$T(\lambda, \lambda')$ 是滤光器的透射轮廓，其中 λ' 是带通位置相对于线中心，则传输的斯托克斯参数的强度变为

$$\overline{S}(\lambda') = \int_{-2\Delta\lambda}^{2\Delta\lambda} S(\lambda)T(\lambda, \lambda')d\lambda \bigg/ \int_{-2\Delta\lambda}^{2\Delta\lambda} T(\lambda, \lambda')d\lambda \qquad (1.180)$$

其中，$\Delta\lambda$ 足够大，以至于积分足以覆盖整个斯托克斯线轮廓。我们可以看到，滤光器系统观察到的斯托克斯参数值 $\overline{S}(\lambda')$，是某些波长范围内的平均效应 (从 $-2\Delta\lambda$ 到 $2\Delta\lambda$)，使用斯托克斯轮廓 $S(\lambda)$ 作为每个波长 (λ') 的加权。因此，我们可以得出结论，在从谱线中心偏移的方位角与波长偏移的曲线中，π-σ 旋转效应造成的"分裂"可以减少甚至消除。我们发现当"分裂"扩大时，方位角受到 Z-F 旋转的影响比"分裂"减少或完全消除时更严重。对于 FeI λ5324.19Å，其朗德因子 g = 1.5。在太阳磁场大气中，它的塞曼分裂比线 FeI λ5250.22Å 小，后者有更大的朗德因子 g = 3。所以我们可以推断出，在附近的观测中 FeI λ5250.22Å 线中心，Z-F 旋转对方位角的影响比在 FeI λ5324.19Å 线中心的影响更显著。

1.8.3 磁光旋转的定性估计

使用非线性最小二乘反演技术，我们可以获得观测值和理论之间的最佳拟合，以恢复矢量磁场参数等。因此，观测和计算的磁场方位角与从斯托克斯轮廓导出的 $\Delta\lambda$ 相比，Q/I 和 U/I 可以被获得。关于恢复参数，ϕ 为"真"方位角，我们将观测到的由法拉第旋转引起的方位角误差 $\Delta\phi$ 定义为"真"方位角与线中心的模型方位角值之间的差异。

更定量地，我们看到以下结果：① 最大的方位角旋转发生在本影区域；② 由于一些像素跨越半影区域或位于本影区域附近，看起来那里可能发生大的旋转；③ 对于大多数像素，法拉第旋转小于 30°，相关图显示最大旋转随磁场 H 和方位角 ϕ 平滑线性变化，除了在① 和 ② 中讨论的那些像素。

表 1.6 中给出了怀柔太阳观测站 (HSOS) 和马歇尔航天飞行中心太阳磁场观测结果之间作为场强函数的最大法拉第旋转效应的比较，其中马歇尔航天飞行中心的数据来自 Hagyard 等 (2000) 的论文，HSOS 的数据来自 Su 和 Zhang(2004b)。也许这种比较并不准确。这只是对马歇尔航天飞行中心和 HSOS 中使用的磁敏线

的不同活动区的定量估计。表 1.7 和表 1.8 分别显示了作为场强和倾角函数的最大法拉第旋转的平均值 ($\overline{\Delta\phi}$)。

表 1.6 HSOS 和马歇尔航天飞行中心的两个视频矢量磁像仪获得的作为场强函数的最大法拉第旋转像素数的比较

范围	HSOS	马歇尔航天飞行中心
$\Delta\phi > 60°$	3/79	18/80
$50° < \Delta\phi \leqslant 60°$	0	5/80
$30° < \Delta\phi \leqslant 50°$	5/79	12/80
$\Delta\phi \leqslant 30°$	$71/79 \approx 90\%$	$45/80 \approx 56\%$

表 1.7 最大法拉第旋转的平均值 ($\overline{\Delta\phi}$) 作为活动区样本中场强的函数

H/G	1000	1500	2000	2500
$\overline{\Delta\phi}/(°)$	7.4	12.7	18.1	23.5

表 1.8 最大法拉第旋转的平均值 ($\overline{\Delta\phi}$) 作为活动区样本中场倾角的函数

$\psi/(°)$	80.0	60.0	40.0	20.0
$\overline{\Delta\phi}/(°)$	5.9	10.8	15.7	20.5

1.9 全日面矢量磁场测量仪器

太阳磁活动望远镜 (SMAT) 是中国科学院国家天文台怀柔太阳观测基地于 2003 年启动的项目 (Zhang et al., 2007)。SMAT 的主要科研方向主要包括：① 以视频矢量磁像仪宽视场光学系统测量日面磁场，即诊断太阳磁大气中的斯托克斯参数；② 太阳表面磁场的演化，特别是活动区非势磁场的发展和不同活动区之间磁场的相互作用，全球太阳磁场的非势能和触发耀斑-日冕物质抛射研究；③ 了解太阳表面的大尺度矢量磁场及其与太阳内部磁场产生的关系，涉及太阳大气底层磁通量浮现及其与太阳内部的大尺度磁场的形成，在太阳大气中磁场的湮灭，以及太阳大气层磁螺度的形成问题；④ 从观测的大尺度太阳矢量磁场出发，预测太阳活动和空间天气问题。

SMAT 包括两个望远镜，一个用于全日面视频矢量磁场的测量，另一个用于全日面 Hα 观测。这台望远镜在 2005 年底开始工作。为了进行上述的全日面磁场测量以及与太阳活动的关系，我们将两个望远镜放在一个机械支撑系统上，见图 1.32 和图 1.33。

图 1.32   国家天文台怀柔太阳观测站的 SMAT。来自 Zhang 等 (2007)

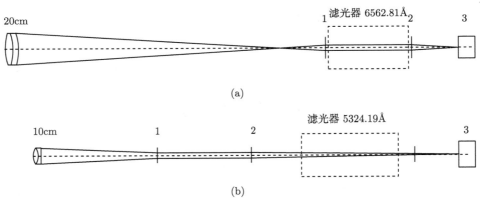

图 1.33   (a) 全日面矢量磁像仪和 (b) 全日面 Hα 望远镜的光学方案。1-准直镜头，2-聚焦镜
头，3-CCD 相机。来自 Zhang 等 (2007)

1.9.1 磁场测量

图 1.33 中的全日面视频矢量磁像仪包括 10cm 孔径和 77.086cm 有效焦距的
远心光学系统的望远镜。值得注意的是，在远心光学系统中，视场中的所有点都
被同等对待，即使双折射滤光器中的 e 射线和 o 射线导致稍有不同的焦点位置，
而在准直光学系统中宽视场导致滤光器在图像平面不同位置的透过带变化。由于
宽视场是全日面矢量磁像仪设计阶段的基本问题，所以确定了远心光学元件用于
测量太阳矢量磁场，并配备有窄透过带双折射滤光器。

用于矢量磁场测量的双折射滤光器以 5324.19Å 为透过中心，其带通为 0.1Å。其内部配置如图 1.34 所示，光学元件的参数汇总在表 1.9 中。通过在中间插入半波片，七个冰洲石元件被宽视场化，石英元件安装在冰洲石元件 (Evans, 1949) 的前面。滤光器的温度设置为 42°C，控制精度为 0.01°。滤光器的中心透过波长可在 ±0.5Å 内进行调谐。

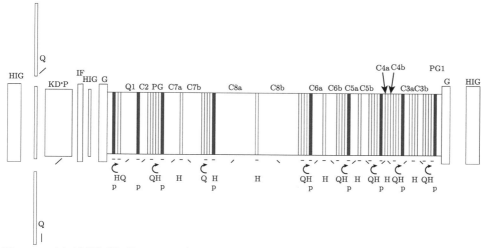

图 1.34　用于测量磁场的 5325.19Å 双折射滤光器的设计。IF 表示干涉滤光片，C2~C8 表示冰洲石，Q1 表示石英，G 表示玻璃，p 表示偏振片，PG 表示保护玻璃，HIG 表示四分之一波片，H 和 Q 分别表示半波片和四分之一波片。来自 Zhang 等 (2007)

表 1.9　测量磁场的双折射滤光器光学参数 (中心波长 =5324.19Å，通带 =0.1Å，通光孔径 =37mm)

半宽 w/Å	厚度 d/mm	延迟 n	材料	构造
0.1	35.196×2	11520×2	冰洲石	宽视场
0.2	17.598×2	5760×2	冰洲石	宽视场
0.4	8.799×2	2880×2	冰洲石	宽视场
0.8	4.399×2	1440×2	冰洲石	宽视场
1.6	2.200×2	720×2	冰洲石	宽视场
3.2	1.100×2	360×2	冰洲石	宽视场
6.4	1.100×1	360×1	冰洲石	非宽视场
12.8	10.440×1	180×1	石英	非宽视场

磁分析调制器包括夹在透明电极之间的 KD*P 晶体。如果选择电压使得 KD*P 调制器产生四分之一波延迟，则可以检测斯托克斯参数 V(磁场的纵向分量)，而

当四分之一波片位于 KD*P 调制器前面，并且它与双折射滤光器的入口处偏振片的轴平行 (或相对于 45°) 时，获得斯托克斯参数 U(或 Q) 用于诊断磁场的横向分量。KD*P 的延迟是施加电压的函数。经测试，KD*P 调制器的电压选择为 1050V，用于本系统的磁场测量。

交叉串扰的估计和分析在太阳矢量磁场的诊断中很重要。由于 Q 和 U 相对于 V 的信号要弱得多，所以远离日面的中心的斯托克斯参数 V 对斯托克斯参数 Q 和 U 的串扰是测量矢量磁图的基本问题，由于光学系统的视场较宽，相对于通常用于在小视场内测量局部太阳矢量磁场的矢量磁像仪，交叉串扰的影响主要是由远心光学系统和磁分析器在磁像仪宽视场中的误差引起的。

CCD 相机的帧率为 30 帧/s，最大传输率为 60MB/s。根据设计，全日面矢量磁图的空间分辨率小于 5″，观察全日面矢量磁图的时间分辨率为 10min(或小于) 数量级。

1.9.2　Hα 观测

全日面 Hα (6562.81Å) 望远镜由 20cm 孔径和 180.0cm 有效焦距的准直光学器件构成，如图 1.33 所示。

全日面 Hα 观测的双折射滤光器以 6562.81Å 为透过中心，其带通为 0.25Å。其内部配置如图 1.35 所示，光学元件的参数汇总在表 1.10 中。六个冰洲石元件通过在中间插入半波片而得到宽视场，石英安装在冰洲石元件的前面。滤光器的温度设置为 42°C，控制精度为 0.01°。滤光器的中心波长可以在距离 Hα 线中心的 ±2Å 范围内进行调谐。

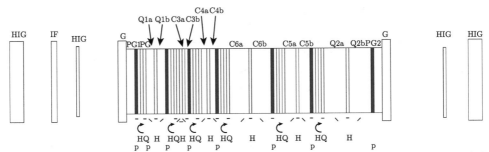

图 1.35　设计在 6562.81Å 波长处用于 Hα 观测的双折射滤光器。特点类似于图 1.33。来自 Zhang 等 (2007)

望远镜成像尺寸为 9mm×9mm，CCD 尺寸为 2029 像素 ×2044 像素。帧速率为 2.1 帧/s，最大传输速率为 20MB/s。根据设计，全日面 Hα 滤光器单色像的空间分辨率小于 2″，可以连续观测一系列图像。

表 1.10 **Hα 观察双折射滤光器光学参数** (中心波长 =6562.81Å，通带 =0.25Å，通光孔径 =37mm)

半宽 w/Å	厚度 d/mm	延迟 n	材料	构造
0.25	23.0×2	5952×2	冰洲石	宽视场
0.5	11.5×2	5952	冰洲石	宽视场
1.0	5.75×2	2976	冰洲石	宽视场
2.0	2.875×2	1488	冰洲石	宽视场
4.0	1.4375×2	744	冰洲石	宽视场
8.0	13.536×2	372	冰洲石	宽视场
16.0	13.536×1	186	石英	非宽视场

1.9.3 磁场的反演

由于双折射滤光器已用于视频矢量磁像仪中的磁场测量，所以测量的信号是相对于滤光器在不同波长下的透射率的积分效应。可以写成如下形式：

$$I_{a,b}(\lambda_\circ) = \int i_{a,b}(\lambda)T(\lambda_\circ - \lambda)d\lambda \qquad (1.181)$$

其中，$i_a(\lambda)$ 和 $i_b(\lambda)$ 与相对于纵向磁场测量的右和左圆偏振光分量有关，Q 或 U 这两个的相反线性偏振光分量对应于横向磁场；$T(\lambda_\circ - \lambda)$ 是滤光器处以波长 $\lambda_\circ$ 为中心的透射轮廓；$I_a(\lambda)$ 和 $I_b(\lambda)$ 是偏振光的组成部分。归一化斯托克斯 $s(q, u$ 和 $v)$ 可以通过以下公式计算：

$$s(\lambda) = \frac{S(\lambda)}{I(\lambda)} = \frac{\sum I_a(\lambda) - \sum I_b(\lambda)}{\sum I_a(\lambda) + \sum I_b(\lambda)} \qquad (1.182)$$

图 1.36 显示 2006 年 5 月 22 日 SOHO 卫星迈克尔逊–多普勒成像仪 (MDI) 和 SMAT 获得的纵向磁图对比，可以看出两者的基本相关性。这意味着 SMAT 的观测纵向磁图是成功的。两种磁图的一些细微差别主要来自噪声、观察条件，以及可能的观测和数据处理方法。

图 1.37 为 2006 年 4 月 28 日由 SMAT 获得的全日面光球层矢量磁图。为了更好地显示全日面矢量磁图，矢量磁图的局部区域如图 1.38 所示。磁场横向分量从活动区的中心延展开。在图 1.39 中发现，磁场纵向分量的灵敏度约为或小于 5G，横向分量约为 100G。图 1.40 显示了在怀柔太阳观测站通过 SMAT 获得的 Hα 图像。

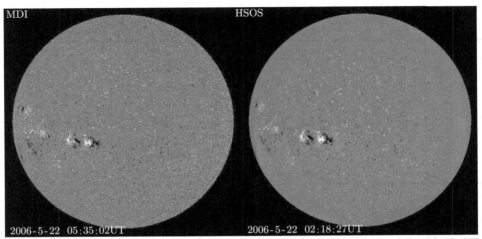

图 1.36　　2006 年 5 月 22 日 SOHO 卫星 MDI 观测全日面纵向磁图 (左) 与怀柔矢量磁图 (右) 对比。来自 Zhang 等 (2007)

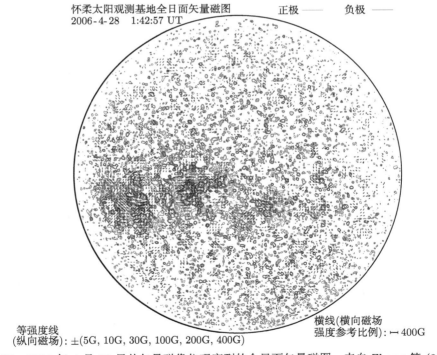

图 1.37　　2006 年 4 月 28 日从矢量磁像仪观察到的全日面矢量磁图。来自 Zhang 等 (2007)

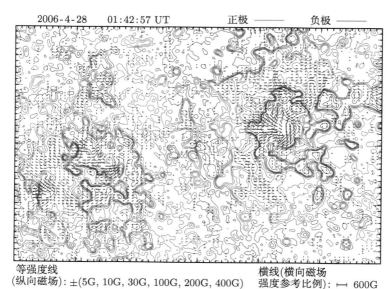

2006-4-28   01:42:57 UT   正极 ——— 负极 ———

等强度线
(纵向磁场)：±(5G、10G、30G、100G、200G、400G)

横线(横向磁场
强度参考比例)：⊢—⊣ 600G

图 1.38   2006 年 4 月 28 日全日面矢量磁图的局部区域。条形标记横向磁场。来自 Zhang 等
(2007)

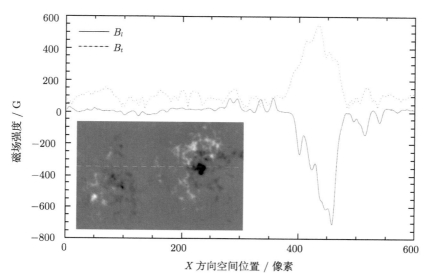

图 1.39   2006 年 4 月 28 日全日面磁图局部区域沿虚线直线的纵向和横向磁场强度分布 (插
图)，矢量磁图如图 1.38所示。来自 Zhang 等 (2007)

图 1.40　2006 年 4 月 22 日的全日面 Hα 滤光器单色像。来自 Zhang 等 (2007)

1.10　偏振串扰和太阳自转对测量全日面光球矢量磁场的影响

全日面光球矢量磁场的观测对于研究太阳磁场的整体性质和演化具有重要意义。这样的观察可以让我们以比局部区域观察更宽的视场 (FOV) 来研究活动区域之间的磁连接性和磁场的非势性。

1.10.1　校正偏振串扰方法一

为方便起见, 我们将 Q^0 和 U^0 定义为真实的线偏振信号, Q' 和 U' 是受污染的线偏振信号, 而 C_q 和 C_u 分别是线偏振信号 Q^0 和 U^0 中圆偏振 V 交叉串扰成分。当 Q^0 信号中存在一小部分 V 串扰 C_q 时, 我们在 FeI λ5324.19Å 谱线的红和蓝翼部有 Q' 表达式:

$$Q'_{\lambda_0+\delta\lambda_1} = Q^0_{\lambda_0+\delta\lambda_1} + C_q V_{\lambda_0+\delta\lambda_1}$$
$$Q'_{-\lambda_0+\delta\lambda_2} = Q^0_{-\lambda_0+\delta\lambda_2} + C_q V_{-\lambda_0+\delta\lambda_2}$$
(1.183)

其中, 下标 λ_0 是实际的滤光器位置; $\delta\lambda_1$ 和 $\delta\lambda_2$ 分别是由多普勒速度引起的相对于 λ_0 和 $-\lambda_0$ 的波长偏移, 通常 $\delta\lambda_1 = \delta\lambda_2$ 用于全日面观测。方程 (1.183) 由

此得到

$$Q'_{\lambda_0+\delta\lambda_1} - Q'_{-\lambda_0+\delta\lambda_2} = (Q^0_{\lambda_0+\delta\lambda_1} - Q^0_{-\lambda_0+\delta\lambda_2}) + C_q(V_{\lambda_0+\delta\lambda_1} - V_{-\lambda_0+\delta\lambda_2}) \quad (1.184)$$

当方程 (1.184) 右侧的第二项远大于右侧的第一项时，则 $Q^0_{\lambda_0+\delta\lambda_1} - Q^0_{-\lambda_0+\delta\lambda_2}$ 可以省略，我们得到了 Q 信号中 V 串扰的分数 C_q 的方程

$$Q'_{\lambda_0+\delta\lambda_1} - Q'_{-\lambda_0+\delta\lambda_2} = C_q(x,y)(V_{\lambda_0+\delta\lambda_1} - V_{-\lambda_0+\delta\lambda_2}) \quad (1.185)$$

U 信号中 V 串扰的分数 C_u 的类似方程为

$$U'_{\lambda_0+\delta\lambda_1} - U'_{-\lambda_0+\delta\lambda_2} = C_u(x,y)(V_{\lambda_0+\delta\lambda_1} - V_{-\lambda_0+\delta\lambda_2}) \quad (1.186)$$

其中，$C_q(x,y)$ 和 $C_u(x,y)$ 明确写为空间位置 (x,y) 的函数，因此它们可以称为偏振串扰的校正分布。对于局部区域观测，由于太阳自转引起的波长偏移小且均匀，所以校正分布相对均匀且很大程度上不受空间位置函数的影响 (West and Balasubramaniam, 1992)。

在每个空间位置 (x_i, y_i)，上述分布 $C_q(x_i,y_i)$ 和 $C_u(x_i,y_i)$ 是通过红 (R) 和蓝 (B) 翼之间偏振测量值 $(Q'_{\rm B} - Q'_{\rm R})/I$ 和 $(V_{\rm B} - V_{\rm R})/I$，以及 $(U'_{\rm B} - U'_{\rm R})/I$ 与 $(V_{\rm B} - V_{\rm R})/I$ 的差异来估计的，即在滤光器位置 ± 0.06 Å 处，分别在 5 像素 $\times$5 像素的范围内。这里，下标 B 指的是谱线波长 $-\lambda_0 + \delta\lambda_1$，下标 R 指的是波长 $\lambda_0 + \delta\lambda_2$。通过数据的线性拟合用于估计串扰。图 1.41 的上部显示了全日面校正分布 $C_q(x,y)$ 和 $C_u(x,y)$。它们的值在 $-0.5 \sim 0.5$ 的范围内，靠近边缘的值大于靠近日面中心的值。$|C_q(x_i,y_i)|$ 和 $|C_u(x_i,y_i)|$ 的平均值分别为 14% 和 23%。此外，C_q 和 C_u 分布中存在规则形状。这是 5$\times$5 合并的结果。为了消除它引入的任何可能的校正错误，我们进一步以 80 像素 $\times$ 80 像素平滑图，这相当于 $2.6' \times 2.6'$ 分辨率。

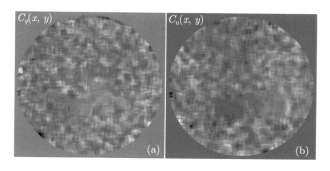

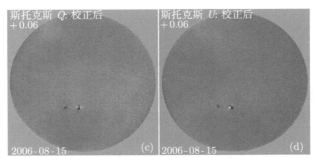

图 1.41   顶行：$V - Q(U)$ 偏振串扰的全日面校正分布 (a) $C_q(x, y)$ 和 (b) $C_u(x, y)$。在用于校正串扰之前，将应用超过 80 像素 ×80 像素的平滑。校正后的 (a) 斯托克斯 Q 和 (b) 斯托克斯 U 图像，具有平滑的 C_q 和 C_u 分布。来自 Su 和 Zhang(2007)

使用上面的 C_q 和 C_u 图，我们可以通过表达式 $Q^0 = Q' - C_q * V$ 和 $U^0 = U' - C_u * V$ 近似真实的线偏振图像。图 1.41 (c) 和 (d) 显示了校正后的 Q' 和 U' 图像。将它们与图 1.42 中的进行比较，我们可以看到位于正方形框中的受污染的 U 信号似乎消失了。发现图 1.42中 Q 和 U 信号的均值、绝对值分别为 0.00145 和 0.00161，而图 1.41中的均值为 0.00146 和 0.00169。校正后的 Q 和 U 信号的幅度几乎没有变化。正方形框中校正前的 Q 和 U 信号与相应 V 信号的相关性分别为 17% 和 56%。但是，经过串扰校正后，它们变成了 3% 和 -36%。这表明对 U 信号的校正在其中引入了负 V 信号串扰，而对 Q 信号的校正相对较好。1.10.2 节将继续讨论这个问题。

图 1.42   使用 SMAT 的全日面矢量磁像仪在滤光器位置 +0.06 Å 处观察到的 V, Q 和 U 图像。两个方块中偏振的 V 和 U 信号之间的比较表明，圆偏振已混合到线性偏振观测中。左边是东，右边是西。来自 Su 和 Zhang(2007)

1.10.2   校正偏振串扰方法二

式 (1.183) 可以加在一起得到

$$Q'_{\lambda_0 + \delta\lambda_1} + Q'_{-\lambda_0 + \delta\lambda_2} = Q^0_{\lambda_0 + \delta\lambda_1} + Q^0_{-\lambda_0 + \delta\lambda_2} + C_q(V_{\lambda_0 + \delta\lambda_1} + V_{-\lambda_0 + \delta\lambda_2}) \quad (1.187)$$

同理，可以得到 U 的相似方程：

$$U'_{\lambda_0+\delta\lambda_1} + U'_{-\lambda_0+\delta\lambda_2} = U^0_{\lambda_0+\delta\lambda_1} + U^0_{-\lambda_0+\delta\lambda_2} + C_u(V_{\lambda_0+\delta\lambda_1} + V_{-\lambda_0+\delta\lambda_2}) \quad (1.188)$$

我们能否在这条谱线上找到一对波长，其中 $V_{\lambda_0+\delta\lambda_1} \approx -V_{-\lambda_0+\delta\lambda_2}$？一旦 $\delta V = V_{\lambda_0+\delta\lambda_1} + V_{-\lambda_0+\delta\lambda_2} \to 0$，我们不再需要估计校正分布 C_q 和 C_u。众所周知，净圆偏振斯托克斯 V 显示反对称的轮廓形状，而其两侧相对于波长偏移 $\pm\lambda_0$ 具有近似对称的形状。因此，$V_{\lambda_0+\delta\lambda_1} \approx V_{\lambda_0-\delta\lambda_1}$，$V_{-\lambda_0-\delta\lambda_2} \approx V_{-\lambda_0+\delta\lambda_2}$。对于 $V_{\lambda_0+\delta\lambda_1} = -V_{-\lambda_0-\delta\lambda_2}$，则 $V_{\lambda_0+\delta\lambda_1} \approx -V_{-\lambda_0+\delta\lambda_2}$。换句话说，两个特定的偏移恰好在波长偏移处近似平衡了两个 V 信号：$\lambda_0 + \delta\lambda_1$ 和 $-\lambda_0 - \delta\lambda_2$。经过一系列的比较，最后我们确定两个这样的偏移距线中心在 ±0.12 Å 左右。

图 1.43 显示了式 (1.187) 和式 (1.188) 右侧第二项与第一项之比的模拟与线偏振 Q 和 U 信号中 V 串扰的比例。使用以下四对波长进行模拟：$(-0.16$ Å，$+0.08$ Å)，$(-0.14$ Å，$+0.10$ Å)，$(-0.10$ Å，$+0.02$ Å) 和 $(-0.08$ Å，$+0.04$ Å)。第一对和最后两对分别用于模拟滤光器位置 ±0.12 Å 和 ±0.06 Å。此外，第一对和第三对对应于 2.25 km/s 的多普勒速度 ξ，其他对应于 1.12 km/s。

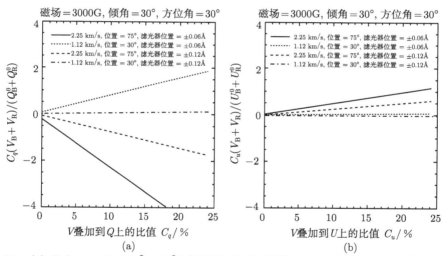

图 1.43　(a) $C_q(V_B+V_R)/(Q^0_B+Q^0_R)$ 相对于 C_q 的模拟和 (b) $C_u(V_B+V_R)/(U^0_B+U^0_R)$ 相对于 C_u 的模拟。实线和短虚线表示滤光器位置在 ±0.06 Å，而长虚线和长点划线表示滤光器位置在 ±0.12 Å。来自 Su 和 Zhang(2007)

我们可以看到，滤光器位置 ±0.12 Å 处的 δV 比 ±0.06 Å 更接近于零。在 ±0.12 Å，当 $\xi < 1.12$ km/s 时，即使 C_q 和 C_u 高达 25%，上述两个比率也接近于零。例如，当 $\xi=1.12$ km/s 且 $C_q=C_u=10\%$ 时，$C_q(V_B+V_R)/(Q^0_B+Q^0_R)$ 是 0.046，$C_u(V_B+V_R)/(U^0_B+U^0_R)$ 是 0.006。但是当 $\xi=2.25$ km/s 和 $C_q=C_u=10\%$ 时，这两个比率分别为 0.81 和 0.05。在表 1.11 中，我们给出了横向场 B_t 在偏移 ±0.12Å 处的理论误差，这是由于 δV 一小部分转换成线偏振信号。它们极大地

依赖于多普勒速度，而弱依赖于场强。这种方法不利于校正弱横向场。例如，当 $B_t = 250$G 时，如果 $\xi=1.12$km/s，误差比 $\delta B_t/B_t$ 为 12%，但是如果 $\xi=2.25$ km/s，这个比率增加到 30%。

表 1.11　由残差引起的横向场模拟误差 $\delta V = V_{\lambda_0+\delta\lambda_1} + V_{-\lambda_0+\delta\lambda_2}$

B/G	B_T/G	$\xi=1.12$ km/s		$\xi=2.25$ km/s	
		δV(位置 =30°)	δB_T/G	δV(位置 =75°)	δB_T/G
500	250	−0.0004	30	−0.0011	75
1000	500	−0.0007	27	−0.0019	60
1500	750	−0.0009	21	−0.0019	39
2000	1000	−0.0007	15	−0.0009	15
2500	1250	−0.0004	6.0	0.0012	18
3000	1500	0.0003	4.0	0.0045	54

注：在此模拟中，矢量磁场倾角 $\gamma = 30°$，横向磁场方位 $\chi = 30°$，$C_q = C_u = 10\%$。滤光器位置为 ± 0.12Å。

图 1.44 (a) 和 (b) 分别显示 -0.12 Å 和 $+0.12$ Å 滤光器位置处的 Q 和 U 图像。图 1.44 (c) 显示了两个滤光器位置处 Q 和 U 图像的半和。在正方形框中，校

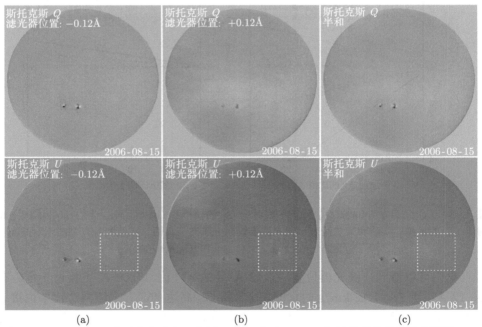

图 1.44　(a) 和 (b) 分别为在滤光器位置 -0.12 Å 和 $+0.12$ Å 处获得的线性偏振图像。(c) 在两个滤光器位置获得的线性偏振图像的半和。正方形标记了线偏振信号被圆偏振信号污染的区域。来自 Su 和 Zhang(2007)

正后的斯托克斯 U 信号之间的定性比较表明，这种串扰校正方法似乎与上述校正方法一样有效。定量分析表明，在校正前，正方形框中滤波器 -0.12 Å 处的 Q 和 U 信号与对应的 V 信号的相关性分别为 12% 和 37%；而在修正后，它们分别下降到 9% 和 17%。这表明第二种方法不会像第一种方法那样引入负 V 信号。

　　综上所述，方法二对于校正在滤光器位置 ± 0.12Å 处获得的线性偏振信号更有效。对我们来说，它比第一种方法方便得多，因为在数据处理过程中不使用圆偏振信号。线偏振信号也可以避免被圆偏振信号再次污染。但缺点是在弱横向场区 ($B_t < 250$G)，多普勒速度大于 1.12km/s，会有较大的校正误差。

　　尽管太阳磁场望远镜 (SMFT) 的信噪比 (S/N) 相对优于 SMAT，但我们发现用两个磁像仪获取的偏振信号基本一致。为了使强场区域的比较更加定量，我们们绘制了图 1.45 的偏振图像的切片信号，如图 1.46 所示。在图 1.46 (a) 左下角显示的 V 图像中，分别在穿过正磁通量和负磁通量的白线 L1 和 L2 上选择信号。L1 上的信号在顶行，而 L2 上的信号在底行。长虚线表示 SMFT 信号，

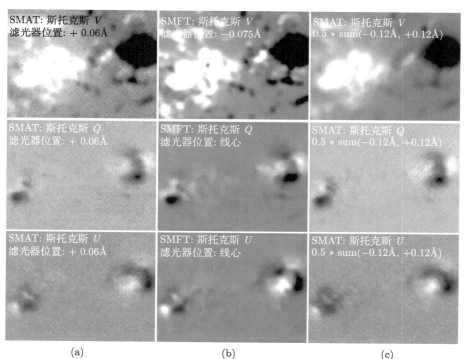

(a)	(b)	(c)

图 1.45　(a) SMAT 在滤光器位置 +0.06Å 处观测的偏振图像；(b) SMFT 在滤光器位置 −0.075Å 处观测的斯托克斯 V 图像的偏振图像与线心的斯托克斯 Q 和 U 图像；(c) SMAT 在滤光器位置 ± 0.12Å 处观测的偏振图像的半和。图像的大小为 $3.75' \times 2.81'$。来自 Su 和 Zhang(2007)

实线和短虚线表示 SMAT 信号。虽然两种仪器的偏振信号是在相同的积分时间 (256 帧的总和) 下获得的，但 SMFT 磁像仪在矢量磁场测量中表现出比 SMAT 高得多的灵敏度。这可能是由于：SMFT 的口径为 35 cm，而 SMAT 的口径为 10 cm，从而前者可以收集大约 12 倍的光。因此，SMFT 的检测灵敏度是 SMAT 的 3.5 倍。

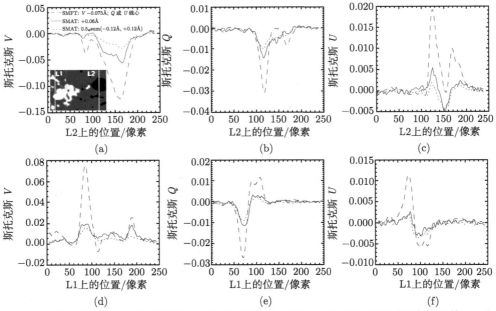

图 1.46　SMFT 和 SMAT 偏振信号之间的比较，位于图 (a) 左下角纵向磁图中标记的 L1 和 L2 线上。L1 上的信号在 (d)~(f)，而 L2 上的信号在 (a)~(c)。长虚线表示 SMFT 偏振信号，而实线和短虚线表示 SMAT 偏振信号。来自 Su 和 Zhang(2007)

　　表 1.12 似乎也表明了这一点。它显示了直线 L1 (L2) 上 SMFT (f) 的绝对偏振信号总和与 SMAT (a) 的绝对偏振信号总和的比率。$t_{|V|}$ 是对于 L1 或 L2 位置的所有绝对圆偏振信号的总和，而 $t_{|Q|}$ ($t_{|U|}$) 是相应的所有绝对线偏振信号，在滤光器位置 +0.06 Å 处获取磁信号 a1，在滤光器位置 ±0.12 Å 处获取 a2。这些比率的平均值在 2~3.5 的范围内。应该注意的是，SMFT 磁像仪调谐在 −0.075 Å 以测量圆偏振信号并调整到线中心以测量线性偏振信号。以上比较应该是在相同的滤光器位置进行的。表 1.13 列出了谱线中某些波长下超过 14 像素的矢量磁场纵向和横向分量的定标系数 C_L 和 C_T 的平均值。系数 C_T 相对较小，在表中直线中心附近平稳变化。该信息表明，线中心是一个最佳位置，具有良好的线性度和灵敏度，适合测量横向磁场。

表 1.12 图 1.46中的 SMFT(f) 磁信号与 SMAT(a) 的磁信号之比

比值	L1	L2	平均值
$t_{|V_{\mathrm{f}}|}/t_{|V_{\mathrm{a1}}|}$	2.35	1.60	1.98
$t_{|V_{\mathrm{f}}|}/t_{|V_{\mathrm{a2}}|}$	4.09	2.48	3.29
$t_{|Q_{\mathrm{f}}|}/t_{|Q_{\mathrm{a1}}|}$	1.56	2.57	2.07
$t_{|Q_{\mathrm{f}}|}/t_{|Q_{\mathrm{a2}}|}$	1.87	3.08	2.48
$t_{|U_{\mathrm{f}}|}/t_{|U_{\mathrm{a1}}|}$	3.32	3.11	3.22
$t_{|U_{\mathrm{f}}|}/t_{|U_{\mathrm{a2}}|}$	3.81	3.18	3.50

注：其中，$t_{|V|}$ 是 L1 或 L2 上所有绝对圆偏振信号的总和，$t_{|Q|}$ $(t_{|U|})$ 是所有绝对线偏振信号的总和；a1 是在滤光器位置 $+0.06$ Å 处获取的信号，a2 在 ±0.12 Å 处获取的信号。

表 1.13 矢量磁场的定标系数 C_L 和 C_T 的平均值

偏移设置/Å	C_L	C_T
-0.20	50836	21117
-0.18	33433	15922
-0.16	22753	11859
-0.14	16389	9876
-0.12	12652	8559
-0.10	10633	7469
-0.08	9952	6837
-0.06	10626	6492
-0.04	13626	6336
-0.02	24812	6291
0.00	2.7×10^7	6289

图 1.47 显示了 SMFT 和 SMAT 观察到的矢量磁图之间的良好相关性，该区域在图 (a) 右下角的偏振 V 图像上用白色框标记。图 1.47 (a)~(f) 显示了两个矢量磁场的纵向分量、横向分量和方位角的关系；图 1.47 (g)~(i) 为矢量磁图。每个面板中都标有滤光器波长。在弥散相关图中，SMAT 的圆偏振信号乘以 2.5 因子，线性偏振信号乘以 3.0 因子。为了消除 180° 不确定性对方位角的影响，从方位角相关图中消除了大约总像素的 17% (50)。表 1.14 更定量地列出了图 1.47 中白框所示区域的比较。我们给出两个仪器之间的纵向和横向磁场误差，定义为 $\Delta|B_{L,T}|=|B_{L,T}^{\mathrm{smft}} - B_{L,T}^{\mathrm{smat}}|$。方位角误差的类似定义是 $\Delta\chi=\chi^{\mathrm{smft}} - \chi^{\mathrm{smat}}$。矢量磁场的平均幅度差异不是那么大：$B_L$ 为几十高斯，B_T 为大约 100 G。在表 1.14 中，SMFT(中心) 和 SMAT($+0.06$ Å) 横向场的平均误差角为 $-1.1°$，而 SMFT(中心) 和 SMAT(±0.12 Å) 的横向场平均误差角为 $-4.0°$。这意味着 SMFT 观察到的横向场倾向于顺时针旋转。一般来说，虽然 SMFT 的灵敏度是 SMAT 的 2~3 倍，但我们发现两台磁像仪得到的矢量磁场具有高度的一致性。因此，我们可以确认 SMAT 测量的偏振 Q，U 和 V 信号。

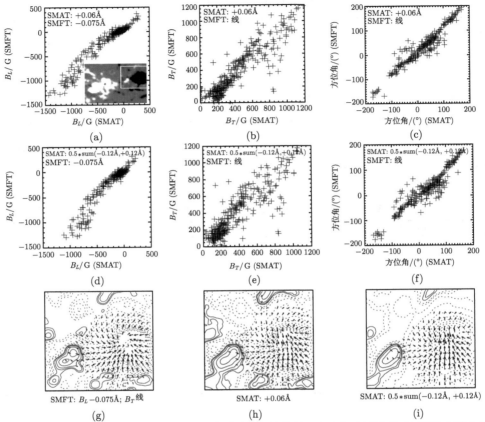

图 1.47   SMFT 与 SMAT 观察到的矢量磁图之间的关系, 在 (a) 右下角的 V 图像中用白框标记的区域中。两台仪器的矢量磁场的纵向分量、横向分量和方位角的关系在 (a)~(f), 矢量磁图在 (g)~(i)。两种仪器的波长都标记在每个面板中。在散点相关图中, SMAT 的圆偏振信号应用了 2.5 因子, 线偏振信号应用了 3.0 因子。来自 Su 和 Zhang(2007)

表 1.14   两个矢量磁像仪观测到的矢量磁图比较的统计结果

磁场差值	SMFT-SMAT(a1)	SMFT-SMAT(a2)
$\Delta\lvert B_L\rvert$	32.0 G	48.1 G
σ_{B_L}	23.1 G	36.1 G
$\Delta\lvert B_T\rvert$	81.2 G	98.0 G
σ_{B_T}	79.0 G	86.8 G
$\Delta\chi$	$-1.1°$	$-4.0°$
σ_χ	$21.2°$	$26.7°$
T_{num}	300	300

注: a1 和 a2 与表 1.12 中的含义相同。$\Delta\lvert B_L\rvert$, $\Delta\lvert B_T\rvert$ 和 $\Delta\chi$ 分别是纵向场、横向场和方位角的平均误差。σ_{B_L}, σ_{B_T} 和 σ_χ 是它们对应的均方根误差。为方便起见, 矢量磁图被压缩以减少数据像素。T_{num} 是 $\Delta\lvert B_L\rvert$ 和 $\Delta\lvert B_T\rvert$ 的总点数。请注意, 为了消除 $180°$ 不确定性对方位角误差的影响, 从 $\Delta\chi$ 的统计数中消除了 50 个像素。

　　在图 1.48 中，我们展示了矢量磁场的模拟定标曲线 (实线和菱形线)，长、短虚线是它们的线性拟合。模拟的是在离线心 −0.12 Å 的纵向场，以及离线心 −0.12 Å 和线中心的横向场。谱线线心横向场的理论定标曲线表现出比线翼 −0.12 Å 更好的线性。模拟和线性拟合之间的巨大差异发生在 B_L 定标的 ~2000 G 和 B_T 定标的 ~1000 G。表 1.15 列出了纵向场 B_L=2165 G 和横向场 B_T=1250 G 线中不同波长的线性定标误差。我们可以看到线翼 −0.12 Å 处 B_L 的矢量场测量反演采用弱场近似，而在线翼的测量误差最小。B_T 在线中心可以引入最小的误差。因此，这表明我们应该在这两个波长下进行矢量磁场的测量，以尽量减少校准误差。然而，我们应该注意，为了避免法拉第旋转，横向磁场的测量应该在远离线中心 (West and Hagyard, 1983; Hagyard et al., 2000; Su and Zhang, 2004b; Su et al., 2006) 的波长处进行。因此，在日常观测中，我们通过远线翼获取横向场的方位角来很大程度上避免法拉第旋转，获取线中心处横向场的强度，从而在很大程度上避免校准误差。

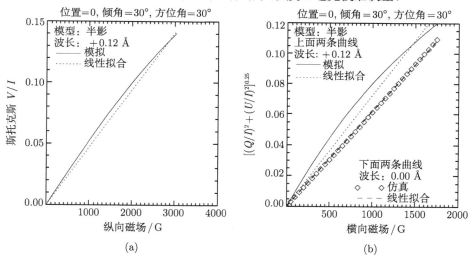

图 1.48　矢量磁场的 (a) 纵向 (实线) 和 (b) 横向 (实线和菱形线) 分量的校准曲线的仿真，其中斯托克斯 V 信号在波长偏离线心 −0.12 Å 处，斯托克斯 Q 和 U 信号分别在波长偏移线心 −0.12 Å 和线心处获得。虚线是校准曲线的线性拟合。来自 Su 和 Zhang(2007)

表 1.15　B_L=2165 G 和 B_T=1250 G 时的线性定标误差

波长/Å	$(\delta B_L/B_L)$/%	$(\delta B_T/B_T)$/%
−0.12	5.20	13.2
−0.10	7.6	14.1
−0.08	10.0	14.5
−0.06	12.4	13.2
−0.04	14.3	9.5
−0.02	15.7	5.3
0.00		3.6

　　在 2006 年 9 月 16 日 05:20 UT 左右，我们分别在滤光器位置 ±0.06Å 处获得了两组斯托克斯 Q，U 和 V 图像，每组都是 1024 帧的总和。首先，我们使用 1.10.1节中介绍的校正方法一去除线偏振信号中的圆偏振串扰。然后我们选择了分别在 00:30 UT 和 17:41 UT 获得的两个 MDI 多普勒图。在经过 2 像素 ×2 像素平滑后，使用两个 MDI 图像的平均值来计算偏振图像中的波长偏移。最后，从一组图像构建矢量磁图。图 1.49 显示了校准前 (a) 和校准后 (b) 的纵向磁图。太阳自转导致波长向线中心移动，向东边缘的信号与西边缘相比有所减弱。校准后，我们可以清楚地看到减弱的信号得到了恢复。对于横向磁图，校准前后的图像没有明显的差异。

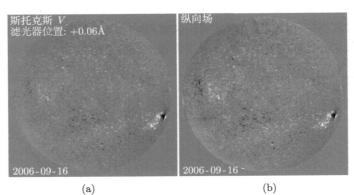

图 1.49　2006 年 9 月 16 日 (a) 定标前和 (b) 定标后的纵向磁图。图像是 1024 帧的总和。来自 Su 和 Zhang(2007)

1.11　测量全日面光球磁场的斯托克斯轮廓分析

　　基于滤光器磁像仪的光谱轮廓分析和天文数据分析技术的应用，Wang 等 (2008, 2010) 通过定量获得了 SMAT 中斯托克斯参数串扰的全日面分布，制作了一个校正模板来消除全日面斯托克斯参数串扰。该模板对于全日面纵向磁图的准确性很有益。在此基础上提出了一种弱场近似下的观测标定方法。Wang 等 (2010) 得到以下主要结果：对于原始斯托克斯 V 图像，大约有 -1.67×10^{-3} 的斯托克斯 I 在所有波长位置串扰到 V，并且这种串扰出现作为全日面上的马鞍表面分布。斯托克斯 I 到 V 串扰经磁通密度校准后幅值约为 50G，但分别在蓝翼和红翼磁图中引入了负和正杂散磁场。

　　通常斯托克斯 I，Q，U 和 V 四个偏振参数之间的串扰应表示为 $I_{obs} = M \cdot I$ 穆勒矩阵乘以斯托克斯向量 (Stenflo, 1994; Keller et al., 2003)。当我们只考虑斯

托克斯 V 测量中的串扰时，从 $I_{\rm obs} = M \cdot I$ 的第四行开始写出一个通用表达式，

$$V_{\rm obs} = V + M_{41}{\cdot}I + M_{42}{\cdot}Q + M_{43}{\cdot}U \tag{1.189}$$

其中，斯托克斯 $I_{\rm obs} \approx 0.5I$。作为滤光器磁像仪测量的通常情况，观测的斯托克斯 V 被强度归一化，然后在未分辨的像素或"人造"区域内进行空间平均。在下面的积分中，S_0 表示积分面积和归一化分母：

$$\int_{S_0} \frac{V_{\rm obs}}{I}{\cdot}\frac{dS}{S_0} = \int_{S_0} \left(\frac{V}{I} + M_{41} + M_{42}{\cdot}\frac{Q}{I} + M_{43}{\cdot}\frac{U}{I} \right) {\cdot}\frac{dS}{S_0} \tag{1.190}$$

当式 (1.190) 应用于波长扫描数据集时，空间坐标变量 (x, y) 在积分后消失。因此，式 (1.190) 的右侧部分是三种类型的光谱 (来自太阳的圆偏振光谱、来自强度的串扰光谱和来自线性偏振的串扰光谱)。但在许多情况下，它们的量级并不相同。由于除太阳黑子和空间可分辨磁通量管外，太阳上的固有偏振度 $(Q^2 + U^2 + V^2)^{1/2}/I$ 通常远小于 1，因此是从斯托克斯 I 到其他斯托克斯参数的串扰，它是主导效应 (Stenflo, 1994, 第 326 页)。

对于第一种空间积分类型，我们选择一个 $22'' \times 22''$ 太阳中心区域，它是一个没有太阳黑子的谱斑区域。由于该区域的横向场信号较弱，最后两个串扰项被忽略，但斯托克斯 I 串扰项保留在式 (1.190) 中。然后将该区域的空间平均谱分解为如下两部分：

$$\int_{S_{\rm c}} \frac{V_{\rm obs}}{I}{\cdot}\frac{dS}{S_{\rm c}} = \int_{S_{\rm c}} \left(\frac{V}{I} + M_{41} \right) {\cdot}\frac{dS}{S_{\rm c}} = \left\langle \frac{V}{I} \right\rangle_{S_{\rm c}} + \langle M_{41} \rangle_{S_{\rm c}} \tag{1.191}$$

其中，符号 $\langle \rangle_{S_{\rm c}}$ 表示 $S_{\rm c}$ 区域内的平均值。第一部分 $\langle V/I \rangle_{S_{\rm c}}$ 是谱线中心的谱反对称 (图 1.50(a))。第二部分 $\langle M_{41} \rangle_{S_{\rm c}} \approx -1.67 \times 10^{-3}$ 是一个沿波长维度的常数 (图 1.50(a) 中虚线)。采用均值的标准差 $(\sigma_{\rm mean} = \sigma/\sqrt{n})$ 作为散点 $\langle V/I \rangle_{S_{\rm c}}$ 的误差棒定义在图 1.50(a) 中，其中 σ 是标准差。第二项 $\langle M_{41} \rangle_{S_{\rm c}}$ 只是使频谱 $\langle V/I \rangle_{S_{\rm c}}$ 在图 1.50(a) 中向上或向下移动，它不会改变斯托克斯 V 的形状。因为这个圆偏振信号有这样的基线 (图 1.50(a) 中的虚线)，我们称 $\langle M_{41} \rangle_{S_{\rm c}}$ 为太阳中心区域的"偏振零点"。Ulrich 等 (2002)、Demidov(1996) 和 Stenflo(1994, 第 290 页) 提到了偏振零点问题。但是，"零点"的含义和原因并不完全相同。

对于第二种空间积分类型，积分区域扩大到全日面 ($S_{\rm f}$ 表示全日面区域)。在这种情况下，来自太阳的圆偏振和线偏振的相反极性相互补偿，并且在全日面平均之后，包含 V，Q 和 U 的三项在式 (1.190) 中应该为零。如果 M_{41} 仍然是视场中的加号或减号，则唯一的剩余项是斯托克斯 I 串扰。当然，我们必须指出，如果积分区域

是具有法线沿视线的投影日面而不是封闭的表面 (Scherrer et al., 1977)，则太阳具有非零平均场。然而，这里假设 SMAT 无法测量全日面斯托克斯 V 的太阳平均场，因为它的磁灵敏度有待于达到 $10^{-4}I_c$ 量级。在这里，我们使用 Lin 等 (2000) 的约定来表达偏振灵敏度。在我们的数据处理中，我们发现明显的积分平均项

$$\int\limits_{S_f} \frac{V_{\mathrm{obs}}}{I} \cdot \frac{dS}{S_f} = \int\limits_{S_f} M_{41} \cdot \frac{dS}{S_f} = \langle M_{41}\rangle_{S_f} \tag{1.192}$$

其中，$\langle M_{41}\rangle_{S_f}$ 也是 -1.67×10^{-3}。由于相反极性的混合，反对称斯托克斯 V 轮廓在图 1.50(b) 中消失。也就是说，视场中太阳中心的偏振零点与视场中全日面平均的偏振零点非常接近。因此，V_{obs}/I 的全日面空间平均值几乎变成图 1.50(b) 中的水平直线。图 1.50(b) 中的误差条显示为 $10\sigma/\sqrt{n}$，是图 1.50(a) 中误差棒显示的 10 倍。这是因为在全日面上平均数据集比在局部区域平均数据集具有更少的统计误差。

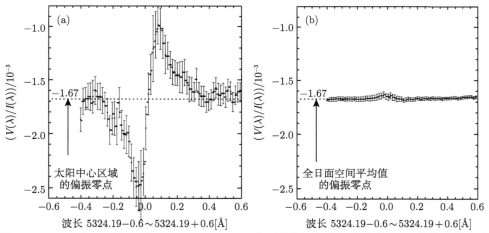

图 1.50   2008 年 12 月 31 日 01:09~01:58 UT 的两种空间积分扫描光谱。(a) 的曲线是在太阳日面中心附近的局部区域 $22'' \times 22''$ 的空间采样。(b) 是扫描光谱的全日面空间平均。两幅图中横轴从 -0.6 开始，但扫描点从 -0.4 开始。此扫描范围是当前 SMAT 的最大范围。两幅图中的虚线给出了零点偏振水平。误差条定义为 (a) 中的 $\sigma/\sqrt{n}$ 和 (b) 中的 $10\sigma/\sqrt{n}$，其中 σ 是标准偏差，n 是在空间平均期间使用的 CCD 像素。来自 Wang 等 (2010)

图 1.51 显示在不同波长位置 (-12 mÅ、$+12$ mÅ、-7 mÅ 和 $+7$ mÅ) 观测的磁图。观测时间也不同：2008 年 12 月和 2009 年 6 月。原始磁图显示在图 1.51 (a)~(d) 中，其对应的校正磁图显示在图 1.51(e)~(h) 中。它只是为所有这些使用一个校正模板。图 1.51 中的校正效果得到加强，因为将所有磁图的灰度限制

为 ±50 G。表 1.16列出了十个波长位置的一些定标系数，以及 Wang 等 (2010) 对应于这些观测波长位置的最小和最大 I 到 V 串扰校正。

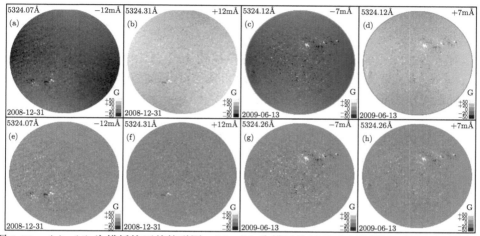

图 1.51 (a)～(d) 为模板校正前的磁图，(e)～(h) 为模板校正后对应的磁图。整幅画面的灰阶限制在 50G，以加强显示对比度。请注意它们的串扰校正模板是相同的。由于校准值不同，校正前蓝翼磁图偏暗，红翼偏亮。太阳起源的多普勒场影响单波长位置的全日面磁图上的磁灵敏度和校准系数的分布。来自 Wang 等 (2010)

表 1.16   纵向磁场的 SMAT 定标系数，来自 Wang 等 (2010)(单位：G)

蓝翼	−0.15Å	−0.12Å	−0.10Å	−0.05Å	−0.02Å
定标系数	24806	19728	16402	14316	30568
M_{41} 校正	−15～−67	−12～−53	−10～−44	−9～−39	−19～−83
红翼	+0.02Å	+0.05Å	+0.10Å	+0.12Å	+0.15Å
定标系数	−26764	−12386	−12249	−16393	−21197
M_{41} 校正	16～73	8～34	7～33	10～45	13～58

1.12 非局部热动平衡的太阳模型大气

应当说，非局部热动平衡 (NLTE 或 Non-LTE) 的太阳模型大气是研究太阳高层大气的一个重要的手段，或是一个较好的近似。我们在这里主要介绍非局部热动平衡的基本概念。

1.12.1 统计平衡的一般形式

我们让 R_{abs} 表示原子统计平衡方程中从低原子能级 μ 和 μ' 的吸收率，而 R^{abs} 是对上能级 r 和 r' 的吸收率。类似地，R_{stim} 和 R^{stim} 分别代表受激发射到低能级和从高能级的跃迁率，相应地自发跃迁率为 R_{spon} 和 R^{spon}。为了完整起见，我们还引入了碰撞激发率和去激发率 $R_{\rm coll.exc}$、$R^{\rm coll.exc}$ 和 $R_{\rm coll.deexc}$、$R^{\rm coll.deexc}$ 关系 (Stenflo, 1994):

$$
\begin{aligned}
{\rm i}\omega_{m,m'}\rho_{m,m'} =& R_{\rm abs} + R^{\rm stim} + R^{\rm spon} + R_{\rm coll.exc} + R^{\rm coll.deexc} \\
& - R^{\rm abs} - R_{\rm stim} - R_{\rm spon} - R^{\rm coll.exc} - R_{\rm coll.deexc}
\end{aligned}
\tag{1.193}
$$

对于具有 $m' = m$ 的密度矩阵的对角线项, 式 (1.193) 的左侧消失, 因为 $\omega_{mm'} = 0$。相对于对角线项 ρ_{mm}, 弱非对角项的贡献通常可以忽略, 因此我们只需要处理对角线元素相互关联的方程组。

对于近乎各向同性、非偏振辐射场和在不同于 J_m 能级的子态之间完全重新分布的特殊情况, 我们得到了非偏振统计平衡方程

$$
\begin{aligned}
&\left[\sum_{J_\mu} \left(A_{J_m J_\mu} + B_{J_m J_\mu} \int \varphi_\nu J_\nu d\nu + C_{J_m J_\mu} \right) \right. \\
&\left. + \sum_{J_r} \left(B_{J_m J_r} \int \varphi_\nu J_\nu d\nu + C_{J_m J_r} \right) \right] (2J_m + 1)\rho_{mm} \\
=& \sum_{J_r} \left(A_{J_r J_m} + B_{J_r J_m} \int \varphi_\nu J_\nu d\nu + C_{J_r J_m} \right) \rho_{rr} J_r \\
&+ \sum_{J_\mu} \left(B_{J_\mu J_m} \int \varphi_\nu J_\nu d\nu + C_{J_\mu J_m} \right) \rho_{\mu\mu} J_\mu
\end{aligned}
\tag{1.194}
$$

左侧包含子级粒子数 ρ_{mm} 的损失项, 右侧包含其增益项。式 (1.194) 遵循 J_μ 和 J_r 级别的子级别之间完全重新分配的假设导致 J_m 级别的完全重新分配。在式 (1.194) 中, 我们已经得到非偏振 NLTE 辐射转移理论中统计平衡方程的标准形式。

我们可以以下面形式引入源函数:

$$
S_\nu = \frac{N_j A_{ji}}{N_i B_{ij} - N_j B_{ji}}
\tag{1.195}
$$

和关系

$$
A_{ji} = \frac{2h\nu^3}{c^2} B_{ji}, \quad N_i C_{ij} = N_j C_{ji}, \quad \frac{C_{ij}}{C_{ji}} = \frac{g_j}{g_i} {\rm e}^{E_{ij}/kT}, \quad g_j B_{ji} = g_i B_{ij} \tag{1.196}
$$

其中, B_{ij}、B_{ji} 和 A_{ji} 是爱因斯坦系数; C_{ij} 和 C_{ji} 是碰撞系数; E_{ij} 是跃迁能。NLTE 粒子数偏离系数 $b_i(i = {\rm l, u})$ 定义为

$$
b_{\rm l} = N_{\rm l}/N_{\rm l}^{\rm LTE}, \quad b_{\rm u} = N_{\rm u}/N_{\rm u}^{\rm LTE}
\tag{1.197}
$$

这里，N_l 和 N_u 是实际粒子数；N_l^{LTE} 和 N_u^{LTE} 分别是下和上能级的萨哈–玻尔兹曼 (Saha-Boltzmann) 值。以偏离系数表示的谱线的一般源函数 (1.132) 变为

$$S_\nu = \frac{2h\nu^3}{c^2} \frac{1}{\dfrac{b_i}{b_j}\mathrm{e}^{-h\nu/(\kappa T)} - 1} \tag{1.198}$$

和

$$\frac{N_i}{N_j} = \frac{b_i g_j}{b_j g_i}\mathrm{e}^{-h\nu/(\kappa T)} \tag{1.199}$$

对于整个跃迁过程，谱线源函数 $S_{\nu 0}^l$ 现在可以直接从两能级原子的统计平衡条件导出 (Rutten, 2003)：

$$\frac{dN_2}{dt} = N_1 R_{12} - N_2 R_{21} = 0 \tag{1.200}$$

其中，$R_{ij} = A_{ij} + B_{ij}J_{\nu 0} + C_{ij}$。现在将 C_{12} 转换为 C_{21}，除以 A_{21} 并使用式 (1.196) 表示 B_{21}/A_{21}：

$$
\begin{aligned}
S_{\nu 0}^l &= \frac{2h\nu_0^3/c^2[(B_{21}/A_{21})J_{\nu 0} + (C_{21}/A_{21})\exp[-h\nu_0/(kT)]]}{1 + C_{21}/A_{21} - (C_{21}/A_{21})\exp[-h\nu_0/(kT)]} \\
&= (1 - \epsilon_{\nu 0})J_{\nu 0} + \epsilon_{\nu 0}B_{\nu 0}
\end{aligned} \tag{1.201}
$$

其中，

$$B_{\nu 0} = \frac{2h\nu^3}{c^2}\frac{1}{\mathrm{e}^{-h\nu/(\kappa T)} - 1}, \quad \epsilon_{\nu 0} = \frac{C_{21}}{C_{21} + A_{21} + B_{21}B_{\nu 0}} \tag{1.202}$$

1.12.2 非局部热力学平衡的色球模型

为了研究太阳磁大气中氢 Hβ 谱线的形成，我们选择了不同的太阳大气模型。一个是宁静太阳的大气模型，另一个是活动区太阳黑子本影的大气模型，以比较它们之间的差异。

图 1.52显示了大气模型中温度 T、氢密度 N_h 和电子密度 N_e 随高度的分布。参考 Vernazza 等 (1981) 提供的宁静太阳，以及 Ding 和 Fang(1991) 提供的太阳黑子本影模型。在低层太阳大气，本影模型中的温度低于宁静太阳的温度，而在高层太阳大气随着高度的增加而温度快速增加。Stellmacher 和 Wiehr(1970, 1975)，以及 Allen(1973) 也提出了类似的太阳黑子本影大气模型。这些本影模型通常在温度、氢密度和电子密度随高度的分布上显示出类似的趋势。

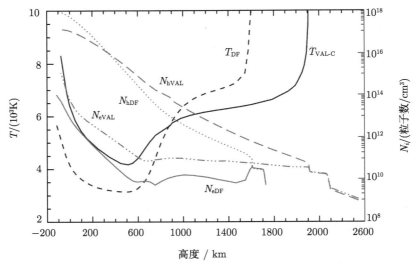

图 1.52　在宁静太阳 (Vernazza et al., 1981; 标记 VAL) 和太阳黑子本影 (Ding and Fang, 1991; 标记 DF) 大气模型中温度 T、氢密度 N_h 和电子密度 N_e 随高度的分布。来自 Zhang(2020)

NLTE 能级粒子数偏离系数 b_i 定义为

$$b_l = N_l/N_l^{\mathrm{LTE}}, \quad b_u = N_u/N_u^{\mathrm{LTE}} \tag{1.203}$$

$N_{(l,u)}$ 分别是低和高能级的实际粒子数；$N_{(l,u)}^{\mathrm{LTE}}$ 是相应 Saha-Boltzmann 值。NLTE 的处理适用于分析太阳上层大气中由于碰撞的贡献减弱而形成的谱线，而在高粒子密度的太阳低层大气，局部热力学平衡 (LTE) 的近似中通常是可以接受的，其中式 (1.203) 中的偏离系数为 $b_i \approx 1$。

图 1.53(a) 显示在宁静太阳模型中，氢原子能级 $n = 2$ 和 $n = 4$ 的偏离系数 b_2 和 b_4 随连续谱光学深度的分布，它由 Vernazza 等 (1981) 提供。发现在低太阳大气层，偏离系数 b_i 为近似为 1，但随着氢密度 N_h 和电子密度 N_e 的减少而急剧增加，以及在低光学深度处的温度 T 增加，然后在非常薄的光学深度处快速变化。

假设在宁静太阳和太阳黑子本影大气的热力学机制相同，可以通过比较宁静太阳中氢原子能级的偏离系数 b_i 的趋势，从现象学上提供太阳黑子大气中的偏离系数 b_i。图 1.53(b) 显示，在深本影模式大气中粒子偏离系数 $b_i \approx 1$，并且在 $\lg \tau_c = [-6, -7.5]$ 的区间内增加，然后在 $\lg \tau_c = [-7.5, -8.5]$ 逐渐减小。

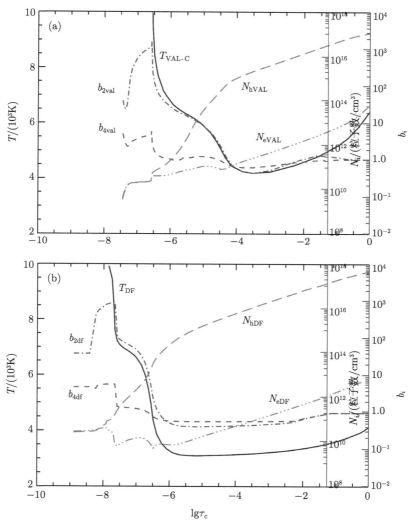

图 1.53 在 (a) Vernazza 等 (1981) 的宁静太阳 (VAL) 与 (b) Ding 和 Fang(1991) 的太阳黑子本影 (底部) 大气模型中温度分布 T、氢密度 N_h、电子密度 N_e 和氢能级偏离系数 (b_2 和 b_4)，其连续光学深度以 $\lg \tau_c$ 标记。来自 Zhang(2020)

在热力学平衡中 (式 (1.194))，根据玻尔兹曼激发方程 (Mihalas, 1978) 原子分布在它们的束缚能级上。连续谱通常在较低的太阳大气层形成，因此普朗克函数 $B(T, \nu)$ 可以用作其源函数

$$B^{\mathrm{C}}(T, \nu) = \frac{2h\nu^3}{c^2} \frac{1}{\exp[h\nu/(kT)] - 1} \tag{1.204}$$

且氢 Hβ 谱线的源函数为

$$S^{\mathrm{L}}(\mathrm{H}_\beta) = \frac{2h\nu^3}{c^2} \frac{1}{\dfrac{b_2}{b_4}\exp[h\nu/(kT)] - 1} \tag{1.205}$$

其中，b_2 和 b_4 的值如图 1.53 所示。H_β 线的这些偏离系数与观测值的自洽性将在下面介绍。

1.13 太阳色球磁场中 H_β 线的形成

太阳色球磁场的研究对于理解太阳的内在特性非常重要。通常认为，太阳活动现象通常与色球磁场的复杂结构有关。在克里米亚、基特峰和怀柔太阳观测基地进行过或在进行色球磁场观测 (Severny and Bumba, 1958; Tsap, 1971; Giovanelli et al., 1980; Zhang et al., 1991)。H_β 线是国家天文台怀柔磁像仪的工作谱线 (Zhang and Ai, 1986)。色球谱线斯托克斯参数的形成，如 H_β 线，是色球磁场测量中一个值得探讨的问题。

太阳 H_β 谱线轮廓如图 1.54 所示。一些光球线在该线翼中重叠。H_β 线的波

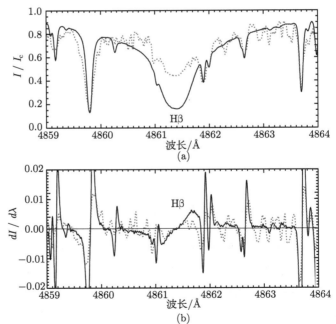

图 1.54   (a) 宁静太阳中的 H_β 线 (实线) 和太阳黑子本影 (虚线)，由美国国家太阳天文台观测 (L. Wallace，K. Hinkle 和 W. C. Livingston，http://diglib.nso.edu/ftp.html)；(b) 由 (a) 相应的 H_β 线推断出的 $dI/d\lambda$

长为 4861.34Å, 等效宽度为 4.2Å。该线的核心形成于约 1900 km 的高度 (Allen, 1973)。应该指出的是, 不同作者获得了 Hβ 线的不同形成高度。其振子强度为 0.1193, 核心处的剩余强度为 0.128 (Grossmann-Doerth and Uexkull, 1975)。Hβ 线核心主要是多普勒展宽, 线翼为共振阻尼和斯塔克展宽。Hβ 线由 7 条线组成, 全部位于接近 0.1 Å 的宽度内。我们没有找到所有参数的数值, 因此我们使用 Bethe and Salpeter(1957) 给出的公式方法并计算每个分量线的波长偏移、归一化振子强度和阻尼常数, 如表 1.17所示。与 Allen(1973) 以及 Garicia 和 Mark(1965) 给出的结果相比, 这些可用参数显示平均波长略有不同。当仅磁场存在时, Hβ 线显示反常塞曼效应。在太阳大气中, 由于磁场和原子间微观电场同时存在, 氢原子能级的波函数退化, 不同的波函数对应复杂的能量转移。这里我们略去了电四极和磁偶极越迁。

表 1.17   Hβ 谱线的参数

跃迁	波长/Å	$\gamma_R \times 10^8$	gf	gf_w
$2p_{1/2}$-$4d_{3/2}$	4861.279	6.5452	0.2436	0.2552
$2s_{1/2}$-$4p_{3/2}$	4861.287	0.8328	0.13702	0.1435
$2p_{1/2}$-$4s_{1/2}$	4861.289	6.3122	0.00609	0.0068
$2s_{1/2}$-$4p_{1/2}$	4861.298	0.8328	0.0685	0.0718
$2p_{3/2}$-$4d_{5/2}$	4861.362	6.5452	0.4385	0.45935
$2p_{3/2}$-$4d_{3/2}$	4861.365	6.5452	0.0487	0.0510
$2p_{3/2}$-$4s_{1/2}$	4861.375	6.3122	0.0122	0.01278

注: γ_R 是阻尼参数, gf 是振子强度, gf_w 是归一化的振子强度。

1.13.1   氢 Hβ 谱线的辐射转移

当我们用斯托克斯参数研究磁场中偏振光的形成时, 太阳大气磁场中谱线的偏振辐射转移的 Unno-Rachkovsky 方程采用方程 (1.130) 形式。假设连续谱处于局部热动平衡 (LTE) 状态。

由于存在磁场的情况下, 氢谱线的展宽, 如 Hβ, 应该是磁场和以各种角度微观电场的共同作用, 其分布根据霍尔兹马克 (Holtsmark) 统计, 参见 1.3.1 节 2.。当我们计算偏振光吸收系数的物理参数时, 由于电场展宽、多普勒展宽、辐射阻尼和共振阻尼的影响, 应该在所有方向和概率上进行积分。假设太阳大气中的微观电场是各向同性的, 它们对 Hβ 线出射光偏振的贡献可以忽略不计, 因此 Hβ 线跃迁的 π 和 σ 分量与经典理论获得的相同。这与 Stenflo 等 (1984) 对 Hβ 线的弱场近似分析结果相吻合。

与 Zelenka(1975) 提出的非偏振氢谱线公式相比, 可以引入 Hβ 谱线在磁场

大气中的吸收系数为

$$
\begin{aligned}
\eta_{\mathrm{p,l,r}} =& \eta_{\mathrm{a}} \sum_i f_{\mathrm{w}i} H[a_i, v_i(\Delta m)] \int_0^{\beta_1} W(\beta, r_0/D) d\beta \\
&+ \frac{1}{4\pi} \eta_{\mathrm{a}} \sum_j f_{\mathrm{w}j} \int_0^{2\pi} \int_0^{\pi} \int_{\beta_1}^{\infty} H\left(a_j, \frac{\Delta\lambda - \Delta\lambda_j(\theta, \chi, \beta, \Delta m)}{\Delta\lambda_{\mathrm{D}}}\right) \\
&\times W(\beta, r_0/D) d\beta \sin\theta d\theta d\chi
\end{aligned}
\tag{1.206}
$$

和

$$
\begin{aligned}
\rho_{\mathrm{p,l,r}} =& 2\eta_{\mathrm{a}} \sum_i f_{\mathrm{w}i} F[a_i, v_i(\Delta m)] \int_0^{\beta_1} W(\beta, r_0/D) d\beta \\
&+ \frac{1}{2\pi} \eta_{\mathrm{a}} \sum_j f_{\mathrm{w}j} \int_0^{2\pi} \int_0^{\pi} \int_{\beta_1}^{\infty} F\left[a_j, \frac{\Delta\lambda - \Delta\lambda_j(\theta, \chi, \beta, \Delta m)}{\Delta\lambda_{\mathrm{D}}}\right] \\
&\times W(\beta, r_0/D) d\beta \sin\theta d\theta d\chi
\end{aligned}
\tag{1.207}
$$

其中,

$$
\eta_{\mathrm{a}} = \frac{\sqrt{\pi}e^2}{mc^2} \frac{\lambda_0^2}{\Delta\lambda_{\mathrm{D}} K^{\mathrm{c}}} b_{\mathrm{l}} \left[1 - \frac{b_{\mathrm{u}}}{b_{\mathrm{l}}} \exp\left(-\frac{hc}{k\lambda T}\right)\right] \frac{N_{\mathrm{l}}^{\star}}{\rho}
\tag{1.208}
$$

这里, K^{c} 是 5000 Å 处的连续吸收系数; $N_{\mathrm{l}}^{\star}$ 是 LTE 下氢谱线下能级的粒子数; $f_{\mathrm{w}i}$ 和 $f_{\mathrm{w}j}$ 是 Hβ 谱线偏振子分量的归一化振子强度; $W(\beta, r_0/D)$ 是微观电场的 Holtsmark 分布函数; β_1 表征相对于氢线的精细结构, 由电场引起的位移的相对大小。如果 β_1 非常小, 那么电场的影响可以忽略不计。

对于主量子数 n 的状态, 由精细结构引起的位移为

$$
T_1 = \frac{8\pi^4 m e^8}{c^3 h^5 n^3}
\tag{1.209}
$$

以 cm^{-1} 为单位。由电场 F 引起的偏移量级为

$$
T_2 = \frac{3hFn}{8\pi^2 mec}
\tag{1.210}
$$

对于 Hβ 线, 我们选择 $\beta_1 = 0.1189/F_0 = 9.512 \times 10^{12} N_{\mathrm{e}}^{2/3}$。然后, 对于光球, 式 (1.206) 和式 (1.207) 右侧的第二项是主要项, 原子间电场的影响非常重要。随着我们在色球层中上升, 带电离子的密度下降, 第一项变得越来越重要。

式 (1.206) 和式 (1.207) 中的 $H(a,v)$ 和 $F(a,v)$ 分别是 Voigt 和 Faraday-Voigt 函数，在 η 和 F 中的下标 p, l, r 分别指 π 分量 ($\Delta m = 0$) 和 σ 分量 ($\Delta m = \pm 1$)。θ 和 χ 是电场的倾角和方位角，这些被再次讨论。

式 (1.206) 和式 (1.207) 中的第一项反映了微弱微观电场下的贡献，因此相当于塞曼分裂的近似是正确的。以下是与塞曼分裂相关的 $v_i(\Delta m = 1)$、$v_i(\Delta m = 0)$ 和 $v_i(\Delta m = -1)$，对于 $k = 1, 2, 3$，

$$v_i(\Delta m = 2 - k) = v - v_m^{(k)} \tag{1.211}$$

并且

$$v_m^{(k)} = \frac{e\lambda^2 H}{4\pi m_e^2 \Delta\lambda_D}[(g - g')M - g'(2 - k)] \tag{1.212}$$

其中，M 是较低能级的磁量子数；g 和 g' 分别是较低能级和较高能级的朗德因子；f_{wi} 是 Hβ 线的塞曼子分量的归一化振子强度，可以通过 Stenflo 等 (1994) 的 (6.33) 式获得。

而第二项反映了磁场和强微观电场对式 (1.206) 和式 (1.207) 中谱线展宽的共同贡献。$\Delta\lambda_j$ 是由磁场和强电场引起的谱线偏振 j 分量的偏移。f_{wj} 是磁场和微观电场中 Hβ 线的偏振子分量的归一化振子强度。谱线不同偏振分量的展宽公式将在 1.13.2 节中讨论。

谱线 i 分量的阻尼参数为

$$a_i = \frac{\gamma_i \lambda_0^2}{4\pi c \Delta\lambda_D} \tag{1.213}$$

其中，

$$\gamma_i = (\gamma_{\text{radiation}} + \gamma_{\text{resonance}} + \gamma_{\text{electron}})_i \tag{1.214}$$

在这里，我们遵循了 Zelenka(1975) 并通过附加阻尼因子表示电子加宽，这只是一个近似值。

1.13.2　磁场大气中 Hβ 谱线的加宽

长期以来，人们一直在研究恒星大气中氢谱线的斯塔克加宽 (Griem, 1964; Vidal et al., 1970, 1973)。在强磁场和微观电场的共同作用下，谱线变宽 (Nguyen-Hoe et al., 1967; Mathys, 1983)。太阳磁场不是很强，在 10～1000G 量级。一般来说，电子自旋和自旋与轨道角动量之间的耦合效应是不可忽略的 (Casini and Landi Degl'Innocent, 1993)。

现在，在额外的磁场和电场中考虑一个氢原子和一个扰动的带电粒子。氢原子的哈密顿量可以写成

$$\hat{H} = \hat{H}_0 + \hat{V}_H + \hat{V}_F \tag{1.215}$$

其中，右边的第一项是未扰动的哈密顿量，第二项和第三项分别代表磁场和电场的扰动。扰动方程是

$$(\hat{H}_0 + \hat{V}_H + \hat{V}_F) \mid \psi\rangle = (E_0 + E') \mid \psi\rangle \tag{1.216}$$

其中，E_0 和 E' 分别是能量特征值和扰动。为简化起见，我们假设在 z 方向上的磁场，与 z 轴成角度 θ 的电场，以及它在 x-y 平面中与 x 轴成角度 χ 的投影。电场扰动项为

$$\begin{aligned}\hat{V}_F = \mathbf{F} \cdot \mathbf{r} &= F\cos\theta z + F\sin\theta(\cos\chi x + \sin\chi y) \\ &= F_0[\cos\theta z + \sin\theta(\cos\chi x + \sin\chi y)]\beta\end{aligned} \tag{1.217}$$

其中，$\beta = F/F_0$ 和 $F_0 = 1.25 \times 10^{-9} N_e^{\frac{2}{3}}$ esu, N_e 是电子密度。我们有

$$\begin{aligned}\langle n,l,j,m_j \mid \hat{V}_F \mid n,l',j',m_j'\rangle = &F_0\beta[\cos\theta\langle n,l,j,m_j \mid z \mid n,l',j',m_j'\rangle \\ &+ \sin\theta\langle n,l,j,m_j \mid (\cos\chi x + \sin\chi y) \mid n,l',j',m_j'\rangle]\end{aligned} \tag{1.218}$$

其中所有符号都有它们通常的含义，它们的具体形式可以从 Slater(1960) 中找到。对于磁扰项，我们有 (Ter Haar, 1960)，如果 $j = j'$，则

$$\langle n,l,j,m_j \mid \hat{V}_H \mid n,l',j',m_j'\rangle = \frac{eH}{2m_e}m_j\hbar g_j\delta_{ll'}\delta_{m_jm_j'} \tag{1.219}$$

$$g_j = \frac{2l+2}{2l+1}, \quad j = l+0.5$$

$$g_j = \frac{2l}{2l+1}, \quad j = l-0.5$$

并且，如果 $j \neq j'$，则

$$\langle n,l,j,m_j \mid \hat{V}_H \mid n,l',j',m_j'\rangle = -\frac{eH\hbar}{2m_e}\frac{[(l+1/2)^2 - m_j^2]^{\frac{1}{2}}}{2l+1}\delta_{ll'}\delta_{m_jm_j'} \tag{1.220}$$

同样，所有符号都有其通常的含义。由 $\langle\psi \mid$ 左乘方程 (1.220)，并使用等式

$$\langle n,l,j,m_j \mid \hat{V}_H + \hat{V}_F \mid n,l',j',m_j'\rangle \equiv K_{q,q'} \tag{1.221}$$

K 中的下标 q 和 q' 指的是各种可能的波函数状态。假设扰动波函数是未扰动波函数的线性组合：

$$\mid \psi\rangle = \sum_{q'=1}^{2n^2} c_{q'} \mid \psi_{q'}\rangle \tag{1.222}$$

式 (1.219) 则变成

$$\sum_{q'=1}^{2n^2}(K_{q,q'}-E'\delta_{qq'})c_{q'}=0 \tag{1.223}$$

其中，$q = 1, 2, \cdots, 2n^2$。通常，能级的变化取决于氢原子附近的磁场和电场的分布。式 (1.223) 中非零解的条件是

$$\mathrm{Det}\mid K_{q,q'}-E'\delta_{qq'}\mid = 0 \tag{1.224}$$

通过式 (1.224)，我们可以找到上下能级的 $2n^2$ 可能分裂以及对应的 $2n^2$ 波函数在不同方向和电场强度下的概率氢线的每个子级。可以计算谱线子分量的位移 $\Delta\lambda_j$。通常，氢谱线特征值问题的一般解与磁场和微观电场的方向无关。用于计算扰动哈密顿量的厄米矩阵的坐标系选择由 Casini 和 Landi Degl'Innocent(1993) 完成。如果太阳大气中的微观电场是各向同性的，我们假设 Hβ 线的子分量的偏振状态仍然依赖于磁场。因为扰动波函数是未扰动波函数的线性组合，线的子分量的偏振状态也与磁量子数 m 有关, 例如 π 分量的 $\Delta m = 0$ 和 σ 分量的 $\Delta m = \pm 1$。

归一化振子强度与波函数的分布可能性有关，

$$f_{\mathrm{w}j}(n,l,j,m \longrightarrow n',l',j',m') \sim c^2(n,l,j,m)c^2(n',l',j',m') \tag{1.225}$$

和

$$\Delta m = m - m' = 0, \pm 1 \tag{1.226}$$

系数 $c(n,l,j,m)$ 和 $c(n',l',j',m')$ 如式 (1.225) 所示，并联系于 Hβ 线的低和高能级的扰动波函数。这只是 Hβ 线辐射转移计算的简化。因此，分析太阳大气中 Hβ 线的斯托克斯参数的辐射转移成为可能。一旦确定了 Hβ 线各种跃迁的光谱位移、归一化强度和偏振状态，我们就可以获得不同偏振分量的吸收系数。

在太阳大气的上层，可以忽略电场分布函数的影响。上述式 (1.206) 和式 (1.207) 简化为磁场中吸收系数的常用表达式。我们仅对 Hβ 的 7 个分量线使用了反常塞曼分裂公式，并且仅考虑了多普勒展宽、辐射阻尼和共振阻尼。这是 Hβ 谱线的一个适当的表达方式。

1.13.3　宁静太阳大气模型中 Hβ 线的数值计算

在太阳磁场大气条件下，我们对量子力学微扰矩阵进行了数值求解，找到了 Hβ 线的能级变化和相应的吸收系数。因为吸收系数的表达式比较复杂，为了计算它在大气中某一点给定波长下的值，我们选取了 20 个点，计算了初始光学深度和 $\ln\tau_c = -14.0$ 之间的吸收，其中 τ_c 是 5000Å 处的连续谱光学深度。然后，在与 Unno-Rachkovsky 方程积分的过程中，对计算值进行插值，继续计算直到

$\ln \tau_c = -20.0$。为了探讨线形成中的磁光效应，我们还求解了 $\rho_Q = \rho_U = \rho_V = 0$ 的辐射转移方程。

为了分析 Hβ 线的形成，我们使用了 VAL 平均宁静色球模型 C (Vernazza et al., 1981) 和相关的非 LTE 偏离系数。我们还假设，当能级简并在磁场和微观电场的作用下消失时，每个磁子能级保持其原来的偏离系数。这只是一个近似值。

Hβ 谱线的出射光斯托克斯轮廓如图 1.55 所示。计算结果表明，磁光效应对斯托克斯参数 V 的影响不显著，但对 Hβ 线中心的斯托克斯参数 Q 和 U 影响显

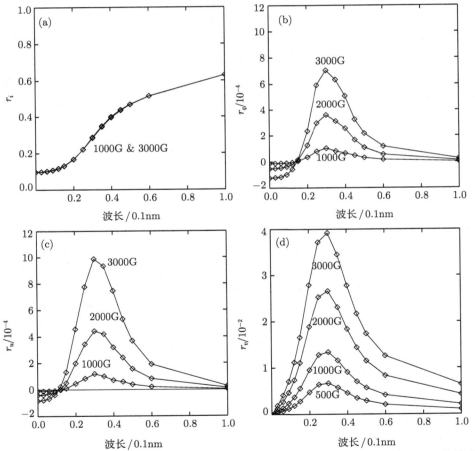

图 1.55   以 VAL 模型大气计算的 Hβ 线的斯托克斯参数 I/I_c，Q/I_c，U/I_c 和 V/I_c 的轮廓，均匀磁场强度 1000~3000 G，倾角 $\psi=30°$，方位角 $\varphi=22.5°$ 和 $\mu=1$。I_c 是连续谱强度。来自 Zhang(2019)

著，例如，横向场的误差角约为 $7°$。斯托克斯参数 V(在离线中心的 $\Delta\lambda=0.3$Å) 和 Q(在线中心) 的归一化校准值随磁场强度的变化如图 1.56所示。我们可以看到，Hβ 线磁场的纵向和横向分量的定标值基本上是线性的。这意味着弱场近似 (式 (1.143)) 对于 Hβ 线是正确的，

$$Q \approx -\frac{1}{4}\frac{\partial^2 I}{\partial\lambda^2}\Delta\lambda_{\text{H}}^2 \sin^2\psi \sin 2\varphi$$

$$U \approx -\frac{1}{4}\frac{\partial^2 I}{\partial\lambda^2}\Delta\lambda_{\text{H}}^2 \sin^2\psi \cos 2\varphi \qquad (1.227)$$

$$V \approx -\frac{\partial I}{\partial\lambda}\Delta\lambda_{\text{H}} \cos\psi$$

Stenflo(1994) 也对其进行了分析。图 1.56 显示了斯托克斯参数 I 通过宁静区域的弱场近似推导出来的 Hβ 线的斯托克斯参数 V。图 1.56 中 Hβ 线的斯托克斯参数 V 振幅几乎与使用 Unno-Rachkovsky 方程计算的数值相同。然而，在图 1.57 中可以发现 Unno-Rachkovsky 方程的数值结果与弱场近似的数值结果之间存在明显的斯托克斯参数 Q 差异，尤其是在 Hβ 线中心附近。在弱场近似下，斯托克斯参数 Q 的极值不会出现在 Hβ 线的中心，但它出现在偏离谱线中心的 $\Delta\lambda=0.15$Å 处。这可能反映出，真实的色球层比我们用 VAL 模型大气估计的更复杂。

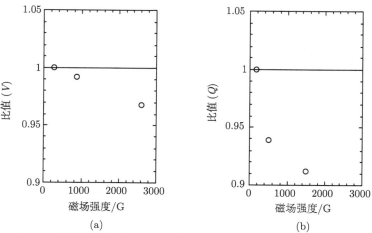

图 1.56　(a) 从 VAL 模型线心偏离 $\Delta\lambda=0.3$Å 大气计算的 Hβ 线 $V(B)/B_{\parallel}$ 和 (b) 在线中心计算的 $Q(B)/B_{\perp}^2$。$\psi=30°$，$\varphi=22.5°$ 和 $\mu=1$。计算值用圆圈标记，并设 $B=300$ G 时的值为 I

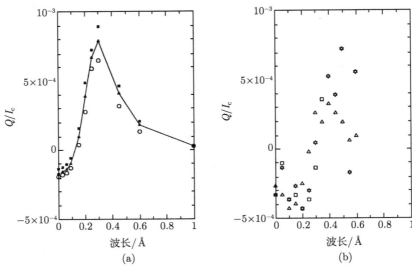

图 1.57　Hβ 线的斯托克斯参数 Q 轮廓。(a) VAL 模型大气的数值解，其中 $Q=U$ 表示无磁光效应 (三角形)，$B = 3000\text{G}$，$\mu = 1$，$\psi=30°$，方位角 $\varphi=22.5°$，考虑到磁光效应，Q(圆形) 不等于 U(正方形)；(b) 由观察到的 I 通过弱场近似推导出的斯托克斯 Q 轮廓，没有磁光效应，其中三角形标记了由平均 Hβ 线 I 轮廓推导出的斯托克斯参数 Q，靠近日面中心的超米粒中心 (Grossmann-Doerth and Uexkull, 1975)，星星 (正方形) 标记在 Hβ 线 (Kurucz et al., 1984) 的蓝 (红) 翼获得。I_c 是连续谱强度

1.13.4　氢 Hβ 谱线形成层

用 VAL 模型大气 (Vernazza et al., 1981) 计算的，在均匀磁场强度 1000G，倾角 $\psi=30°$，方位角 $\varphi=22.5°$ 和 $\mu = 1$ 情况下，Hβ 线的斯托克斯参数贡献函数如图 1.58 所示。我们可以看到，在偏离 Hβ 线中心 0.45Å 处斯托克斯参数的贡献函数的峰值出现在光球中。随着波长移向 Hβ 线中心，这些峰逐渐减弱，而在色球中形成的其他峰逐渐增强。这意味着 Hβ 线的出射光斯托克斯参数主要来自温度极小区之外的两个层次。Hβ 线中心附近的出射斯托克斯参数主要在色球层中形成，而线翼中的斯托克斯参数主要在光球层中形成，即使说 Hβ 线形成在太阳大气中相对较宽的层中。Hβ 线的斯托克斯参数的平均形成深度如图 1.58 所示。它只是粗略地估计了太阳大气中用 Hβ 线所观测到的磁场的形成层。通过对比 VAL 模型大气中大气光学深度与高度的关系，我们发现，在我们的计算中，Hβ 线线心的出射斯托克斯参数几乎形成于高层大气 (1500~1600km)，但线翼形成在低层大气，例如，离 Hβ 线中心 −0.45Å 处的斯托克斯参数反映了光球场 (300km) 的信息。一些作者还分析了太阳大气中不包括磁场的巴耳末线的形成高度 (Gibson, 1973)。从计算结果可以看出，斯托克斯参数 Q、U 和 V 的形成高度与 I 几乎

相同。

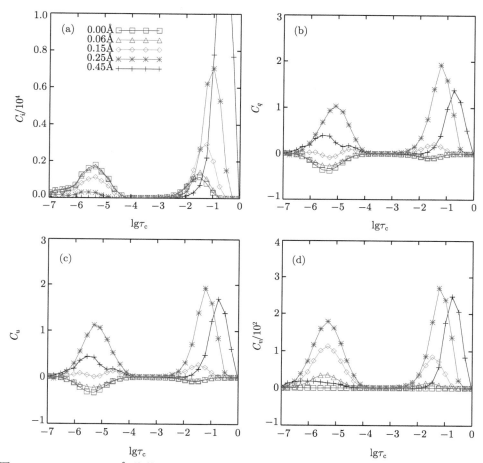

图 1.58　Hβ λ4861.34Å 线数值解的斯托克斯参数 I, Q, U 和 V 的贡献函数 C_i, C_q, C_u 和 C_v, 为 VAL 模型大气, 在距离 Hβ 线中心波长 $\Delta\lambda$=0.45Å(十字形)、0.25Å(星形)、0.15Å(菱形)、0.06Å(三角形) 和 0.0Å(方块)。$B = 1000$ G, ψ=30°, 方位角 φ=22.5° 和 $\mu = 1$。τ_c 是 5000Å 处的连续光学深度。横坐标为对数。来自 Zhang(2019)

　　与图 1.14中太阳模型大气 (Vernazza et al., 1976) 相比, Hβ λ4861.34Å 远线翼斯托克斯参数的形成深度主要在太阳温度极小区 (约 $\tau_{500nm} = 10^{-4} \sim 10^{-3}$) 以下, 位于光球层, 而线中心主要形成在色球层。

　　我们需要指出的是, Hβ 线的斯托克斯参数的真实形成层比理论情况更复杂。辐射转移方程的数值结果取决于大气模型的选择和谱线参数。例如, 线中心附近的形成高度取决于线吸收系数值的选择, 线翼中也取决于线加宽的幅度。在太阳大气中的 Hβ 图像中观察到的不同类型结构的形成层可能不同，例如太阳黑子本影、半影和暗条，尽管这些特征在相同波长的色球线线翼中被观察到。然而，线的形成层的计算使我们能够估计磁场可能的空间分布的基本信息。

1.14   太阳黑子本影磁场中 Hβ 线的形成

在图 1.59中，我们可以看到在观测的黑子本影 Hβ 谱线线心剩余强度 I 明显减弱。在图 1.60中，注意到在黑子本影模式大气中斯托克斯参数 I 轮廓核心处的数值计算剩余强度大约为 0.5，与观测的斯托克斯参数 I 轮廓大致相符。如果忽略混合线，则与图 1.59 中观察到的本影基本一致。计算结果也在图 1.59 处用 + 号标记。请注意，计算表明在 1000G 和 3000G 本影磁场强度的情况下，斯托克斯参数 I 值没有明显差异。斯托克斯参数 V 的幅度为 10^{-2} 量级，斯托克斯参数 Q 和 U 的幅度为 10^{-4} 量级。这些值类似于宁静太阳的值 (见图 1.55和图 1.57)。这意味着测量太阳黑子磁场的横向分量仍然是一项技术挑战，因为它们的信号非常微弱 (Zhang, 1995d)。

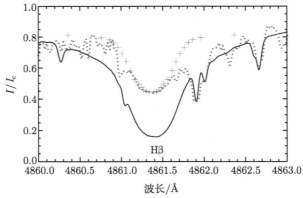

图 1.59   美国国家太阳天文台观测到的宁静太阳 (实线) 和太阳黑子本影 (虚线) 的 Hβ 谱线 (L. Wallace、K. Hinkle 和 W. C. Livingston，http://diglib.nso.edu/ftp.html)。+ 号标记数值计算的黑子本影结果。来自 Zhang(2020)

此外，使用图 1.60 中的本影模型大气计算，斯托克斯参数 V 的峰值位于距离线中心 0.2Å 处，而对于宁静的太阳，则位于 0.3Å(参见图 1.55)。也可以发现斯托克斯参数 Q 和 U 的类似趋势。这反映了在本影大气中 Holtsmark 展宽对谱线的贡献，这取决于带电粒子的密度，比宁静太阳的情况要弱。该结果与两种大气模型中电子密度 N_e 的丰度相一致。

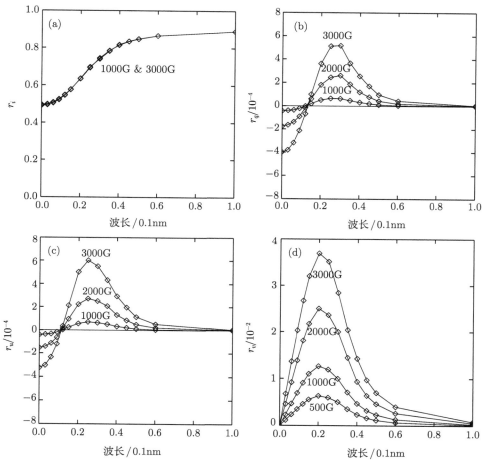

图 1.60 Hβ 的斯托克斯参数 r_i, r_q, r_u 和 r_v(即 I/I_c、Q/I_c、U/I_c 和 V/I_c) 的分布，为本影大气模型 (Ding and Fang, 1991) 计算的线，均匀磁场强度 1000～3000 G，倾角 $\psi=30°$，方位角 $\varphi=22.5°$ 和 $\mu=1$。I_c 是连续谱强度。来自 Zhang(2020)

图 1.61 显示了在本影模型情况下，斯托克斯参数 I，Q，U 和 V 在偏离 Hβ 线的中心 0.0Å，0.06Å，0.15Å，0.25Å 和 0.45Å 处的贡献。值得注意的是，在较高太阳大气层 (连续光学深度 $\lg\tau_c\approx-7$) 中出射斯托克斯参数的贡献比在较低大气层 ($\lg\tau_c\approx-1$) 要弱，即使离 Hβ 线中心的不同波长的斯托克斯参数存在一些差异。这个结果意味着高层本影大气对 Hβ 线是透明的。本影中 Hβ 线的出射斯托克斯参数信号主要在太阳下层大气中形成，而宁静太阳中靠近线中心的信号在色球层中形成 (图 1.58)。这个结果也可以通过比较图 1.54 中宁静太阳和本影的 Hβ 线心的剩余强度来发现，这是由于线的吸收不同。这意味着本影中 Hβ 线的形成与宁静的太阳中形成了明显的对比。

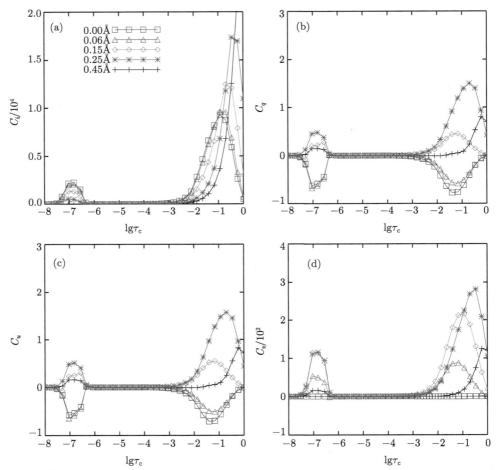

图 1.61　Hβ λ4861.34Å 线数值解的斯托克斯参数 I、Q、U 和 V 的贡献函数 C_i、C_q、C_u 和 C_v，由黑子本影大气模型 (Ding and Fang, 1991) 从 Hβ 线中心波长 $\Delta\lambda$=0.45Å(十字)、0.25Å(星)、0.15Å(菱形)、0.06Å(三角形) 和 0.0Å(方块)。$B = 1000$ G，ψ=30°，方位角 φ=22.5° 和 $\mu = 1$。τ_c 是 5000Å 处的连续光学深度。水平坐标采用对数刻度。来自 Zhang(2020)

在白光太阳黑子形成深度的类似观察结果被命名为威尔逊效应。Bray 和 Loughhead(1965) 认为威尔逊效应的真正解释在于与光球相比，黑子具有更高的透明度。形态学证据可以在图 1.62 中找到。类似的太阳黑子本影结构出现在光球层和 Hβ 滤光器单色图中，即使 Hβ 耀斑的明亮带很可能附着在 Hβ 滤光器单色图中的本影上。如 Zhang(1993, 2019) 所示，来自深层的混合线导致 Hβ 磁图的本影区域中的反转信号。在太阳深处大气中形成的混合线导图 1.62中 Hβ 磁图的本影区域中的反向信号。这将在 2.5.3节中再次讨论。

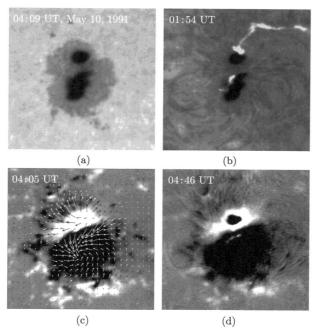

图 1.62 1991 年 5 月 10 日的活动区 NOAA 6619。(a) 光球 FeI λ5324.19Å 滤光器单色图；(b) Hβ 滤光器单色图；(c) 光球矢量磁图；(d) Hβ 纵向磁图。白色 (黑色) 是磁图中的正 (负) 极性。图的尺寸是 2.8′ × 2.8′。来自 Zhang(2019)

图 1.63 中提出了通过 Hβ 线观察到的斯托克斯参数形成高度的简单示意。红色虚线显示了 Hβ 磁图中的粗略可检测高度。在图 1.61 中本影情况，观察到的斯托克斯参数主要形成于深层，尽管图 1.63 中的色球层也产生了微弱的贡献。这意味着对于我们的计算，太阳黑子本影中的 Hβ 线在连续光学深度 $\lg \tau_c \approx -1$ 处形成，即在光球层中大约 300 km。

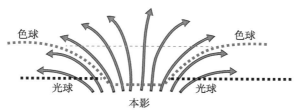

图 1.63 在太阳黑子区域用 Hβ 线测量磁场中斯托克斯参数形成高度的估计示意图。红色粗虚线表示 Hβ 线斯托克斯参数的主要贡献高度，而黄色细虚线表示在黑子本影上层 Hβ 谱线的弱贡献。来自 Zhang(2020)

对于 Hβ 线，太阳黑子本影大气更加透明。我们给出了 NLTE 假设下模型本影大气中氢原子的偏离系数，并与它们在宁静太阳情形的分布进行了比较。与宁静的太阳相比，本影模型大气中的 Hβ 线的斯托克斯 V 峰值的位置更靠近线中心。这一结果与微电场在太阳本影大气中比在宁静的太阳中更弱的加宽 Hβ 线的贡献是一致的。

值得注意的是，由于太阳黑子本影与宁静的太阳相比表现出较低的温度特性，所以本影大气对于需要更高温度激发的光谱线，如 Hβ 线，通常是透明的。此外，来自太阳大气不同深度的谱线的出射斯托克斯参数的比率取决于磁场中辐射转移方程和太阳大气模型中使用的参数的确定 (Bai et al., 2013)。与这些相比，准确的观测仍然是必须和重要的。

1.15 日 冕 磁 场

日冕的温度高达百万摄氏度的量级，粒子数密度约为 $10^{15} \mathrm{m}^{-3}$ 量级，光的散射起主要作用，是光学薄的太阳外层大气。

了解日冕的静态和动态特性是现代太阳物理学的一大挑战。磁场被认为在构造日冕结构中起主导作用。目前的理论还将日冕磁场重联过程中磁能的释放归因于驱动高能太阳事件的主要机制。

下面我们从光散射偏振的视角入手简略探讨日冕磁场的测量问题。关于光在日冕中的偏振散射方面详细的介绍，可参考 Stenflo(1994)，以及 Landi Degl'Innocenti 和 Landolfi(2004)。

1.15.1 共振散射

为了确定经典模型原子发出的辐射，我们只需要回忆一下经典电动力学的一些重要结果。众所周知 (例如 Jackson (1962))，一个振荡的单色偶极子 $\mathbf{p}(t)$ 在辐射区产生一个频率与偶极子相同的电磁波，其电场由下式给出 (Landi Degl'Innocenti and Landolfi, 2004)：

$$\mathcal{E}(r, \boldsymbol{\Omega}, t) = k^2 \frac{\mathrm{e}^{\mathrm{i}kr}}{r}(\boldsymbol{\Omega} \times \mathbf{p}(t)) \times \boldsymbol{\Omega} = k^2 \frac{\mathrm{e}^{\mathrm{i}kr}}{r}\mathbf{p}_{\perp}(t) \tag{1.228}$$

其中，k 是波数；r 是到偶极子的距离；$\boldsymbol{\Omega}$ 是传播方向的单位向量；$\mathbf{p}_{\perp} = \mathbf{p} - \boldsymbol{\Omega}(\boldsymbol{\Omega} \cdot \mathbf{p})$ 是垂直于 $\boldsymbol{\Omega}$ 的平面中偶极子的分量。从这个方程，可以确定经典偶极子在任何方向发射的电磁波的偏振。

如果我们现在引入两个相互正交并垂直于 $\boldsymbol{\Omega}'$ 的单位向量

$$\mathbf{e}_i'^* \cdot \mathbf{e}_j' = \delta_{ij}, \quad \mathbf{e}_i'^* \cdot \boldsymbol{\Omega}_j' = 0 \qquad (i, j = 1, 2) \tag{1.229}$$

可以写出

$$\mathcal{E}'_\gamma = \sum_i C'^*_{\gamma i} \mathcal{E}'_i \tag{1.230}$$

其中方向余弦 $C'_{\gamma i}$ 可以给出:

$$C'_{\gamma i} = \mathbf{u}_\gamma \cdot \mathbf{e}'^*_i \tag{1.231}$$

在这种情况下,谐振频率 ν_0 的入射辐射 (各向同性和非偏振) 由偏振张量表征:

$$I'_{ij} = \frac{\nu_0^2 kT}{c^2} \delta_{ij} \tag{1.232}$$

我们使用了普朗克函数的经典表达式 (瑞利–金斯定律),其中 T 是热力学温度,k 是玻尔兹曼常量。我们可以写出在磁场中的原子振子在立体角 $d\mathbf{\Omega}$ 中每单位时间发射的频率积分辐射

$$d\tilde{I}_{ij}(\mathbf{\Omega}) = \frac{3}{2}\frac{\pi e_0^2}{mc}\gamma \sum_{\alpha\beta} C_{\alpha i} C^*_{\beta j} \sum_{kl} C'_{\alpha k} C'^*_{\beta l} I'_{kl}(\mathbf{\Omega}') \frac{d\Omega'}{4\pi} d\Omega \int_\infty^\infty F_\alpha(\nu)^* F_\beta(\nu) d\nu \tag{1.233}$$

我们已经从积分中提取了因子 ν_0^4,因为傅里叶变换 $F_\alpha(\nu)$ 基本上仅对于 $\nu \simeq \nu_0$ 是非零的。

在立体角 $d\mathbf{\Omega}$ 中,由原子振子散射的频率积分斯托克斯参数 $d_i\tilde{S}_i(\mathbf{\Omega})$ 由下式给出:

$$d\tilde{S}_i(\mathbf{\Omega}) = \sum_{nm} (\sigma_i)_{nm} d\tilde{I}_{mn}(\mathbf{\Omega}) \tag{1.234}$$

这里使用了式 (1.16) 中定义的泡利自旋矩阵 σ_i 和式 (1.20)。

类似于式 (1.104) 和 $\nu = \omega/2\pi$,我们可以写出色散关系:

$$F_\alpha(\nu) = \int_0^\infty \mathrm{e}^{-2\pi\mathrm{i}(\nu_0 - \alpha\nu_L - \nu)} \mathrm{e}^{-\frac{\gamma}{2}t} dt = -\frac{\mathrm{i}}{2\pi}\frac{1}{(\nu_0 - \alpha\nu_L - \nu) - \mathrm{i}\Gamma} \tag{1.235}$$

其中,$\Gamma = \gamma/4\pi$. 借助留数定理可以很容易地推演频率积分

$$\int_\infty^\infty F_\alpha(\nu)^* F_\beta(\nu) d\nu = \frac{1}{\gamma}\frac{1}{1 + \mathrm{i}(\alpha - \beta)H} \tag{1.236}$$

式中,

$$H = \frac{2\pi\nu_L}{\gamma} = \frac{e_0 B}{2mc\gamma}, \quad \alpha, \beta = 0, \pm 1 \tag{1.237}$$

1.15.2 磁偶极跃迁的散射辐射斯托克斯参数的显式公式

最常见的是在日冕中观察到的禁线 (例如, 5304Å 的 Fe XIV 的绿线, 6374Å 的 Fe X 的红线, 以及在 10747 Å 和 10798Å 的 Fe XIII 的红外线), 它们是光学薄的发射线, 起源于基项的 $M1$ 跃迁 $|\Delta J| = 1$, 即 $(\alpha_0 J \to \alpha_0 J_0)$ 的跃迁, 其中 α_0 指基项的原子结构 (这里不考虑特定类型的耦合)。这些线在日冕中通过与带电粒子的各向同性碰撞 (通过直接激发和级联过程) 和通过来自底层光球层的各向异性辐射, 在被称为 "共振散射" 的过程中向所有方向重新发射。然后观察到的谱线带有典型的这种散射过程的偏振特征。如果存在磁场, 则每个能级 J 被分成一系列 $2J+1$ 个塞曼子态, 由磁量子数 M 区分。在这种情况下, 偏振特征相对于无场情况改变, 原则上, 它携带了相关局部矢量磁场的完整信息 (除了众所周知的天空平面 (POS) 上磁场方向 180° 的不确定)。

当只有跃迁 $(\alpha_0 J \to \alpha_0 J_0)$ 对来自谱线光谱范围内的原子的散射辐射有显著贡献时, 我们可以安全地采用在两能级原子近似中有效的发射系数表达式。在下面, 我们定义 N 是辐射离子的数密度; $A(\alpha_0 J \to \alpha_0 J_0)_{M1}$ 是自发磁偶极 ($M1$) 跃迁 $(\alpha_0 J \to \alpha_0 J_0)$ 的爱因斯坦系数; $\rho_Q^K(\alpha_0 J)$ 是激发能级 $(\alpha_0 J)$ 的密度矩阵 (或统计张量) 的不可约球面分量; $\mathcal{T}_Q^K(i, \hat{\mathbf{k}})_{M1}$ 是合适几何张量的不可约球面分量, 它指定观察者的特定位置 (即视线方向 (LOS) $\hat{\mathbf{k}}$, 以及线偏振测量的参考方向的方向) 所采用的相对参考系; 而 $\Phi(\omega_0 - \omega) = \phi(\omega_0 - \omega) + \mathrm{i}\psi(\omega_0 - \omega)$ 是以 ω_0 为中心的复线轮廓 (一般来说, ϕ 是 Voigt 轮廓, ψ 是相关的 Faraday-Voigt 色散函数), 可见式 (1.116)。

这里密度矩阵的多极矩的表达式为

$$\rho_Q^K(\alpha J, \alpha' J') = \sum_{MM'} (-1)^{J-M} \sqrt{2K+1} \begin{pmatrix} J & J' & K \\ M & -M' & -Q \end{pmatrix} \rho(\alpha J M, \alpha' J' M') \tag{1.238}$$

如果给出了自发跃迁 $(\alpha_0 J \to \alpha_0 J_0)$ 的频率和爱因斯坦系数, 以及从统计平衡方程的解中推导 $\rho_Q^K(\alpha_0 J)$ (对于 $K = 0, 2$) (Landi Degl'Innocenti and Landolfi, 2004), 散射辐射的四个斯托克斯参数可以通过由 Casini 和 Judge(1999) 提供的方程直接计算出来。

在本节中, 将给出散射辐射的四个斯托克斯参数的显式公式, 以阐明它们对不同诊断量的依赖性。

为了简化符号, 我们引入激发能级的数密度 (见 Landi Degl'Innocenti(1984), 式 [43]),

$$N_{\alpha_0 J} = N\sqrt{2J+1}\rho_0^0(\alpha_0 J) \tag{1.239}$$

该能级的"简化"统计张量 (参见 Landi Degl'Innocenti(1984), 式 [39]),

$$\sigma_Q^K(\alpha_0 J) = \frac{\rho_Q^K(\alpha_0 J)}{\rho_0^0(\alpha_0 J)} \tag{1.240}$$

以及跃迁 $(\alpha_0 J) \to (\alpha_0 J_0)$ 的等效朗德因子 (例如,Landolfi 和 Landi Degl'Innocenti (1982)),

$$\bar{g}_{\alpha_0,J\alpha_0 J_0} = \frac{1}{2}(g_{\alpha_0 J} + g_{\alpha_0 J_0}) + \frac{1}{4}(g_{\alpha_0 J} - g_{\alpha_0 J_0})[J(J+1) - J_0(J_0+1)] \tag{1.241}$$

由于原子系统的方位可以忽略不计,我们发现,在一些 Racah 代数之后,散射辐射的四个斯托克斯参数 $\varepsilon_i^{(j)}$ 为

$$\varepsilon_0^{(0)}(\omega, \hat{\mathbf{k}}) = C_{JJ_0}\phi(\bar{\omega} - \omega)[1 + D_{JJ_0}\sigma_0^2(\alpha_0 J)\mathcal{T}_0^2(0, \hat{\mathbf{k}})_{M1}]$$
$$\varepsilon_i^{(0)}(\omega, \hat{\mathbf{k}}) = C_{JJ_0}\phi(\bar{\omega} - \omega)D_{JJ_0}\sigma_0^2(\alpha_0 J)\mathcal{T}_0^2(i, \hat{\mathbf{k}})_{M1}, \quad i = 1,2 \tag{1.242}$$
$$\varepsilon_3^{(1)}(\omega, \hat{\mathbf{k}}) = -\sqrt{\frac{2}{3}}\omega_L C_{JJ_0}\phi'(\bar{\omega} - \omega)[\bar{g}_{\alpha_0 J,\alpha_0 J_0} + E_{JJ_0}\sigma_0^2(\alpha_0 J)]\mathcal{T}_0^1(3, \hat{\mathbf{k}})_{M1}$$

其中,

$$C_{JJ_0} = \frac{\hbar\omega}{4\pi}\mathcal{N}_{\alpha_0 J}A(\alpha_0 J \to \alpha_0 J_0)_{M1} \tag{1.243}$$

$$D_{JJ_0} = (-1)^{1+J+J_0}\sqrt{3(2J+1)}\begin{Bmatrix} 1 & 1 & 2 \\ J & J & J_0 \end{Bmatrix} \tag{1.244}$$

$$E_{JJ_0} = 3\sqrt{2J+1}\left[(-1)^{J-J_0}g_{\alpha_0 J}\sqrt{J(J+1)(2J+1)}\begin{Bmatrix} 1 & 2 & 1 \\ J & J & J \end{Bmatrix}\begin{Bmatrix} 1 & 1 & 1 \\ J & J & J_0 \end{Bmatrix}\right.$$
$$\left. \times g_{\alpha_0 J_0}\sqrt{J_0(J_0+1)(2J_0+1)}\begin{Bmatrix} 1 & 2 & 1 \\ J_0 & J & 1 \\ J_0 & J & 1 \end{Bmatrix}\right] \tag{1.245}$$

如果我们明确考虑 $|\Delta J| = 1$ 对于所有感兴趣的谱线,式 (1.244) 和式 (1.245) 系数 D_{JJ_0} 和 E_{JJ_0} 可以仅作为 J 或 J_0 的函数给出。我们则发现,对于 $J = J_0 - 1$

和 $J \neq 0$

$$D_{J,J+1} = \frac{1}{\sqrt{10}} \sqrt{\frac{J(2J-1)}{(J+1)(2J+3)}}$$

$$E_{J,J+1} = \frac{1}{\sqrt{5}} \sqrt{\frac{(2J-1)(2J+3)}{J(J+1)}} \left[\bar{g}_{\alpha_0 J, \alpha_0 J+1} - g_{\alpha_0 J+1} \frac{6J(2J+3)-12}{(2J+1)(2J+3)} \right] \tag{1.246}$$

而对于 $J = J_0 + 1$,

$$D_{J_0+1,J_0} = \frac{1}{\sqrt{10}} \sqrt{\frac{(J_0+2)(2J_0+5)}{(J_0+1)(2J_0+1)}}$$

$$E_{J_0+1,J_0} = \frac{1}{\sqrt{5}} \sqrt{\frac{(2J_0+1)(2J_0+5)}{((J_0+1)(2J_0+1)}} \left[\bar{g}_{\alpha_0 J_0+1, \alpha_0 J_0} - g_{\alpha_0 J_0} \frac{6J_0}{2J_0+2} \right] \tag{1.247}$$

式 (1.242) 中的几何张量由下式给出:

$$\mathcal{T}_0^2(0, \hat{\mathbf{k}})_{M1} = \frac{1}{2\sqrt{2}} (3\cos^2 \Theta_B - 1)$$

$$\mathcal{T}_0^2(1, \hat{\mathbf{k}})_{M1} = \frac{3}{2\sqrt{2}} \cos 2\gamma_B \sin^2 \Theta_B$$

$$\mathcal{T}_0^2(2, \hat{\mathbf{k}})_{M1} = -\frac{3}{2\sqrt{2}} \sin 2\gamma_B \sin^2 \Theta_B \tag{1.248}$$

$$\mathcal{T}_0^1(3, \hat{\mathbf{k}})_{M1} = \sqrt{\frac{3}{2}} \cos \Theta_B$$

其中, 我们用 Θ_B 表示视线 (LOS) 方向上磁场的倾角, 用 γ_B 表示 B 框架中线性偏振测量的参考方向的位置角 (图 1.64)。因此, 如果线性偏振测量的参考方向设置为平行于磁场在天空平面 (POS) 上的投影 ($\gamma_B = 0, \pi$), 则从式 (1.248), 并考虑式 (1.242), 我们看到 U 偏振消失, 而 Q 偏振具有相同的 "对齐因子" 符号, $\sigma_0^2(\alpha_0 J) = \rho_0^2(\alpha_0 J)/\rho_0^0(\alpha_0 J)$, (对于 $E1$ 跃迁, 在这种情况下, Q 偏振将显示相反的符号, 见 Sahal-Brechot(1974), 式 [27]。) 这个结果最初由 Charvin(1965) 推导。如果无法先验地评估对齐因子的符号, 则条件 $Q > 0$ 和 $U = 0$ 确定 POS 中 $\mathbf{B}$ 的方向, 不确定性为 90°。

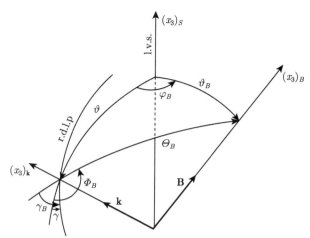

图 1.64 磁场 **B** 和散射辐射的传播矢量 **k**，相对于太阳的局部垂直方向 x_3 的几何结构。磁场 **B** 的相对几何散射辐射的传播矢量 **k**，以及太阳在观测点的局部垂直度 (l.v.s.)。与 **k** 重合的 LOS 包含在 S 框架的 x_1-x_2 平面中 (其中具有 $x_3 \equiv (x_3)_s$)。角度 ϑ_B 和 φ_B 分别代表 S 坐标系中磁场的极角和方位角，而 Θ_B 和 Φ_B 是参考坐标系中对应视线 (LOS) 方向的角度 (其中有 $x_3 \equiv (x_3)_k$)。位置角 γ 和 γ_B 分别在 S 框架和 B 框架中确定线性偏振测量 (r.d.l.p.) 的参考方向 (其中 $x_3 \equiv (x_3)_B$)。来自 Casini 和 Judge(1999)

Landi Degl'Innocenti 和 Landolfi(2004) 认为日冕禁线中偏振观测的分析依然涉及一些基本问题和难点，例如禁戒线原子模型近似、磁偶极跃迁、爱因斯坦系数的低值。在日冕禁线中，戒线观察的弱磁场一般不存在显著凝结结构，即利用谱线观察的诊断区域是非局部的，最终必须依赖于密度和磁场的日冕模型或基于刚性或准刚性旋转假设的断层扫描技术等。

1.15.3 日冕磁场测量

太阳边缘活动区和日冕天文台 (The Solar Observatory for Limb Active Regions and Coronae, SOLARC) 拥有位于毛伊岛哈莱阿卡拉山顶的 0.46 m 离轴 (未遮挡) 反射日冕仪。它结合了大孔径 (按照目前的太阳望远镜标准) 和完全消色差、低散射光的光学设计，旨在展示和探索日冕塞曼磁场测量 (Kuhn et al., 2003)。现今一个长期存在的太阳问题是测量日冕磁场。Lin 等 (2004) 相信它决定从上色球层到日光层环境的日冕结构和动力学。直到最近，红外日冕发射线的塞曼分裂观测才被成功地用于推导日冕磁通密度。在这里，他们扩展了这项技术，并报告了使用离轴反射日冕仪和光纤束成像光谱仪的新型日冕磁力计的第一个结果。Lin 等 (2004) 确定二维图中的视线磁通密度和横向场方向，在积分 70 min 后，灵敏度约为 1 G，空间分辨率为 20″。这些对禁戒 Fe XIII 1075 nm 日冕发射线的全斯托克斯光谱偏振测量揭示了活动区上方 100″ 的视线日冕磁场具有大约

4 G 的通量密度。

日冕于 2004 年 4 月 6 日在 NOAA 活动区 10581 通过日面西边界附近被观测到。图 1.65 显示了从 NOAA AR 10581 附近的每个指向点获得的方向和线性偏振幅度。在性质上，这些与在日食条件下使用类似分辨率 Fe XⅢ 线偏振计获得的结果是相似的。数据叠加在 EUV 成像望远镜 (EIT) 28.4 nm Fe XV 图像上。我们可能期望偏振去追踪局部日冕磁场，因为正是这种磁化等离子体散射了光球层的光。当散射中心的局部磁场与局部太阳径向之间的夹角大于范弗莱克 (van Vleck) 角 (约 55°) 时，这种期望被范弗莱克效应减弱 (见 Landi Degl'Innocenti 和 Landolfi(2004)，第 189 页)。当这个角度接近范弗莱克角时，偏振幅度接近于零。当然，环的顶部应该表现出垂直于投影场方向的偏振，而环的其他部分应该散射偏振光，该偏振光具有随环变化，但通常为非径向的偏振。我们从图 1.65 中看到，观察到的偏振确实倾向于对底层磁环结构"响应"，尽管也很清楚，如果可见磁环是主导局部磁场方向的一个合理的反映，则这种趋势比简单的对应关系更为复杂。请注意，随着入射散射辐射变得更加各向异性，以及随着日冕电子密度下降，

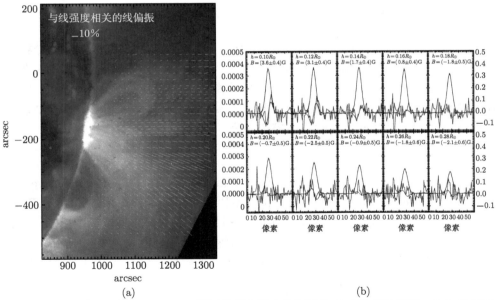

(a)   (b)

图 1.65   (a) 在 NOAA AR 10581 附近的所有指向处测量的 Fe XⅢ 的线偏振，叠加在 EIT 28.4 nm Fe XV 图像上。绘制的线条显示了线偏振的幅度和方向。重叠的望远镜指向和光纤位置导致不均匀的空间采样。(b) 拟合斯托克斯 V 轮廓和校正 Q/U 串扰的数据，对最靠近太阳西缘的 10 个纤维束柱中的每一个中的中心 4 个像素的平均值进行校正，观察到的和拟合的斯托克斯参数 I 轮廓被重叠绘制并对应于右侧的尺度。来自 Lin 等 (2004)

磁撞激发变得不那么重要，线偏振度通常在远离边缘的地方增加。图 1.65中显示了日面边缘上方每个高度的平均最小二乘拟合到经串扰校正的显而易见的 V 轮廓图。

Liu 和 Lin(2008) 通过使用卡林顿旋转 (Carrington rotation) 2014 的综合磁图的全日球势场外推，构建了 2004 年 SOLARC 日冕仪观测到的活动区 AR 10582 的理论日冕磁场模型。沿视线活动区上方的日冕磁场模型与观测图进行了比较。Liu 和 Lin(2008) 发现，观察到的线性和圆偏振信号与来自位于包含太阳中心的天空平面附近的 AR 10582 太阳黑子正上方的层的合成信号一致。

1.16　艾国祥院士对太阳光学仪器历史的简要概述

艾国祥院士 (Ai, 1993a) 指出：1611 年伽利略望远镜打开了现代天文学的大门。图 1.66显示在接下来的大约 400 年中太阳物理光学仪器的发展。纵轴表征分析的辐射参数的复杂性，从白光、光谱或单色光、偏振单色光到斯托克斯轮廓。水平线表示空间维度和同时视场，从点、线、平面到立方体。从图 1.66 可以清楚地看出，所分析的辐射参数复杂度的提高与同时视场的改进之间存在逻辑关系。太阳磁场的开创性测量是由 Hale(1908) 完成的。1908 年他发明了第一代利用塞曼效应测量太阳磁场的仪器，并观测到了太阳黑子的强磁场。第二代也是由 Babcock(1953) 于 1952 年在威尔逊山天文台发明的，他开发了一种光电装置来测量较弱的场。后来克里米亚天体物理天文台 (Severny, 1962) 开发了一种测量矢量磁场的系统，但所有这些系统一次只能记录一个空间点。1971 年，Livingston 和 Harvey(1971) 开发了第三代阵列 (512 像素 ×1 像素)。这个强大的仪器通过使用来记录每日全面磁图。与 Babcock 系统相比，记录效率提高了 512 倍，并允许更高的空间和时间分辨率。第四代仪器是视频磁像仪，其中窄带双折射滤光器取代了传统的光栅光谱仪，并使用视频速率的 CCD 摄像机。该系统已在 20 世纪 80 年代 (Hagyard et al., 1982; Zirin, 1985; Ai and Hu, 1986) 实现。它具有非常高的记录效率，512 像素 ×512 像素或 1024 像素 ×1024 像素。在中国，视频磁像仪被称为太阳磁场望远镜，它是 1966 年基于图 1.66的考虑而提出的，经过 20 年的研究和建设，于 1987 年完成。

艾国祥院士 (Ai, 1993a) 指出：在过去十年中，视频磁像仪已成为研究太阳磁场的主要工具。它结合了大约 $0.5''$ 的分辨率、大约 1min 的时间分辨率和高灵敏度，获得了许多新的结果，例如在活动区和宁静区磁场的精细结构。全天候观测 (在大熊湖和怀柔) 以探索磁场、磁剪切等的长期演化，因其质量高，成本相对较低，视频系统在全球范围内流行。

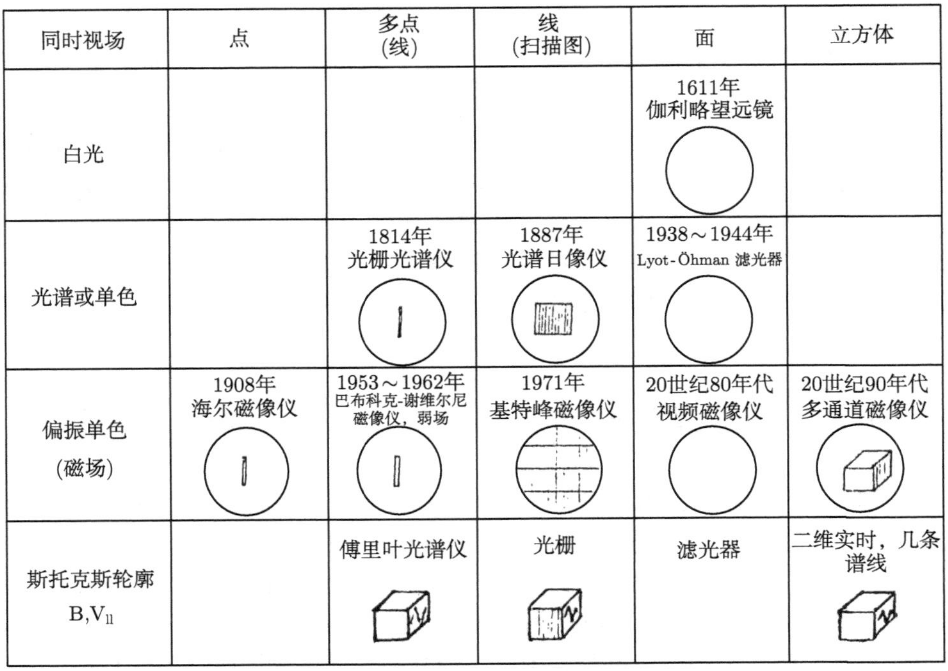

同时视场	点	多点 (线)	线 (扫描图)	面	立方体
白光				1611年 伽利略望远镜 ◯	
光谱或单色		1814年 光栅光谱仪 ◯	1887年 光谱日像仪 ◯	1938～1944年 Lyot-Öhman 滤光器 ◯	
偏振单色 (磁场)	1908年 海尔磁像仪 ◯	1953～1962年 巴布科克-谢维尔尼 磁像仪，弱场 ◯	1971年 基特峰磁像仪 ◯	20世纪80年代 视频磁像仪 ◯	20世纪90年代 多通道磁像仪 ◯
斯托克斯轮廓 B, $V_\parallel$		傅里叶光谱仪	光栅	滤光器	二维实时，几条 谱线

图 1.66　太阳光学仪器的发展。来自 Ai(1993a)

艾国祥院士 (Ai, 1993a) 进一步指出：20 世纪 90 年代初，出现了两个发展。第一个涉及多通道视频磁像仪。多通道双折射滤光器 (Ai and Hu, 1987a, b, c) 允许同时观察来自不同太阳层的多条谱线，以研究太阳大气矢量磁场和电场的三维结构。由于其立体视场，它可以被称为第五代磁像仪。第二个涉及对磁敏线的斯托克斯轮廓的研究。主要目的是准确确定矢量磁场。

1.17　对太阳磁场测量中若干挑战问题的探讨

从太阳磁大气中磁敏谱线辐射转移过程的基本背景开始，我们结合中国科学院国家天文台怀柔太阳观测站的磁场观测，逐步介绍了太阳磁场测量中的基本方法和问题。经过分析发现，在太阳磁场定量研究中依然存在一些固有的前沿课题需要进一步探讨。其中一些内容如下所述。

- **磁敏线的辐射转移**

我们已经提出了不同近似条件下的磁敏线的辐射转移方程，无论是忽略散射还是热力学平衡假设，例如数值和解析形式 (在 1.5.2 节中)，这带来了一些准确结果的歧义。

解析解通常用于反演光球矢量磁场。这意味着太阳黑子、光斑和宁静太阳等各种太阳大气模型都被忽略了。从计算结果中，我们可以发现不同类型的太阳大气，例如图 1.12 中的宁静太阳和太阳黑子，偏振谱线的磁敏度不同。还注意到，磁场的纵向和横向分量测量的不同灵敏度可以很容易地从式 (1.143) 中找到，即纵向和横向场分别与谱线轮廓的一阶和二阶导数有关。在式 (1.145) 和式 (1.146) 的弱场近似条件下，对于磁场的横向分量，磁光效应的影响已被忽略。我们可以发现，这些为在不同的近似方法或情况下对太阳磁场的观测结果提供了约束条件。

- 太阳模型大气

基于对辐射转移的分析，我们的研究是建立在 Unno(1956) 和 Rachkovsky (1962a, b) 理论与在假设局部 (或非局部) 热力学平衡条件下偏振辐射转移方程的基础上，利用怀柔太阳观测站的观测，展示了对 FeI λ5324.19Å 线的光球矢量磁场和 Hβ λ4861.34Å 线的色球磁场的观测研究。

即使数值计算可以用于辐射转移方程 (1.130) 的斯托克斯参数分析，并提供一些关于不同大气模型中偏振谱线形成的重要信息，但由于输入的原子和太阳参数的准确选择存在一定的困难和随意性，它仍然很少被直接使用在实际的磁场反演中。

注意到在宁静的太阳和太阳黑子，磁敏感线形成高度会不同，例如，太阳黑子的威尔逊效应，由于光球磁场的测量时太阳黑子的透明度，以及不同高度的不同色球结构，如日珥、色球纤维和谱斑等。这意味着即使在工作谱线相似光学深度，观测到的磁图可能并不总是提供太阳大气中相同高度的磁场信息。

一个值得注意的问题是在太阳爆发过程中磁场结构的探测。一些相关的谱线斯托克斯参数的研究已经在进行 (Chen et al., 1989; Hong et al., 2018)。

- 日冕磁场测量

汉勒效应是当发射光的原子受到特定方向磁场的影响，并且它们本身被偏振光激发时，光的偏振会衰减。日冕中偏振光的汉勒效应是日冕磁场测量的值得注意的问题 (例如，Lin et al., 2004; Liu and Lin, 2008; Qu et al., 2009; Raouafi et al., 2016; Li et al., 2017)。分析由汉勒效应引起的偏振光以诊断日冕磁场仍然是一个具有挑战性的课题 (Landi Degl'Innocenti and Landolfi, 2004)。

- 太阳大气中电场的诊断

在太阳大气氢和氦线被加宽的线翼中斯塔克效应很显著。它已被用于分析怀柔太阳观测站磁场测量 Hβ 线的辐射转移研究中，见式 (1.206) 和式 (1.207)。

斯塔克效应是由外部电场的存在而导致的原子和分子谱线的移动和分裂。电场的作用类似于塞曼效应中的磁场，谱线被分成几个分量。通常，由于德拜屏蔽效应，各向同性等离子体在统计上是电中性的。基于斯塔克展宽的线性和二次分量光谱，Zhang 和 Smartt(1986) 分析了太阳耀斑中存在的电场。关于从光球磁场推断出的电场的一些研究，可以在 3.7.4 节中找到。由各向异性等离子体中的斯塔克效应 (或电场) 引起的偏振光的测量也是一个具有挑战性的课题。

- **磁场测量的有限空间分辨率**

通常认为，从太阳光球层和色球层发出的光子的平均自由程约为 100 km (Stenflo, 1973; Zuccarello, 2012; Judge et al., 2015)。这涉及太阳大气中磁场精细结构的检测及其可能的分布特征 (Stenflo, 1973, 1994; Wang et al., 1985)。

- **多普勒运动对太阳磁场测量的影响**

由太阳自转引起的多普勒速度场对磁场测量的影响被讨论 (例如 Wang 等 (1996b))，并且可以找到一些对太阳光球层速度场的多普勒测量以及对日震学的启示，例如 Rajaguru 等 (2006) 的论文。

基于以上讨论，我们可以发现，太阳大气中太阳磁场的诊断仍然是一个基础性课题。虽然我们在基于观测谱线辐射转移理论的太阳矢量磁场分析方面取得了一定的成果，但对其准确性的定量研究和相应的评估仍有待深入。

第 2 章 太阳磁场的基本结构

太阳磁场观测使人类成功将电磁物理过程的认知扩展到地球之外。太阳磁场的基本构型和演化形式的探讨，对理解宇宙磁流体框架具有极其重要的科学意义。

2.1 天体物理等离子体的基本描述

等离子体是宇宙物质的主要状态。等离子体天体物理学主要是研究电磁过程在气态和高电导率状态中宇宙物质动力学中的作用。正是对宇宙现象和宇宙等离子体特性的了解不足，才能解释等离子体天体物理学的发展迟缓和该研究具有的挑战性。从阿尔芬 (Hannes Alfvén, 1942) 的开创性工作开始，它成为物理学的一个独立分支，阿尔芬因此获得了 1970 年的诺贝尔物理学奖。

2.1.1 等离子体的微观描述

平均刘维尔 (Liouville) 方程或动力学方程为我们提供了等离子体状态演变的微观 (尽管在统计意义上是平均的) 描述 (Somov, 2006; Boyd and Sanderson, 2003)。让我们考虑过渡到等离子体的不太全面的宏观描述的方式。我们从类型为 k 的粒子的动力学方程开始：

$$\frac{\partial f_k(X,t)}{\partial t} + v_\alpha \frac{\partial f_k(X,t)}{\partial r_\alpha} + \frac{F_{k,\alpha}(X,t)}{m_k} \frac{\partial f_k(X,t)}{\partial v_\alpha} = \left(\frac{\partial \hat{f}_k}{\partial t}\right)_c \tag{2.1}$$

这里，m_k 是类型为 k 的粒子的质量，并且统计平均力是

$$F_{k,\alpha}(X,t) = \sum_l \int_{X1} F_{kl,\alpha}(X,X_1) f_l(X_1,t) dX_1 \tag{2.2}$$

碰撞积分

$$\left(\frac{\partial \hat{f}_k}{\partial t}\right)_c = -\frac{\partial}{\partial v_\alpha} J_{k,\alpha}(X,t) \tag{2.3}$$

其中，种类 k 的粒子通量

$$J_{k,\alpha}(X,t) = \sum_l \int_{X1} \frac{1}{m_k} F_{kl,\alpha}(X,X_1) f_{kl}(X,X_1,t) dX_1 \tag{2.4}$$

在六维相空间 $X = \{\mathbf{r}, \mathbf{v}\}$。

分布函数的二阶矩定义为

$$\prod_{\alpha\beta}^{(k)}(\mathbf{r}, t) = m_k \int_v v_\alpha v_\beta f_k(\mathbf{r}, \mathbf{v}, t) d^3\mathbf{v} = m_k n_k u_{k,\alpha} u_{k,\beta} + p_{\alpha\beta}^{(k)} \tag{2.5}$$

这里我们引入

$$v'_\alpha = v_\alpha - u_{k,\alpha} \tag{2.6}$$

2.1.2　零阶矩方程

让我们计算动力学方程的零阶矩

$$\int_v \frac{\partial f_k}{\partial t} d^3\mathbf{v} + \int_v v_\alpha \frac{\partial f_k}{\partial r_\alpha} d^3\mathbf{v} + \int_v \frac{F_{k,\alpha}}{m_k} \frac{\partial f_k}{\partial v_\alpha} d^3\mathbf{v} = \int_v \left(\frac{\partial \hat{f}_k}{\partial t} \right)_c d^3\mathbf{v} \tag{2.7}$$

我们将交换第一项时间 t 和第二项坐标 r_α 的速度积分和微分的顺序，在第二项积分

$$v_\alpha \frac{\partial f_k}{\partial r_\alpha} = \frac{\partial}{\partial r_\alpha}(v_\alpha f_k) - f_k \frac{\partial v_\alpha}{\partial r_\alpha} = \frac{\partial}{\partial r_\alpha}(v_\alpha f_k) - 0 \tag{2.8}$$

由于 $\mathbf{r}$ 和 $\mathbf{v}$ 是相空间 X 中的自变量，考虑到分布函数随着 $v \to \infty$ 快速趋近于零，第三项的积分等于零。

因此，通过方程 (2.7) 积分，结果得到以下等式：

$$\frac{\partial n_k}{\partial t} + \frac{\partial}{\partial r_\alpha} n_k u_{k,\alpha} = 0 \tag{2.9}$$

这是表示 k 类粒子的守恒或 (当然是相同的) 质量守恒的常用连续性方程：

$$\frac{\partial \rho_k}{\partial t} + \frac{\partial}{\partial r_\alpha} \rho_k u_{k,\alpha} = 0 \tag{2.10}$$

其中，

$$\rho_k(\mathbf{r}, t) = m_k n_k(\mathbf{r}, t) \tag{2.11}$$

是 k 类粒子的质量密度。

2.1.3 动量守恒定律

现在让我们计算动力学方程 (2.1) 乘以质量 m_k 的一阶矩:

$$m_k \int_v \frac{\partial f_k}{\partial t} v_\alpha d^3\mathbf{v} + m_k \int_v v_\alpha v_\beta \frac{\partial f_k}{\partial r_\alpha} d^3\mathbf{v} + m_k \int_v v_\alpha F_{k,\alpha} \frac{\partial f_k}{\partial v_\alpha} d^3\mathbf{v}$$

$$= m_k \int_v v_\alpha \left(\frac{\partial \hat{f}_k}{\partial t} \right)_c d^3\mathbf{v} \qquad (2.12)$$

考虑到定义, 我们得到动量守恒定律

$$\frac{\partial}{\partial t}(m_k n_k u_{k,\alpha}) + \frac{\partial}{\partial r_\beta}(m_k n_k u_{k,\alpha} u_{k,\beta} + p_{\alpha\beta}^{(k)}) - \langle F_{k,\alpha}(\mathbf{r},t) \rangle_v = \langle F_{k,\alpha}^c(\mathbf{r},t) \rangle_v \quad (2.13)$$

这里, $p_{\alpha\beta}^{(k)}$ 是压力张量。

单位体积内作用于 k 类粒子的平均力 (单位体积的平均力) 为

$$\langle F_{k,\alpha}(\mathbf{r},t) \rangle_v = \int_v F_{k,\alpha}(\mathbf{r},\mathbf{v},t) f_k(\mathbf{r},\mathbf{v},t) d^3\mathbf{v} \qquad (2.14)$$

这不应与作用在单个粒子上的统计平均力相混淆。统计平均力是在公式中的积分之下。

在洛伦兹力的特殊情况下, 我们将每单位体积的平均力改写如下:

$$\langle F_{k,\alpha}(\mathbf{r},t) \rangle_v = n_k e_k \left[E_\alpha + \frac{1}{c}(\mathbf{u}_k \times \mathbf{B})_\alpha \right] = \rho_k^q E_\alpha + \frac{1}{c}(\mathbf{j}_k^q \times \mathbf{B})_\alpha \qquad (2.15)$$

这里, ρ_k^q 和 $\mathbf{j}_k^q$ 分别是电荷和电流的平均密度, 由 k 类粒子产生。但是请注意, 平均电磁力将宇宙等离子体的所有带电成分耦合在一起, 因为电场 $\mathbf{E}$ 和磁场 $\mathbf{B}$ 作用于所有带电成分, 同时根据麦克斯韦方程组, 所有带电成分也对电场和磁场作出贡献。

如果有几种粒子, 它们中的每一种都处于热力学平衡状态, 那么平均碰撞力通常可以表示为一个粒子在与其他种类的颗粒碰撞过程中的平均动量损失:

$$\langle F_{k,\alpha}(\mathbf{r},t) \rangle_v = -\sum_{l \neq k} \frac{m_k n_k (u_{k,\alpha} - u_{l,\alpha})}{\tau_{kl}} \qquad (2.16)$$

这里, $\tau_{kl}^{-1} = \nu_{kl}$ 是 k 类粒子和 l 类粒子之间碰撞的平均频率。一旦所有种类的粒子具有相同的速度, 这个力就为零。平均碰撞力以及平均电磁力往往使天体物理等离子体成为单一的流体动力学介质。

2.1.4　能量守恒定律

分布函数 f_k 的二阶矩方程 (2.5) 是动量通量密度 $\Pi_{\alpha\beta}^{(k)}$ 的张量。一般来说，为了找到这个张量的方程，我们应该将动力学方程乘以因子 $m_k v_\alpha v_\beta$ 并在速度空间 $\mathbf{v}$ 上积分。

为了推导出能量守恒定律，我们将方程 (2.1) 乘以粒子的动能 $m_k v_\alpha^2/2$ 并在速度上积分，考虑到

$$v_\alpha = u_{k,\alpha} + v_\alpha', \quad \langle v_\alpha' \rangle_v = 0 \tag{2.17}$$

和

$$v_\alpha^2 = u_{k,\alpha}^2 + (v_\alpha')^2 + 2u_{k,\alpha}v_\alpha' \tag{2.18}$$

一个简单的积分将产生：

$$
\begin{aligned}
&\frac{\partial}{\partial t}\left(\frac{\rho_k u_k^2}{2} + \rho_k \varepsilon_k\right) + \frac{\partial}{\partial r_\alpha}\left[\rho_k u_{k,\alpha}\left(\frac{u_k^2}{2} + \varepsilon_k\right) + p_{k,\beta}^k + q_{k.\alpha}\right]\\
&= \rho_k^q(\mathbf{E}\cdot\mathbf{u}_k) + \left(\mathbf{F}_k^{(c)}\cdot\mathbf{u}_k\right) + \mathcal{Q}_k^{(c)}(\mathbf{r},t) + \mathcal{L}_k^{(rad)}(\mathbf{r},t)
\end{aligned}
\tag{2.19}
$$

这里，我们引入

$$m_k\varepsilon_k(\mathbf{r},t) = \frac{1}{n_k}\int_v \frac{m_k(v_\alpha')^2}{2}f_k(\mathbf{r},\mathbf{v},t)d^3\mathbf{v} = \frac{m_k}{2n_k}\int_v (v_\alpha')^2 f_k(\mathbf{r},\mathbf{v},t)d^3\mathbf{v} \tag{2.20}$$

它表示每个类型 k 的单个粒子的混沌 (非定向) 运动的平均动能。因此，方程 (2.19) 左侧的第一项表示单位体积中类型 k 粒子的能量的时间导数，它具有平均速度 u_k 的规则运动的动能和，并称为内能。

2.1.5　欧姆定律基本方程的推导

让我们写出电子和离子的动量传递方程 (2.13)，适当考虑洛伦兹力 (2.15) 和摩擦力 (2.16)。我们有以下两个等式：

$$m_e\frac{\partial}{\partial t}(n_e u_{e,\alpha}) = \frac{\partial \prod_{\alpha\beta}^{(e)}}{\partial r_\beta} - en_e\left[\mathbf{E} + \frac{1}{c}(\mathbf{u}_e\times\mathbf{B})\right]_\alpha + m_e n_e\nu_{ei}(u_{i,\alpha} - u_{e,\alpha}) \tag{2.21}$$

$$m_i\frac{\partial}{\partial t}(n_i u_{i,\alpha}) = \frac{\partial \prod_{\alpha\beta}^{(i)}}{\partial r_\beta} - Z_i en_i\left[\mathbf{E} + \frac{1}{c}(\mathbf{u}_i\times\mathbf{B})\right]_\alpha + m_e n_e\nu_{ei}(u_{e,\alpha} - u_{i,\alpha}) \tag{2.22}$$

式 (2.21) 中的最后一项表示由于碰撞从离子到电子转移的平均动量。它与式 (2.22) 中的最后一项相等，但符号相反。假设只有两种粒子，它们的总动量在弹性碰撞作用下保持不变。

假设离子是质子 $(Z_i = 1)$ 并且观察到电中性:

$$n_i = n_e = n \tag{2.23}$$

让我们将式 (2.21) 乘以 $-e/m_e$ 并将其添加到式 (2.22) 乘以 e/m_i。结果是

$$\frac{\partial}{\partial t}[n_e(u_{i,\alpha} - u_{e,\alpha})] = \left[\frac{e}{m_i}F_{i,\alpha} - \frac{e}{m_e}F_{e,\alpha}\right] + e^2 n\left(\frac{1}{m_e} + \frac{1}{m_i}\right)E_\alpha$$
$$+ e^2 n\left[\left(\frac{\mathbf{u}_e}{m_e} \times \mathbf{B}\right)_\alpha + \left(\frac{\mathbf{u}_i}{m_i} \times \mathbf{B}\right)_\alpha\right] \tag{2.24}$$
$$- \nu_{ei}en\left[(u_{i,\alpha} - u_{e,\alpha}) + \frac{m_e}{m_i}(u_{i,\alpha} - u_{e,\alpha})\right]$$

这里,

$$F_{e,\alpha} = -\frac{\partial \prod_{\alpha\beta}^{(e)}}{\partial r_\beta}, \quad F_{i,\alpha} = -\frac{\partial \prod_{\alpha\beta}^{(i)}}{\partial r_\beta} \tag{2.25}$$

让我们引入质心系统的速度 $(m_i \gg m_e)$

$$\mathbf{u} = \mathbf{u}_i + \frac{m_e}{m_i}\mathbf{u}_e \approx \mathbf{u}_i \tag{2.26}$$

在处理式 (2.24) 时,我们忽略了比值 m_e/m_i 阶的小项。在重新排列时,我们得到电流方程

$$\mathbf{j} = en(\mathbf{u}_i - \mathbf{u}_e) \tag{2.27}$$

在坐标系 (2.26) 中,这个方程是

$$\frac{\partial \mathbf{j}'}{\partial t} = \frac{e^2 n}{m_e}\left[\mathbf{E} + \frac{1}{c}\mathbf{u} \times \mathbf{B}\right] - \frac{e}{m_e c}(\mathbf{j}' \times \mathbf{B})$$
$$- \nu_{ei}\mathbf{j}' + \frac{e}{m_i}\mathbf{F}_i - \frac{e}{m_e}\mathbf{F}_e \tag{2.28}$$

撇号表示移动等离子体系统中的电流,即等离子体的静止坐标系中的电流。让 $\mathbf{E}_u$ 表示该参考系中的电场,即

$$\mathbf{E}_u = \mathbf{E} + \frac{1}{c}\mathbf{u} \times \mathbf{B} \tag{2.29}$$

现在我们将式 (2.28) 除以 ν_{ei} 并用如下形式表示:

$$\mathbf{j}' = \frac{e^2 n}{m_e \nu_{ei}}\mathbf{E}_u - \frac{\omega_B^{(e)}}{\nu_{ei}}\mathbf{j}' \times \mathbf{n} - \frac{1}{\nu_{ei}}\frac{\partial \mathbf{j}'}{\partial t} + \frac{1}{\nu_{ei}}\left(\frac{e}{m_i}\mathbf{F}_i - \frac{e}{m_e}\mathbf{F}_e\right) \tag{2.30}$$

其中，$\mathbf{n} = \mathbf{B}/B$ 和 $\omega_B^{(\mathrm{e})} = eB/(mc)$ 是电子螺旋频率。因此，我们导出了电流 $\mathbf{j}'$ 的微分方程。

如果电流 $\mathbf{j}$ 被写成欧姆定律的一般形式:

$$\mathbf{j} = \sigma \left(\mathbf{E} + \frac{1}{c}\mathbf{u} \times \mathbf{B} \right) \tag{2.31}$$

并且

$$\frac{\partial \mathbf{B}}{\partial t} = \nabla \times \left(\mathbf{u} \times \mathbf{B} - \frac{c}{\sigma}\mathbf{j} \right) \tag{2.32}$$

2.2   磁流体动力学

磁流体力学 (MHD)(磁流体动力学或流体磁学) 是对导电流体的动力学研究。MHD 背后的基本概念是，磁场可以在移动的导电流体中感应出电流，进而在流体上产生力并改变磁场本身。描述 MHD 的方程组是流体动力学的纳维–斯托克斯 (Navier-Stokes) 方程和麦克斯韦电磁学方程的组合。

理想介质的完整 MHD 方程组具有如下形式 (Somov, 2006):

$$\begin{aligned}
&\frac{\partial \mathbf{v}}{\partial t} + (\mathbf{v} \cdot \nabla)\mathbf{v} = -\frac{\nabla p}{\rho} - \frac{1}{4\pi\rho}\mathbf{B} \times (\nabla \times \mathbf{B}) \\
&\frac{\partial \mathbf{B}}{\partial t} = \nabla \times (\mathbf{v} \times \mathbf{B}), \quad \nabla \cdot \mathbf{B} = 0 \\
&\frac{\partial \rho}{\partial t} + \nabla \cdot (\rho\mathbf{v}) = 0, \quad \frac{\partial s}{\partial t} + (\mathbf{v} \cdot \nabla)s = 0, \quad p = p(\rho, s)
\end{aligned} \tag{2.33}$$

其中，s 是单位质量的熵，并且热力学恒等式为

$$d\varepsilon = Tds + \frac{p}{\rho^2}d\rho, \quad dw = Tds + \frac{1}{\rho}dp \tag{2.34}$$

式中，ε 是单位质量的动能；w 是比焓。

这里很方便地从 MHD 方程组 (2.33) 引入阿尔芬 (Alfvén) 速度:

$$\mathbf{u}_{\mathrm{A}} = \frac{\mathbf{B}_0}{\sqrt{4\pi\rho_0}} \tag{2.35}$$

2.3 宁静太阳的磁场

2.3.1 宁静太阳的光球磁特征

太阳大气中磁场的分布是一个非常有趣的话题，它涉及磁场可能的空间结构及其演化 (Zhang et al., 1998)。图 2.1 显示使用"日出"(Hinode) 航天器上的太阳光学望远镜/光谱偏振仪 (SOT/SP) 对非常宁静太阳的光球磁场进行的观测结果。它使我们看到了太阳表面磁场纷繁复杂分布的细节。

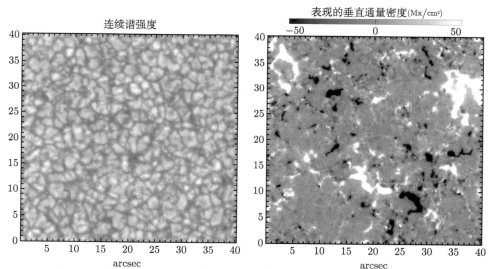

图 2.1　宁静太阳中心 40″ 的连续强度以灰度显示，对应的纵向磁场为 B_{app}^{L}。由 Lites 等 (2008) 提供

$$1\mathrm{Mx} = 10^{-8}\mathrm{Wb}$$

1. 磁特征与光球亮细丝 (filigrees) 的关系

1995 年 9 月 17 日 15:52～17:38 UT 期间，我们使用瑞典位于拉帕尔马 (La Palma) 的真空太阳望远镜，获得了日面中心附近一个宁静区域的单色像图和相应磁图的时间序列。望远镜中的双折射滤光器被安装在 CCD 接收系统的前面。滤光器的带通为 0.15Å，其观测波长位于距离 FeI λ5250.2Å 谱线中心 −0.06Å 处，进行磁场测量。由光学系统引起的强度空间不均匀性通过平场消除。磁图的空间分辨率与光球滤光器单色图相同。位于图 2.2 中的磁场结构出现发亮特征附近，该图显示了光球滤光器单色图和相应的纵向磁图。我们可以发现强磁场由小尺度的单极性磁结构组成。一些小尺度的磁结构约为 0.3″ ～ 0.4″。通过将磁场与明亮结构进行比较，我们可以发现磁场差不多与光球滤光器单色像图中明亮结构的分布重合。由于一帧的曝光时间约为 0.2 s，较弱磁场的信号不显著，几乎与噪声水平相同。

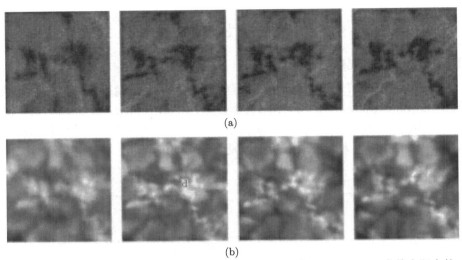

图 2.2　1995 年 9 月 17 日 15:59:53、16:00:33、16:02:08 和 16:02:41 UT 宁静太阳中的一系列 (a) 局部纵向磁图和 (b) 相应的光球滤光器单色像图 (从左到右)。这些局部磁图和单色像图的大小分别为 9″ × 9″。磁图中的白色 (黑色) 区域对应于正 (负) 场。来自 Zhang 等 (1998)

　　图 2.3 显示了光球像素强度与观察区域中圆偏振值的统计分布 (Zhang et al., 1998)。我们可以看到，在宁静区的光球亮特征中往往会出现强光球磁结构。但我们也发现其中的关系并不简单，比如有些亮像素不对应强磁场。我们看到磁场呈现网络状特征，并且大多数光球明亮特征位于磁特征位置附近。无论如何，一些光球亮特征没有相应的磁特征。一些磁特征的大小在 1.0×10^3 km 之间没有对应的明亮特征，这支持 Keller(1992) 的结果，即相对较大的磁结构更暗。

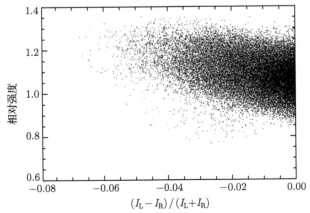

图 2.3　1995 年 9 月 17 日 16:02:08 UT 光球宁静区特征强度与纵向磁场信号的关系。来自 Zhang 等 (1998)

2. 宁静太阳网络磁元的寿命

使用怀柔和大熊湖太阳天文台的 155 h 协同观测磁像仪数据，Liu 等 (1994) 研究了增强网络区域中磁元的演化和寿命。在图 2.4 中，统计和计数方法都给出了网络元素的平均寿命为 50 h。网络元素根据其演化分为两类："分解"和"合并"。它们具有相似的平均寿命，这也与 Wang 等 (1989) 的结果一致。还发现通过合并消失的磁元数量大约是通过分解消失的磁元数量的两倍。这可能表明磁元的形成和消失是平衡的。

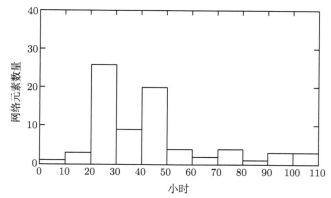

图 2.4 时间直方图显示网络寿命周期的分布。来自 Liu 等 (1994)

2.3.2 从宁静太阳低层大气延伸的磁场

值得注意的是，Gabriel (1974, 1976) 提出了一个可能的宁静太阳磁场模型 (图 2.5)，他认为，宁静太阳大气的结构主要受磁场分布的影响，在超米粒细胞边界的场聚集区产生。通常认为磁场在色球层中显示出显著的水平分量。Giovanelli (1980)，Giovanelli 和 Jones (1982) 使用光球层和色球层磁图提出了活动区的类似模型。

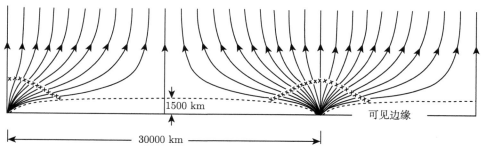

图 2.5 显示主要 (×) 和次级 (虚线) 过渡区域的超颗粒结构的初步模型。来自 Gabriel(1974)

图 2.6 显示在 2022 年 6 月 3 日，美国国家太阳天文台的 Daniel K. Inouye 太阳望远镜观测到高分辨率宁静色球网络局部区图像——太阳表面上方的大气层区域。该图像显示了一个 36300 km (50″) 宽的区域，分辨率为 18 km。该图像是使用氢巴耳末线系的 Hβ 线在 4861.3Å 处拍摄的。我们可以看到色球纤维从亮丝处向上扩展，太阳米粒组织隐约可见。这和我们前面关于 Hβ 形成层次的讨论是一致的。

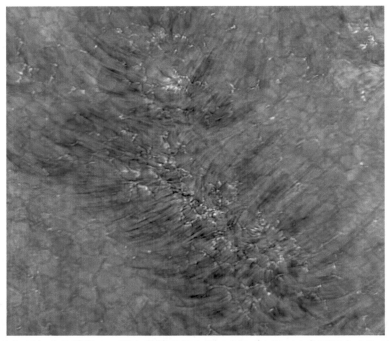

图 2.6   太阳局部宁静区氢 Hβ 的高分辨率单色像 (50″ × 50″)。由美国国家太阳天文台提供

通过对国家天文台怀柔太阳观测站视频磁像仪的"深度积分"观测，系统测量了在第 22 和第 23 个太阳周期之间 1997 年 4 月 12 日太阳处于极小期南极区附近的光球矢量磁场。Deng 等 (1999) 发现，极区磁场偏离太阳表面法线约 42.2°±3.2°，较强的磁元可能具有更小的倾角，并且在极区内高于日纬度 50°，无符号和净磁通量密度分别为 7.8 G 和 −3.4 G，因此，无符号通量约为 5.5×10²² Mx。

Zhang 和 Zhang(1998, 1999a) 在怀柔使用深度积分技术同时观察到了宁静区域的高分辨率光球 (FeI λ5324.19Å 线) 和色球 (Hβ 线) 磁图。在初步结果中，发现在靠近日面中心的两层中，磁性特征保持几乎相同的大小。为了确定宁静区域的磁场结构，还分析了日面不同 (中心到边缘) 位置的观测结果，因为边缘观测提供了色球和光球层中磁通量管水平分量的信息。因此，如何解释这种观测现象就成为一个有趣的问题，这也涉及国家天文台怀柔磁像仪使用的工作谱线的形成层，特别是色球磁图的形成层问题。

Zhang 和 Zhang(1998) 在估计磁像仪中使用的谱线的形成范围的情况下讨论了宁静区域中磁场的可能结构。图 2.7 显示了靠近日面中心的宁静区域的两个磁图。一个是在 FeI λ5324.19Å 线中心的 −0.075Å 处观察到的，另一个是在 Hβ 线中心的 −0.24Å 处观察到的。Zhang 和 Zhang(1998) 介绍了光球和色球磁图的观测和数据处理过程。在这两个磁图中，可以很好地看到网络和一些内网络磁场。我们可以发现色球层的磁特征分布与光球层的相同。在图 2.8 中，我们逐点显示了两个磁图中色球和光球磁信号之间的关系 (Zhang and Zhang, 2000a)。光球磁图中的平均信号大约是色球信号的 5.4 倍，并且两个信号都显示出大致的线性关系。如果我们考虑怀柔磁像仪 (Ai et al., 1982) 上滤光器的透射轮廓，可以发现怀柔磁像仪谱线 FeI λ5324.19Å 和 Hβ 工作波长处之间的斯托克斯 V/I 约为 5.2 ∼ 5.9，这是通过在宁静太阳模型大气中不同观测线轮廓的数值计算 (Ai et al., 1982; Zhang and Ai, 1987) 和观测定标 (Wang et al., 1996b) 获得的。由于斯托克斯参数 V 信号在磁场测量中的深度积分，光球磁图的噪声水平约为 3G，色球磁图的噪声水平约为 5G，两张磁图中磁特征的空间分辨率大约是 $3'' \sim 4''$。

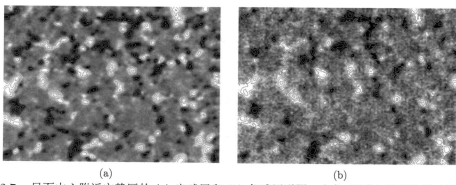

(a)   (b)

图 2.7　日面中心附近宁静区的 (a) 光球层和 (b) 色球层磁图。白色 (黑色) 区域为正 (负) 极性。亮 (白色) 轮廓对应于 10 G、20 G、40 G、80 G 的正 (负) 场。磁图的大小是 $4.62' \times 3.40'$。来自 Zhang 和 Zhang(2000a)

通过与太阳大气中谱线形成的分析比较，可以得到 FeI λ5324.19Å 和 Hβ 线形成层的磁场强度没有明显变化。这意味着磁场从光球层向上延伸到 Hβ 磁图的平均形成层，在光球层上方 1000∼1500km 高度，即色球层中的磁特征也保持类似于在光球中的结构。这些结果不仅包括网络磁特征，还包括内网络磁特征。此外，Keller(1992) 和 Zhang 等 (1998) 观测到了宁静太阳中亚角秒分辨率的光球磁图，而对于磁场空间结构的观测证据而言，相应的这些色球线的磁灵敏度低，目前还没有得到这些色球线观测到的亚角秒分辨率磁图。我们的观察表明，如果我们考虑磁图中角分辨率的限制，宁静太阳中的磁通量管可能不会随着强水平分量而显著延伸，并且在低色球层中保持几乎相同的垂直通量。TRACE 卫星的观测结果表明，软 X 射线图像中的结构由细环结构组成。这可能提供了高太阳大气中磁通量管的信息，也与我们在光球和色球中观察到的磁图一致 (Zhang and Zhang, 1998, 1999a, b, 2000a, b)。

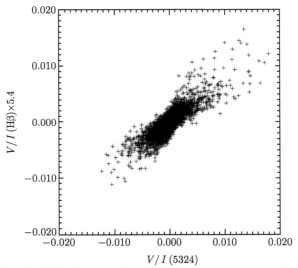

图 2.8   在怀柔磁像仪的观测波长处 Hβ 谱线 (纵坐标) 和 FeI λ5324.19Å 谱线 (横坐标) 之间斯托克斯参数 V/I 的磁信号比。Hβ 磁信号乘以 5.4。来自 Zhang 和 Zhang(2000a)

    通过分析磁场中色球 Hβ 线和光球 FeI λ5324.19Å 线的形成以及相应的宁静区磁图，磁通管的可能结构可以被估计。磁场可能延伸到色球层的过程中，保持来自光球层的几乎相同的垂直磁通量。磁通管在宁静日冕中不并合，在怀柔色球磁图的空间分辨率范围内，可以得到磁场高度集中在色球中的结果。这与 Hα 和 CaⅡ(H 和 K) 滤光图的观察结果一致，它们勾勒出磁性特征及其在宁静色球中沿纤维延伸。
    图 2.9展示了 Parker(1972, 1983) 提出的具有足点演变的扭曲磁通量管结构。它为磁通量管的演化提供了一个基本思想，其中磁场的重新连接会导致一些拓扑耗散。Parker(1983) 估计了具有纵向场 B_0 和横向分量 $B_t = B_0 vt/l$ 的磁力线的磁应力–能量 $B_0 B_t/(4\pi)$ 的累积，

$$\frac{dW}{dt} - \frac{B_0 B_t}{4\pi} v = \frac{B_0^2 v^2 t}{4\pi l} \tag{2.36}$$

并估计能量累积率为 $dW/dt = 10^7 \mathrm{erg}/(\mathrm{cm}^2 \cdot \mathrm{s})$ ($1\mathrm{erg} = 10^{-7}\mathrm{J}$)，其中 $B_0 = 100\mathrm{G}$，$v = 0.4 l s^{-1}$，$l = 10^{10}$ cm，并假设耗散足够慢以至于磁重联不会破坏 B_t，直到它积累了 1 天的随机运动应力 (Aschwanden, 2006)。

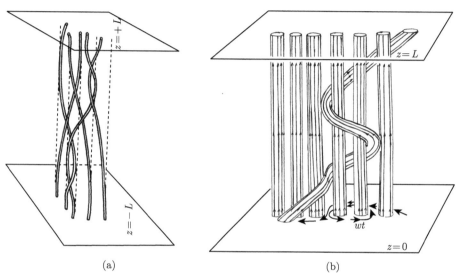

图 2.9   (a) 由随机移动足点产生缠绕的磁通量管的拓扑结构 (Parker, 1972)；(b) 导致磁通量管缠绕在其邻近的磁通量管 (Parker, 1983)

2.4 黑子基本结构

2.4.1 黑子磁场

黑子的本质是强磁场区，强磁场使得磁压远大于流体压力，抑制了对流层的能量通过对流向上传输，造成黑子的温度和亮度比光球整体低。在 Hα 等波段的单色像上可以看到连接正负两黑子间的桥状结构。很多黑子是正负两个成对出现的。这是因为磁场是无源的，穿越光球的磁流管是闭合的环。Hale(1908) 首先发现了黑子的磁场。Hale 和 Nicholson(1938) 继而发现，所有的黑子都有磁场，典型的双极黑子群磁场极性排列顺序随太阳活动周变化。如果在某一太阳周中，北半球双极黑子群的前导黑子为正，南半球的前导黑子为负；那么，在下 (前) 一个太阳周里，北半球负极前导，南半球正极前导。这个规律被称为海尔 (Hale) 极性定律。

在光球上黑子区域磁场的极大值一般是在黑子本影的中心，磁感应强度大约在 1800~3700G(Livingston, 2002)，该峰值与黑子半径基本是线性的关系。特大的黑子，其中心场强是小黑子的两倍，其磁通量是小黑子的 ~30 倍，但是就整个黑子的平均场强而言 (1200~1700G)，特大黑子磁场强度只是小黑子的 1.5 倍。太阳黑子的卡通形态如图 2.10 所示。

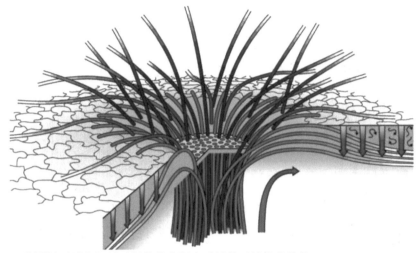

图 2.10   草图显示了太阳黑子纤维状半影中磁场的互锁梳状结构 (Thomas et al., 2002)。明亮的径向纤维，磁场倾斜 (在外半影中与水平方向成大约 40°)，与磁场几乎水平的暗纤维交替。在纤维中，一些磁通量管 (即磁力线束) 沿着升高的磁冠径向向外延伸超出半影，而其他"返回"通量管则潜回表层以下。太阳黑子被一层小尺度颗粒对流 (波浪形箭头) 包围，嵌入径向流出物中，与长寿环形超颗粒 (壕沟细胞)(大弯曲箭头) 相关。回流管的淹没部分被壕沟中的米粒对流湍流泵 (垂直箭头) 抑制住

观测发现黑子磁场随着半径向外逐渐减弱。半影外边界的磁场约为 700~1000G。虽然本影和半影的光强差异较大，有明显的边界，但是磁场在从本影中心到半影外边界的变化却基本是连续的，没有像光强那样有明显的跳跃。对于圆形的孤立黑子 (苏黎世 H 型) 来说，其内部磁场大致呈这样的分布 (Lin, 2000)：

$$\frac{B(r)}{B_0} = \left(1 + \frac{r}{r_0}\right)^{-1}, \qquad r \leqslant r_0$$

式中，B 是某点的场强；r 是该点的极径 (到黑子几何中心的距离)；r_0 是黑子半影的半径；B_0 是本影中心的场强。该比值与黑子的类型、半径都有关系 (Skumanich et al., 1994)。

本影中心的磁场基本是垂直于光球的，从本影中心向外磁场逐渐倾斜 (图 2.11)。在黑子外边界，磁场与半径方向的夹角约为 10° ~ 30°(Lites and Skumanich, 1990; Skumanich et al., 1994)，该夹角与黑子的尺度、衰老阶段有关。也有些观测者认为黑子边界的磁场是水平的。黑子区域的横场基本是沿着半径的方向，但是可能有 10° 的旋转角 (Lites and Skumanich, 1990)。

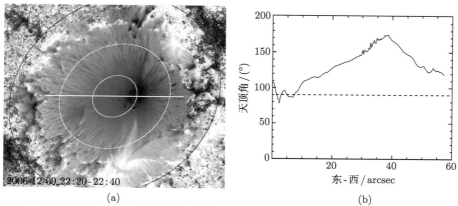

(a)　　　　　　　　　　　　　　　　　(b)

图 2.11　(a) NOAA 10930 活动区的磁场与日面垂直方向的夹角 ζ。当磁场沿日面水平方向时，倾角为 90°。图中的主黑子极性为负极性，倾角多介于 90° ∼ 180°，在图上用黑色表示。(b) 该黑子的磁场倾角与径向距离的关系。图中的曲线是图 (a) 中在东西方向穿越黑子直线上的磁场倾角。可以看出，磁场在从本影中心处垂直于光球向下 (180°)，在半影外边界处接近水平 90°。倾角从本影中心到半影外边界逐渐变化

　　观测结果表明，规则太阳黑子中心的最大场强随着高度的增加而降低，但在色球层上部到日冕层下部仍具有 1000∼1800 G 的值。

2.4.2　黑子磁场模型

　　一些作者提出了磁流体静力学理论中的太阳黑子磁场模型 (Schluter and Temesvary, 1958; Deinzer, 1965; Yun, 1970, 1971; Low, 1980; Osherovich, 1979, 1980, 1982)。这里我们介绍 Osherovich(1982) 的太阳黑子磁场模型。均匀重力下的等离子体平衡方程为

$$\frac{1}{4\pi}(\nabla \times \mathbf{B}) \times \mathbf{B} = \nabla P - \rho\mathbf{g} \tag{2.37}$$

对于轴对称结构，它可以简化为标量方程 (Low, 1975)

$$\frac{\partial^2 \psi}{\partial z^2} + r\frac{\partial}{\partial r}\left(\frac{1}{r}\frac{\partial \psi}{\partial r}\right) + I_A\frac{dI_A}{d\psi} = -4\pi r^2\frac{\partial}{\partial \psi}P(\psi, z) \tag{2.38}$$

其中，$P(\psi, z)$ 是气压，磁场分量是

$$B_r = -\frac{\partial \psi}{\partial z}/r, \quad B_z = \frac{\partial \psi}{\partial r}/r, \quad B_\phi = I_A/r \tag{2.39}$$

与通过水平面的磁通量 ϕ 相关的函数 ψ 为

$$\phi = 2\pi \int_0^R B_z r dr = 2\pi[\psi(R, z) - \psi(0, z)] \tag{2.40}$$

"相似性" 假设仅用一个参数 α 表示:

$$\psi(r, z) = \psi(\alpha) \tag{2.41}$$

其中,

$$\alpha = \xi(z)r \tag{2.42}$$

大多数作者使用

$$\psi(\alpha) = \psi_0 \mathrm{e}^{-\alpha^2} \tag{2.43}$$

其中, $\psi_0 = \mathrm{const}$ (Schluter and Temesvary, 1958; Deinzer, 1965; Yun, 1970, 1971; Osherovich, 1979; Low, 1980)。

式 (2.38) 可以简化为一维微分方程 (方成等, 2008; 毛信杰, 2013)

$$fyy'' - y^4 + y^2 K^2 f = -8\pi\Delta P \tag{2.44}$$

其中,

$$y^2 = B(z) \tag{2.45}$$

是太阳黑子中心的磁场强度;

$$\Delta P = P(\infty, z) - P(0, z) \tag{2.46}$$

f 和 K 是常数。

在一般情况下考虑到方位角场, 式 (2.44) 可以从式 (2.38) 获得。当 $B_\phi = 0$ 时, 我们有原始的 Schluter-Temesvary 方程

$$fyy'' - y^4 = -8\pi\Delta P \tag{2.47}$$

对于这种情况,

$$P = P_0 - \frac{B}{2}\psi^2$$
$$I_A = 0 \tag{2.48}$$

其中, $P_0 = \mathrm{const}$, $B = \frac{1}{64}\lambda^2$。式 (2.38) 是线性的, 它有一个精确的解析解

$$\psi = \psi_0 \left(\mathrm{e}^{r^2/(8\lambda^2)} + X\frac{r^2}{8\lambda^2} \mathrm{e}^{r^2/(8\lambda^2)} \mathrm{e}^{-(z/\lambda)} \right) \tag{2.49}$$

其中，ψ_0, λ, X 是常数。式 (2.49) 是两个解的叠加。第一个描述了离开平面 $z=0$ 并且不返回平面的磁力线。第二个描述在其原始平面中返回的线。换句话说，根据式 (2.40)，第二部分对通过平面 $z=0$ 的磁通量的贡献为零。

式 (2.39) 可用于获得 B_z, B_r 和 $\tan\varphi = B_r/B_z$。在平面 $z=0$ 中，我们可以找到

$$B_z = 2\psi_0\xi^2(-1 + X(1-\alpha^2))\mathrm{e}^{-\alpha^2} \tag{2.50}$$

$$\tan\varphi = \alpha\left(-\frac{\xi'}{\xi^2} + \frac{\sqrt{2}X}{-1 + X(1-\alpha^2)}\right) \tag{2.51}$$

其中，$'$ 表示对深度 (z) 的导数，见图 2.12。

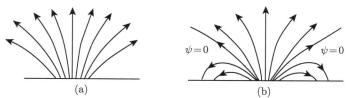

图 2.12 磁场力线结构：(a) Schluter-Temesvary 理论模型；(b) Osherovich(1982) 的理论模型。来自 Osherovich(1982)

作为一个特别简单的例子 (Osherovich and Flaa, 1983)，我们有 Yun 的太阳黑子模型 (Yun, 1971) 和 $B_\phi \sim B_r$，它对应于

$$I_A(\alpha) = I_A(0)\alpha^2\mathrm{e}^{-\alpha^2} \tag{2.52}$$

它被称为 Schluter-Temesvary-Yun 模型 (ST-Y)。另一个模型是 Schluter-Temesvary linear(线性) 模型 (ST-L)，其中扭曲随着到太阳黑子中心的距离而线性增加：

$$I_A(\alpha) = I_A(0)\alpha^3\mathrm{e}^{-\alpha^2} \tag{2.53}$$

值得注意的是，ST-L 模型中的压力和温度曲线原则上与 ST-Y 模型中的不同。

对于返回通量模型 (Osherovich and Flaa, 1983) 一个简单的选择 $I_A(\psi)$，

$$I_A(\psi) = (\psi - \psi_0)\xi(0)S \tag{2.54}$$

图 2.13 显示了两个平面中的缠绕磁力线，$z=0$ 和 $z=500\mathrm{km}$ 用于返回磁通模型。这个图像表明缠绕随着高度的增加而减少。

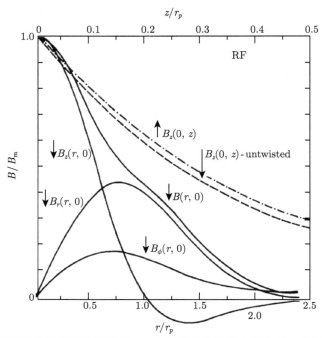

图 2.13　具有缠绕场的返回通量模型在 $z = 0$ 处磁场分量的水平分布。点划线表示太阳黑子轴 $B_z(0, z)$ 上的垂直分布。虚线表示没有缠绕场的 (untwisted) 返回通量模型的 $B_z(0, z)$。曲线是在 $S = -0.8$ 时获得的。来自 Osherovich 和 Flaa(1983)

2.4.3　半影精细特征

　　太阳黑子半影最明显的特征是被放射状排列的明暗半影纤维覆盖 (图 2.11(a))。一般情况下，亮纤维是位于外侧和相对垂直的通量管的位置，而暗纤维则是更接近水平的通量管 (Solanki and Montavon, 1993; Solanki, 2003)。它们构成了 "未梳理" (uncombed) 或 "互锁" (interlocking) 的交错结构。两者之间的角度差为 30° ∼ 40°，明亮的纤维可以进入日冕并穿过太阳表面很远的距离，而在低空处则是暗的。

　　在拉帕尔马的瑞典太阳天文台拍摄的太阳黑子的高空间分辨率电影显示，埃弗谢德 (Evershed) 效应是与时间相关的 (Shine et al., 1994)。在连续谱和多普勒图中都可以看到向外的自行运动。这些可以在半影和重叠区域的大部分宽度上进行跟踪，这些区域显示向内移动的半影颗粒。运动结构之间的径向距离约为 2000 km，它们表现出不规则的重复行为，典型的间隔为 10 min。这些可能是半影功率谱中有时会出现 10 min 振荡的原因。较高的速度与明亮纤维之间相对较暗的区域在空间上相关。多普勒信号变化很大的区域显示出 1 km/s 的峰峰值调制，平均速度约为 3∼4 km/s。

2.4.4　太阳黑子和磁场的衰变

1. 太阳黑子的衰变

太阳黑子的出现和老化是两个非常不对称的过程。新出现的太阳黑子通常只需要几天的时间就可以达到最大状态，而衰减过程占据了它们一生的大部分时间。小尺度、不规则形状和无壕沟的太阳黑子衰减快，主要以破碎形式存在，破碎是半影中出现亮桥的先兆 (Zwaan, 1987)。在太阳黑子的老化过程中，太阳黑子的面积和磁通量逐渐减小 (van Driel-Gesztelyi, 1998)。Petrovay 和 van Driel-Gesztelyi(1997) 研究了四百多个太阳黑子的老化过程，发现太阳黑子的老化率 D 与半径 r 之间的关系，太阳黑子 (一生中出现一次) 半径 r_0 的最大比值 (r/r_0)，而太阳黑子的寿命 T 与其最大面积 A_0 成正比:

$$D \sim r/r_0, \quad T \sim A_0$$

双极太阳黑子群中的后随黑子的磁场相对较弱，衰减较快。

2. 太阳黑子磁场的寿命视频磁图观测

Wang 等 (1989) 显示了一个活动区的演变，该区域是在 1987 年 9 月 24 ～ 27 日期间由怀柔和大熊湖太阳天文台的视频磁像仪共同观察到的，只有四次中断，每次 6~8 h。通过图 2.14，我们可以看到磁场的长期变化形式。

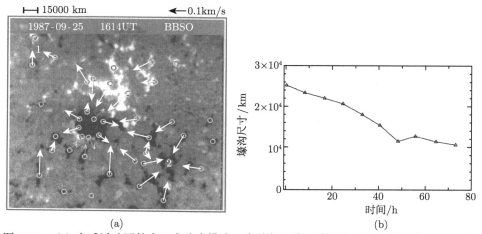

(a)　　　　　　　　　　　　　　　　(b)

图 2.14　(a) 衰减活动区的大尺度速度模式，为避免长箭，壕沟中的流出量约为 0.5 km/s，未按比例正确缩放；(b) 壕沟大小随时间变化。来自 Wang 等 (1989)

发现占主导地位的太阳黑子主要流出相反符号的磁场，周围的谱斑稳步收缩并向内退向本影。总的结果是黑子和谱斑缩小和减弱。在 75 h 内大约减少了 50%。

磁通量的主要损失似乎是由主中性线的"对消"所致 (例如 Martin et al., 1985)。一些磁通量通过破碎而消失，这使得磁元消失低于我们的阈值，而仅由扩散造成的微小损失能检测到。

2.4.5　运动磁结构

1. 运动磁结构的发现

运动磁结构 (MMF) 是由 Sheeley(1969), Vrabec(1971), Harvey 和 Harvey (1973) 等首先观测到的。之后的几十年中使用各种设备对 MMF 进行了观测。对 MMF 的观测，要求使用连续的、高时间和空间分辨率的磁图时间序列。

观测到 MMF 的运动速率约为 1 km/s，它们在壕沟中的运动路径基本上是沿着半影纤维的延长线。多次研究中 (Harvey and Harvey, 1973; Vrabec, 1974; Brickhouse and Labonte, 1988; Lee, 1992; Zhang et al., 1992; Yurchyshyn et al., 2001b; Sainz Dalda and Martínez Pillet, 2005) 所观测到的 MMF 个体的寿命 (1~8h)、尺度 (1″ ~2″) 和磁通量 ($10^{18} \sim 10^{20}$ Mx) 有很大的差异。

MMF 可能在母黑子边界的某些方向上集中产生，大多数 MMF 的初现位置到半影外边界的距离在 0~8Mm 之间 (Harvey and Harvey, 1973; Li et al., 2009)。有相当一部分 MMF 在半影纤维当中有 "先导结构"(precursor)，在半影外边界以内 1″ ~ 8″ 初现，向外运动到半影边界，然后脱离黑子变成独立的 MMF(Sainz Dalda and Martínez Pillet, 2005; Ravindra, 2006)。

它们也可能在 G 波段 (G band) 和 Ca II 像中显示为明亮结构 (Shine and Title, 2001)。在多波长观测中，运动磁结构 (MMF) 在 Hα 图像中几乎不可见，表明它们是低磁环结构。

2. 运动磁结构的物理模型

MMF 被认为是光球层和从太阳黑子上分离的微小通量管的交点 (Harvey and Harvey, 1973)。为了描述 MMF 的物理性质，已经提出并讨论了理论和示意图解释 (例如 "Ω-loop"、"U-loop" 和 "O-loop" 模型)，见图 2.15和图 2.16。Harvey 和 Harvey(1973) 提出的第一个 MMF 理论模型表明，通量管被扭曲并与太阳黑子主体分离，并通过磁场与超米粒的相互作用扫到网络或米粒。这些松散的、扭曲的场线被超米粒速度场从太阳黑子移开。Wilson(1986) 解释了 MMF 向外移动的振荡速度场，在太阳黑子边缘附近产生新的通量环。Spruit 等 (1987) 表明 MMF 是大 U 型环的小块，从对流区上升到表面并分解。Thomas 等 (2002) 将 MMF 解释为通过对流泵淹没半影磁通量。

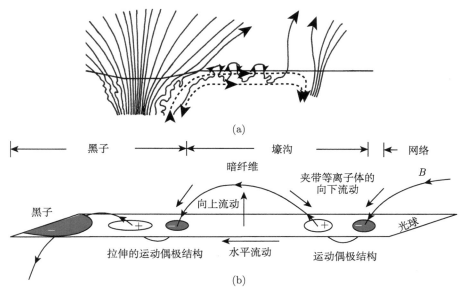

图 2.15 (a) Harvey 和 Harvey(1973) 的 MMF 模型最早被提出。扭曲的磁通量管与太阳黑子的主体分离，并被超米粒速度场扫到网络。管中的扭曲通过可见层爆发以产生大量相反极性的 MMF 对。(b) Bernasconi 等 (2002) 在新兴通量中发现了特殊移动偶极特征 (MDF) 的结构和行为。在纵向磁图中，MDF 似乎是流入太阳黑子的小偶极子

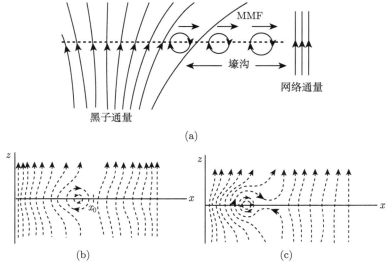

图 2.16 (a) Wilson(1986) 用振荡速度场，在黑子边界产生新的 O 型磁流管环来解释双极 MMF 的观测现象；(b) 如果 O 型环紧密地绕着其核心，与周围磁场相对独立，那么，它在光球上形成的正负两磁元亮度相等，偶极子的外流不造成磁通量的外流；(c) 如果 O 型环被周围磁场包裹，相互拖动和挤压，这样的偶极子两极的磁通量不相等，其外流会带走磁通量

2.4.6　从高分辨率磁图探讨运动磁结构

对在光球层和色球层中围绕太阳黑子移动的小尺度磁结构的高分辨率观测，有助于更好地了解太阳黑子结构，并有助于理解磁能和质量在整个色球层的传输。

在许多发达的太阳黑子中，在半影区和周围的壤沟地区都观察到了平均外流。在半影区，磁场强而倾斜，而在壤沟中，磁场较弱。在磁图时间序列上，观察到 MMF 起源于外半影，成为孤立的磁元，径向向外移动到壤沟区域，最终消失在网络场中。MMF 系列成果 (Harvey and Harvey, 1973; Vrabec, 1974; Brickhouse and Labonte, 1988; Lee, 1992; Zhang et al., 1992; Shine and Title, 2001; Yurchyshyn et al., 2001b; Bernasconi et al., 2002; Zhang et al., 2003; Hagenaar and Shine, 2005; Sainz Dalda and Martínez Pillet, 2005; Li et al., 2006b; Ravindra, 2006; Ryutova and Hagenaar, 2007; Li et al., 2009, 2010; Lim et al., 2012; Criscuoli et al., 2012; Sainz Dalda et al., 2012) 总结如下所述。

(1) 大多数这些"稳定的亮点流" (Sheeley, 1969) 沿着大约 0.3~1.0 km/s 的路径移动从半影径向向外并形成磁通量流出。

(2) MMF 往往起源于母太阳黑子周围的某些方位角，并遵循特定的路径。MMF 可能首先出现在母太阳黑子外边缘之外的 $0''\sim10''$ 处。它们中的许多都起源于半影内。

(3) MMF 表现出一系列寿命 (0.2~8 h)、半径 ($0.5''\sim2''$)、净通量 ($1\times10^{18}\sim25\times10^{18}$ Mx) 和双极分离。它们也可能在 G 波段和 Ca II H 图像中显示为明亮的特征。

(4) 以前的研究根据它们的奇偶性 (单极或双极)、极性 (与母太阳黑子相同或相反)、运动方向 (向外或向内) 和偶极子方向 (内/外足点是否与太阳黑子的极性相同)。

湍流对流、辐射和磁场的复杂相互作用使太阳黑子难以建模。整体模型 (Cowling, 1957) 将太阳黑子视为静磁且紧密的磁场线束。在簇模型 (Parker, 1979a, b) 中，磁通量管束被周围等离子体中的地下会聚下降流松散地限制。

多波长观测结果已在 Hα 和 Ca II H 滤光器单色图中提供 (Zhang et al., 1992; Penn and Kuhn, 1995; Zuccarello et al., 2009)。MMF 在 Hα 图像中几乎不可见，表明它们是低层特征。Zhang 等 (1998) 使用 Fe I λ5250.2Å 光球单色像图和相应磁图在宁静区域的时间序列分析了米粒的精细结构与磁场之间的关系。他们发现，虽然光球单色像图中的大多数明亮的亮细丝特征都与相应的磁结构有关，但它们通常不是共空间的。还发现一些明亮的特征及其相应的光球磁场在几分钟内表现出快速的变化。

现代高分辨率观测工作和技术，尤其是天基天文台，提供了比以往更多的 MMF 细节。Kubo 等 (2007) 使用协调的邓恩 (Dunn) 太阳望远镜 (DST) 与太阳和日球层探测器 (Solar and Heliospheric Observatory, SOHO) 观测研究了孤立和非孤立 MMF。Hinode 天文台获得的磁图提供了一个研究 MMF 进出太阳黑子半影纤维 (Ravindra, 2006) 和小规模重联事件 (Guglielmino et al., 2010; Murray et al., 2012; Su et al., 2012) 的机会。

Li 和 Zhang(2013) 根据首次出现的位置和初始磁通量的来源，将 MMF 分为两类和四种类型。

(1) 半影 MMF：它们起源于外半影边界的内部或直接外部，与半影原纤维分开，并向外移动。它们根据极性分为如下两种类型。

α-MMF: 具有与母太阳黑子相反的极性。

β-MMF: 共享母太阳黑子的极性。

(2) 壕沟 MMF: 它们起源于半影外边界之外，首先出现在壕沟米粒中，与半影原纤维没有明显的联系。根据它们第一次出现时是否附着在其他 MMF 上，它们也分为两种类型。

γ-MMF: 出现在壕沟中，与其他磁性物体没有明显的联系。

θ-MMF: 从壕沟中的磁结构中分离出来的碎片。

为了证明壕沟的动态特性，例如，我们检查了特定 MMF 与相邻磁元的接触。图 2.17(a) 显示了一个大的负极性 β-MMF 的演变。当它离开半影时，它的初始通量仅为 $3.2 \times 10^{18} \mathrm{Mx}$。在其 14 h 的长寿命期间，它主要通过合并相同极性的磁性元素来获得通量。它部分是由于碎裂而部分是由于与相反极性的磁性元件抵消而损失了通量。我们计算了 59 次接触事件，在此期间 MMF 获得了通量。获得的总通量 ($56.9 \times 10^{18} \mathrm{Mx}$) 是 MMF 最大通量 ($25.1 \times 10^{18} \mathrm{Mx}$) 的两倍多。这些事件由图 2.17(b) 中的黑色向内箭头指示。还有 53 次接触事件，其中 MMF 总共损失了 $49.8 \times 10^{18} \mathrm{Mx}$ 的通量。在图 2.17(b) 中，它们由向外指向的白色箭头表示。图 2.17(c) 的下图将 MMF 的通量 (实线) 和通量密度 (虚线) 的演变与 Ca II H 光通量 (虚线) 进行了比较，其中光通量是任意单位的图像强度的二维积分；上图绘制了接触事件中获得的通量 (加号) 和损失的通量 (减号)。一些通量抵消事件在 Ca II H 图像上显示为亮点。在 MMF 的上升阶段，团聚过程是主导机制，而通量抵消在下降阶段占主导地位。

Li 和 Zhang (2013) 介绍了以下关于 MMF 的起源、运动、演化模式及其对较低色球层的影响的主要结果：① 大约 50% 的 MMF 源自半影纤维或半影纤维之间；② 作为母磁区碎片的 MMF 的演化通常是一个衰变和破碎过程，一旦它们成为孤立的特征，衰减过程就开始了；③ 大多数 Ca II H 亮点是由相反极性磁区之间的对消引起的。亮点也可能是由 MMF 从半影中分离、分裂和合并引发的。快速移动的壕沟 MMF 在低色球层中显示为亮点, 而大磁元在滤光图中显示为暗斑。

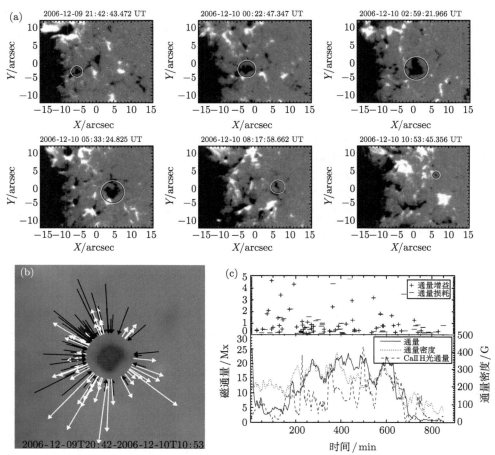

图 2.17　　(a) 负极性 β-MMF 的演变, 它的寿命接近 14h, 离开半影后, 这个 MMF 与一百多个较小的两极磁性元素接触; (b) 黑色 (白色) 箭头表示通量增加 (丢失) 期间的接触事件, 箭头的长度与传输的通量的平方根成正比, 箭头的方位角位置表示大致的接触点, 背景是时间平均的、以 MMF 为中心的磁图; (c) 下图: 该 MMF 的通量 (实线)、通量密度 (虚线) 和 Ca II H 光通量 (虚线, 以任意单位表示) 的演变, 上图: 加号和减号表示 MMF 与相邻磁性元件接触期间的通量增益和损耗。来自 Li 和 Zhang (2013)

　　Li 等 (2015) 发现, 磁元沿着孔隙 (pore) 和太阳黑子半影之间的连接线移动, 会聚并导致孔隙的形成和破坏。孔隙还接收由小规模双极涌现产生的流动, 并合并壕沟中分离的磁元。MMF 流入会减少孔隙的磁通量, 通常会触发色球亮点。在它们的衰变过程中, 孔隙产生磁元的外流, 方向与太阳黑子的流入方向不同。图 2.18 中可以找到太阳黑子附近磁特征演化的一个例子。Chen 等 (2015) 还证明了相反极性磁通量之间的两类对消, 导致在主黑子附近产生循环射流 (jet)。

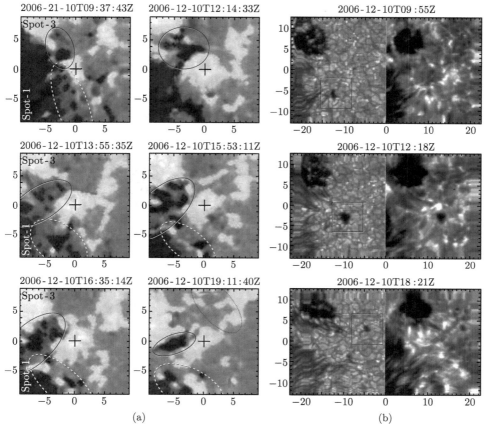

图 2.18 (a) 纵向磁场的序列图, 显示了孔隙 (用十字标记) 的出现、向外运动和消失, 磁通密度在 ±50 G 处饱和, 实心椭圆突出了太阳黑子产生的磁性元素并向孔隙移动, 而虚线椭圆圈出的元素远离孔隙; (b) 孔隙的时间演变 (用方框标记)。来自 Li 等 (2015)

2.5 活动区的色球磁场

2.5.1 色球磁场的测量

Metcalf 等 (1995) 使用密斯太阳天文台的斯托克斯偏振仪利用 NaI λ5896Å 线, 测量活动区的色球矢量磁场并计算了净洛伦兹力对光球和低色球层的高度依赖性。发现磁场在光球层中不是无力的, 而是在光球层上方大约 400 km 处变为无力的。Choudhury 等 (2001) 通过比较观测和计算的色球层磁图, 分析了太阳活动区的三维磁场结构。观测到的色球磁图与模型色球磁图之间的最佳相关性出现在 800 km 的高度，这也对应于 CaⅡ λ8542Å 的线形成高度，并稍后收敛到势场结构。Deng 等 (2010) 对观察到的光球线和色球线在磁场和速度场的三维结构方面的差异进行了解释或推测，并强调了使用色球谱线进行分光偏振测量的重要性。

在中国科学院国家天文台怀柔太阳观测站，获得了大量高空间分辨率的色球磁场观测资料，并在该领域开展了一系列工作。图 2.19 显示了太阳活动区中的光球和色球滤光器单色像，以及相应的纵向磁图。

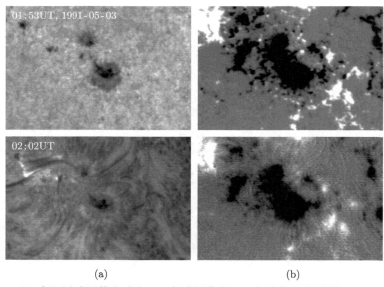

(a)   (b)

图 2.19   (a) 太阳活动区的光球和 Hβ 色球图像和 (b) 相应的纵向磁图 (Zhang, 2006a)

2.5.2   从光球到 Hβ 色球可能的磁场扩展

图 2.20显示了一组不同波长的 Hβ 滤光器单色图，其间隔为 0.04Å，距离线中心 $-0.40 \sim -0.12$Å (Zhang, 1996a)。在 -0.40Å 的单色图中，色球特征不明显。它类似于光球图像。我们注意到，当滤光器观测到的波长接近 Hβ 线中心时，色球结构变得重要。暗纤维从黑子西部的黑子半影外延伸，长度增加。这些纤维构成了超半影结构。在太阳黑子的东侧，没有证据表明有纤维特征。可能是这些图像的空间分辨率较低，因此无法看到色球精细特征。

这表明，活动区的磁场从光球层不均匀地向上延伸到色球层，并由色球层中的纤维状结构组成 (Zhang et al., 1991)。图 2.20 还显示了一组色球纵向磁图。磁图中的纤维状磁结构与色球单色图中的特征显示出良好的相关性。因此，这些色球特征反映了相应大气层中磁场的信息。在从 Hβ 线的机翼到中心的各种波长下获得的色球磁图系列可用于推断色球中磁场的视线分量随高度的变化。

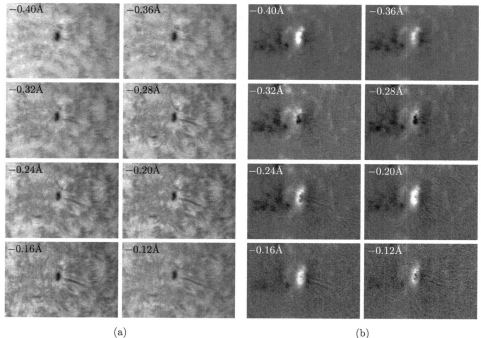

图 2.20 (a) 在不同波长 −0.40 ∼ −0.12Å 在太阳活动区 Hβ 滤光器单色图和 (b) 对应的 Hβ
纵向磁图 (Zhang, 1996a)

2.5.3 Hβ 色层磁图中的反转特征

通过分析 Hβ 色球磁图，我们可以发现在某些区域可以检测到色球磁图和光球磁图之间的差异。它可能是由光球层的磁场扩展引起的 (Zhang et al., 1991)。Chen 等 (1989) 指出，在 Hβ−0.24Å 波长下获得的色球磁图中，在强磁场区域附近可能存在一些相对于光球磁图的反转结构 (如图 2.20中的 −0.32Å，−0.28Å 和 −0.24Å)。它通常被称为色球磁场的 CAZJ 反转 (Almeida，1997)。Wang 和 Shi(1992) 提出了一个类似的案例。人们曾对观测结果进行系统分析，如 Li 等 (1994)。

通过分析 Hβ 线的形成，可以推断色层磁图中反转结构的几种可能性：① 太阳大气中真实的反转磁结构；② 色球局部区域 Hα 线轮廓反转引起的斯托克斯参数 V 的反转符号 (Almeida，1997)；③ Hβ 线翼中混合线的扰动 (Zhang，1996a)。

Hβ 线翼部的混合线可能导致在 Hβ 线的单个波长处获得的磁图中的符号相反。它是通过在怀柔太阳观测站的矢量视频磁像仪在线中心附近获得的一系列 Hβ 色层磁图作为色层磁结构的诊断呈现的 (Zhang, 1993)。可以获得 Hβ 线及其混合线在活动区中不同波长的圆偏振光的二维分布 (参见图 2.20)，其中包括分析图 2.21 中斯托克斯参数 V 轮廓。由于用于测量色球磁场的光球混合线 FeI λ4860.98Å 的干扰，在太阳黑子本影处，色球磁图相对于光球磁图的反转显著。它与图 1.54 中线中心附近的斯托克斯参数 V 反转相同，即在弱近似式 (1.139) 和式 (1.145) 中，纵向磁场的强度与线轮廓的变化成正比 (Stenflo et al., 1984)：

$$V \sim dI/d\lambda \tag{2.55}$$

值得注意的是，在宁静的谱斑区，甚至半影区，光球混合 FeI λ4860.98Å 线的影响相对不显著。对于 Hβ 色球磁图的观察，我们可以选择从 Hβ 的线心 −0.20 ∼ −0.24Å 的工作波长，以避免 Hβ 线翼处光球混合线的波长。经过色球磁图谱分析，我们得出结论，色球磁场的分布与光球场相似，特别是在太阳黑子的本影。Balasubramaniam 和 West(1991), Hanaoka(2005) 也详细诊断了活动区中 Hα 磁图中的反转特征的类似证据。

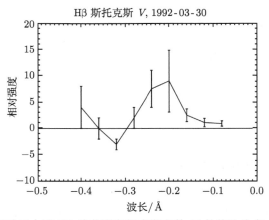

图 2.21   太阳活动区本影 Hβ 线蓝翼斯托克斯参数 V 的统计分布 (Zhang, 1993)

2.5.4   太阳宁静暗条的磁场

太阳宁静暗条 (日珥) 是一个引人注目的课题。在这里我们仅介绍怀柔太阳观测基地暗条磁场测量方面的结果。Bao 和 Zhang(2003) 于 2001 年 9 月 6 日利用怀柔太阳观测站的太阳磁场望远镜观测到了太阳日面上一个大的宁静暗条附近色球和光球的视线磁场。色球和光球磁图以及暗条的 Hβ 单色像图被研究。暗条位于光球和色球大尺度纵向磁场的中线上，见图 2.22。发现暗条的侧脚与极性相反的磁结构有关。两个小的侧脚与弱寄生极性有关。在暗条断裂的情况下，光球层中存在负磁结构。在色球磁图中与暗条对应的位置，发现磁场强度约为 40∼70 G(测量误差约为 39 G)。磁信号表示暗条内部磁场的幅度和方向。Bao 和 Zhang(2003) 讨论了可能产生这种测量信号的几种原因。建议在暗条内部呈现缠绕的磁性结构。

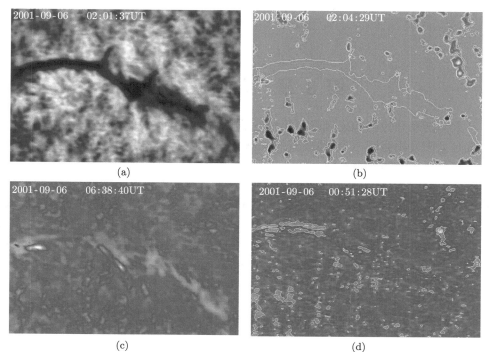

图 2.22 2001 年 9 月 6 日的 Hβ 暗条及相应的磁图和多普勒图。(a) Hβ 滤光器单色图；
(b) 光球纵向磁图，红色 (蓝色) 轮廓对应于 100 G 和 200 G 的正 (负) 磁场；(c) Hβ 多普勒
速度图，紫色 (绿色) 是向下 (向上)；(d) Hβ 纵向磁图，紫色 (蓝色) 轮廓对应于 40 G 和
80 G 的正 (负) 磁场。来自 Bao 和 Zhang(2003)

第 3 章 太阳磁活动

太阳活动导致的地磁风暴对输电网的影响要剧烈得多。1989 年 3 月 13 日，也就是太阳发出强烈 X 射线耀斑的 7 天后，地磁风暴产生的地面电流摧毁了加拿大整个魁北克的电力系统。耀斑起源于一个令人印象深刻的超级太阳黑子，其活动区编号为 NOAA 5395，其面积比地球大 54 倍，但仅覆盖不足 0.5% 的日面。它产生的电流流过电网，超过变压器设计的交流电 (AC) 运行极限。地面感应电流是直流电 (DC)，它导致了魁北克水电电力系统中的变压器着火和故障。虽然仅此类变压器就耗资数百万美元，但此次停电的总估计成本为数亿美元的损失 (来自：http://astronomy.swin.edu.au/cosmos/g/geomagnetic+storms)。因此太阳磁活动是天体物理学和日地物理学研究中的重要课题。

3.1 太阳活动区的磁能、剪切、梯度和电流

1989 年 3 月的活动区 (NOAA 5395) 是一个耀斑多产活动区。国家天文台怀柔太阳观测站观测到这个高剪切活动区发生的系列强大的耀斑 (Zhang, 1995c)。图 3.1 显示了 1989 年 3 月 11 日活动区 NOAA 5395 的矢量磁图和多普勒速度图。该图已经解决了横向磁场的 180° 不确定性。

消除观测到的横向光球磁场的 180° 不确定性对于分析矢量磁场和从中推断出相关电流很重要。一些作者介绍了如何进行相应处理的程序 (Wu and Ai，1990; Cuperman et al., 1990; Metcalf, 1994; Wang et al., 1994a; Moon et al., 2003; Georgoulis et al., 2004; Li et al., 2007, 2009)。

Ai 等 (1991) 等注意到耀斑发生 0.5～2h 前在超级活动区观测到的 Hβ 多普勒速度场的反变线的红移一侧。类似的情况可以在图 3.1 中得到证实，而在该多普勒速度图中，由于这个多普勒图和耀斑的观测时间几乎相同，耀斑附近的畸变不能被忽略。

图 3.2 显示了系列与太阳 NOAA 5395 活动区有关的的矢量磁图 (Schmieder et al. 1993: Zhang et al., 1994)。它展现了在系列太阳旋转周 (前后几个月时间内) 位于太阳北纬 30° 左右的该活动区的发展和变化。这表明有大量的磁场能量从太阳内部浮现上来，并释放到日地空间中去。上述磁图的水平尺度大约是地球直径的 15 倍。这样快速变化的磁能被释放出来，产生摧毁了加拿大整个魁北克的电力系统的事件，是完全可以被想象的。研究表明，大耀斑通常伴随着日冕物

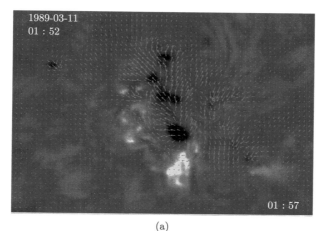

(a)

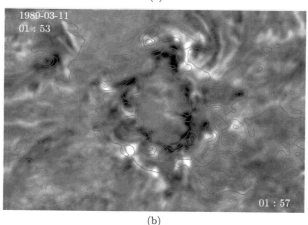

(b)

图 3.1 　(a) 1989 年 3 月 11 日 01:57 UT，活动区 (NOAA 5395) 的光球矢量磁图的横向分量，已解 180° 不确定性，它叠加了 01:52 UT 的 Hβ 滤光器单色图，箭头标记横向磁场的方向。(b) 在 01:53 UT 活动区的对应 Hβ 多普勒图，叠加磁场的纵向分量 (与上部相同)，白色 (黑色) 表示向上 (向下) 流动，红 (蓝) 等强度线对应于 ±(50G, 200G, 500G, 1000G, 1800G, 3000G) 的正 (负) 场。图的大小是 $5.23' \times 3.63'$。北在上，东在左

质抛射，可以瞬时释放出高达 10^{32} erg 的能量。随着磁能的释放，包括电子、质子和重核在内的粒子在太阳大气中被加热和加速。这种能量是火山爆发释放能量的一千万倍。另一方面，它不到太阳每秒释放的总能量的十分之一。关于太阳活动区非势磁场演化和相关分析，将在下面逐步展开。

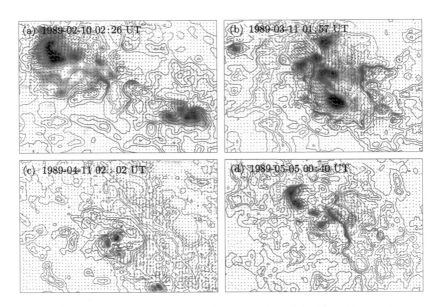

图 3.2 对应于超级活动区 NOAA 5395 的系列观测的光球矢量磁图。灰色结构标出黑子的位置。箭头标记横向磁场的方向。红 (蓝) 等强度线对应于 ± (20G, 100G, 200G, 400G, 1000G, 2000G) 的正 (负) 场。图的大小是 $4.3' \times 3.0'$。图 (b) 显示在 1989 年 3 月 11 日 01:57 UT，超级活动区 (NOAA 5395) 的矢量磁场分布 (对应于图 3.1)。北在上，东在左

3.1.1 磁能、磁剪切和梯度

在强耀斑产生区的矢量磁图 3.1 和图 3.2 中可以发现一些证据：① 在活动区的相反极性的海湾状磁主极附近出现扭曲的横向磁场。② 在相撞的相反极性的磁主极之间的磁中线附近形成了新剪切的矢量磁结构。随着新磁通量的出现，与逐日观测的矢量磁图相比，相反极性的磁主极之间的水平磁场剪切角会随之变化，并伴随从水平磁场推断出的垂直电流强度分布的逐渐发展。③ 耀斑发生在极性相反的磁岛和磁湾附近，与矢量磁场的变化有关。尽管有一些耀斑核位于垂向电流密度峰值区域附近，但它们之间的对应关系并不显著。我们将逐步展开这方面的一些讨论。

1. 与磁剪切相应的磁能密度

太阳耀斑和其他爆发事件释放的能量依赖于自由 (非势) 磁能的积累，其定义为总磁能 (E_o) 与势磁能 (E_p) 之间的差值：

$$\Delta E = E_o - E_p \tag{3.1}$$

这意味着自由能被定义为与势能相联系的能量，势能与观测磁场的法向分量分布相联系。该势场具有符合边界条件的最低的可能磁能，例如见 Priest (2014)，并且也在 4.1.1 节 1. 中讨论。

磁场 B 的总磁能以下列形式给出：

$$E = \int \frac{B^2}{8\pi} dV \tag{3.2}$$

这意味着磁能是一个三维积分量，例如在太阳大气中。

Hagyard 等 (1981) 等定义了源场来描述光球上磁场的非势成分：

$$\mathbf{B}_n = \mathbf{B}_o - \mathbf{B}_p \tag{3.3}$$

其中，$\mathbf{B}_o$ 是观察到的矢量磁场；$\mathbf{B}_p$ 表示从 $\mathbf{B}_o$ 垂向分量外推的势场；$\mathbf{B}_n$ 是所谓源磁场的非势分量。使用式 (3.3)，可以发现

$$B_n = \sqrt{B_o^2 + B_p^2 - 2B_o B_p \cos \psi} \tag{3.4}$$

其中，ψ 是图 3.3 中 $\mathbf{B}_o$ 和 $\mathbf{B}_p$ 之间的夹角。

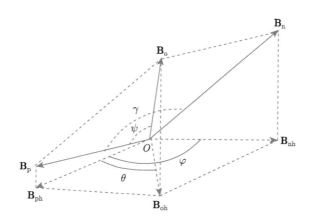

图 3.3　观察到的磁场 $\mathbf{B}_o$、势场 $\mathbf{B}_p$ 和非势场 $\mathbf{B}_n$ 之间的关系示意图

现在我们可以引入磁能密度 ρ，如 $E = \int \frac{B^2}{8\pi} dV = \int \rho dV$ 所示，其中场的能量密度 $\rho \equiv B^2/(8\pi)$。类似地，对于 E_o 和 E_p，观测能量密度和势场能量密度分别为 $\rho_o \equiv B_o^2/(8\pi)$ 和 $\rho_p \equiv B_p^2/(8\pi)$。我们还注意到，自由能密度在体积 V 上的积分得到能量，而它在光球面上的积分仅得到一个具有单位高度上的能量量纲

的量。严格来说，这个量不是自由能，它似乎与光球上方体积中存在的自由能有关。光球矢量磁图的观测为分析太阳低层大气中磁能密度的分布提供了机会。下面我们专门讨论来自光球磁场的二维磁能数组。

由 Lü 等 (1993) 定义的非势磁场的能量密度参数与 $\mathbf{B}_n^2$ 成正比：

$$\rho_n = \frac{(\mathbf{B}_o - \mathbf{B}_p)^2}{8\pi} = \frac{\mathbf{B}_n^2}{8\pi} \tag{3.5}$$

因此，实际自由能密度 (式 (3.1)) 的定义为

$$\rho_{\text{free}} = \rho_o - \rho_p = \frac{\mathbf{B}_o^2 - \mathbf{B}_p^2}{8\pi} = \frac{(\mathbf{B}_n + \mathbf{B}_p)^2 - \mathbf{B}_p^2}{8\pi} \tag{3.6}$$

它可以写成

$$\begin{aligned}
\rho_{\text{free}} &= \frac{1}{8\pi} B_n^2 + \frac{1}{4\pi} \mathbf{B}_n \cdot \mathbf{B}_p = \frac{1}{8\pi} B_n^2 + \frac{1}{4\pi} B_n B_p \cos\gamma \\
&= \frac{1}{8\pi} B_n^2 + \frac{1}{4\pi} B_n B_p \cos\left[\psi + \arccos\left(\frac{B_o - B_p \cos\psi}{B_n}\right)\right]
\end{aligned} \tag{3.7}$$

其中，γ 和 ψ 是空间角度，$\arccos\left(\dfrac{B_o - B_p \cos\psi}{B_n}\right) = \gamma - \psi$，如图 3.3 所示。我们可以找到关系

$$\begin{aligned}
&\cos\left[\psi + \arccos\left(\frac{B_o - B_p \cos\psi}{B_n}\right)\right] \\
&= \sin\vartheta_p \sin\vartheta_n + \cos\vartheta_p \cos\vartheta_n \cos\left[\theta + \arccos\left(\frac{B_{oh} - B_{ph}\cos\theta}{B_{nh}}\right)\right]
\end{aligned} \tag{3.8}$$

其中，ϑ_n 是非势场 $\mathbf{B}_n$ 向量与其水平分量 $\mathbf{B}_{nh}$ 之间的夹角；ϑ_p 是势场 $\mathbf{B}_p$ 向量及其水平分量 $\mathbf{B}_{ph}$ 之间的夹角；而角度 θ 定义为 $\mathbf{B}_{oh}$ 和 $\mathbf{B}_{ph}$ 之间的夹角，并且有 $\arccos\left(\dfrac{B_{oh} - B_{ph}\cos\theta}{B_{nh}}\right) = \varphi - \theta$，如图 3.3 所示。

由于我们不能从观测矢量磁图中直接测量光球层中非势磁场的垂向分量，所以无论是在分析非势场还是势场时，我们通常需要一个模型场来匹配观测到的垂向磁图。对于势场模型，该选择对应于诺伊曼 (Neumann) 边界条件 (例如, Sakurai (1982))，尽管对与耀斑相关的垂直磁场变化的观测表明，观测到的垂直磁场通常与该磁场的最低能量状态不一致。这意味着磁场的垂向分量实际上对光球矢量磁图的磁自由能密度没有贡献。对于靠近日面中心的观测，可以将视向场近似作为

观测磁场的垂向分量 (Sakurai, 1982)。在下面的分析中，我们选择忽略非势磁场的垂直分量。

由于磁场的三维剪切被忽略 (Leka and Barnes, 2003)，这些磁场的水平分量贡献的磁自由能密度为

$$\rho_{\rm fh} = \frac{1}{8\pi}(B_{\rm oh}^2 - B_{\rm ph}^2) = \frac{1}{8\pi}B_{\rm nh}^2 + \frac{1}{4\pi}B_{\rm nh}B_{\rm ph}\cos\left[\theta + \arccos\left(\frac{B_{\rm oh} - B_{\rm ph}\cos\theta}{B_{\rm nh}}\right)\right] \tag{3.9}$$

其中，$B_{\rm oh}$、$B_{\rm nh}$ 和 $B_{\rm ph}$ 分别是观测磁场、非势磁场和势磁场的水平分量。在图 3.3 中定义水平角 θ 和 φ。式 (3.9) 意味着 $\rho_{\rm fh}$ 不一定是正的，因为式 (3.9) 中的第二项可以是负的，并且在某些情况下其绝对值可能大于第一项。从式 (3.7) 和式 (3.9)，我们还发现，无论我们是否考虑了垂向分量的贡献，观测到的矢量磁场与势场之间的夹角并不简单地反映在低层太阳大气中的自由能密度的状态。

由磁场水平分量贡献的自由能密度 $\rho_{\rm fh}$ 与非势参数 $\rho_{\rm nh}$ 之间的差为

$$\Delta\rho_{\rm eh} = \rho_{\rm fh} - \rho_{\rm nh} = \frac{1}{4\pi}\mathbf{B}_{\rm nh} \cdot \mathbf{B}_{\rm ph} \tag{3.10}$$

这意味着非势场的平行分量相对于势场的贡献是不可忽略的，并且只有在磁场的势分量垂直于非势分量时，两个不同定义的磁能之间的差异 $\Delta\rho_{\rm eh}$ 才会消失。值得注意的是 $\mathbf{B}_{\rm oh} \cdot \mathbf{B}_{\rm ph}$ 与通常定义的磁剪切和势场有关，其中 $\mathbf{B}_{\rm oh} \cdot \mathbf{B}_{\rm ph} = \mathbf{B}_{\rm nh} \cdot \mathbf{B}_{\rm ph} + B_{\rm ph}^2$。这意味着 $\mathbf{B}_{\rm oh} \cdot \mathbf{B}_{\rm ph}$ 包含太阳活动区的磁势能 ($B_{\rm ph}^2$) 的贡献。可以发现剪切角 θ 为

$$\theta = \arccos\left(\frac{B_{\rm nh}B_{\rm ph}\cos\varphi + B_{\rm ph}^2}{B_{\rm oh}B_{\rm ph}}\right) = \arccos\left(\frac{B_{\rm nh}\cos\varphi + B_{\rm ph}}{B_{\rm oh}}\right) \tag{3.11}$$

从上面的讨论可以发现，通常定义的剪切角 θ 不能完全用于确定低层太阳大气中的自由磁能信息，因为式 (3.11) 也与 $B_{\rm ph}^2$ 项相关。这与磁剪切包含有关来自势场水平分量的能量密度的信息的想法是一致的。

磁剪切是衡量太阳活动区磁场非势性的重要参数 (Severny, 1958; Hagyard et al., 1984; Lü et al., 1993; Schmieder et al., 1993; Wang et al., 1994a; Zhang et al., 1994; Chen et al., 1994; Li et al., 2000)，而非势场也可以通过活动区的强磁梯度来测量，这与活动区耀斑–日冕物质抛射产生率紧密相关 (例如, Severny, 1958; Falconer, 2001)。

我们定义矢量磁场的剪切角 θ 为观测的矢量磁场与其相应的无电流磁场 (势场) 的夹角。当剪切角 θ 较小时，相对于势场的剪切角为 θ 的非势磁场的垂向分

量可以写成用级数展开形式:

$$
\begin{aligned}
B_{\mathrm{nh}\perp} = B_{\mathrm{onh}}\sin\theta &= B_{\mathrm{onh}}\left(\theta - \frac{\theta^3}{3!} + \frac{\theta^5}{5!} - \cdots\right)\\
&= B_{\mathrm{onh}}\theta\left(1 - \frac{\theta^2}{3!} + \frac{\theta^4}{5!} - \cdots\right)
\end{aligned}
\tag{3.12}
$$

这意味着剪切角提供了非势场的一些信息, 而非势场的平行分量是

$$
B_{\mathrm{nh}\parallel} = B_{\mathrm{ph}} - B_0\cos\theta \tag{3.13}
$$

这也意味着磁剪切角 θ 不能简单地反映磁场的非势能。

　　众所周知, 势磁场的横向分量不是观测量, 而必须通过观测磁场的纵向分量外推来推断 (Hagyard and Teuber, 1978; Sakurai, 1982)。这是基于光球磁荷的磁力线延伸的假设。这意味着我们无法根据观测准确估计太阳活动区非势磁场的纵向分量的贡献。

　　图 3.4 显示了 1991 年的 NOAA 6580-6619-6659 超级活动区中观测到的高度扭曲矢量磁场、计算的势磁场、非势磁场和相应的磁自由能密度之间的关系。我们可以在图 3.4 (a) 行中发现在活动区中形成高度扭曲的横向磁场。图 3.4(b) 显示了由活动区的观测纵向磁场推断出的势磁场的计算横向分量。图 3.4 (c) 显示了由式 (3.3) 推断的磁场的非势分量。在图 3.4(d) 中, 活动区中的磁自由能密度由式 (3.9) 中的 ρ_{fh} 推断, 仅由磁场的横向分量贡献。我们发现, 在活动区的某些区域 (高度剪切的磁中性线) 的自由能密度为负值, 即在式 (3.7) 中 $\frac{1}{8\pi}B_{\mathrm{nh}}^2 + \frac{1}{4\pi}\mathbf{B}_{\mathrm{nh}}\cdot\mathbf{B}_{\mathrm{ph}} < 0$, 这里 $\mathbf{B}_{\mathrm{ph}}$ 是由观测到的纵向磁场推断出来的。这些负号区域, 标记为 A 和 B, 可以定义为图 3.4 (d) 中的 "负能量区域"。

　　图 3.5 显示了 1991 年在超级活动区 NOAA 6580-6619-6659 中观测到的高扭曲矢量磁场演化过程的示意图。随着新磁通量的出现, 在活动区磁中性线附近形成强剪切磁场, 磁场横向分量逐渐平行于磁中性线。这与自由磁能的储存和活动区 "负能量区" 的形成有关。

　　图 3.5 还显示了俯视观察到的活动区中的磁中性线附近的观测磁场 $\mathbf{B}_{\mathrm{o}}$、势场 $\mathbf{B}_{\mathrm{p}}$ 和非势场 $\mathbf{B}_{\mathrm{n}}$ 之间的关系。这提供了在活动区中出现 "负能量区域" 的可能性, 如 $\frac{1}{8\pi}B_{\mathrm{n}}^2 < -\frac{1}{4\pi}\mathbf{B}_{\mathrm{n}}\cdot\mathbf{B}_{\mathrm{p}}$。相关结果如图 3.4(d) 所示。我们可以发现, 在这些 "负能量区" 中, 活动区横向场的势分量和非势分量之间的倾斜角 φ 大于 90°, 即图 3.4 和图 3.5 中的 $\frac{1}{4\pi}\mathbf{B}_{\mathrm{n}}\cdot\mathbf{B}_{\mathrm{p}}$ 为负值。

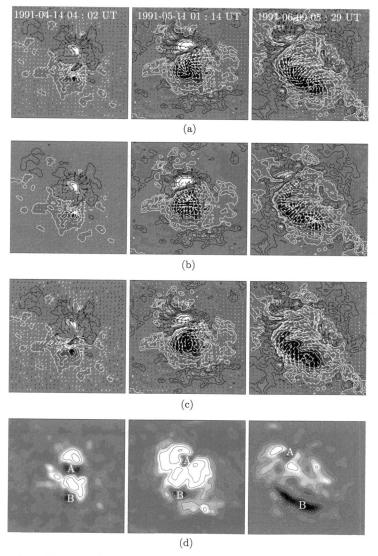

图 3.4 1991 年 4 月 14 日 (左) 活动区 NOAA 6580 (N28, W12)、1991 年 5 月 11 日 (中) 的 6619(N29，E09) 和 1991 年 6 月 9 日 (右) 的 6659(N32，E05) 中的矢量磁场。(a) 中箭头标记了观察到的场 $\mathbf{B}$。的横向分量。(b) 中箭头表示从观测磁场的纵向分量推断出的势场 $\mathbf{B}_p$ 的横向分量。(c) 中箭头表示从式 (3.3) 推导出的非势场 $\mathbf{B}_n$ 的横向分量。等高线表示 ±(50G、200G、500G、1000G、1800G 和 3000G) 的纵向磁场分布。(d) 中等高线显示了 ±(1, 5, 10, 20, 50, 100, 200, 400) ($\times 10^3 \text{Mx}^2/\text{cm}^4$) 的自由磁能密度 ρ_{fh} 的分布，并以灰度显示，其中实 (虚) 线对应于正 (负) 值

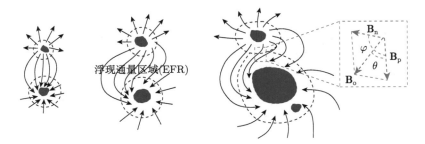

图 3.5 1991 年 4~6 月 NOAA 6580-6619-6659 活动区发展示意图，以及从上方看观测磁场
$\mathbf{B_o}$、势场 $\mathbf{B_p}$ 与非势场 $\mathbf{B_n}$

　　为了比较，图 3.6 显示了 1991 年活动区 NOAA 6580-6619-6659 中不同类型磁能密度参数的分布。在计算光球能量密度时，只使用了磁场的横向分量，因为纵向分量在该分析中不变化。图 3.6(a) 显示了从观测横向磁场推断出的磁能密度。图 3.6(b) 显示了从势横向磁场推断出的磁能密度，其仅使用磁场的纵向分量计算。图 3.6(c) 显示了非势磁场的能量密度参数 ρ_n。

　　由观测磁场的横向分量 $\mathbf{B_{oh}}$、势场的势横向分量 $\mathbf{B_{ph}}$ 和非势场的横向分量 $\mathbf{B_{nh}}$ 推导出的磁能密度参数存在明显差异。请注意，图 3.6 (d) 显示了 $\dfrac{1}{4\pi}\mathbf{B_{nh}} \cdot \mathbf{B_{ph}}$ 在磁能密度 ρ_{fh}（式 (3.9)）和式 (3.5) 中非势横向磁场的能量密度参数 ρ_n 之间的差值。大尺度负号区域 A 和 B 反映了活动区 NOAA 6580-6619-6659 中的势场分量与非势场分量呈现大倾斜角的位置。

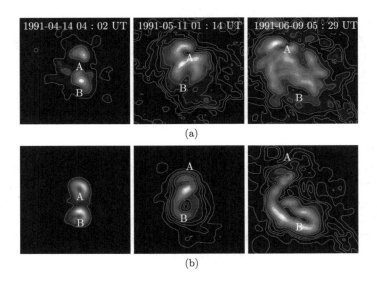

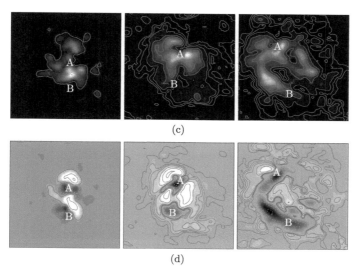

图 3.6　1991 年 4 月 14 日 NOAA 6580(左)、1991 年 5 月 11 日 6619(中) 和 1991 年 6 月 9 日 6659(右) 活动区的磁能密度参数。(a) 从观察到的场 $\mathbf{B}_\text{o}$ 的横向分量推断。(b) 根据观测磁场的纵向分量计算的势场横向分量推导得出。(c) 从非势场 $\mathbf{B}_\text{n}$ 的横向分量推断。(d) 磁自由能密度 ρ_fh 和非势场 ρ_nh 的能量密度之间的差值 $\frac{1}{4\pi}\mathbf{B}_\text{nh}\cdot\mathbf{B}_\text{ph}$(方程 (3.10))。等高线表示 $\pm(1, 5, 10, 20, 50, 100, 200, 400)$ $(\times 10^3 \text{Mx}^2/\text{cm}^4)$，并以灰度显示，其中实 (虚) 线对应于正 (负) 值

图 3.7 展示了矢量磁场的演化，远紫外 171Å 图像，磁自由能密度 ρ_fh 和差量 $\frac{1}{4\pi}\mathbf{B}_\text{nh}\cdot\mathbf{B}_\text{ph}$ 在 NOAA 11158 活动区的中部的变化，以分析这些量在 2 月 15 日 X2.2 耀斑之前的变化。发现大尺度负能量密度参数 $\frac{1}{4\pi}\mathbf{B}_\text{nh}\cdot\mathbf{B}_\text{ph}$ 趋向于沿远紫外 171 Å 环和活动区中大尺度相反极性之间强剪切的主磁中性线方向延伸。与磁能密度的演化相比，发现自由磁能密度 C 的最大值减弱，$\frac{1}{4\pi}\mathbf{B}_\text{nh}\cdot\mathbf{B}_\text{ph}$ 为负值 (以 D 标记)，它在 X2.2 耀斑之前的活动区 NOAA 11158 中的磁中性线附近趋于增加。

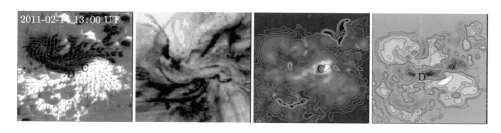

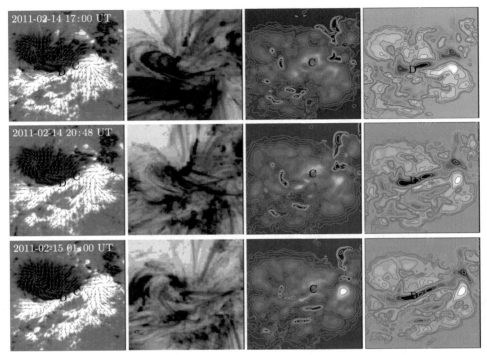

图 3.7   2011 年 2 月 14~15 日 NOAA 11158 活动区的局部区域。从左到右：纵向磁场，紫外 171Å 图像，磁自由能密度 ρ_{fh}，$\frac{1}{4\pi}\mathbf{B}_{\text{nh}} \cdot \mathbf{B}_{\text{ph}}$ 量。磁能密度的等高线表示 $\pm(1, 5, 10, 20, 50, 100, 200, 400)(\times 10^3 \text{ Mx}^2/\text{cm}^4)$。红色 (绿色) 表示正 (负)

2. 非势磁场贡献的自由能

现在我们分析由磁场的不同分量贡献的自由磁能 (Priest, 2014, p117)

$$W_{\text{o}} = \frac{1}{8\pi} \int B_{\text{o}}^2 dV = \frac{1}{8\pi} \int (B_{\text{n}}^2 + 2\mathbf{B}_{\text{n}} \cdot \mathbf{B}_{\text{p}} + B_{\text{p}}^2) dV$$
$$= \frac{1}{8\pi} \int (B_{\text{n}}^2 + 2\mathbf{B}_{\text{n}} \cdot \mathbf{B}_{\text{p}}) dV + W_{\text{p}} \tag{3.14}$$

其中，W_{o} 是观测到的磁能；W_{p} 是势磁能；B_{o} 是观测到的磁场；B_{n} 和 B_{p} 分别是磁场的非势分量和势分量。

当我们设置 $\mathbf{B}_{\text{p}} = \nabla \psi$ 时，可以发现自由能

$$W_{\text{f}} = W_{\text{o}} - W_{\text{p}}$$
$$= \frac{1}{8\pi} \int B_{\text{n}}^2 dV + \frac{1}{4\pi} \oint_S \psi \mathbf{B}_{\text{n}} \cdot d\mathbf{s} \tag{3.15}$$

如果闭合体积表面 S 上的垂向分量 $B_{n\perp} = 0$，则有

$$W_f = \frac{1}{8\pi} \int B_n^2 dV \tag{3.16}$$

这意味着自由磁能仅在表面 S 上 $B_{n\perp} = 0$ 的特殊条件下与非势场有关。积分 $\frac{1}{4\pi} \int [\nabla \cdot (\psi \mathbf{B}_n)] dV$ 是在太阳光球层中可通过磁像仪观测到的量。

我们也注意到

$$\frac{d}{dt} \int B^2 dV = \int \frac{\partial B^2}{\partial t} dV + \oint B^2 \mathbf{u} \cdot d\mathbf{S}$$

$$= \int \frac{\partial}{\partial t}(B_p^2 + B_n^2 + 2\mathbf{B}_p \cdot \mathbf{B}_n) dV + \oint (B_p^2 + B_n^2 + 2\mathbf{B}_p \cdot \mathbf{B}_n)\mathbf{u} \cdot d\mathbf{S} \tag{3.17}$$

$$\frac{dW_f}{dt} = \frac{d}{dt}(W_o - W_p)$$

$$= \int \frac{\partial B_n^2}{\partial t} dV + 2 \oint \frac{\partial \psi \mathbf{B}_n}{\partial t} \cdot d\mathbf{S} + \oint [B_n^2 + 2\nabla \cdot (\psi \mathbf{B}_n)]\mathbf{u} \cdot d\mathbf{S} \tag{3.18}$$

$$= \int \frac{\partial B_n^2}{\partial t} dV + \oint \left\{ 2\frac{\partial \psi \mathbf{B}_n}{\partial t} + [B_n^2 + 2\nabla \cdot (\psi \mathbf{B}_n)]\mathbf{u} \right\} \cdot d\mathbf{S}$$

其中，

$$2\int \frac{\partial}{\partial t}(\mathbf{B}_p \cdot \mathbf{B}_n) dV = 2\int \frac{\partial}{\partial t}[\nabla \cdot (\psi \mathbf{B}_n) - \psi \nabla \cdot \mathbf{B}_n] dV$$

$$= 2\int \frac{\partial}{\partial t}\nabla \cdot (\psi \mathbf{B}_n) dV = 2\oint \frac{\partial}{\partial t}(\psi \mathbf{B}_n) \cdot d\mathbf{S} \tag{3.19}$$

如果 $\mathbf{B}_n \perp d\mathbf{S}$，可以找到

$$\frac{dW_f}{dt} = \int \frac{\partial B_n^2}{\partial t} dV + \oint [B_n^2 + 2\nabla \cdot (\psi \mathbf{B}_n)]\mathbf{u} \cdot d\mathbf{S} \tag{3.20}$$

它类似于 Low (1982)，从式 (3.14)，可以发现对于无力场

$$W_o = \frac{1}{8\pi} \int B_o^2 dV$$

$$= -\frac{1}{4\pi} \oint (\mathbf{B}_o \cdot \mathbf{r})\mathbf{B}_o \cdot d\mathbf{S} \tag{3.21}$$

$$= -\frac{1}{4\pi} \oint [(\mathbf{B}_n + \mathbf{B}_p) \cdot \mathbf{r}](\mathbf{B}_n + \mathbf{B}_p) \cdot d\mathbf{S}$$

$$W_{\mathrm{p}} = \frac{1}{8\pi} \int B_{\mathrm{p}}^2 dV = -\frac{1}{4\pi} \oint (\mathbf{B}_{\mathrm{p}} \cdot \mathbf{r}) \mathbf{B}_{\mathrm{p}} \cdot d\mathbf{S} \tag{3.22}$$

$$\begin{aligned}
\Delta W =& \frac{1}{8\pi} \int (B_{\mathrm{o}}^2 - B_{\mathrm{p}}^2) dV \\
=& -\frac{1}{4\pi} \oint \{ [(\mathbf{B}_{\mathrm{n}} + \mathbf{B}_{\mathrm{p}}) \cdot \mathbf{r}](\mathbf{B}_{\mathrm{n}} + \mathbf{B}_{\mathrm{p}}) - (\mathbf{B}_{\mathrm{p}} \cdot \mathbf{r}) \mathbf{B}_{\mathrm{p}} \} \cdot d\mathbf{S} \\
=& -\frac{1}{4\pi} \oint \{ [(\mathbf{B}_{\mathrm{n}} + \mathbf{B}_{\mathrm{p}}) \cdot \mathbf{r}]\mathbf{B}_{\mathrm{n}} + (\mathbf{B}_{\mathrm{n}} \cdot \mathbf{r}) \mathbf{B}_{\mathrm{p}} \} \cdot d\mathbf{S}
\end{aligned} \tag{3.23}$$

如果 $\mathbf{B}_{\mathrm{n}} \perp d\mathbf{S}$,

$$\begin{aligned}
\Delta W =& -\frac{1}{4\pi} \oint [(\mathbf{B}_{\mathrm{n}} \cdot \mathbf{r}) \mathbf{B}_{\mathrm{p}}] \cdot d\mathbf{S} \\
=& \int_{z=0} [(B_{\mathrm{n}x} X + B_{\mathrm{n}y} Y) B_{\mathrm{p}z}] dx dy
\end{aligned} \tag{3.24}$$

由于 $\mathbf{F}(r, t)$ 是在空间位置 $\mathbf{x}$ 处和在时间 t 处的向量场,

$$\begin{aligned}
\frac{d}{dt} \int_{\Sigma(t)} \mathbf{F}(\mathbf{x}, t) \cdot d\mathbf{s} =& \int_{\Sigma(t)} \left\{ \frac{\partial \mathbf{F}(\mathbf{x}, t)}{\partial t} + [\nabla \cdot \mathbf{F}(\mathbf{x}, t) \mathbf{v}] \right\} \cdot d\mathbf{s} \\
& - \oint_{\partial \Sigma(t)} [\mathbf{v} \times \mathbf{F}(\mathbf{x}, t)] \cdot d\mathbf{l}
\end{aligned} \tag{3.25}$$

其中, Σ 是一个以闭合曲线 $\partial \Sigma$ 为界的三维空间中的移动曲面; $d\mathbf{s}$ 是曲面 Σ 的向量元; 而 $d\mathbf{l}$ 是曲线 $\partial \Sigma$ 的向量元。

令 $\mathbf{F} = (\mathbf{B}_{\mathrm{n}} \cdot \mathbf{r}) \mathbf{B}_{\mathrm{p}}$, 则

$$\begin{aligned}
\frac{\partial \mathbf{F}(\mathbf{x}, t)}{\partial t} =& \frac{\partial (\mathbf{B}_{\mathrm{n}} \cdot \mathbf{r})}{\partial t} \mathbf{B}_{\mathrm{p}} + (\mathbf{B}_{\mathrm{n}} \cdot \mathbf{r}) \frac{\partial \mathbf{B}_{\mathrm{p}}}{\partial t} \\
=& \left[\left(\frac{\partial \mathbf{B}_{\mathrm{n}}}{\partial t} \cdot \mathbf{r} \right) + \left(\mathbf{B}_{\mathrm{n}} \cdot \frac{\partial \mathbf{r}}{\partial t} \right) \right] \mathbf{B}_{\mathrm{p}} + (\mathbf{B}_{\mathrm{n}} \cdot \mathbf{r}) \frac{\partial \mathbf{B}_{\mathrm{p}}}{\partial t}
\end{aligned} \tag{3.26}$$

并且

$$\begin{aligned}
\nabla \cdot \mathbf{F}(\mathbf{x}, t) =& \nabla \cdot [(\mathbf{B}_{\mathrm{n}} \cdot \mathbf{r}) \mathbf{B}_{\mathrm{p}}] \\
=& [-(\mathbf{r} \cdot \nabla) \mathbf{B}_{\mathrm{n}} + \mathbf{r} \times (\nabla \times \mathbf{B}_{\mathrm{n}}) + (\mathbf{B}_{\mathrm{n}} \cdot \nabla) \mathbf{r}] \cdot \mathbf{B}_{\mathrm{p}}
\end{aligned} \tag{3.27}$$

如果忽略式 (3.17) 中第二项的贡献, 则由感应方程

$$\frac{\partial \mathbf{B}}{\partial t} = \nabla \times [\mathbf{v} \times \mathbf{B} - \eta(\nabla \times \mathbf{B})] \tag{3.28}$$

自由能的变化可以写成

$$\frac{dW_{\mathrm{f}}}{dt} = \frac{1}{4\pi} \oint_{\partial D(t)} [(\mathbf{v}_{\mathrm{n}} \times \mathbf{B}_{\mathrm{n}}) \times (\mathbf{B}_{\mathrm{n}} + \mathbf{B}_{\mathrm{p}}) + (\mathbf{v}_{\mathrm{p}} \times \mathbf{B}_{\mathrm{p}}) \times \mathbf{B}_{\mathrm{n}}$$

$$- \eta(\nabla \times \mathbf{B}_{\mathrm{n}}) \times (\mathbf{B}_{\mathrm{n}} + \mathbf{B}_{\mathrm{p}})] \cdot d\mathbf{S} \qquad (3.29)$$

$$+ \frac{1}{4\pi} \int_{D(t)} [(\nabla \times \mathbf{B}_{\mathrm{n}}) \cdot (\mathbf{v}_{\mathrm{n}} \times \mathbf{B}_{\mathrm{n}} + \mathbf{v}_{\mathrm{p}} \times \mathbf{B}_{\mathrm{p}}) - \eta(\nabla \times \mathbf{B}_{\mathrm{n}})^2] dV$$

其中，η 是磁扩散率；$\mathbf{v}_{\mathrm{n}}$ 和 $\mathbf{v}_{\mathrm{p}}$ 分别是相对于 $\mathbf{B}_{\mathrm{n}}$ 和 $\mathbf{B}_{\mathrm{p}}$ 的相应速度场。当势场固定 ($\mathbf{v}_{\mathrm{p}} = 0$) 且磁扩散率 $\eta = 0$ 时，式 (3.29) 变得简单。

3. 磁能密度的结论和讨论

我们已经探讨了从序列活动区 NOAA 6580-6619-6659 和 11158 的光球矢量磁图推断出的磁能密度参数。这为分析活动区磁能的存储和演化提供了机会。经此分析，主要结果如下。

(1) 光球矢量磁场的观测提供了关于低层太阳大气中自由磁能密度分布的重要信息。自由磁能密度包括 $\frac{1}{8\pi} B_{\mathrm{nh}}^2$ 和 $\frac{1}{4\pi} \mathbf{B}_{\mathrm{nh}} \cdot \mathbf{B}_{\mathrm{ph}}$ 两项。第一项与非势磁场有关，第二项与非势场和势场之间的关系有关。这意味着光球自由磁能密度的变化不仅取决于磁场的非势分量，还取决于其与势场的关系。

(2) $\frac{1}{4\pi} \mathbf{B}_{\mathrm{nh}} \cdot \mathbf{B}_{\mathrm{ph}}$ 项是理解活动区磁剪切程度的重要量。$\frac{1}{4\pi} \mathbf{B}_{\mathrm{nh}} \cdot \mathbf{B}_{\mathrm{ph}}$ 为负值的位置倾向于出现在活动区中强剪切磁区域。而且在强剪切区域 $\frac{1}{8\pi} B_{\mathrm{nh}}^2 + \frac{1}{4\pi} \mathbf{B}_{\mathrm{nh}} \cdot \mathbf{B}_{\mathrm{ph}} < 0$ 对应于定义为"负能量区域"的高剪切磁场可以在复杂磁活动区形成。如果在活动区太阳大气中势能和非势能磁力线之间的倾角随高度减小，则 $\frac{1}{4\pi} \mathbf{B}_{\mathrm{nh}} \cdot \mathbf{B}_{\mathrm{ph}}$ 的符号将随着活动区中磁中性线附近高度的增加而由负变正。这与一些自由磁能储存在活动区域的高层太阳大气中的观点是一致的，在那里可能会触发强大的耀斑。图 3.8 显示了 $\frac{1}{4\pi} \mathbf{B}_{\mathrm{nh}} \cdot \mathbf{B}_{\mathrm{ph}}$ 与活动区高度的关系的非常简化的图像。

(3) 发现在一些强烈的太阳耀斑之前，活动区的平均光球磁能发生了明显的变化。这可能反映了释放存储的自由磁能驱动耀斑，即使自由能密度在某些活动区的局部区域的光球层中可能为负。

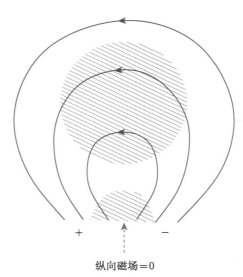

纵向磁场 = 0

图 3.8   从侧面看强剪切活动区的光球磁中性线附近上方随高度变化的 $\frac{1}{4\pi}\mathbf{B}_{nh} \cdot \mathbf{B}_{ph}$ 的简化示
意图。红色 (蓝色) 阴影显示正 (负) 符号区域。红色箭头表示活动区的光球磁中性线

从低层太阳大气活动区的磁能密度分析，我们还想讨论以下问题。

活动区的磁剪切分析通常基于观测磁场和势场的横向分量之间的倾角的分析。可以发现磁剪切提供了一些关于触发太阳耀斑和日冕物质抛射 (CME) 的信息，尽管它不能提供关于耀斑/CME 产生区域的自由磁能的所有信息，即使在较低的太阳大气中。这是因为活动区磁场的实际结构更为复杂。

磁场的横向和纵向分量分别从具有不同定标系数的斯托克斯参数 Q, U 和 V 推断出来。矢量磁场不同分量的测量精度仍然是确定太阳活动区光球自由磁能密度的基本问题。

需要说明的是，横向势场是由观测纵向场推断出的虚构量，因此其强度是计算光球层活动区磁能密度时的参考值。磁势场的横向分量可以通过观察磁场的纵向分量的外推来计算。场的非势分量的估计显然也取决于纵向场的测量结果，以及势场水平分量外推方法的选择。

3.1.2 磁剪切和梯度与电流的关系

对比于图 3.4，NOAA 6659 活动区光球矢量磁场的演化如日球平面图 3.9 所示。随着活动区的发展，横向场逐渐缠绕并平行于磁中性线。活动区的面积扩大。这些反映了相反极性的磁通量的剧烈浮现。新的磁通量出现并将旧的磁通量推开。这意味着光球垂直电流的增长和演化可能伴随着磁通量的浮现和演化。

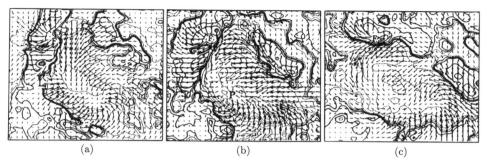

图 3.9　(a) 1991 年 6 月 6 日 00:50 UT、(b) 1991 年 6 月 9 日 03:53 UT 和 (c) 1991 年 6 月 12 日 04:38 UT 解决横场 180° 不确定性的矢量磁图,已从图像平面转换为日球坐标。等高线表示纵向磁场分布,±(20G, 160G, 640G, 1280G, 1920G, 2240G, 2560G 和 2880G) (Zhang, 1996b)

　　图 3.10 显示了 NOAA 6659 活动区中磁剪切的分布。剪切角可以通过横向磁场加权计算获得 (Hagyard et al., 1984):

$$\theta_T = B_{\mathrm{oh}} \cdot \arccos \frac{\mathbf{B}_{\mathrm{oh}} \cdot \mathbf{B}_{\mathrm{ph}}}{B_{\mathrm{oh}} B_{\mathrm{ph}}} \tag{3.30}$$

其中,B_{oh} 和 B_{ph} 分别是观测到的横向场和根据势场近似中的磁荷计算得出的横向场。方程 (3.30) 中剪切角的幅度反映了活动区的非势性。

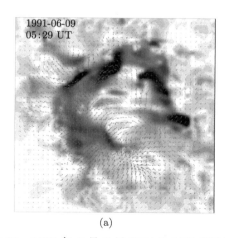 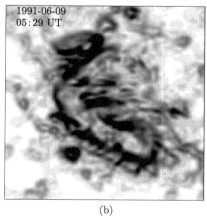

图 3.10　1991 年 6 月 9 日 NOAA 6659 活动区中 (a) 磁剪切和 (b) 梯度的分布。红色箭头表示观测到的横向场,蓝色箭头表示从磁荷计算中推断出的横向分量。来自 Zhang (2006a)

活动区中光球纵向磁场的梯度可以从以下公式推算 (Leka and Barnes, 2003)：

$$|\nabla(B_z)| = \sqrt{\left(\frac{\partial B_z}{\partial x}\right)^2 + \left(\frac{\partial B_z}{\partial y}\right)^2} \tag{3.31}$$

从光球矢量磁图推断出的活动区 NOAA 6659 中相应的磁剪切和梯度分布如图 3.10 所示。活动区中磁剪切的主要贡献来自横向场与光球层中磁荷推断的势场的偏离，而磁梯度来自纵向场的不均匀性。

众所周知，太阳活动区的非势磁场也意味着活动区大气中存在电流。电流也是分析太阳耀斑活动的重要指标 (如 Zhang and Wang, 1994)。因此，对活动区光球层电流的分析也很重要。核心问题是太阳活动区的磁切变与电流之间的关系如何。磁场与电流的关系为

$$\mathbf{J} = \frac{1}{\mu_0}\nabla \times \mathbf{B} \tag{3.32}$$

其中，$\mathbf{J}$ 以 A/m^2 为单位；$\mu_0 = 4\pi \times 10^{-3}\text{G}\cdot\text{m/A}$ 是真空的磁导率。圆柱坐标中电流的垂直分量为 (图 3.3)

$$J_z = \frac{1}{\mu_0}[\nabla \times (\mathbf{B}_\text{p} + \mathbf{B}_\text{n})]_z = \frac{1}{\mu_0 r}\left[\frac{\partial}{\partial r}(rB_{\text{n}\varphi}) - \frac{\partial}{\partial \varphi}(B_{\text{n}r})\right]$$
$$= \frac{\sin\varphi}{\mu_0}\left(\frac{2B_{\text{nh}}}{r} + \frac{\partial B_{\text{nh}}}{\partial r}\right) - \frac{\cos\varphi}{\mu_0 r}\frac{\partial B_{\text{nh}}}{\partial \varphi} \tag{3.33}$$

或以积分形式

$$I_z = \frac{1}{\mu_0}\int_S (\nabla \times \mathbf{B})_z \cdot d\mathbf{S}_z$$
$$= \frac{1}{\mu_0}\oint_C (B_r\hat{\mathbf{e}}_r + B_\varphi\hat{\mathbf{e}}_\varphi) \cdot (dr\hat{\mathbf{e}}_r + rd\varphi\hat{\mathbf{e}}_\varphi) = \frac{1}{\mu_0}\oint_C B_r dr + B_\varphi rd\varphi \tag{3.34}$$

可以发现，电流暗示了非势磁场中磁剪切和梯度的变化。非势场和磁剪切之间的关系已在式 (3.12) 和式 (3.13) 中提供。

当令 $\mathbf{B} = B\mathbf{b}$ 且 $\mathbf{b}$ 是沿磁场方向的单位向量，则电流可以写成以下形式：

$$\mathbf{J} = \frac{B}{\mu_0}\nabla \times \mathbf{b} + \frac{1}{\mu_0}(\nabla B) \times \mathbf{b} \tag{3.35}$$

研究发现，太阳活动区的电流与磁场缠绕的手征性和梯度特性有关。式 (3.35) 中的第一项与单位磁力线的扭曲和场强有关，式 (3.35) 中的第二项与磁场的异质性和方向有关。

根据电流螺度密度公式 (Zhang and Bao, 1999)，可以得到

$$h_c = \mathbf{B} \cdot \nabla \times \mathbf{B} = B^2 \mathbf{b} \cdot \nabla \times \mathbf{b} \tag{3.36}$$

假设平衡是无力的，则有

$$B \nabla \times \mathbf{b} + (\nabla B) \times \mathbf{b} = \alpha B \mathbf{b} \tag{3.37}$$

上式与 $\mathbf{b}$ 点积，则给出

$$\alpha = \mathbf{b} \cdot \nabla \times \mathbf{b} \tag{3.38}$$

通过比较式 (3.36) ~ 式 (3.38) 与式 (3.35)，发现磁剪切和梯度的基本信息包含在电流的剪切项中。式 (3.35) 中磁剪切角的定义，对应于从势场推断的横向场方向与横向场相对于 ∇B 的方向略有不同，但它只是反映了分析磁场的非势能时参考系的差异。电流剪切分量的主要贡献发生在活动区中强剪切磁中性线附近。它与图 3.10 中磁剪切和梯度的贡献是一致的。这意味着电流的剪切分量实际上提供了活动区中的磁场剪切和磁场梯度信息。磁剪切和梯度的方向在式 (3.30) 和式 (3.31) 中已经丢失。此外，注意电流缠绕分量的贡献不包含在活动区横向场的磁剪切和纵向场的梯度分析中。这意味着在非势场的研究中，电流是比磁剪切和梯度更完整的量。磁剪切或梯度不足以简单地描述磁非势性。

通常认为，太阳活动区磁中线附近纵向磁场的高梯度和横向磁场的剪切是分析太阳大气中耀斑活动的两个重要指标。太阳耀斑通常与非势磁场相联系。图 3.5 给出了太阳活动区光球磁剪切的通常形态描述。式 (3.35) 中的剪切项实际上提供了对磁场剪切与梯度关系的定量描述，而这一项可以写成相应的 $\frac{1}{\mu_0} \cos \theta (\nabla B)_\perp$ 形式，其中 θ 是光球横向磁场的剪切角，$(\nabla B)_\perp$ 是磁场的水平梯度。

活动区 NOAA 6659 中的电流分布如图 3.11 所示。我们发现电流从活动区的中心向外流动，并在周围区域向下流动。

通过分析电流的分布，还可以写出与式 (3.35) 相联系的垂向电流的形式，

$$J_z = \frac{B}{\mu_0} \left(\frac{\partial b_y}{\partial x} - \frac{\partial b_x}{\partial y} \right) + \frac{1}{\mu_0} \left(b_y \frac{\partial B}{\partial x} - b_x \frac{\partial B}{\partial y} \right) \tag{3.39}$$

其中，

$$b_x = \frac{B_x}{B} \quad \text{和} \quad b_y = \frac{B_y}{B} \tag{3.40}$$

图 3.12 显示了在活动区 NOAA 6659 中方程 (3.39) 右侧两项之间的相关关系。

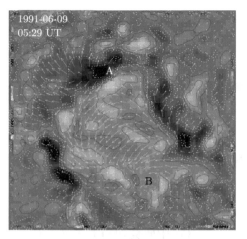

图 3.11　1991 年 6 月 9 日 05:29 UT 活动区 NOAA 6659 的光球垂向电流 J_z，由图 3.5 中的矢量磁图推断。箭头标记横向场。实线 (虚线) 等高线对应于 $\pm(0.002\ \mathrm{A/m^2}$, $0.008\ \mathrm{A/m^2}$, $0.02\ \mathrm{A/m^2}$, $0.04\ \mathrm{A/m^2}$, $0.075\ \mathrm{A/m^2}$, $0.12\ \mathrm{A/m^2})$ 的垂向电流向上 (向下) 流动。视场的大小是 $2.72' \times 2.72'$。来自 Zhang (2001a)

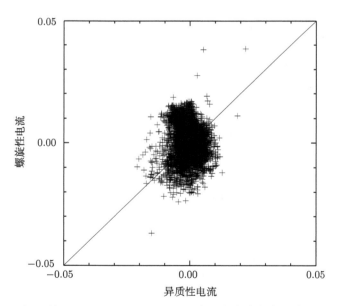

图 3.12　1991 年 6 月 9 日 NOAA 6659 活动区中垂向电流密度的散点图。纵坐标表示 $\frac{B}{\mu_0}(\nabla \times \mathbf{b})_z$ 贡献的垂向电流，横坐标表示 $\frac{1}{\mu_0}((\nabla B) \times \mathbf{b})_z$，单位是 $\mathrm{A/m^2}$。来自 Zhang (2001a)

3.1.3 不同电流分量之间的比率

我们现在定义手征性磁场的偏差率 R，它可以写成以下形式：

$$R = \frac{剪切幅度}{螺旋幅度} = \frac{|\,(\nabla B) \times \mathbf{b}\,|}{|\,B\nabla \times \mathbf{b}\,|} \tag{3.41}$$

NOAA 6659 活动区垂向电流的平均偏差率 $\overline{R_z}$ 可以通过电流的标准误差估计：

$$\overline{R_z} = \frac{3.34}{5.81} \approx 0.57 \tag{3.42}$$

这意味着方程中的螺度项 (3.35) 对活动区 NOAA 6659 中的电流起主要贡献。作为两个样本，我们分析了图 3.11 中两个特殊位置的两种电流。图 3.11 中的 A 位于活动区磁中性线附近，B 远离磁中性线。图 3.13 显示了式 (3.35) 的两种垂直电流的弥散度。于 1991 年 6 月 9 日在 NOAA 6659 活动区中的 A 和 B 附近。发现 A 附近的标准误差，螺度项为 9.59，剪切项为 5.52 (单位为 $10^{-3}\mathrm{G/m}^2$)。$R_{zA} \approx 0.58$。虽然接近 B，但两个项的标准误差均为 4.44 和 1.07。$R_{zB} \approx 0.24$。这些定量地提供了活动区中的矢量磁场与光球中的无力平衡的近似之间的大致趋向，而非无力场的影响在磁中性线附近可能是不可忽略的。在磁场的理论分析中，上述结果意味着磁场太阳活动区主要是无力的，没有过度缠绕 (Bellan，2001)。经过分析，主要结果如下所述：

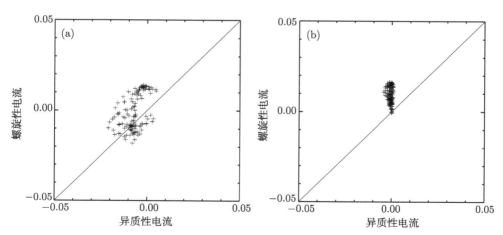

图 3.13 在图 3.11 中的 1991 年 6 月 9 日活动区 NOAA 6659 的 (a) A 和 (b) B 附近垂直电流密度的散点图。纵坐标表示 $\frac{B}{\mu_0}(\nabla \times \mathbf{b})_z$ 贡献的垂向电流，横坐标表示 $\frac{1}{\mu_0}((\nabla B) \times \mathbf{b})_z$ 贡献的垂向电流，单位为 $\mathrm{A/m}^2$。来自 Zhang (2001a)

(1) 太阳活动区的电流可分为两部分。一部分与磁场的缠绕手征性和磁场强度的分布有关 (缠绕性)，另一部分与磁场强度的不均匀性和磁场的方向有关 (切向性)。

(2) 原则上磁剪切与无力磁场并不直接相关。例如，在强耀斑活动区 NOAA 6659 中，发现电流主要由磁缠绕部分贡献。

3.1.4　耀斑活动区中电流演变

1. 电流的演变

当我们设置 $\mathbf{c}$ 是一个常数向量，由公式 $\nabla \cdot (\mathbf{a} \times \mathbf{c}) = (\nabla \times \mathbf{a}) \cdot \mathbf{c} - \mathbf{a} \cdot (\nabla \times \mathbf{c})$，可知

$$\int_V dV [\mathbf{c} \cdot (\nabla \times \mathbf{a})] = \int_V dV [\nabla \cdot (\mathbf{a} \times \mathbf{c})] = \oint_S d\mathbf{S} \cdot (\mathbf{a} \times \mathbf{c}) = \oint_S \mathbf{c} \cdot (d\mathbf{S} \times \mathbf{a}) \quad (3.43)$$

则

$$\int_V dV (\nabla \times \mathbf{a}) = \oint_S d\mathbf{S} \times \mathbf{a} \quad (3.44)$$

不难发现总电流 $\mathbf{I}$ 的变化可以写成

$$\frac{d\mathbf{I}}{dt} = \int_V dV \frac{\partial \mathbf{J}}{\partial t} = \frac{1}{\mu_0} \int_V dV \frac{\partial}{\partial t} (\nabla \times \mathbf{B}) = \frac{1}{\mu_0} \oint_S d\mathbf{S} \times \frac{\partial \mathbf{B}}{\partial t} \quad (3.45)$$

这意味着太阳表面磁场的演化实际上反映了太阳大气中电流的变化。

2. 活动区 NOAA 5747 中伴随耀斑的电流演变

NOAA 5747 在 1989 年 10 月横越日面时是一个耀斑多产的活动区。在解决了横向场的 180° 不确定性，并将矢量磁图从像平面转换为日球坐标系后，Wang 等 (1994b) 确定了太阳活动区中光球垂向电流密度的分布。

通过分析活动区 6 天 (10 月 17~22 日) 的矢量磁图和垂向电流的演化，Wang 等 (1994b) 发现以下结果：① 两个极性相反的磁通量浮现伴随着它们的分离运动，其中一个与旧的磁结构会聚并引发了一些耀斑；② 随着磁通量的浮现，一个新的电流系统出现；③ 初始的 Hβ 耀斑亮核出现在具有陡峭的梯度的垂向电流中性线 ($J_z = 0$) 附近，但不处在垂向电流峰值的位置；④ 耀斑可能是由新出现的电流系统和旧电流系统之间的相互作用引发的。图 3.14 显示了 NOAA 5747 活动区垂向电流密度的演化及其与耀斑的关系。

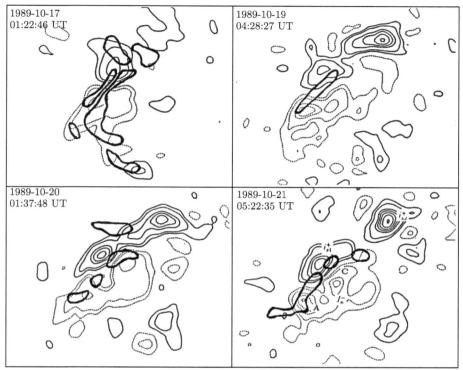

图 3.14 NOAA 5747 活动区垂向电流密度的系列演化图。等高线水平为 $\pm(0.2, 0.4, 0.8,$
$1.2, 1.4, 1.6, 2.0)(\times 10^{-2}\text{A/m})$。粗等高线表示相应时间的耀斑位置。来自 Wang 等 (1994b)

3.2 太阳活动区中的电流螺度

磁 (电流) 螺度是磁流体力学中的一个重要的物理量。它涉及磁场力线的拓扑
连接性的基本问题。它量化了磁场的缠绕、打结等特征。近年来在太阳物理和天
体物理研究中被广泛重视。我们结合太阳磁场的观测探讨磁螺度这一课题。

3.2.1 磁螺度

两条曲线的链环数 L_{XY} 可以从高斯链接公式中找到 (Berger and Field, 1984):

$$L_{XY} = -\frac{1}{4\pi} \oint ds \oint ds' \frac{d\mathbf{X}(s)}{ds} \cdot \left[\frac{\mathbf{r}}{r^3} \times \frac{d\mathbf{Y}(s')}{ds'} \right] \tag{3.46}$$

其中，$r = \mathbf{X}(s) - \mathbf{Y}(s')$。当在所有空间上积分时，螺度积分可以用类似的形式表
示 (Moffatt, 1969, 1981; Arnold, 1974)。在库仑规范中，磁矢量势 $\mathbf{A}$ 由下式给出：

$$\mathbf{A} = \frac{1}{c} \int d^3 x' \frac{\mathbf{J}(\mathbf{x}')}{r} \tag{3.47}$$

其中，$\mathbf{r} = \mathbf{x} - \mathbf{x}'$。利用 $\mathbf{J} = (c/(4\pi))\nabla \times \mathbf{B}$ 并分部积分，我们发现

$$\mathbf{A}(\mathbf{x}) = -\frac{1}{4\pi} \int d^3 x' \frac{\mathbf{r}}{r^3} \times \mathbf{B}(\mathbf{x}') \tag{3.48}$$

它给出

$$H_m = -\frac{1}{4\pi} \int d^3 x \int d^3 x' \mathbf{B}(\mathbf{x}) \cdot \left[\frac{\mathbf{r}}{r^3} \times \mathbf{B}(\mathbf{x}')\right] \tag{3.49}$$

缠绕 (twist) 数由下式给出：

$$T_{\mathrm{w}} = -\frac{1}{2\pi} \oint ds \frac{d\hat{\mathbf{U}}(s)}{ds} \cdot [\hat{\mathbf{U}}(s) \times \mathbf{X}(s)] \tag{3.50}$$

$\hat{\mathbf{U}} = \mathbf{U}/|\mathbf{U}|$。（一般来说，式 (3.50) 不适用于相对于 $\mathbf{X}$ 垂直或向后行进的场线 $\mathbf{Y}$，因为这样 $\hat{\mathbf{U}}(s)$ 就不会是单值的。但是，仍然可以通过下面的式 (3.52) 为此类病态的 $\mathbf{Y}$ 曲线定义 T_{w}。）最后，扭曲 (writhe) 数是应用于轴的高斯链环积分：

$$W_{\mathrm{r}} = -\frac{1}{4\pi} \oint ds \oint ds' \frac{d\mathbf{X}(s)}{ds} \cdot \left[\frac{\mathbf{r}}{r^3} \times \frac{d\mathbf{X}(s')}{ds'}\right] \tag{3.51}$$

其中，$\mathbf{r} = \mathbf{X}(s) - \mathbf{X}(s')$。可见 W_{r} 等于轴曲线显示的转向符号的总和，在所有投影角度上取平均值 (Fuller, 1978)。

White (1969) 已经证明

$$L_{XY} = T_{\mathrm{w}} + W_{\mathrm{r}} \tag{3.52}$$

(Calugareanu (1959) 发现了这个定理的更早的、更严格的版本。) 在这些量中，只有 T_{w} 可以定义为带状的一个部分，因为 L_{XY} 和 W_{r} 是由二重积分给出的。另一方面，只有 L_{XY} 是拓扑不变的，即 $\mathbf{X}$ 和 $\mathbf{Y}$ 的变形不会让两条曲线相互交叉，从而 L_{XY} 可保持不变。此外，扭曲数具有仅取决于轴向曲线 $\mathbf{X}$ 的几何形状的独特性质。

当我们使用法拉第定律 $\dfrac{\partial \mathbf{B}}{\partial t} = -c\nabla \times \mathbf{E}$ 研究磁螺度的变化时，磁螺度密度 h_m 的演化可以导出如下 (Berger and Field, 1984)：

$$\frac{\partial h_m}{\partial t} = -2c\mathbf{E} \cdot \mathbf{B} - c\nabla \cdot (\mathbf{E} \times \mathbf{A} + \phi\mathbf{B}) \tag{3.53}$$

其中，ϕ 是标量势。将其在体积 V 上积分，磁螺度满足演化方程

$$\frac{dH_m}{dt} = -2\int_V \mathbf{E}\cdot\mathbf{B}dV + \oint_{\partial V}(\phi\mathbf{B}+\mathbf{A}\times\mathbf{E})\cdot\mathbf{n}dS = -2\eta C \tag{3.54}$$

其中，$C = \int_V \mathbf{J}\cdot\mathbf{B}dV$ 是电流螺度。

在磁螺度一般定义式 (3.48) 中涉及磁场的矢势 $\mathbf{A}$。按照规范不变性要求，当势作规范变换时，所有物理量和物理规律都保持不变。式 (3.49) 同样应满足规范不变性 $(\mathbf{A}+\nabla\phi \to \Delta H_m = 0)$，但它只在积分边界为闭合磁表面 (闭合场) 或无限远的全空间 (收敛场) 时才满足规范不变性。Wang 和 Zhang (2005) 指出，在研究太阳大气磁活动时，通常定义两个边界：光球表面和光球面之上的日冕某一层次 (或者是无穷远，具体取决于实际问题)。因此，在实际的太阳大气中一般意义的磁螺度定义是不满足规范不变性要求的。

从寻找可观测量的"实用"角度出发，Berger 和 Field (1984) 用引入参考场的办法部分解决了边界条件问题 (或者说是回避了封闭边界条件)，从而在一定程度上完善了上述问题。引入的假想参考场与真实场的区别是：将光球面以上的区域换成势场 (无体电流分布，但光球边界面两侧若磁场切向分量跃变就必须存在面电流分布)。真实场的磁螺度与参考场的磁螺度之差是规范不变量，唯一的边界条件为光球面两侧的磁场法向连续。

$$H_R(V_a) \equiv H_R(\mathbf{B}_a, \mathbf{B}_b') - H_R(\mathbf{P}_a, \mathbf{B}_b') \tag{3.55}$$

$$\mathbf{B}_a\cdot\hat{\mathbf{n}}|_S = \mathbf{B}_b\cdot\hat{\mathbf{n}}|_S \tag{3.56}$$

在式 (3.55) 和式 (3.56) 中，下标 a 表示光球之上的空间；b 表示光球以下太阳内部的空间；球边界面 R 表示参考值；P 表示光球之上一个势场状态的参考场。

Berger 和 Field (1984) 证明，当真实场与参考场在光球层下面的 b 空间的磁场位形一致时，b 空间磁场具体的位形并不影响相对磁螺度的值。当然，从磁螺度的几何意义来看，磁螺度体现的是磁场的几何拓扑性质。因此，任意两个场的磁螺度差异理应由它们的磁场差异决定，即决定于磁场存在差异的空间区域内的场位形。

电流螺度密度的演化可以导出如下：

$$\frac{\partial h_c}{\partial t} = -2c\nabla\times\mathbf{E}\cdot\nabla\times\mathbf{B} - c\nabla\cdot[(\nabla\times\mathbf{E})\times\mathbf{B}] \tag{3.57}$$

或以下形式：

$$\frac{\partial h_c}{\partial t} = 2(\mathbf{u}\times\mathbf{B})\cdot[\nabla\times(\nabla\times\mathbf{B})] + \nabla\cdot\{2(\mathbf{u}\times\mathbf{B})\times(\nabla\times\mathbf{B}) - \mathbf{B}\times[\nabla\times(\mathbf{u}\times\mathbf{B})]\}$$

$$\tag{3.58}$$

由于体积 V 是固定的，可以在 V 上对式 (3.57) 进行积分，并且 ∂V 是 V 的表面，则

$$\frac{dH_c}{dt} = -2c \int_V (\nabla \times \mathbf{E}) \cdot (\nabla \times \mathbf{B}) dV - c \oint_{\partial V} [(\nabla \times \mathbf{E}) \times \mathbf{B}] \cdot \mathbf{n} dS \qquad (3.59)$$

可以发现电流螺度不守恒。如果理想的欧姆定律适用，则 $\mathbf{E} = -\frac{1}{c} \mathbf{V} \times \mathbf{B}$。我们可以发现电流螺度的时间变化取决于磁场的扭曲运动和变化。

3.2.2　磁手征性的观测证据

虽然在太阳大气中，实际总电流螺度 $H_c = \int h_c dV = \int \mathbf{B} \cdot (\nabla \times \mathbf{B}) dV$ 的确定是复杂的，但光球矢量磁图可以检测到光球中电流螺度的标记。我们可以分析电流螺度密度的分布及其在光球中的演化。

我们注意到电流螺度密度可以写成两部分：

$$h_c = \mathbf{B}_\parallel \cdot (\nabla \times \mathbf{B})_\parallel + \mathbf{B}_\perp \cdot (\nabla \times \mathbf{B})_\perp \qquad (3.60)$$

式 (3.60) 右侧的第一项是可观测的，可以通过光球矢量磁图推断出来 (Abramenko et al., 1997)。而第二项如果不做更多的假设是很难获得的，因为没有太阳大气其他层面的可靠的矢量磁场观测数据。

如果忽略式 (3.60) 右侧的第二项 (在电流螺度中横向磁场和横向电流之间的组合)，我们可以分析磁场和电流的纵向分量比横向分量占主导地位区域附近的磁场手征性。提供活动区强磁极附近缠绕磁场的基本特性很重要，因为人们通常认为磁极从大气深层垂直向上延伸 (Lites and Skumanich, 1990)。电流螺度密度的可观测部分是

$$h_c(\text{obs}) = \mathbf{B}_\parallel \cdot (\nabla \times \mathbf{B})_\parallel = B_z \left(\frac{\partial B_y}{\partial x} - \frac{\partial B_x}{\partial y} \right) \qquad (3.61)$$

导数由四点差分格式近似；在四个磁图像素的每个交点处计算电流螺度，并对计算出的螺度进行平滑以消除观测数据的小尺度波动 (Wang et al., 1994b)。

在无力场的近似条件下，α 因子可以通过下面公式获得 (Pevtsov et al., 1994)：

$$\alpha = \frac{(\nabla \times \mathbf{B})_\parallel \cdot \mathbf{B}_\parallel}{B_\parallel^2} = \left(\frac{\partial B_y}{\partial x} - \frac{\partial B_x}{\partial y} \right) / B_z \qquad (3.62)$$

当我们将 α 因子与 $\mathbf{B}_\parallel \cdot (\nabla \times \mathbf{B})_\parallel$ 在光球中的分布进行比较时，我们发现这两个参数显示相同的符号分布，而 α 因子带来了更多关于高度剪切磁场 (例如磁中性线附近) 的信息，但没有 $\mathbf{B}_\perp \cdot (\nabla \times \mathbf{B})_\perp$ 的真实信息。在耀斑产生活动区的磁中性线附近区域，通常很难解决好强剪切横向磁场的 $180°$ 不确定性。

　　磁光效应是测量靠近太阳黑子中心的横向磁场的另一个值得注意的问题，在那里磁场很强，磁场与视线之间的倾角较小。磁光效应造成的横向场方位角的观测误差 (怀柔磁像仪约为 10°) 可能会导致观测到的平均电流螺度值发生变化，影响一些活动区的电流螺度的基本信息 (Bao et al., 2000a; Zhang, 2000)。

　　当通过从 FeI λ5324.19Å 线中心到线翼的不同波长获得的观测光球矢量磁图计算电流螺度密度时，磁光效应可能也会影响获得活动区光球电流螺度密度的分布。为了分析磁光效应对活动区电流螺度计算的影响，在图 3.15 中，我们给出了发生在 1999 年 5 月 5 日的一个活动区横向磁场的分布图和相应的电流螺度参数 $\mathbf{B}_\parallel \cdot (\nabla \times \mathbf{B})_\parallel$ 的分布图。该磁场数据在距 FeI λ5324.19Å 线心 0.0Å 和 −0.15Å 处获得。可以发现电流螺度参数 $\mathbf{B}_\parallel \cdot (\nabla \times \mathbf{B})_\parallel$ 在活动区的分布略有不同，这是由于斯托克斯 Q 和 U 在线翼的不同波长处观察到。

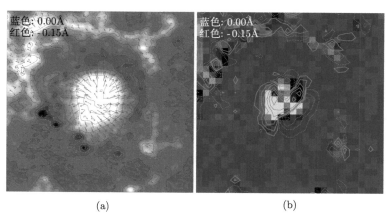

(a)　　　　　　　　　　　　　　　(b)

图 3.15　出现在 1999 年 5 月 5 日的活动区，在距 FeI λ5324.19Å 线心 0.0Å 和 −0.15Å 处观测到的矢量磁场横向分量的 (a) 磁图和 (b) 相应的电流螺度参数 $\mathbf{B}_\parallel \cdot (\nabla \times \mathbf{B})_\parallel$。图 (a) 实 (虚) 等强度线对应于正 (负) 极性纵向场，箭头表示横向场。图 (b) 实 (虚) 轮廓和白 (黑) 强度对应于计算的距线心 −0.15Å 和 0.0Å 处的正 (负) 螺度分布，等强度线为 ± (0.0025, 0.01, 0.025, 0.05, 0.09, 0.15) (G^2/m)。图的尺寸为 $1.84' \times 1.84'$。来自 Zhang (2000)

　　这是确定磁光效应对活动区中电流螺度密度计算的影响的一个例子，即使在远线翼磁光效应也存在。这与在怀柔和密斯太阳天文台获得的数据集 (活动区 NOAA 5747 的一系列磁图) 的比较一致 (Bao et al., 2000a)。两个天文台获得的活动区 (NOAA 5747) 横向磁场显示出相同的缠绕趋势，而电流螺度密度参数的平均值 $\mathbf{B}_\parallel \cdot (\nabla \times \mathbf{B})_\parallel$ 略有不同。密斯太阳天文台观测到的矢量磁图是由一个已经考虑过法拉第旋转的常规程序反演得出的 (Ronan et al., 1992)。这意味着磁光效应的影响可能是使用怀柔矢量磁图分析活动区基本特性 (如平均电流螺度) 的一个显著问题，即使在某些时候它被忽略了 (相对其他问题，如横向磁场的 180° 不确定性等)。此外，我们在第 1 章中也详细地讨论了太阳活动区中磁场的诊断，其中就包括磁光效应。

3.2.3 太阳活动区磁场，电流和螺度的精细特征

值得注意的是，Parker (1984, 2002) 指出太阳表面磁场明显的纤维结构 (纤维被压缩到 1000～2000G) 超出现有的磁流体动力学湍流统计理论。太阳磁场元结构的性质是太阳物理学中最重要的谜团之一 (Deng et al., 2009)。

太阳大气中磁通量的基本结构 (包括磁通量、本征场强、面积因子和通量管的热力学特性) 是由 Stenflo 等 (1984) 从斯托克斯轮廓推断出来的。Lites 等 (2007, 2008) 分析 Hinode 卫星上的太阳光学望远镜的分光偏振计对日面中心的宁静太阳进行的 Fe I 630 nm 观测，发现网络区域呈现出千高斯场。Jin 等 (2009) 也给出了类似的结果。

Su 等 (2009) 展示了 Hinode 矢量磁图和 G 波段数据，以研究 NOAA 10930活动区中局部扭曲 α 和电流螺度的分布。发现正负螺度的交叉混合在一起，显示出本影中的网状图案和半影中的螺线状图案。对于稳定主太阳黑子，正螺度斑块占内本影的 43%，周围本影区域主要是负螺度。半影纤维上 α 和螺度的精细分布表明，两种相反的螺度可能共存于一条纤维中，并且它们的大小几乎相等。

NOAA 10930 是一个快速发展的活动区。磁剪切在活动区的磁中性线附近形成，并有一些剧烈的耀斑爆发 (Magara et al., 2008; Inoue et al., 2008; Tan et al., 2009)。我们对 2006 年 12 月 12 日 NOAA 10930 活动区矢量磁场的精细特征进行了分析，其矢量磁图是由 Hinode 卫星的分光偏振计观测到的，如图 3.16 所示。

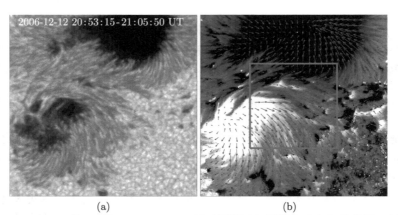

(a)   (b)

图 3.16   2006 年 12 月 12 日 NOAA 10930 活动区的 (a) 图像和 (b) 矢量磁图。(b) 中箭头表示横场分量，白色 (黑色) 区域表示磁场的正 (负) 极性。北在上，西在右。图像的大小是 $32'' \times 32''$。来自 Zhang (2010)

在图 3.16 中发现，活动区 NOAA 10930 中的磁场以纤维特征的形式从活动区的主磁极几乎沿着场的横向分量的方向延伸。典型的纤维磁性特征的宽度约为 0.5″，长度约为 5″。纤维磁场和电流之间的关系对于分析活动区的特性是值得注意的。它为分析电流系统的精细特征的可能结构提供了重要机会。根据安培定律 $\mathbf{J} = \dfrac{1}{\mu_0} \nabla \times \mathbf{B}$，可以从观测磁场中推断出电流的垂向分量，这里 $\mu_0 = 4\pi \times 10^{-3} \mathrm{G \cdot m/A}$。图 3.17(b) 显示了从图 3.16 中的一部分矢量磁图推断出的电流的垂向分量。可见活动区的电流也显示出纤维特征。电流精细结构的尺度与磁场相似。

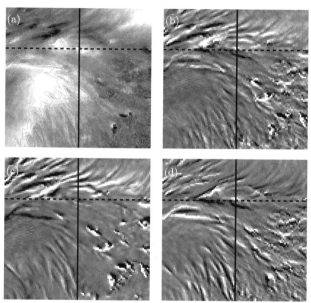

图 3.17　(a) 图 3.16 (b) 中的框内的活动区 NOAA 10930 局部矢量磁场，白色 (黑色) 区域表示横向场的强度分布，红色和绿色等高线表示 $\pm$(200G, 500G, 1000G, 2000G, 4000G) 磁场的纵向分量；(b)~(d) 相应的垂直电流密度 $J_\perp$ 及其缠绕 $J_{t\perp}$ 和剪切 $J_{sh\perp}$ 电流密度分量，白色 (黑色) 表示电流向上 (向下) 流动。来自 Zhang (2010)

然而，在对纤维结构分析时，电流密度与 $J_{sh\perp}$ 和 $J_{t\perp}$ 之间的相关性不同于大尺度结构。图 3.18 显示了磁场、电流、电流分量和电流螺度密度沿图 3.17 磁图中垂直实线的幅度。它提供了穿过磁纤维的电流、其分量和螺度密度的形态结构。发现磁场 (的纵向和横向分量) 与其他垂向电流参数之间的强度没有显著关系，而电流和电流螺度密度的峰值往往出现在磁场的明显变化区域附近。图 3.18 中的水平虚线标记了一个高强度磁场。图 3.18 中虚线标记的位置对应图 3.17 中直线的交叉点。垂直电流的最大值 (图 3.18(b) 中约为 0.4 A/m²) 与图 3.18(a) 中磁场的高梯度有关。可以看出图 3.18(b) 中的垂向电流密度与其在图 3.18(d) 中的剪切分量之间存在高度形态相关性。图 3.18(a) 和 (c) 中，磁场的高梯度与电流密度的扭曲分量幅值之间没有显著关系。

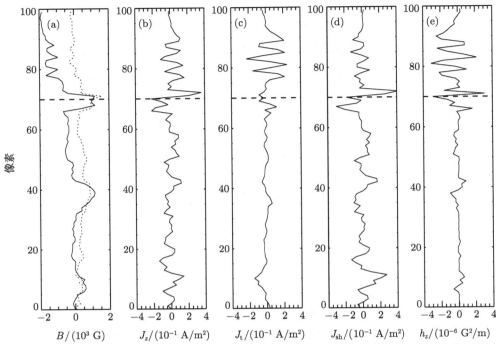

图 3.18　(a) 实线表示沿图 3.17(a) 中垂直线的磁场纵向分量的强度分布，虚线表示横向磁场的相对波动，其大尺度平滑横向磁场的强度值设为零值；(b)~(e) 电流的垂向分量 $J_\perp$、手征性缠绕分量 $J_{t\perp}$、电流的各向异性分量 $J_{sh\perp}$、电流螺度密度的纵向分量 h_z 对应的强度，水平虚线表示垂直线和水平线之间的交叉点。来自 Zhang (2010)

对于从图 3.17 的矢量磁图推断的电流，式 (3.41) 的垂向电流的剪切和缠绕分量之间的比率为 $\overline{R}_{\text{total}} = 0.629$，而图 3.17 中沿垂直线的电流两者比率为 $\overline{R}_{\text{line}} = 1.265$。$R_{\text{total}}$ 和 R_{line} 之间的差异意味着，扭曲分量在电流的精细特征对活动区总电流的贡献中占主导地位，而在太阳黑子半影中的高度剪切磁性结构，电流的剪切分量占主导。

3.2.4　从矢量磁场推论电流和螺度的问题

基于以上对太阳矢量磁场的观测以及从磁图推断的电流和螺度的介绍，我们可以发现一些基本问题。

(1) 由于具有塞曼效应的偏振光的特性，横向场的 180° 不确定性的解决是一个难题。几个基本假设和方法已被用于解决磁场横向分量的 180° 不确定性，例如将观测场与参考场或方向进行比较，最小化磁压力的垂向梯度，最小化垂直方向电流密度，最小化总电流密度的近似值，最小化场散度的近似值 (Metcalf et al., 2006; Georgoulis, 2012) 等。这些处理中的哪一种方法应被优先考虑，仍不确定。

(2) 矢量磁场从日面到日球坐标的投影与磁场不同分量的变换有关，如图 3.9 所示，而不同的斯托克斯参数具有不同的灵敏度和噪声水平 (参见式 (1.143))。这导致磁场不同分量的变换时存在问题。在从日面坐标到图 3.9 中的日球坐标时不可避免地要对场进行平滑，它还导致矢量磁场的空间分辨率下降。

(3) 相对于光球磁场，色球磁场的观测对于诊断磁力线的空间结构很重要，而图 2.21 中 Hβ 线翼部的光球混合线干扰影响太阳高层大气中磁场的检测。Hβ 线的斯托克斯参数 Q 和 U 的较低灵敏度削弱了对色球磁场横向分量观测的可靠性。

(4) 电流螺度密度 $h_c = \langle \varepsilon_{ijk} b_i \partial b_k / \partial x_j \rangle$ 包含六项，其中 b_i 是磁场的分量。由于观测限制，上述六项中只能从太阳光球矢量磁图中推断出四项。通过比较模拟结果，Xu 等 (2015) 探讨了上述六项在各向同性和各向异性情况下的统计差异。这意味着观测的电流和磁螺度 (电流螺度) 不具备含理论意义上的完整性。

3.3 活动区表层下面的动力学螺度和光球电流螺度之间的相关性

长期以来，由于太阳观测仅限于光球层以上，而无法进行动力学螺度测量。近来日震学的工具使对流区的动力学螺度的直接研究成为现实 (Zhao, 2004; Kosovichev, 2006)。太阳对流区内部的动力学螺度，如果可以检测到，肯定是比光球电流螺度可以更直接地跟踪太阳发电机理论中 α 效应的参数。然而，Zhao (2004) 指出，目前动力学螺度的信息也被限制在太阳亚表层的浅层，特别是在 0∼12Mm 区域。

3.3.1 表层下的动力学螺度

按照 Zhao (2004)，动力学螺定义为

$$\alpha_v = \mathbf{v} \cdot (\nabla \times \mathbf{v}) / |\mathbf{v}|^2$$

其中，$\mathbf{v}$ 是从时间–距离日震学反演得出的三维表层下面速度，如 Zhao 和 Kosovichev (2003) 所述。特别是，他们使用了与速度和涡量的垂向分量相对应的 α_v 分量。

$$\alpha_v^z = v_z(\partial v_y / \partial x - \partial v_x / \partial y) / (v_x^2 + v_y^2 + v_z^2) \tag{3.63}$$

这里，我们采用 "α_{v1}" 和 "α_{v2}" 的原始表示法来分别代表太阳表面下 0∼3Mm 和 9∼12Mm 深度处的动力学螺度。

局部日震学提供了一种独特的工具来确定活动区的亚光层流动。Zhao (2004) 的一项统计研究表明，太阳日球天文台/迈克尔逊-多普勒成像仪 (SOHO/MDI) 观

测到的活动区内的表层下动力学螺度似乎具有半球优势, 类似于磁 (或电流) 螺度观测显示结果 (Pevtsov et al., 1995; Bao and Zhang, 1998)。Gao 等 (2009) 分析了由怀柔太阳观测站观测到的 38 个太阳活动区的矢量磁图计算的光球电流螺度与 MDI 观测测量的表层下动力学螺度之间的联系。尽管太阳表面附近的电流螺度符号与表层下运动螺度符号之间存在相反的半球趋势, 但结果并不支持表层下运动学螺度与 0~12Mm 深度处的光球电流螺度存在因果关系。Maurya 等 (2011)也报告了类似的结果。

现在, 太阳动力学天文台/日震和磁成像仪 (solar dynamics observatory/helioseismic and magnetic imager, SDO/HMI)(Scherrer et al., 2012; Schou et al., 2012)观测提供了一个研究亚表层动力学螺度和电流螺度之间联系的前所未有的机会,因为同时观测亚表层流速和光球矢量磁场 (图 3.19)。亚表层动力学螺度可以从亚表层的流速计算, 这些流速通常通过 HMI 时间–距离分析方法进行处理 (Zhao et al., 2012)。光球电流螺度可以从光球矢量磁图计算出来 (Hoeksema et al., 2014)。

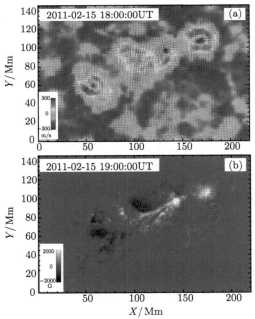

图 3.19   (a) NOAA AR 11158 在 0~1Mm 深度的表层下面速度场示例, 背景显示速度的垂直
分量, 箭头显示水平分量, 最大垂直速度为 285m/s, 最长的箭头表示水平速度为 441.8 m/s,
垂直分量的空间采样为 2.016″×2.016″, 视场为 3.02′×2.02 ′; (b) NOAA 11158 活动区的矢
量磁图示例, 白色表示正极性, 黑色表示负极性, 最长的箭头代表 2356G 的横场, 低于 300G
的横场不显示。来自 Gao 等 (2012)

3.3.2 动力学和电流螺度之间的相关性

这项工作的主要目的是研究活动区内光球层电流螺度和亚表层动力学螺度之间是否存在相关性。电流螺度定义为 $H_c = \mathbf{B} \cdot (\nabla \times \mathbf{B})$。与 Bao 和 Zhang (1998) 所采用的类似，研究中使用了电流螺度的垂向分量密度的平均值，表示为 $\langle H_c^z \rangle$。 Gao 等 (2012) 计算加权的 $\langle H_c^z \rangle$，定义为 $\langle H_c^z \rangle$ 除以总磁场强度，即 $\langle H_c^z \rangle / |\mathbf{B}^2|$。 类似地，动力学螺度定义为 $H_k = \mathbf{v} \cdot (\nabla \times \mathbf{v})$，并取其垂直分量的平均值 $\langle H_k^z \rangle$， 以及由速度加权的值 $\langle H_k^z \rangle / |\mathbf{v}^2|$，以供进一步研究。为了计算 $\langle H_c^z \rangle$ 和 $\langle H_k^z \rangle$ 的值， 我们只使用 $|B_z| > 50$ G 的区域。

图 3.20(a) 显示了活动区 NOAA 11158 在 0~1 Mm 深度处获得的加权电流螺度密度和加权动力学螺度密度的演变。分析了 2011 年 2 月 13~ 17 日的时间序列。12 min 间隔的加权电流螺度密度在 4 h 内取平均值，以与加权动力学螺度密度进行比较，加权动力学螺度密度是根据从 4 h 时间步长的 8 h 数据序列获得的亚表层速度计算得出的。用相应的标准偏差绘制电流螺度的误差棒。两条螺度曲线显示出非常相似的变化趋势，相关系数达到 0.67。此外，我们将数据系列分为两部分。对于 2011 年 2 月 14 日 06:00UT 之前的下降阶段，动力学螺度密度与电流螺度密度的相关系数高达 0.84。但对于 2011 年 2 月 14 日 06:00UT 之后的上升阶段，相关系数下降到 0.52。相关性的降低可能与 2011 年 2 月 15 日 01:44 UT 发生的 X2.2 耀斑事件有关。

图 3.20(b) 显示了未加权的电流螺度密度和未加权的亚表层动力学螺度密度的演变。与加权参数类似的演化趋势不同，两个未加权的参数似乎是异相演化的。如图所示，2 月 14 日 10:00 UT 之前，未加权的动力学螺度似乎比电流螺度早约 8 h 下降，并且在 2 月 14 日 18:00 UT 之后比电流螺度晚约 4 h 增加。

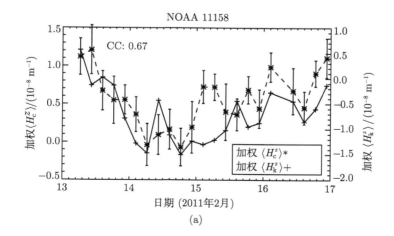

(a)

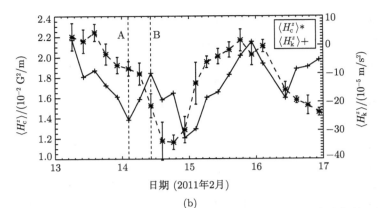

(b)

图 3.20   (a) 活动区 NOAA 11158 的加权电流螺度 (用星号标记, 对应左纵轴) 和加权亚表面动力学螺度 (用十字标记, 对应右纵轴) 的演化; (b) 与图 (a) 相同, 但为未加权的电流螺度和未加权的亚表面动力学螺度, 标记为 "A" 和 "B" 的虚线分别对应于 2011 年 2 月 14 日的 10:00 UT 和 14:00 UT。来自 Gao 等 (2012)

图 3.21 显示了某些选定时期的加权和未加权 $\langle H_{\rm k}^z \rangle$ 以及加权和未加权 $\langle H_{\rm c}^z \rangle$ 图。可以发现, 动力学螺度参数都比电流螺度参数更分散, 但动力学螺度和电流螺度的符号分布之间没有明确的对应关系。

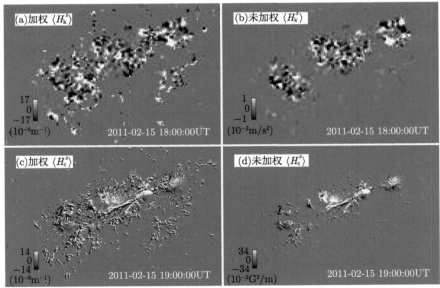

图 3.21   2011 年 2 月 15 日 18:00 UT 活动区 NOAA 11158 (a) 加权 $\langle H_{\rm k}^z \rangle$ 和 (b) 未加权 $\langle H_{\rm k}^z \rangle$ 的图, 以及 2011 年 2 月 15 日 19:00 UT 的 (c) 加权 $\langle H_{\rm c}^z \rangle$ 和 (d) 未加权 $\langle H_{\rm c}^z \rangle$。参数是相对于相应的标准偏差显示的, 每图左下角的颜色条显示了这个比例。来自 Gao 等 (2012)

我们分析中使用的亚表层动力学螺度可能对应于上层对流区内活动区内的缠绕。亚表面动力学螺度和电流螺度的同相演化可能表明,活动区表面下方的扭曲确实对塑造光球中观察到的电流螺度分布起着重要作用。另一方面,这两个螺度同相演化也许并不奇怪,因为在光球下方磁场线与等离子体冻结在一起,光球磁场的演化以某种方式反映了亚表层的运动。

另一个我们不能忽视的事实是,尽管两种螺度的演化曲线呈高度正相关,但两种螺度的符号并不经常保持不变。特别是对于活动区 NOAA 11158,两个螺度的符号往往相反而不是相同。因此,虽然这两个螺度的演化是正相关的,但如果我们只选择一个随机快照,我们很可能会得到负相关或没有相关性。这可能有助于解释为什么 Gao 等 (2009)(参见 5.2.5 节) 的研究使用来自许多不同活动区的快照对两种螺度的相关性进行了统计分析,却没有发现相关性。

3.4 活动区中的磁螺度和倾角演化

太阳通量管的磁螺度可以分解为绕通量管轴的缠绕和螺旋通量管轴的扭曲。缠绕和扭曲都是磁通管的几何特性,它们可以相互转换,从而引发人们对磁螺度守恒的怀疑。如果从对流区出现一个没有初始扭曲的缠绕磁通管,并且它的扭曲是由扭结不稳定引起的,那么磁螺度和扭曲应该具有相同的符号 (Longcope et al., 1998)。累积的相对螺度可以被认为是包括缠绕和扭曲在内的总磁螺度。那么累积的螺度和活动区的扭曲之间有什么关系呢?我们在随后的章节中给予一些讨论。图 3.22 显示在太阳表层下面可能扭曲的疏通量管。

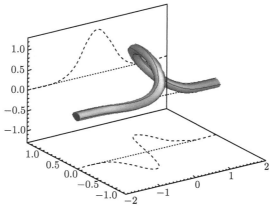

图 3.22 水平磁通管,其轴线变形为左旋 Ω 环。磁场线按右手方向绕轴缠绕。管最初是直的且未扭曲。来自 Longcope 等 (1998)

3.4.1 缠绕磁场和螺度

太阳大气中磁螺度的变化与太阳表面磁场足点的运动有关 (Berger and Field, 1984):

$$\frac{dH_m}{dt} = -2 \oint_{\partial V} [(\mathbf{V}_t \cdot \mathbf{A}_\mathrm{p})B_\mathrm{n} - (\mathbf{A}_\mathrm{p} \cdot \mathbf{B}_t)V_\mathrm{n}]ds \tag{3.64}$$

其中，磁场 $\mathbf{B}$ 和速度场 $\mathbf{V}$ 在太阳大气中是可观测到的。式 (3.64) 中的第一项是太阳表面磁场足点缠绕运动的贡献，而第二项则是来自大气下层的缠绕磁通量浮现的贡献。

从太阳亚大气层浮现高度缠绕的磁通管对螺度的注入，具有类似于光球层中磁通管剪切运动对螺度注入的贡献。式 (3.64) 右侧第二项的贡献, 例如 Kusano 等 (2002) 讨论了磁通量的浮现运动，对太阳大气中的磁螺度的影响。同时, Démoulin 和 Berger (2003) 以相对简单的形式证明了该项目的一个重要改进，他们提出了通过跟踪磁通量管的光球切割推导出的水平运动，包括浮现和剪切运动的影响，无论磁性结构复杂度如何。根据 Démoulin 和 Berger (2003) 的分析，可以得到

$$\frac{dH_\mathrm{m}}{dt} = -2 \oint_{\partial V} (\mathbf{U} \cdot \mathbf{A}_\mathrm{p})B_\mathrm{n}ds \tag{3.65}$$

其中，

$$\mathbf{U} = \mathbf{V}_t - \frac{V_\mathrm{n}}{B_\mathrm{n}}\mathbf{B}_t \tag{3.66}$$

这意味着不能排除新浮现磁通量的磁足点对太阳表面水平运动的贡献。

类似于式 (3.64), 磁螺度密度的局部变化率可以写成 (Berger and Field, 1984)

$$\frac{dh_\mathrm{m}}{dt} = -2\nabla \cdot [(\mathbf{V}_t \cdot \mathbf{A}_\mathrm{p})\mathbf{B} - (\mathbf{A}_\mathrm{p} \cdot \mathbf{B}_t)\mathbf{V}] \tag{3.67}$$

这意味着原则上可以利用运动磁场的局部变化来检测磁螺度密度的变化。因为太阳大气中闭合表面的运动磁场难以定量测量，所以不能完全获得磁螺度密度的局部注入率。另一方面，当从太阳大气层浮现高度剪切或缠绕的磁通量时，人们可能可以大致获得关于磁螺度密度局部注入的基本观测信息，并找到其与太阳表面观测到的电流螺度密度的相关关系 (Zhang, 2001a)。这意味着磁螺度密度的局部变化率可以写成以下形式:

$$\frac{dh_\mathrm{m}}{dt} = f(G) \tag{3.68}$$

这里，$G = -2(\mathbf{U} \cdot \mathbf{A}_\mathrm{p})B_\mathrm{n}$, 局部注入的螺度并没有完全保留在低层大气中，这是因为一部分磁螺度密度可能沿着磁力线转移到日冕和行星际空间 (Démoulin and

Berger, 2003; Longcope and Welsch, 2000)。对于一束磁螺度密度均匀分布的磁通管，可以近似估计太阳表面磁力线足点局部运动所引起的磁螺度密度变化率为

$$\frac{dh_{\mathrm{m}}}{dt} = \frac{G}{l} \tag{3.69}$$

其中，l 是磁通量管的等效长度。这在形态学上意味着磁通量足点的旋转 (或缠绕磁通量的出现) 引起光球层上方磁场的缠绕。当螺度还没有完全从低层大气中喷出时，一部分缠绕的场保留在太阳大气层的下层。

根据式 (3.65)，可以得到平均磁螺度密度 $\overline{h}_{\mathrm{m}}$ 与平均电流螺度密度 $\overline{h}_{cz}$ 的关系

$$\overline{h}_{\mathrm{m}} = -\frac{2}{S_{\mathrm{c}}L_{\mathrm{c}}} \int_{T_c} \oint_{\partial V} (\mathbf{U} \cdot \mathbf{A}_{\mathrm{p}}) B_{\mathrm{n}} ds dt \sim k\overline{\mathbf{A} \cdot \mathbf{B}} \sim L_{\mathrm{c}}^2 \overline{h}_{cz} \tag{3.70}$$

其中，T_{c} 是典型弛豫时间；S_{c} 和 L_{c} 分别是螺度进入行星际空间之前太阳大气中新浮现磁通量的典型水平和垂向空间尺度；k 是相关参数。

3.4.2 新浮现的磁通量区域中的螺度注入和倾角

Yang 等 (2009) 在图 3.23 中描绘了积分磁螺度通量 ($H_{\max} - H_{\min}$) 与活动区的总磁通量。磁通量 Φ_{m} 是无符号正负磁通量之和最大值的二分之一。最佳线性拟合线 (图 3.23 中的实线) 显示了积分磁螺度通量与磁通量之间的关系：

$$\log \frac{H_{\max} - H_{\min}}{H_0} = a \log \frac{\Phi_{\mathrm{m}}}{\Phi_0} + b \tag{3.71}$$

其中，$a = 1.85, b = -0.41, H_0 = 10^{41}\mathrm{Mx}^2$ 和 $\Phi_0 = 10^{21}\mathrm{Mx}$。这表明累积的磁螺度与磁通量的指数 ($|H| \propto \Phi^{1.85}$) 成正比。Jeong 和 Chae (2007) 发现来自四个活动区的系数 a 的指数为 1.3。LaBonte 等 (2007) 发现，a 的类似值是 1.8。如果我们假设每个活动区的日冕部分由单个半圆形环表示，则这些环中的平均缠绕 T_{w} 将为 $10^b H_0/\Phi_0^2 = 0.039$ (圈)。Nindos 等 (2003) 发现该值介于 0.01~0.17。LaBonte 等 (2007) 发现该值为 0.022。Tian 和 Alexander (2008) 也发现了一个类似的值，0.03。对于在光球足点处直径 $d = 100$ Mm 的典型日冕环，扭曲率 q (每单位长度的弧度) 将为 $T_{\mathrm{w}}/(\pi d/2) = 2.48 \times 10^{-12}\mathrm{cm}^{-1}$。这个结果与 LaBonte 等 (2007) 的研究结果相似，后者在 48 个 X-耀斑区域和 345 个非 X-耀斑区域获得 $1.4 \times 10^{-12}\mathrm{cm}^{-1}$。然而，这些结果都比通过使用矢量磁图计算 α_{best} 获得的活动区环的平均扭曲率 $10^{-11}\mathrm{cm}^{-1}$ 小一个数量级 (Pevtsov et al., 1995)。请注意，α_{best} 通过公式 $\alpha_{\mathrm{best}} = 2q$ 与细磁绳模型的缠绕率 q 相关 (Longcope et al., 1998)，并且关于这种假设是否适用于单个活动区仍然存在争议 (例如，Leka et al., 2005)。

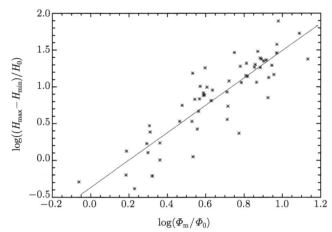

图 3.23　积分磁螺度通量与总活动区磁通量的函数关系 $(H_0 = 10^{41} \mathrm{Mx}^2, \Phi_0 = 10^{21} \mathrm{Mx})$。来自 Yang 等 (2009)

3.4.3　两类典型的太阳活动区

为了更好地理解新浮现活动区中磁螺度的积累和倾角的演化，Yang 等 (2009) 根据累积的磁螺度与倾角旋转之间的关系，将我们的样品分为 A 和 B 两组。Yang 等 (2009) 忽略磁螺度和倾角的演化细节，关注最终累积的螺度 $H(t)$ 和倾角 $\Delta Ta = Ta(t) - Ta(0)$ 的变化。

A 组：$H \cdot \Delta Ta > 0$。当倾角顺时针 (逆时针) 旋转时，活动区的累积螺度为负 (正)。

B 组：$H \cdot \Delta Ta < 0$。当倾角顺时针 (逆时针) 旋转时，活动区的累积螺度为正 (负)。

A 组样本中有 43 个活动区 (74%)，19 个在北半球，24 个在南半球。在 B 组有 15 个活动区 (26%)，6 个在北半球，9 个在南半球。

我们样本中的所有活动区都遵循 Hale-Nicholson 定律 (Hale and Nicholson, 1925)：在第 23 个太阳周期的北 (南) 半球，前导极性始终为正 (负)。因此，如果当我们停止跟踪活动区时根据我们研究中倾角的定义，它的最终倾角在北 (南) 半球为 $90° < Ta(t) < 180°$ $(180° < Ta(t) < 270°)$。在南半球，在遵循乔伊 (Joy) 定律的 22 个活动区 (AR) 中，17 个 (77%) 属于 A 组，而在不遵循 Joy 定律的 11 个活动区中，7 个 (64%) 属于 A 组。在北半球，在遵循 Joy 定律的 14 个活动区中，11 个 (79%) 属于 A 组，而在 11 个不遵循 Joy 定律的活动区中，8 个 (73%) 属于 A 组。如果活动区遵循 Joy 定律，那么它在 A 组中的概率为 78%，这高于不遵循 Joy 定律的 68% 的概率。

此外，Kleeorin 等 (2020) 和 Kuzanyan 等 (2020) 也提出了对太阳活动区磁场倾斜、电流螺度和扭曲的理论估计。

3.5 磁场、水平运动和螺度

3.5.1 磁场的演化

活动区 NOAA 10488 的磁场演化如图 3.24 所示。在图 3.24 (a) 中，Liu 和 Zhang (2006) 显示了经投影效应校正后的矢量磁图。由于活动区在 10 月 27~30 日离中央子午线不远，所以矢量磁场的投影效应修正很小。标记为 "c" 的负黑子总是左旋缠绕。前导的正黑子在 10 月 27 日和 28 日发生了右旋缠绕。标有 "a" 的前导正黑子的上部在 10 月 29 日和 30 日发生了右旋缠绕，而标记为 "b" 的下

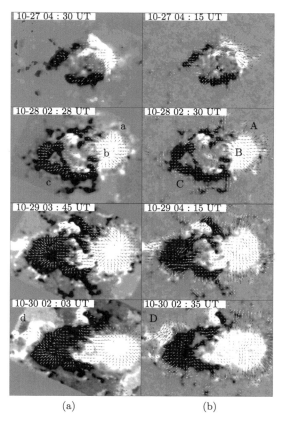

(a)　　　　　　　　(b)

图 3.24　(a) 怀柔太阳观测基地的矢量磁图和 (b) 计算的水平速度矢量叠加在 MDI 纵向磁图上。最大箭头长度分别测量 1200 G 的横向磁场和 0.8 km/s 的速度。视场为 $225'' \times 168''$。来自 Liu 和 Zhang (2006)

部同时呈弱左手转动。稍后将进一步讨论活动区的缠绕性。

　　计算出的水平速度矢量显示在图 3.24 (b) 中。活动区大部分区域的速度矢量的螺旋方向与横向磁场的螺旋方向相反。例如，在 10 月 27 日，速度矢量指向顺时针方向，与横向场的旋转方向相反。10 月 28 日，在标记为 "B" 的前导正极黑子的下部和标记为 "C" 的负极后随黑子的大部分区域中，速度矢量与横向场也都旋向相反。10 月 29 日和 30 日的情况与 28 日的情况类似。10 月 29 日和 30 日，标记为 "A" 的前导正极黑子上部的速度矢量也与横向场的速度矢量旋向相反。然而，它们具有类似于 10 月 28 日横向磁场的螺旋图型。

　　横向磁场可以看作螺旋磁通在光球表面上的水平投影。局部相关跟踪技术 (LCT) 方法计算出的横向速度代表了磁场线足点的水平运动。所以当磁通管从光球层下面浮现时，磁场的上浮过程中，其足点做的旋转运动应该与磁场横向分量的旋转方向相反。图 3.24 中显示的观测结果证实了这一点。至于 10 月 28 日 "A" 区的相反情况，可能是由其快速浮现时磁通量的快速膨胀所致。

3.5.2　磁螺度输运

　　图 3.25(c) 和 (d) 分别显示了由水平运动推导出的磁螺度传输率 dH/dt 和从测量的 dH/dt 计算的螺度累积变化量 $\Delta H(t)$。由于有些时间缺少 MDI 数据，所以在这些时段内的 dH/dt 值无法得知。如 Nindos 和 Zhang (2002) 所说，我们通过样条插值估计这些缺失的 dH/dt 值。插后计算所得的 ΔH 曲线如图 3.25(d) 中的细线所示。dH/dt 和 ΔH 的时间变化表明，在活动区发展过程中，螺度变化率为负，磁螺度累积变化量的绝对值随时间增长。10 月 29 日对于磁螺度变化量是个临界时间。10 月 29 日 8:00 UT 左右之前，即在旋转阶段，dH/dt 较小，磁螺度变化较慢。在剪切阶段，dH/dt 相当大，磁螺度变化快速而显著。在大致相等的持续时间内，剪切相中磁螺度的累积变化大约是旋转相的 3 倍。强剪切运动比缠绕为日冕带来更多的磁螺度，这意味着两个不同磁通量系统的相互作用相较于该活动区中单个通量系统的缠绕为高层大气带来了更多的磁螺度。

　　评估观测磁流对磁螺度传输的物理意义的一种简单方法是检查 $G \equiv -2(\mathbf{u} \cdot \mathbf{A}_{\mathrm{p}})B_z$ 的分布。它是衡量足点运动对磁螺度传输速率的局部贡献的量度 (Chae, 2001)。图 3.25 显示了 G 在特定时间的灰度图。由于我们对螺度变化的大尺度趋势感兴趣，G 是每张图中所注时间前后一小时的平均值。在旋转阶段，G 的最大值主要位于主要正黑子的旋转或缠绕区域。在剪切阶段，G 的最大值主要位于新浮正极黑子和因有负极黑子发生强剪切运动的磁中性线附近 (由白色矩形标记)。这进一步印证了我们的前述结论。

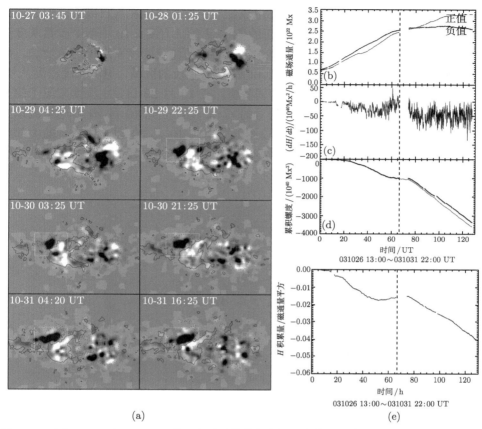

(a)   (e)

图 3.25   (a)$G \equiv -2(\mathbf{u} \cdot \mathbf{A}_{\mathrm{p}})B_z$ 的一小时平均值灰度图。白色和黑色分别表示 G 的正负。白色矩形标记了与强剪切运动 (SSM) 相关的 G 的最大值区域。虚线和实线轮廓代表 $\pm 200\mathrm{G}$ 的纵向磁场强度，视场为 $400'' \times 300''$。(b) 来自全日面 MDI 图像的活动区纵向磁场通量的时间演化。(c) 水平运动注入的螺度率的时间演化。(d) 由测量的 dH/dt(粗线) 和估计的 $\Delta H(t)$ 计算得出的累积螺度变化 $\Delta H(t)$ 的时间分布，如果使用样条插值来确定缺失的 dH/dt 值 (细线)。(e) 日冕螺度累积量与磁通量平方之比，虚线表示分开旋转阶段和剪切阶段的时间。来自 Liu 和 Zhang (2006)

3.5.3 电流螺度密度的演变

电流螺度密度的纵向分量反映了一些关于光球层中磁场的局部缠绕信息。图 3.26(a) 给出了纵场 $B_{\parallel} > 200$ G 区域的电流螺度密度 h_{c} 的灰度图。h_{c} 灰度图中标示的时间是其前后一小时或几小时的平均。

这可以通过活动区 10488 的螺度演化得到证实，如图 3.26 所示。从 10 月 28 日开始，在 G 和 h_{c} 同号的大部分地区，局部电流螺度密度的强度在次日增加，而

在 G 与 h_c 反号的大部分区域，局部电流螺度密度的强度在次日减弱。例如，10月 28 日，主前导黑子的一部分具有正的 G 和正的 h_c (图 3.26 中两个参数灰度图中分别标为 "A" 和 "a")，在 10 月 29 日该区域的电流螺度密度绝对值增加。而在图 3.26 中标记为 "B" 和 "b" 的 G 和 h_c 符号相反的区域，电流螺度密度从 10月 28 日的正值下降到 10 月 29 日的弱负值。在 10 月 29 日，主要太阳黑子的前导和后随分量的大部分都具有相反符号的 G 和 h_c，因此 10 月 29 日的电流螺度密度强度明显下降到 10 月 30 日的较弱分布。在 10 月 30 日，主黑子的大部分区域仍然保持 G 和 h_c 的反号，因此我们可以预测这些区域的电流螺度密度的强度可能第二天会下降。

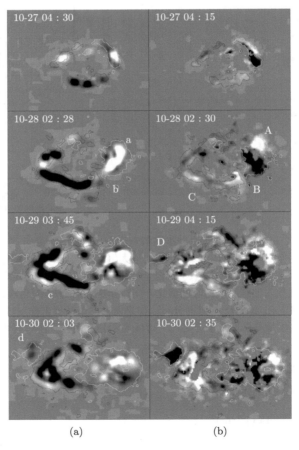

图 3.26　(a) 电流螺度密度 h_c 的时间平均的灰度图和 (b) $G \equiv -2(\mathbf{u} \cdot \mathbf{A}_p)B_z$。白色和黑色等强度线分别代表 200 G 和 -200 G 的纵向磁场强度。视场为 $225'' \times 168''$。来自 liu 和 Zhang (2006)

3.6 太阳活动区的磁螺度和能量谱

我们应用了一种新技术来使用太阳表面的矢量磁图数据估计磁螺度谱。这里我们在各向同性近似假设基础上,利用磁场的谱两点关联张量方法开展这项研究。

3.6.1 活动区磁谱的含义

我们分析了 2011 年 2 月 11 ~ 15 日期间太阳活动区 NOAA 11158 的数据,这些数据由太阳动力学天文台 (SDO) 上的日震和磁成像仪 (HMI) 拍摄。磁图的像素分辨率约为 $0.5''$,视场为 $250'' \times 150''$。图 3.27 显示了光球矢量磁图和对应的 $h_C^{(z)} = J_z B_z$ 分布,来自该活动区域不同天的矢量磁图。

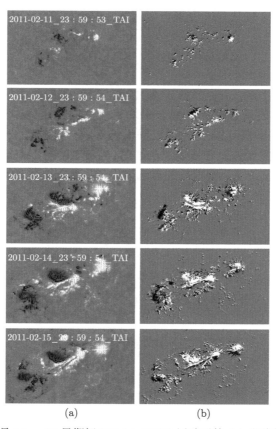

图 3.27 2011 年 2 月 11 ~ 15 日期间 NOAA 11158 活动区的 (a) 光球矢量磁图和 (b) $J_z B_z$ 图。箭头显示了磁场的横向分量。白 (黑) 色区域表示左侧 B_z 和右侧 $J_z B_z$ 的正 (负) 值。来自 Zhang 等 (2014)

事实证明，电流螺度密度的平均值 $\mathcal{H}_C^{(z)} = \langle h_C^{(z)} \rangle$ 为正值，约为 $2.7\,\mathrm{G^2/km}$。此外，我们将定义无力参数 $\alpha = J_z/B_z$，其平均值 $\langle \alpha \rangle \approx 2.8 \times 10^{-5}\,\mathrm{km^{-1}}$。为了将来参考方便，我们把电流螺度用其理论最大值归一化，此后称为相对螺度。这不应与相对于相关势场的规范不变的磁螺度混淆 (Berger, 1984)。因此，我们考虑比率

$$r_C = \langle J_z B_z \rangle \Big/ \left(\langle J_z^2 \rangle \langle B_z^2 \rangle \right)^{1/2} \tag{3.72}$$

作为相对电流螺度的估计。对于活动区 NOAA 11158，我们发现 $r_C = +0.034$。该值是基于一张快照图的结果，但在其他时间也发现了类似的值。

现在我们转向两点相关张量，$\langle B_i(\mathbf{x},t) B_j(\mathbf{x}+\xi,t) \rangle$，其中 $\mathbf{x}$ 是二维表面上的位置向量，尖括号表示整体平均，或者在当前情况下，对恒定半径的环求平均，即 $|\xi|=\mathrm{const}$。它关于 ξ 的傅里叶变换可以写成

$$\left\langle \hat{B}_i(\mathbf{k},t) \hat{B}_j^*(\mathbf{k}',t) \right\rangle = \Gamma_{ij}(\mathbf{k},t) \delta_2(\mathbf{k}-\mathbf{k}') \tag{3.73}$$

其中，$\hat{B}_i(\mathbf{k},t) = \int B_i(\mathbf{x},t)\, \mathrm{e}^{\mathrm{i}\mathbf{k}\cdot\mathbf{x}} d^2x$ 是二维傅里叶变换，下标 i 指的是三个磁场分量之一，星号表示复共轭，集合平均将被波向量空间中同心环的平均所取代。按照 Matthaeus 等 (1982)，通过假设局部统计各向同性，可以从谱关联张量 $\Gamma_{ij}(\mathbf{k},t)$ 确定磁螺度谱。在本表述的最后，我们将更详细地考虑这一假设的适用性。考虑到 k 定义了 Γ_{ij} 中唯一的首选方向，并且 $k_i\hat{B}_i = 0$，$\Gamma_{ij}(\mathbf{k},t)$ 的形式为 (Moffatt, 1978)

$$\Gamma_{ij}(\mathbf{k},t) = \frac{2E_M(k,t)}{4\pi k}(\delta_{ij} - \hat{k}_i\hat{k}_j) + \frac{\mathrm{i}H_M(k,t)}{4\pi k}\varepsilon_{ijk}k_k \tag{3.74}$$

其中，$\hat{k}_i = k_i/k$ 是 $\mathbf{k}$ 单位向量的一个分量，$k = |\mathbf{k}|$ 是它的模数，$k^2 = k_x^2 + k_y^2$；$E_M(k,t)$ 和 $H_M(k,t)$ 分别是磁能和磁螺度谱，归一化使得

$$\mathcal{E}_M(t) \equiv \frac{1}{2}\langle \mathbf{B}^2 \rangle = \int_0^\infty E_M(k,t)\, dk$$

$$\mathcal{H}_M(t) \equiv \langle \mathbf{A} \cdot \mathbf{B} \rangle = \int_0^\infty H_M(k,t)\, dk \tag{3.75}$$

请注意，以 $\mathrm{erg/cm^3}$ 为单位的平均能量密度为 $\mathcal{E}_M/(4\pi)$。我们强调 $\Gamma_{ij}(\mathbf{k},t)$ 的表达式与 Moffatt (1978) 的表达式相差 $2k$，因为我们在这里是二维的，所以对于波数空间中球面积分从 $4\pi k^2\, dk$ 变为 $2\pi k\, dk$。

请注意，磁矢量势不是可观测量，因此磁螺度可能不是规范不变的。然而，如果空间平均是在整个空间上，或者如果磁场向边界足够快地下降，则 $\mathcal{H}_M(t)$ 和 $H_M(k,t)$ 都是规范不变的。事实上，在目前的分析中，$H_M(k,t)$ 显然是规范不变的，因为它是直接从通过光球矢量磁图获得的磁场计算出来的。湍流磁场的关联张量的分量可以参考式 (3.74)。

下面，我们介绍壳积分谱。然而，因为我们在这里考虑二维谱，它们对应于半径 k 的环功率，并获得为

$$
\begin{aligned}
2E_M(k) &= 2\pi k \operatorname{Re} \langle \Gamma_{xx} + \Gamma_{yy} + \Gamma_{zz} \rangle_{\phi_k} \\
k H_M(k) &= 4\pi k \operatorname{Im} \langle \cos\phi_k \Gamma_{yz} - \sin\phi_k \Gamma_{xz} \rangle_{\phi_k}
\end{aligned}
\tag{3.76}
$$

其中，带下标 ϕ_k 的尖括号表示波数空间中环平均。

可实现性条件意味着 (Moffatt, 1969)

$$
k|H_M(k,t)| \leqslant 2E_M(k,t)
\tag{3.77}
$$

因此，将 $k|H_M(k,t)|$ 和 $2E_M(k,t)$ 绘制在同一张图上很方便，这可以让人们判断磁场在每个波数处的螺旋程度。此外，为了评估各向同性的程度，我们还分别考虑了基于水平和垂直磁场分量的磁能谱 $E_M^{(\mathrm{h})}(k)$ 和 $E_M^{(\mathrm{v})}(k)$，通过定义

$$
\begin{aligned}
2E_M^{(\mathrm{h})}(k) &= 4\pi k \operatorname{Re} \langle \Gamma_{xx} + \Gamma_{yy} \rangle_{\phi_k} \\
2E_M^{(\mathrm{v})}(k) &= 4\pi k \operatorname{Re} \langle \Gamma_{zz} \rangle_{\phi_k}
\end{aligned}
\tag{3.78}
$$

在各向同性条件下，我们期望 $E_M(k) \approx E_M^{(\mathrm{h})}(k) \approx E_M^{(\mathrm{v})}(k)$。

我们现在考虑活动区 NOAA 11158 的磁能和螺度谱。计算的视场区域为 $256'' \times 256''$ (即 512像素 × 512 像素) 或 $L^2 = (186\mathrm{Mm})^2$。我们首先展示了在 2011 年 2 月 13 日 23:59:54UT NOAA 11158 的结果，见图 3.28(a)。事实证明，在波数区间 $0.5\,\mathrm{Mm}^{-1} < k < 5\,\mathrm{Mm}^{-1}$ 磁能谱有清晰的 $k^{-5/3}$。磁螺度谱主要在中间波数处为正，但我们也看到，朝向高波数，磁螺度在小值附近剧烈波动。为了在这些较小的尺度上确定磁螺度的符号，我们对超宽的、对数间隔的波数区间的频谱进行平均；见图 3.28(b)。这表明即使在较小的长度尺度上，磁螺度仍然是正的，这再次与该活动区位于南纬的事实一致。

为了计算相对磁螺度，我们用通常的方式定义磁场的积分尺度为

$$
l_M = \int k^{-1} E_M(k)\,dk \Big/ \int E_M(k)\,dk
\tag{3.79}
$$

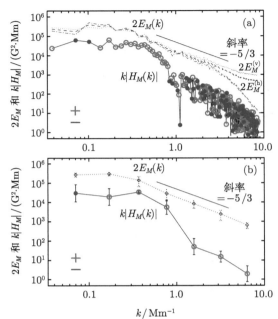

图 3.28   2011 年 2 月 13 日 23:59:54UT 的活动区 NOAA 11158。(a) $2E_M(k)$(实线) 和 $k|H_M(k)|$(虚线)，$H_M(k)$ 的正 (负) 值分别由空 (实) 心符号表示，$2E_M^{(v)}(k)$(红色虚线) 和 $2E_M^{(h)}(k)$(蓝色虚线) 用于比较；(b) 与图 (a) 相同，但磁螺度是在宽的对数间隔波数区间上平均的。来自 Zhang 等 (2014)

式 (3.77) 的可实现性条件可以用积分形式重写为 (例如 Kahniashvili et al., 2013)

$$\mathcal{H}_M = \int H_M \, dk \leqslant 2 \int k^{-1} E_M(k) \, dk \equiv 2l_M \mathcal{E}_M \tag{3.80}$$

特别地，我们有 $|\mathcal{H}_M(t)| \leqslant 2l_M \mathcal{E}_M(t)$。这允许我们定义一个归一化的相对磁螺度，

$$r_M = \mathcal{H}_M / 2l_M \mathcal{E}_M \tag{3.81}$$

它满足 $|r_M| \leqslant 1$。同样，不要将此量与 Berger (1984) 的规范不变螺度混淆。对于 2011 年 2 月 13 日 23:59:54 UT 的活动区 NOAA 11158，我们有 $l_M \approx 5.8 \, \text{Mm}$, $\mathcal{H}_M \approx 3.3 \times 10^4 \text{G}^2 \cdot \text{Mm}$ 和 $\mathcal{E}_M \approx 6.7 \times 10^4 \text{G}^2$，所以 $r_M \approx 0.042$。因此，相对磁螺度与相对电流螺度具有相同的符号。尺寸为 L^2 的二维域中对应的磁柱能量为 $L^2 \mathcal{E}_M/(4\pi) \approx 1.8 \times 10^{24} \text{ erg/cm}$，大约是 Song 等 (2013) 给出的值的三倍。磁柱螺度为 $L^2 \mathcal{H}_M \approx 1.1 \times 10^{33} \text{Mx}^2/\text{cm}$。使用光球磁螺度注入的时间积分 (Vemareddy et al., 2012; Liu and Schuck, 2012) 和非线性无力日冕场外推 (Jing et al., 2012; Tziotziou et al., 2013)，对 NOAA 11158 的规范不变磁螺度的几

种估计表明磁螺度约为 $10^{43} \mathrm{Mx}^2$。如果有效垂直范围约为 100 Mm，则与我们的值相当。然而，我们应该记住，对我们的二维数据进行这种垂直外推是没有基础的。

有趣的是，分别基于水平和垂直磁场分量的磁能谱 $E_M^{(\mathrm{h})}(k)$ 和 $E_M^{(\mathrm{v})}(k)$ 在波数低于 $k = 3\,\mathrm{Mm}^{-1}$ 时非常吻合，对应大于 2 Mm 的长度尺度。这表明我们对各向同性的假设可能是合理的。在较大波数下 $E_M^{(\mathrm{h})}(k)$ 和 $E_M^{(\mathrm{v})}(k)$ 之间的相互偏离原则上可能是物理效应，尽管没有充分的理由解释为什么磁场应该只在小尺度上大部分是垂直的。如果确实是物理效应，那么将来应该可以验证这个波数，其中 $E_M^{(\mathrm{h})}(k)$ 和 $E_M^{(\mathrm{v})}(k)$ 偏离彼此，是独立于仪器的。或者，这种偏离可能与水平和垂直磁场测量的不同精度有关 (Zhang et al., 2012)。如果是这种情况，人们应该期望在未来以更好的分辨率进行测量时，两个谱在更大的波数上彼此偏离。在这种情况下，我们的谱分析可用于在确定水平和垂直磁场时隔离潜在的问题。

在图 3.29 中，显示了不同天数的 $2E_M(k)$ 和 $k|H_M(k)|$。事实证明，在小尺度上，谱在时间上相当相似，而幅度差异主要在大尺度上。此外，$H_M(k)$ 的符号在不同的日子里保持正值。

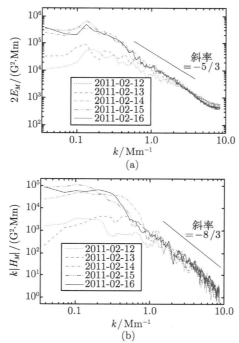

图 3.29　类似于图 3.28，但显示了其他日期的 (a) $2E_M(k, t)$ 和 (b) $k|H_M(k, t)|$。
来自 Zhang 等 (2014)

　　我们发现太阳表面活动区磁能的平均谱值符合 $k^{-5/3}$ 幂律，这是基于 Goldreich 和 Sridhar (1995) 理论所预期的，并且与早期获得的太阳磁场谱一致 (Abramenko, 2005; Stenflo, 2012)，排除了 Iroshnikov (1963) 和 Kraichnan (1965) 建议的 $k^{-3/2}$ 谱。

　　在各向同性条件下，电流螺度谱 $H_c(k,t)$ 与磁螺度谱通过

$$H_c(k,t) \sim k^2 H_M(k,t) \tag{3.82}$$

归一化使得 $\displaystyle\int H_c(k)\,dk = \langle \mathbf{J}\cdot\mathbf{B}\rangle$。在图 3.30 中我们展示了这样得到的 $|H_c(k)|$。对于 $k \gtrsim 1\mathrm{Mm}^{-1}$，电流螺度谱显示 $k^{-5/3}$ 谱，这与螺度受迫磁流体湍流的数值模拟一致 (Brandenburg and Subramanian, 2005b; Brandenburg, 2009)，并指示电流螺度的正向级联。对于动力学螺度 (André and Lesieur, 1977; Borue and Orszag, 1997) 也获得了类似的谱，这意味着相对螺度向更小的尺度减小；参见 Moffatt (1978) 的 286 页的相应讨论。

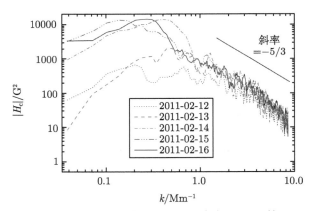

图 3.30　　无符号电流螺度谱，$|H_c(k)|$。来自 Zhang 等 (2014)

3.6.2　磁螺度、能量和速度谱的比较

　　图 3.31 显示了 NOAA 11158 活动区的多普勒速度场和相应的纵向磁图。图 3.31 中的多普勒图是在 00:00∼00:20UT 观测到的 29 帧多普勒图的平均值，2011 年 2 月 14 日由太阳动力学天文台/日震和磁成像仪 (SDO/HMI) 观测。速度的振荡分量的贡献已基本消除。发现埃弗谢德流发生在活动区的强磁结构中，在活动区附近形成小尺度速度场。这意味着活动区附近的速度场来自活动区和宁静的太阳两者共同的贡献。

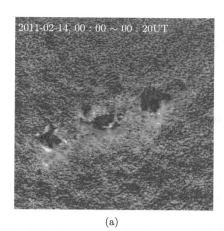 

(a)   (b)

图 3.31 NOAA 11158 活动区的 (a) 多普勒速度场和 (b) 纵向磁图。在多普勒图中，蓝色显示向上移动，黄色显示向下移动。在磁图中，黄色表示正极性，蓝色表示负极性。来自 Zhang 和 Brandenburg (2018)

图 3.32 显示了图 3.31 中的多普勒图推断出的活动区的速度场频谱。红色虚线显示了活动区中速度场的频谱，其中也包括宁静太阳的速度场。Zhao 和 Chou(2013) 已经通过 SDO/HMI 对太阳的连续高空间分辨率多普勒观测显示了类似的结果。红色点线仅显示与磁性结构相关的有活动区的谱。我们可以发现，$2 \sim 5\ \mathrm{Mm}^{-1}$ 附近的凸起已经被去除，速度能谱的斜率与磁能谱的斜率一致 $(-5/3)$。$2 \sim 5\mathrm{Mm}^{-1}$ 的速度场谱反映了宁静太阳中速度场的典型尺度，包括米粒等的贡献。

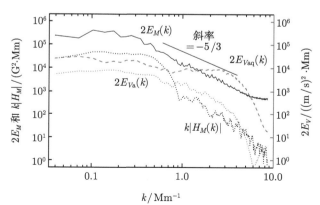

图 3.32 活动区 NOAA 11158 的磁能谱 $2E_M(k)$(黑色实线)、磁螺度谱 $k|H_M(k)|$(黑色点线) 和速度能量谱 $E_{Vaq}(k)$(红色虚线，宁静太阳部分的速度也包含在内) 和 $E_{Va}(k)$(红色点线，仅与磁结构相关的速度)。来自 Zhang 和 Brandenburg (2018)

　　研究发现，活动区中磁场和速度模式之间存在相似的尺度分布，例如，质量流动与磁场之间。这反映了磁场和速度场之间的能量交换，也可能反映了螺度。在分析速度和磁场之间的相互作用时，可以忽略宁静太阳速度场对活动区的贡献。

3.6.3　怀柔和 HMI 矢量磁图的活动区磁谱的比较

　　图 3.33 为怀柔观测基地和 HMI 观测到的活动区 NOAA 11890 矢量磁图分布，以及对应的磁能谱 $E_M(k)$，螺度 $H_c(k)$ 和 $H_M(k)$ 谱。怀柔矢量磁图和 HMI 矢量磁图的空间分辨率不同。两个磁图的磁场斜率在高波数上是不同的，这反映了观测小尺度磁场的差异。图 3.34 显示怀柔磁场的值在统计上比 HMI 弱。这意味着怀柔磁图场的定标强度显示出相对于 HMI 磁图的非线性。矢量磁图的空间分辨率和定标不同是怀柔和 HMI 磁场谱不同的原因。

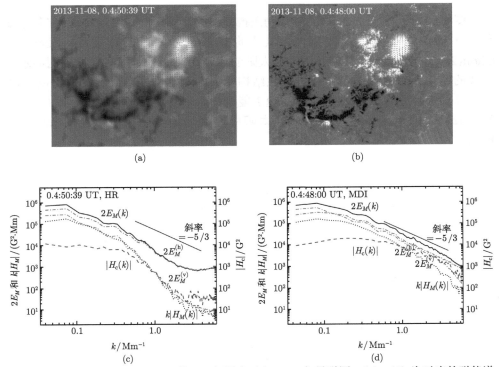

图 3.33　活动区 NOAA 11890 的 (a) 怀柔和 (b) HMI 矢量磁图；(c)、(d) 为对应的磁能谱 $E_M(k)$(实线)、磁螺度 $H_M(k)$(虚线) 和电流螺度 $H_c(k)$(蓝色虚线)。$E_M^{(h)}(k)$(红色点划线) 和 $E_M^{(v)}(k)$(黄色点划线) 显示了磁能的水平和垂直部分，这与磁场的横向和纵向分量有关

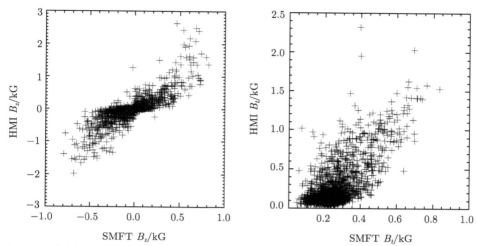

图 3.34 在图 3.33 中的活动区 NOAA 11890 怀柔和 HMI 矢量磁图之间场纵向和横向磁场分量的统计相关性

3.6.4 磁螺度和能谱的演化

1. 活动区 NOAA 11158

我们分析了 2011 年 2 月 12 ~ 16 日期间太阳活动区 NOAA 11158 的数据, 这些数据由太阳动力学天文台 (SDO) 上的日震和磁成像仪 (HMI) 观测。磁图的像素分辨率约为 0.5″, 视场为 250″ × 150″。在我们的研究中, 使用了活动区中的 600 幅矢量磁图。

为了分析活动区磁能谱和相应螺度的基本特性, 图 3.35 显示去除了单个样本计算的波动, 从 2011 年 2 月 11 ~ 15 日期间活动区 NOAA 11158 的 600 幅矢量磁图推断出的谱平均值。该值与 Zhang 等 (2014) 的结果具有可比性。这提供了对活动区中磁能和螺度的谱分布的基本估计。

图 3.36 显示了由式 (3.75) 推断在活动区 NOAA 11158 的光球层中平均螺度和能量的演变。发现磁螺度和能量随着活动区的发展而变化。2011 年 2 月 14 日, 活动区的磁螺度下降, 而磁能没有下降。这意味着活动区的螺度变化与磁能的变化没有简单的单调关系。这也与通过 Gao 等 (2012) 分析矢量磁图和表层下速度推演的活动区 NOAA 11158 中电流螺度和动力学螺度的演变趋势一致。

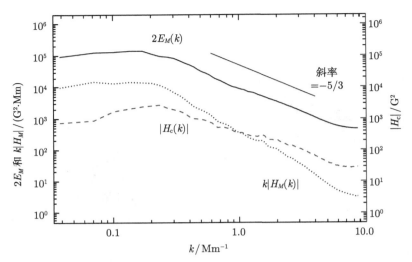

图 3.35 $2E_M(k)$(实线)、$k|H_M(k)|$(虚线) 和 $|H_c(k)|$(实线) 的平均频谱，平均 600 个活动区
NOAA 11158 上的矢量磁图，2011 年 2 月 11~ 15 日。来自 Zhang 等 (2016)

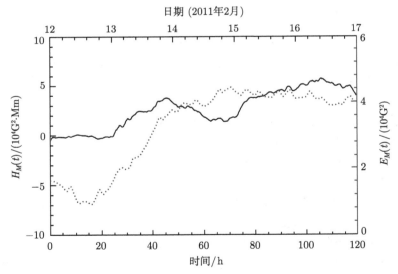

图 3.36   NOAA 11158 活动区光球磁螺度 $H_M(t)$(实线) 和磁能 $E_M(t)$(虚线) 的演化。来自
Zhang 等 (2016)

在由 Kolmogorov (1941a) 、Obukhov (1941) 和 Batchelor (1953) 估计的流
体动力湍流中，$k^{-\alpha}$ 幂律的标度指数 α 值约为 5/3 (约 1.67)。Iroshnikov (1963)
和 Kraichnan (1965) 在磁场湍流中提出了类似的 3/2 结果。基于太阳磁场观测计

算的结果曾由 Abramenko (2005) 和 Stenflo (2012) 提供。我们的结果给出了在区间 $1\,\text{Mm}^{-1} < k < 6\,\text{Mm}^{-1}$ 中波数的磁能谱和磁螺度谱的平均尺度指数 α 值。图 3.37 显示了 NOAA 11158 活动区波数磁能谱平均尺度指数 α 值的演变。发现 $|E_M|$ 的最小值 $\alpha_{(|E_M|)}$ 值为 1.1，最大值为 2.0，随着活动区的发展，平均值约为 1.67。

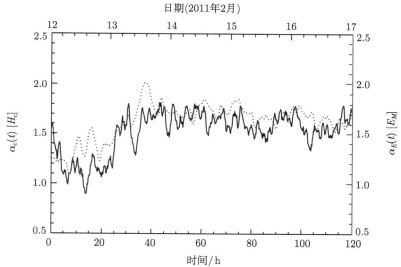

图 3.37　NOAA 11158 活动区光球电流螺度谱 (实线) 和磁能谱 (虚线) 标度指数 α 的演化。来自 Zhang 等 (2016)

在各向同性条件下，电流螺度谱 $H_c(k,t)$ 通过 $H_c(k,t) \sim k^2 H_M(k,t)$ 与磁螺度谱相关。图 3.37 显示了 NOAA 11158 活动区中波数的电流螺度谱的平均尺度指数 α 值的演变。发现 $|H_c|$ 的最小值 $\alpha_c(t)|H_c|$ 值为 0.9，最大值为 1.7，随着活动区尺度的发展，平均值约为 1.6。这意味着该活动区的 $\alpha_c(t)|H_c|$ 的值为 5/3 的数量级，与我们之前的估计 (Zhang et al., 2014) 一致。这意味着太阳表面该活动区的磁能和电流螺度的平均谱值与 Kolmogorov (1941a) 等提出的 $k^{-\alpha}$ 幂律大致一致。

我们还计算了磁螺度谱。随着活动区的发展，$\alpha_M(t)[kH_M]$ 的最小值为 1.9，最大值为 2.8，平均值为 2.65。

活动区磁螺度和能量的标度指数 α 值实际上反映了太阳表面不同标度的螺度和能量元的特征分布，而不完全反映不同尺度磁场极性分布的复杂性。

在 NOAA 11158 活动区相对磁螺度 r_M 和磁场积分尺度 l_M 的演化如图 3.38 所示。r_M 的平均值约为 0.05，而在活动区发展阶段 l_M 的平均值约为

6 Mm。发现相对磁螺度 r_M 与活动区的发展呈现出较为复杂的关系,与图 3.36 中的 H_M 呈现出相似的趋势。

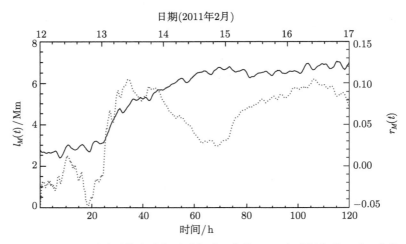

图 3.38　NOAA 11158 活动区的光球相对磁螺度 (虚线 r_M) 和磁场积分尺度 (实线 l_M) 的演变。来自 Zhang 等 (2016)

2. 活动区 NOAA 11515

为了展示太阳活动区磁场谱的演变和相应的螺度,我们还分析了 2012 年 6 月 30 日 ~ 7 月 6 日期间太阳活动区 NOAA 11515 的数据,这些数据由太阳动力学天文台载日震磁成像仪观测。磁图的像素分辨率约为 $0.5''$,视场为 $250'' \times 150''$。在我们的研究中,使用了大约 840 幅矢量磁图。

图 3.39 显示了光球矢量磁图和 $h_c^{(z)} = J_z B_z$ 的对应分布,来自该活动区不同日期的矢量磁图的平均。它提供了太阳表面该活动区的磁场空间分布和电流螺度密度。

图 3.40 显示了 2012 年 6 月 30 日 ~ 7 月 6 日活动区 NOAA 11515 的约 840 幅矢量磁图推断出的光谱平均值,用于分析活动区磁能谱和相应螺度的基本特性。这些与 Zhang 等 (2014) 的结果和图 3.35 中 NOAA 11158 的平均值相当。比较活动区 NOAA 11158 和 11515,发现不同活动区的磁能和螺度的平均谱结构略有不同。

结果表明了区间 $1\text{Mm}^{-1} < k < 6\text{Mm}^{-1}$ 中波数的磁能谱和磁螺度谱的平均尺度指数 α 值。图 3.41 显示了 NOAA 11515 活动区中波数磁能谱的平均尺度指数 α 值的演变。发现 $|H_c|$ 的 $\alpha_c(t)[H_c]$ 最小值为 1.2,最大值为 2.7,平均值约为 2.0。发现 $|E_M|$ 的 $\alpha_E(t)[E_M]$ 最小值为 2.0,最大值为 2.6,均值为 2.4 左右。与活动区 NOAA 11158 比较,发现该值大于 NOAA 11158。这意味着在我们分析

的谱范围内, 该活动区的磁能谱值高于 Kolmogorov (1941a) 等的理论估计值。

活动区 NOAA 11515 中 r_M 和 l_M 的演化如图 3.42 所示。r_M 的平均值约为 0.22, 而随着活动区的演化, l_M 的平均值约为 8 Mm。我们可以发现, 随着活动区的演化, 即使活动区的面积增加, 相对磁螺度和磁能尺度的值减小。

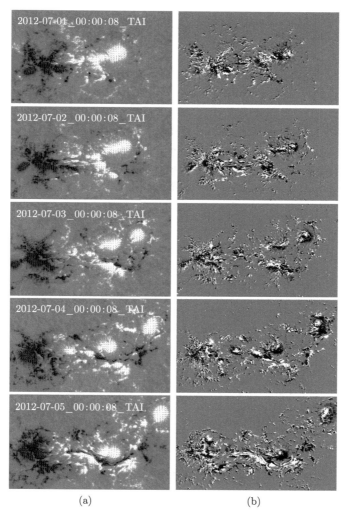

(a)　　　　　　　　　　　(b)

图 3.39　2012 年 6 月 30 日 ~ 7 月 4 日期间 NOAA 11515 活动区的 (a) 光球矢量磁图和 (b) $J_z B_z$ 图。箭头显示了磁场的横向分量。白 (黑) 色表示左侧 B_z 和右侧 $J_z B_z$ 的正 (负) 值。来自 Zhang 等 (2016)

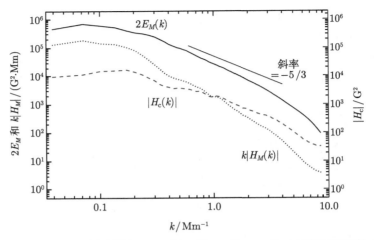

图 3.40　对 NOAA 11515 活动区在 2012 年 6 月 30 日 ~ 7 月 6 日期间观测的 840 幅矢量磁图进行平均，获得 $2E_M(k)$(实线)、$k|H_M(k)|$(点线) 和 $|H_c(k)|$(虚线) 的平均谱图。来自 Zhang 等 (2016)

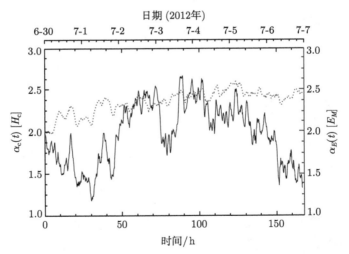

图 3.41　NOAA 11515 活动区的光球电流螺度谱 (实线) 和磁能谱 (虚线) 的尺度指数 α 的演化。来自 Zhang 等 (2016)

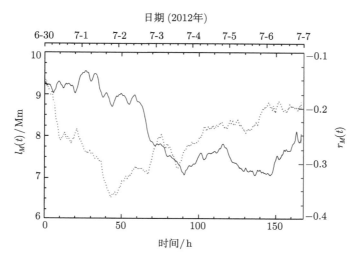

图 3.42 NOAA 11515 活动区光球相对磁螺度 (虚线 r_M) 和磁场积分尺度 (实线 l_M) 的演化。来自 Zhang 等 (2016)

3.7　耀斑–日冕物质抛射活动区中的磁场

一般认为，磁场在对流区底部附近产生，并浮现到太阳表面，在那里形成太阳活动区。当磁场浮现时，磁能和螺度都随着磁通量被带入日冕。太阳活动现象 (例如耀斑和日冕物质抛射) 中释放的磁能由活动区中磁场的非势分量提供。在太阳大气中积累非势能磁能有多种可能性。一种是缠绕的磁通量出现在 δ 型活动区中形成观察到的缠绕磁绳或磁结 (Tananka, 1991; Wang et al., 1994b; Leka et al., 1996; Liu and Zhang, 2001; Ruan et al., 2014)。另一种可能性是光球活动区中不同磁结构之间的磁剪切或挤压，这反映了不同磁通量系统与日冕中积累的自由磁能的相互作用 (Hagyard et al., 1984; Chen et al., 1994; Zhang, 2001a,b; Deng et al., 2001; Dun et al., 2007)。不同磁通量流系统的相互作用实际上源于新磁通的浮现。

3.7.1　与耀斑相关的矢量磁场的变化

活动区强耀斑期间矢量磁场变化的检测是一个值得注意的课题，由 Chen 等 (1989) 首先用视频矢量磁像仪发现。他们指出，耀斑的初始亮点与磁场的强剪切区和新通量的出现有关。中性线附近耀斑后，纵向磁场梯度下降，横向磁场相对于中性线的剪切角发生变化。

1. 与耀斑相关的矢量磁场的变化，案例 1

1991 年 6 月的活动区 NOAA 6659 是一个强大的耀斑产生区 (Schmieder et al., 1993)。在活动区观察到大约五个白光耀斑。Zhang 等 (1994) 介绍了国家天文台怀柔太阳观测站对该区域光球矢量磁场和速度场的观测结果，并讨论了磁场的演变及其 (白光) 耀斑与强磁场的关系。图 3.43 显示了活动区矢量磁场横向分量的变化以及与白光耀斑位置的关系。

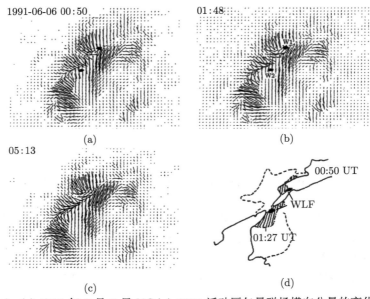

图 3.43　(a)~(c) 1991 年 6 月 6 日 NOAA 6659 活动区矢量磁场横向分量的变化与白光耀斑位置的关系；(d) 阴影区域显示了从 00:50 UT 到 01:27 UT 磁场的相应纵向分量的反极性区域。实线 (虚线) 标记正 (负) 极性区域 (Zhang et al., 1994)

对一系列具有高空间分辨率的斯托克斯参数 Q, U, V 的单色图像进行分析后，Zhang 等 (1994) 发现了以下新观察到的现象：① 在这个 δ 型区域，一些磁通量显示出相反的极性，并且出现的磁通量的纵向分量以纤维状特征排列，其小角度相对于太阳表面磁场的水平分量，其中力线高度剪切；② 强烈 (白光) 耀斑前后，在这些耀斑位置附近的磁中线处，矢量磁场发生了明显的变化。白光耀斑可能是由光球层磁力线的剧烈运动引起的。

Lin 等 (1996) 提供了于 1993 年 6 月 24 日在 FeI λ5324Å 线出现的太阳耀斑，指出该耀斑作为低光球层被激发的指标。Song 等 (2020) 从观测角度讨论了低层太阳大气中由磁重联驱动的白光耀斑可能性。

2. 与耀斑相关的矢量磁场的变化，案例 2

2000 年 7 月 14 日的巴士底日耀斑被几个太空和地面天文台很好地观测到，并被许多研究人员广泛研究。Wang 等 (2005) 发现，很大一部分 X 级耀斑与太阳黑子中一个非常有趣的演化模式有关：在大耀斑后，部分外部黑子结构迅速衰减；与此同时，中央本影和/或半影结构变得更暗。这些更改会在大约 1 h 内发生并且是永久性的。他们发现，活动区 NOAA AR 9077 的太阳黑子结构变化类似于图 3.44 中与 2000 年 7 月 14 日 X5.7 耀斑相关的太阳黑子结构变化。

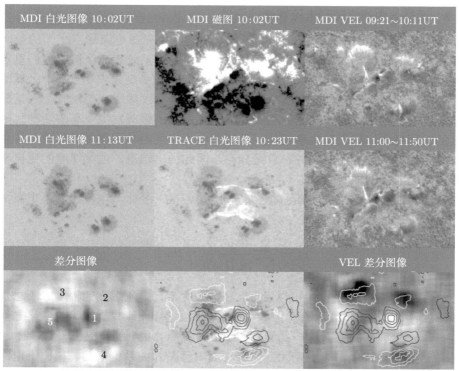

图 3.44　　左：分别在耀斑前后拍摄的 10:02 UT 和 11:13 UT 的两张 MDI 白光图像，以及耀斑后图像和耀斑前图像之间的差分图像。中：MDI 磁图、耀斑期间的 TRACE 白光图像，以及在 TRACE 白光图像上叠加的差分图像的强度。轮廓级别是每个区域的预耀斑光球强度的 1%、2%、3% 和 4% 以上 (或以下)。视场为 $19'' \times 13''$。右：分别在耀斑前后的两个平均 MDI 多普勒图以及差分图像，以展示埃弗谢德流的演变。来自 Wang 等 (2005)

Wang 等 (2005) 发现的新证据包括以下内容：① 衰变半影段的埃弗谢德速度在耀斑后显著减弱，表明半影结构实际减弱；② 根据现有的耀斑前后矢量磁图，横向场强在半影衰变区下降，在耀斑中线附近显著增加；③ 耀斑后在耀斑中性线附近发现新的电流系统；④ 耀斑发生后，相反磁极的质心位置立即向磁中性线会聚，活动区的磁通量在耀斑发生后稳步下降。有人提出，一个简单的四极磁重联模型可以解释大部分观察结果：在耀斑前两个磁偶极的接触处连接；磁重联产生了两组新的环，一个紧凑的耀斑环和一个可能是日冕物质抛射 (CME) 源的大规模扩张环。由于这种重联，外部半影场变得更加垂直，对应于半影衰变。在与耀斑相关的磁重联开始后，磁中性线附近的重联场首先增强，然后在磁湮灭时逐渐减弱。然而，从观测的一个方面来看，这个模型是有问题的：它未能识别出这种四极磁重联的两个远端足点。

3.7.2   活动区中的耀斑和电流螺度的探讨

Bao 等 (1999) 研究了色球 Hβ 耀斑与活动区中光球电流螺度之间的空间和时间关系。所有数据均由怀柔太阳观测站矢量磁像仪系统观测获得。他们重点分析了 1990 年 8 月 30 日观测到的 NOAA 6233 活动区。结果表明，一个区域或其附近的电流螺度分布的快速和实质性变化最有可能引发耀斑，但没有令人信服的电流螺度峰值与耀斑位置之间的相关性。研究发现，耀斑发生率高的活动区电流螺度的时间变化比耀斑发生率低的活动区的电流螺度的时间变化更显著，并且在耀斑发生后电流螺度的幅度并不总是减小。因此得出结论，电流螺度的变化率可以被视为耀斑活动的指标。

请注意，在耀斑多产活动区的平均电流螺度 $\langle h_{\rm c} \rangle$ 变化与电流螺度不平衡性一样明显：

$$\rho_h = \frac{\sum h_{\rm c}(i,j)}{\sum |h_{\rm c}(i,j)|} \times 100\% \tag{3.83}$$

如图 3.45 所示。从这个图中可以发现，在耀斑之后，电流螺度的幅度并不总是下降。爆发活动似乎与 $\langle h_{\rm c} \rangle$ 的变化率有关。然而，耀斑活动与 $\langle h_{\rm c} \rangle$ 的变化之间并不存在一一对应的关系。这一结果与 Pevtsov 等 (1995) 的结果不一致。Bao 等 (1999) 认为活动区中电流螺度的变化率与太阳耀斑的关系更密切。相比于电流螺度的值，电流螺度大变化率可以更好地表征活动区的非势性。

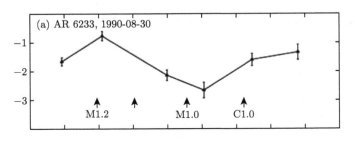

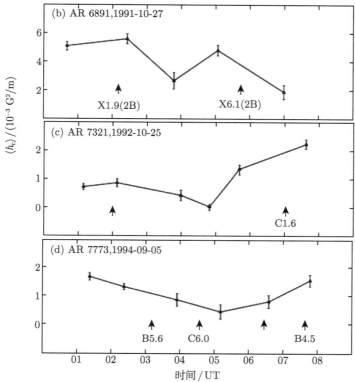

图 3.45 在四个产生耀斑的活动区 (NOAA 6233、NOAA 6891、NOAA 7321 和 NOAA 7773) 中，作为时间函数的光球磁场的平均电流螺度 $\langle h_c \rangle$ 的变化。箭头表示耀斑的开始时间。来自 Bao 等 (1999)

3.7.3 输入磁螺度和耀斑–日冕物质抛射

我们通过图 3.24 ~ 图 3.26 可以看到，在活动区 10488 的双极主黑子成熟后，dH/dt 大约是 -5×10^{41} Mx^2/ h。到 10 月 31 日 22:00 UT，螺度累积变化量已达到 -4×10^{43} Mx^2，磁通量达到约 $\pm 3 \times 10^{22}$ Mx，如果磁螺度的累积变化量在双极主黑子成熟后以该速度的绝对值继续增加，则在 11 月 3 日 00:00 UT 将达到 -6×10^{43} Mx^2。这代表了活动区中存在着高螺度值。Chae 等 (2004) 对另一个活动区的研究发现该活动区产生了 8×10^{42} Mx^2 的较低螺度。这种差异的主要原因似乎是所研究的活动区的磁通量不同。Nindos 和 Andrews (2004) 表明，对于没有 CME 的耀斑，存储的耀斑前日冕螺度的数量比有 CME 的耀斑要小，并且有 CME 的耀斑的最大绝对日冕螺度约为 7×10^{43} Mx^2，而平均日冕螺度约为 $(2.68 \pm 1.81) \times 10^{43}$ Mx^2。因此，从活动区 10488 的水平运动推断出的日冕螺度足以在 11 月 3 日 00:00 UT 之前发生一两次 CME 耀斑。实际上该活动区在通过日面期间发生了 17 个 C 级、6 个 M 级和 2 个 X 级耀斑。

通过识别耀斑和 CME 的时间并扫描大角度和光谱日冕仪 (LASCO) 观测获得的 CME 电影，我们发现有 2 个 CME(分别发生在 11 月 3 日 01:59UT 和 10:06 UT) 与耀斑相关 (X2.7 和 X3.9 耀斑分别发生在 11 月 3 日 01:09UT 和 09:43 UT)。应该指出的是，单个 CME 或磁云 (MC) 的螺度取决于采用的 MC 通量管的长度 (使用 MC 螺度计算作为 CME 螺度的指标)。如果采用 0.5 天文单位 (AU) 的较短长度，则单个 CME 或 MC 的平均螺度通常为 2×10^{42} Mx^2 (DeVore, 2000)。

3.7.4　强耀斑和太阳表面磁场的动态演化

磁场强度及其演化速度是研究太阳大气磁场变化的两个重要参数。Liu 等 (2008) 提出了对活动区复杂性变化的动态和定量描述：$\mathbf{E} = \mathbf{u} \times \mathbf{B}$，其中 $\mathbf{u}$ 是磁力线的足点运动速度，$\mathbf{B}$ 是磁场。$\mathbf{E}$ 表示速度场和磁场的动态演化，这里表示磁足点的扫掠运动，表现出电流的积累过程，并与光球活动区的非势能变化有关。它实际上是光球层中的感应电场。它可以通过局部相关跟踪技术计算的速度和从矢量磁图导出的矢量磁场，从观测上推导出来。

可以发现：① 耀斑核的初始增亮大致位于 $\mathbf{E}$ 强度非常高的磁中性线附近；② 在我们研究的大多数情况下，在耀斑后，$\mathbf{E}$ 及其法向分量 ($\mathbf{E}_z$) 的平均密度的日平均值下降，而 $\mathbf{E}$ 的切向分量 ($\mathbf{E}_t$) 的日平均值在耀斑前后没有明显的规律性；③ $\mathbf{E}_t$ 的平均密度的日均值总是高于 $\mathbf{E}_z$ 的日均值，这不能由 $\mathbf{B}_z$ 和 $\mathbf{B}_t$ 的平均密度的日均值自然导出。

图 3.46 显示了活动区 NOAA 10488 中 E_z 的灰度图。在旋转阶段，E_z 的最大值位于正极性主黑子的旋转或缠绕区域附近。在剪切阶段，E_z 的最大值移动到"强剪切区域"，该区域位于显示强剪切磁场的新浮现和旧有负极黑子之间。E_z 的最大值为 $0.1 \sim 0.2$ V/cm，与由 Wang 等 (2003) 报道的双带耀斑演化的慢磁重联阶段的电场相当 (0.1 V/cm)。

E_z 最大值的位置意味着参数 E_z 可能与该活动区中太阳大气中的磁非势性有关。为了更清楚地看到 E_z 和非势性之间的关系，我们研究了这个活动区中的一个耀斑。10 月 30 日，怀柔太阳观测站 (HSOS)Hα 望远镜观测到 M1.6 耀斑。它从 01:56 UT 开始，在 02:07 UT 达到最大值，并在 02:29 UT 结束。图 3.47 显示了这个耀斑在 02:03 UT 的 Hα 单色图，叠加了 $E_z=\pm0.12$ V/cm 等强度 (粗线)。从图中我们发现 E_z 的最大值与亮核之间没有明显的相关性。然而，在"强剪切区"中，E_z 强度很大，Hα 单色像图呈现出不太亮的条带 (见图 3.47 中的标记"f")。这种现象在耀斑前后会持续几个小时，值得进一步研究。回顾 11 月 3 日 01:25 UT 位于新浮现正极和旧有负极黑子之间的 X 级耀斑核，我们认为，在这个"强剪切区"中，强剪切磁场持续积累了磁自由能。当然，我们需要更多耀斑，尤其是强耀斑的完整准确数据，来研究 E_z 与耀斑的关系。

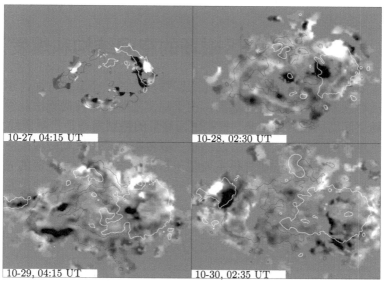

图 3.46 E_z 的灰度图。白色和黑色等强度线分别代表 200 G 和 -200 G 的纵向磁场强度。视场为 $225'' \times 168''$。来自 Liu 和 Zhang (2006)

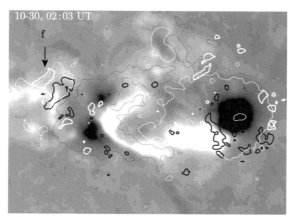

图 3.47 10 月 30 日在怀柔太阳观测基地观测到的 M1.6 Hα 耀斑，粗白色和黑色等强度线代表 $E_z = \pm 0.12$ V/cm，以及细白色和黑色等强度线线表示纵向磁场强度 ± 200G，视场为 $225'' \times 168''$。来自 Liu 和 Zhang (2006)

第 4 章　太阳活动区磁场的空间结构和爆发活动

　　研究太阳磁场的空间结构和性质是太阳物理学的一个重要方面，也是充分认识太阳磁活动现象的必要条件。然而，由于观测限制，目前尚无法获得有关光球层上方磁场空间结构的详细信息。日冕磁场测量的特别困难是日冕谱线太宽太暗，磁场太弱，难于用塞曼分裂光谱方法测量，以致提出了用汉勒效应来测量日冕磁场。迄今为止，日冕磁场的研究仍主要基于日冕形态结构和与观测的光球磁场外推磁力线比较。当然，这种概念基础本身还是存在问题的，主要原因是日冕形态结构并不完全等同于磁场。

4.1　无力场近似

　　由于在日冕和色球层中，等离子体的宏观分布本质上是由磁场控制的，从而在日冕和色球层 (甚至光球层) 中观察到的结构已被用作理论外推磁场的检验标准。如果理论外推磁力线与观测到的日冕和色球层结构一致，我们通常认为外推磁场基本上反映了太阳大气中的真实磁场。

　　磁场和等离子体结构之间的平衡可以用以下磁流体静力学方程描述：

$$-\nabla p + \frac{1}{\mu_0}(\nabla \times \mathbf{B}) \times \mathbf{B} + \rho \mathbf{g} = 0 \tag{4.1}$$

其中，p 是流体压强；$\mathbf{B}$ 是磁场；ρ 是密度；$\mathbf{g}$ 是重力加速度；$\mu_0 = 4\pi \times 10^{-7} \mathrm{H/m}$ 是真空磁导率。在色球层和低日冕中，磁压远大于气压和重力 (即 β 相对较小，$\beta = 2\mu_0 p / B^2$)，则式 (4.1) 可以近似为

$$(\nabla \times \mathbf{B}) \times \mathbf{B} = 0 \tag{4.2}$$

即电流与磁场平行，洛伦兹力为零。式 (4.2) 也可以写成

$$\nabla \times \mathbf{B} = \alpha(\mathbf{r}, t)\mathbf{B} \tag{4.3}$$

其中，$\alpha(\mathbf{r}, t)$ 为空间位置 $\mathbf{r}$ 和时间 t 的函数，称为无力因子。同时无力磁场还应满足磁场的无散条件，即

$$\nabla \cdot \mathbf{B} = 0 \tag{4.4}$$

式 (4.3) 和式 (4.4) 是无力场方程。

4.1.1 太阳磁场外推方法

1. 势场的近似

对于势场近似 $\nabla \times \mathbf{B} = 0$，可以引入标势 ϕ，则势场近似下磁场表示为

$$\mathbf{B} = -\nabla\phi \tag{4.5}$$

对上式取散度可得

$$\Delta\phi = 0 \tag{4.6}$$

即势场近似下的标势 ϕ 满足拉普拉斯方程 (4.6)。如果给出适当的边值条件，方程 (4.6) 存在唯一解。在狄利克雷 (Dirichlet) 问题中，边界条件就是边界上的 ϕ，而在诺伊曼 (Neumann) 问题中，边界条件是边界上势函数 ϕ 的方向导数。后者正好适用于太阳磁场。当研究的区域位于日面中心附近时，$B_n = -\dfrac{\partial\phi}{\partial n}$ 正是太阳磁场的纵向分量 B_z。在势场近似下 $\mathbf{B} = -\nabla\phi$，可以通过求解如下边值问题而得到：

$$\Delta\phi = 0 \ (z > 0), \quad -\boldsymbol{n}\cdot\nabla\phi = \mathbf{B}_n \ (z = 0) \tag{4.7}$$

其中，$\boldsymbol{n}$ 为光球表面 ($z = 0$) 的法向单位向量，同时要求 $z \to \infty$ 时，$\mathbf{B} \to 0$。应用比较多的求解势场的方法有磁荷模拟方法和球谐函数方法。

2. 磁荷方法

磁荷模拟方法是由 Schmidt (1964) 提出的。它以平面近似代替球面，只能用于计算日冕较小区域 (如活动区) 上空的磁场分布。它计算方便，不受空间分辨率限制。此方法原理上与计算静电势的方法类似，它把光球表面的磁场的垂直分量看作磁荷。如果所研究的区域位于日面中心附近，就可以把光球磁场纵向分量 (与视向平行) B_z 作为光球表面磁场的垂直分量。光球面上 ($z = 0$) 的磁荷分布在光球上空 ($z > 0$) 产生磁场分布。在光球下方 ($z < 0$) 区域中产生虚构的无物理意义的磁场分布。

设光球层的磁荷面密度为 σ，磁场强度为 $\mathbf{B}$，$\boldsymbol{n}$ 为光球层的单位法向量，则光球上空任意一点 P 的势函数 $\phi(r)$ 可以表示为

$$\phi(r) = \int\frac{\sigma}{\rho}ds = \int\frac{\sigma}{|r - r'|}ds \tag{4.8}$$

其中，ρ 为 P 点与光球面元的距离；ds 为光球面元的面积；r' 为光球面元的坐标。σ 与 $\mathbf{B}$ 的关系则由奥–高 (Ostrovski-Gauss) 定理确定：

$$2\pi\sigma = B_n = B_z \tag{4.9}$$

其中，B_z 即观测到的光球纵场，于是式 (4.8) 可写为

$$\phi(r) = \frac{1}{2\pi} \int \frac{B_z}{|r - r'|} ds \tag{4.10}$$

最后，磁场由式 (4.5) 确定。

势场近似现在几乎成了一种常规的外推方法，可以用于观测，用于建立磁流体力学 (MHD) 数值模拟的初始条件等。除此，它还可以用来解决光球横磁场的 180° 不确定性；用于计算磁剪切角，以检查磁场的非势程度。

3. 球谐法

Newkirk 等 (1968) 提出采用球谐函数来解拉普拉斯方程的解法，后由 Alissandrakis (1981) 做了进一步发展，它可应用于必须考虑球面曲率的较大区域，甚至全日面上空的磁场，但必须考虑太阳风的效应。此方法理论上比较完整，但计算量巨大。要达到 $2'' \times 2''$ 的空间分辨率，多项式中必须计算到 $N = 90$ 项之多。对于拉普拉斯方程 (4.6)，当 $r > R$ 时 (R 为太阳半径)，其解为

$$\phi(r, \theta, \phi) = R \sum_{l=1}^{N} \sum_{m=0}^{l} f_l(r) P_l^m(\theta)[g_l^m \cos(m\varphi) + h_l^m \sin(m\varphi)] \tag{4.11}$$

其中，

$$f(r) = \frac{(r_\omega/r)^{l+1} - (r/r_\omega)^l}{(r_\omega/r)^{l+1} - (R/r_\omega)^l} \tag{4.12}$$

边界条件是：当 $r = r_\omega$ 时，$f(r) = 0$，磁场成径向。这个边界条件的物理意义是当 $r = r_\omega$ 时，太阳风能量占主导，它将迫使冻结的磁力线沿着自由流动的方向。从日全食照片可以看到这种情况大致发生在 $r_\omega = 2.6R$ 处。因此 $r = r_\omega$ 的球面也称为源表面 (source surface)，因为它与 $r \geqslant r_\omega$ 空间的电流等效。$r < r_\omega$ 空间中的势场当然必须考虑这个电流的贡献。

函数 $f_l(r)$ 的归一化条件为 $f_l(r) = 1$。于是式 (4.11) 中的系数 g_l^m 和 h_l^m 可以根据观测到的光球磁场 ($r = R$) 用最小二乘法拟合确定。多项式的数目 N 越大，计算得到的磁场越精细。

寻求势场解的第三种方法是采用下边介绍的一般无力场解法，然后令其中 $\alpha = 0$，即为势场的解。它一般用于计算太阳活动区范围的磁场结构，而且常用于研究日冕大尺度的磁场结构等。

势场计算中需要用到光球磁场的垂向 (太阳径向) 分量，而磁像仪测量的是视向分量 (称为纵场)，因此只有当研究区域处在日面中心附近时，才可近似把纵向磁场视为磁场的垂向分量，因此当某研究区域不在日面中心附近而要计算它的磁

场时，只能利用该区域几天前或几天后正好在日面中心附近时的磁场测量值作为边界条件，这就存在这段时间中磁场本身是否变化的问题，亦即存在理论计算的磁场与供作比较的观测的日冕结构非同时性问题。而当计算全日面磁场时，由于需要全日面的光球磁场测量值作为边界条件，必须经历一个太阳自转周才能获得。在这样长的时期中，磁场本身很可能变化。因此用一个太阳自转周得到的全日面光球磁场为边界计算出来的磁场位形只能视为此时期的平均结果。可见势场近似只适用于外推演化缓慢的磁场，而且主要用于了解日冕磁场的宏观结构。

4.2 线性无力场

实际上，太阳大气中的电流不一定为零，尤其是在活动区上方一般存在电流，因此采用非势无力场更为合理。作为无力场中最简单的一种，线性无力场已获得较深入的研究。线性无力场的经典方法是将之化为一个标量亥姆霍兹方程求解，其解法主要分为两类：傅里叶级数法 (Nakagawa and Raadu, 1972; Seehafer, 1978; Alissandrakis, 1981; Gary, 1989; Aly, 1992; Démoulin et al., 1997; Song and Zhang, 2004) 和格林函数法 (Chiu and Hilton, 1977; Semel, 1988; Yan, 1995)。

在笛卡儿坐标系，可以证明满足 $\nabla \times \mathbf{B} = \alpha \mathbf{B}$ 的常 α 线性无力场 $\mathbf{B}$ 可以用一个标量函数 P 表示为

$$\mathbf{B} = \nabla \times \nabla \times (P\hat{\mathbf{e}}_z) + \alpha \nabla \times (P\hat{\mathbf{e}}_z) \tag{4.13}$$

或者

$$\mathbf{B} = \left(\frac{\partial^2 P}{\partial x \partial z} + \alpha \frac{\partial P}{\partial y}\right)\hat{\mathbf{e}}_x + \left(\frac{\partial^2 P}{\partial y \partial z} - \alpha \frac{\partial P}{\partial x}\right)\hat{\mathbf{e}}_y - \left(\frac{\partial^2 P}{\partial x^2} + \frac{\partial P}{\partial y^2}\right)\hat{\mathbf{e}}_z \tag{4.14}$$

其中，P 满足亥姆霍兹标量方程

$$(\nabla^2 + \alpha^2)P = 0 \tag{4.15}$$

一些常用的方法，如 Nakagawa-Raadu，Chiu-Hilton 等，所得到的磁场的不同表达式都是由式 (4.14) 和式 (4.15) 出发推出的。下面介绍几种常见的常 α 线性无力场的计算公式。这些公式也是较多应用于太阳具体活动区磁场的计算。

4.2.1 Chiu-Hilton 方法

Chiu 和 Hilton (1977) 提出了一种求解常 α 线性无力场的方法。同样取直角坐标系，在 $z = 0$ 平面上的矩形区域 $(0 \leqslant x \leqslant L_x, 0 \leqslant y \leqslant L_y)$ 中，$B_z(x, y, 0)$ 取

自观测值。区域外 $B_z(x, y, 0) = 0$，为水平无边界的边值问题。在柱坐标系中，亥姆霍兹方程 (4.15) 在半无限空间问题的通解是

$$P(\rho, \phi, z) = \sum_{m=-\infty}^{\infty} e^{im\phi} \left\{ \int_{\alpha}^{\infty} [A_m(k) e^{-\sqrt{k^2 - \alpha^2} z} + B_m(k) e^{\sqrt{k^2 - \alpha^2} z}] J_m(k\rho) dk \right.$$
$$\left. + \int_0^{\alpha} [A'_m(k) \cos(\sqrt{\alpha^2 - k^2} z) + C_m(k) \sin(\sqrt{\alpha^2 - k^2} z)] J_m(k\rho) dk \right\} \tag{4.16}$$

考虑半无限空间的解，由衰减条件

$$\lim_{z \to \infty} P(\rho, \phi, z) = 0 \tag{4.17}$$

可以推出式 (4.16) 中随 z 指数增长项的系数

$$B_m(k) = 0 \tag{4.18}$$

而 $A_m(k)$，$A'_m(k)$，$C_m(k)$ 为待定系数，k 为水平波数，$J_m(k\rho)$ 为贝塞尔函数。由于边值的不确定，任意有限可积函数 $C_m(k)$ 均能使式 (4.16) 满足边值 $B_z(x, y, 0)$，解不唯一。所以受到现有观测资料的限制 (仅 $z = 0$ 一个层次的纵向磁场观测比较可靠)，只能假定 $C_m(k)$ 为零。

利用贝塞尔函数的正交归一性和加法公式以及恒等式

$$\int_0^{\infty} \frac{kdk}{\sqrt{k^2 - \alpha^2}} \{ \exp[-(k^2 - \alpha^2)^{1/2} z] \} J_0(kR) = \frac{\exp[\mp i\alpha(R^2 + z^2)^{1/2}]}{(R^2 + z^2)^{1/2}} \tag{4.19}$$

可得到用格林函数表示的磁场表达式：

$$B_i = \frac{1}{2\pi} \int_0^{L_x} \int_0^{L_y} dx' dy' G_i(x, y, z; x', y') B_z(x', y', 0), \quad i = x, y, z \tag{4.20}$$

其中，

$$G_x = \frac{x - x'}{R} \frac{\partial \Gamma}{\partial z} + \alpha \Gamma \frac{y - y'}{R}$$
$$G_y = \frac{y - y'}{R} \frac{\partial \Gamma}{\partial z} - \alpha \Gamma \frac{x - x'}{R} \tag{4.21}$$
$$G_z = -\frac{\partial \Gamma}{\partial R} - \frac{\Gamma}{R}$$

辅助函数

$$\Gamma = \frac{z}{Rr}\cos(\alpha r) - \frac{1}{R}\cos(\alpha z) \tag{4.22}$$

$$R = \sqrt{(x-x')^2 + (y-y')^2} \tag{4.23}$$

$r = \sqrt{R^2 + z^2}$ 为所求点 (x, y, z) 到光球上一点 $(x', y', 0)$ 的距离。考虑到当半径 $r \to \infty$ 时，半球面上的磁通应为零，就要求所研究的区域的净磁通为零。

4.2.2 Alissandrakis 傅里叶变换

Alissandrakis (1981) 用傅里叶分析法求解线性无力场方程 (4.3)。将磁场的垂向分量表示为

$$B_z = \sum_{n_x=1}^{N_x} \sum_{n_y=1}^{N_y} \widetilde{B}_{n_x,n_y} \exp(-lz) \tag{4.24}$$

是要计算的体积的水平坐标长度，$\widetilde{B}_{n_x,n_y}$ 为由观测的光球纵向磁场计算得到的 (n_x, n_y) 阶的傅里叶振幅。同样的方法可以得到磁场水平的 B_x 和 B_y 两个分量：

$$B_x = \sum_{n_x=1}^{N_x} \sum_{n_y=1}^{N_y} \widetilde{B}_{n_x,n_y} \frac{-\mathrm{i}(n_x l - n_y \alpha)}{2\pi(n_x^2 + n_y^2)} \exp(-lz) \tag{4.25}$$

$$B_y = \sum_{n_x=1}^{N_x} \sum_{n_y=1}^{N_y} \widetilde{B}_{n_x,n_y} \frac{-\mathrm{i}(n_x l + n_y \alpha)}{2\pi(n_x^2 + n_y^2)} \exp(-lz) \tag{4.26}$$

其中，i 是虚数单位。

4.2.3 快速傅里叶分析计算线性无力场方法

Song 和 Zhang (2004) 提出快速傅里叶分析计算线性无力场方法。Song 和 Zhang 认为，Alissandrakis 的傅里叶分析法太抽象地用了无穷二维空间积分，不便于太阳工作者应用，另外他只用无力条件 (4.3) 式，没有充分考虑是否满足无散条件。快速傅里叶分析计算线性无力场方法将 Alissandrakis 的傅里叶分析法具体化，补证它满足 (4.4) 式。快速傅里叶分析计算线性无力场方法首先设观测磁场 B_z 在 x 方向有 N_1 个取样点，在 y 方向有 N_2 个取样点，这里 $N_1 = 2^{m_2}$，$N_2 = 2^{m_2}$，m_1，m_2 均为正整数，便于使用快速傅里叶变换 (FFT) 计算程序，如果观测取样点不是 2 的指数，则补充些点 (在这样点上置 $B_z = 0$ 使计算域大于观测域，它的好处是使计算值在边界逐渐降为零)。先写出观测场的二维有限傅里叶展式：

$$B_z = f(x, y) = \sum_{i=0}^{N_1-1} \sum_{j=0}^{N_2-1} C_{k_1,k_2} \mathrm{e}^{\mathrm{i}(ix+jy)} \tag{4.27}$$

这里，$I = \sqrt{-1}$ 为虚数单位；f 是一个复函数，其实部是观测值 B_z，虚部位零。C_{k_1,k_2} 可以通过下面公式求得：

$$C_{k_1,k_2} = \frac{1}{N_1 N_2} \sum_{\lambda,m=0}^{N_1-1,N_2-1} f\left(\frac{\lambda}{N_1}, \frac{m}{N_2}\right) e^{-2\pi i\left(k_1 \frac{\lambda}{N_1} + k_2 \frac{m}{N_2}\right)} \tag{4.28}$$

式 (4.28) 可以用快速傅里叶迅速算出 C_{k_1,k_2}。

类似 (4.27) 式先写出磁场的三维空间形式如下：

$$
\begin{aligned}
B_x(x,y,z) &= \sum_{u,v=0}^{N_1-1,N_2-1} B_x(u,v,z) e^{i(ux+vy)2\pi} \\
B_y(x,y,z) &= \sum_{u,v=0}^{N_1-1,N_2-1} B_y(u,v,z) e^{i(ux+vy)2\pi} \\
B_z(x,y,z) &= \sum_{u,v=0}^{N_1-1,N_2-1} B_z(u,v,z) e^{i(ux+vy)2\pi}
\end{aligned}
\tag{4.29}
$$

假设复数傅里叶系数有以下简单的 z 依赖关系：

$$
\begin{aligned}
B_x(u,v,z) &= B_x(u,v,0) e^{-kz} \\
B_y(u,v,z) &= B_y(u,v,0) e^{-kz} \\
B_z(u,v,z) &= B_z(u,v,0) e^{-kz}
\end{aligned}
\tag{4.30}
$$

复数 k 并非常数，它依赖于波数 u、v 和 α，可以证明式 (4.29) 和式 (4.30) 是自洽的，恰使磁场能满足无力无散条件。对 (4.29) 式求偏导再代入无力方程 (4.3) 中，就得以下线性代数方程：

$$\alpha B_x(u,v,0) - k B_y(u,v,0) - (i2\pi v) B_z(u,v,0) = 0 \tag{4.31}$$

$$k B_x(u,v,0) + \alpha B_y(u,v,0) + (i2\pi u) B_z(u,v,0) = 0 \tag{4.32}$$

$$(i2\pi v) B_x(u,v,0) - (i2\pi u) B_y(u,v,o) + \alpha B_z(u,v,0) = 0 \tag{4.33}$$

上述线性方程组有非零解 B_x，B_y，B_z 的条件是系数行列式为零：

$$
\begin{vmatrix}
\alpha & -k & -2\pi vi \\
k & \alpha & -2\pi ui \\
2\pi vi & -2\pi ui & \alpha
\end{vmatrix} = -\alpha[4\pi^2(u^2+v^2) - \alpha^2 - k^2] = 0
$$

此行列式确定了磁位形向上传播的复波数 k，将行列式的结果代入式 (4.31) 和式 (4.32) 求得 B_x，B_y，B_z，代回式 (4.29) 和式 (4.30) 中便得到线性无力场的表达式：

$$B_x(x,y,z) = \sum_{u,v=0}^{N_1-1,N_2-1} \frac{-\mathrm{i}(ku-v\alpha)}{2\pi(u^2+v^2)} \mathrm{e}^{-kz} B_z(u,v,0) \mathrm{e}^{\mathrm{i}(ux+vy)2\pi}$$

$$B_y(x,y,z) = \sum_{u,v=0}^{N_1-1,N_2-1} \frac{-\mathrm{i}(kv+u\alpha)}{2\pi(u^2+v^2)} \mathrm{e}^{-kz} B_z(u,v,0) \mathrm{e}^{\mathrm{i}(ux+vy)2\pi} \qquad (4.34)$$

$$B_z(x,y,z) = \sum_{u,v=0}^{N_1-1,N_2-1} \mathrm{e}^{-kz} B_z(u,v,0) \mathrm{e}^{\mathrm{i}(ux+vy)2\pi}$$

其中，$k = \sqrt{-\alpha^2 + 4\pi^2(u^2+v^2)}$，$0 \leqslant u \leqslant \dfrac{N_1-1}{N_1}$，$0 \leqslant v \leqslant \dfrac{N_2-1}{N_2}$。$B_z(u,v,0)$ 可以通过式 (4.28) 获得。

由于式 (4.34) 的解是从方程组式 (4.31) $\sim$ 式 (4.33) 得到的，所以这场满足无力条件。由式 (4.34) 可得

$$\frac{\partial B_x}{\partial x} + \frac{\partial B_y}{\partial y} + \frac{\partial B_z}{\partial z} = \sum_{u,v=0}^{N_1-1,N_2-1} \frac{ku^2 - v\alpha u + kv^2 + \alpha uv}{u^2+v^2} \mathrm{e}^{-kz} \mathrm{e}^{(ux+vy)2\pi} = 0 \quad (4.35)$$

所以式 (4.34) 满足无散条件。式 (4.34) 和式 (4.35) 在 $u=0$，$v=0$ 时不成立，对于此情况，可以在式 (4.31)、式 (4.33) 和式 (4.35) 找出一特殊解，于是最后得到了一个严格的自洽的线性无力场解。

该方法是以 Alissandrakis 的傅里叶分析法为基础出发，并且尽量弥补 Alissandrakis 的傅里叶分析法的不足之处。具体 Alissandrakis 的傅里叶分析法是否存在理论的缺陷，仍然是一个在争论的问题。如 Li 等 (2004) 中的评论："在满足线性无力场 ($\nabla \times \mathbf{B} = \alpha\mathbf{B}$) 的情况下，无散条件 ($\nabla \cdot \mathbf{B} = 0$) 自然满足，所以认为快速傅里叶分析计算线性无力场方法的关于散度为零的补正是完全多余的，所以 Song 和 Zhang 关于 Alissandrakis 的傅里叶分析法的评论也是不恰当的。"同时 Jing 等 (2008) 中认为：式 (4.34) 中的系数 $B_z(u,u,0)$ 必须在 $u=0$，$v=0$ 时满足 $B_z(0,0,0)=0$，否则无散条件不成立，所以从理论上只须规定式 (4.34) 中 $u=0$，$v=0$ 所对应的项为零，不需要寻找特殊解。

4.3　基于半解析场的非线性无力外推方法研究

基于无力假设，可以通过光球磁场外推获得太阳色球层和日冕中的磁场。对于势场 ($\alpha=0$)，可以从式 (4.3) 和式 (4.4) 得到精确的解析解，并且提出了几种方法来求解方程式 (4.3) 和式 (4.4) 用于势场 (例如, Schmidt, 1964; Newkirk et al., 1968)。而对于线性无力 ($\alpha =$ 常数) 外推法，也可以从式 (4.3) 和式 (4.4) 得到解析解，但不确定常数 α 必须为计算提供。α 的值可以通过外推磁场线分布与观测数据 (例如, Wiegelmann et al., 2005) 之间的比较来决定。

几种线性无力外推方法已被用于外推磁场 (例如, Nakagawa and Raadu, 1972; Chiu and Hilton, 1977; Seehafer, 1978; Alissandrakis, 1981; Gary, 1989; Aly, 1992; Yan, 1995; Song and Zhang, 2005, 2006)。到目前为止，势场和线性无力场外推已经得到很好的发展，但它们粗略地描述了光球层上方的磁场。而使用非线性无力模型是比较合理的。

4.3.1　理论与算法

最近提出了几种非线性无力外推模型 (例如, Sakurai, 1981; Chodura and Schlueter, 1981; Wu et al., 1990; Roumeliotis, 1996; Amari et al., 1997, 1999; Yan and Sakurai, 2000; Wheatland et al., 2000; Valori et al., 2005; Wiegelmann, 2004; Song et al., 2006)。尽管这些方法之间存在一些差异 (Schrijver et al., 2006; DeRosa et al., 2009)，但一些外推场可以给出与观察一致的结果 (例如，Régnier and Amari, 2004; Wiegelmann et al., 2006; Régnier and Prist, 2007)，所以磁场外推为我们提供了一个很有前景的工具来理解近似色球和日冕中的磁场，从而预测太阳活动。

由于上述所有方法都可以从光球磁场中外推色球和日冕中的磁场，并且这些方法已被用于描述活动区的磁场线和拓扑结构 (例如，Song et al., 2006, 2007; He, et al., 2008; Wang et al., 2008; Guo et al., 2009)，则测试这些模型的有效性成为当务之急。一般来说，无力模型的外推结果要么与解析场进行比较，要么与一些观察到的数据 (如 X 射线、EUV 等) 进行比较。

Low 和 Lou (1990) 给出的无力和无散方程的半解析解可以很容易地提供三维磁场，从而创建满足无力和无发散的轴对称数值解球坐标系中的方程。因此，部分解析场可用于检验非线性无力磁场外推法的有效性 (Liu et al., 2011a, 2012)。

1. 边界积分方程 (BIE) 方法

BIE 方法由 Yan 和 Sakurai (1997, 2000) 提出，随后由 Yan 和 Li (2006)，He 和 Wang (2008) 等发展和应用。磁场可以通过在底部边界面上引导磁场的积分来

获得。在光球面 Γ 上方的半空间 Ω 中存在一个无力场。边界条件是

$$\mathbf{B} = \mathbf{B}_0, \quad \mathbf{B} \in \Gamma \tag{4.36}$$

其中，$\mathbf{B}_0$ 是光球矢量磁场。在无穷远处，应包括渐近约束条件以确保在 Γ 上方的半空间 Ω 中的能量含量有限：

$$\mathbf{B} = O(r^{-2}), \quad r \longrightarrow \infty \tag{4.37}$$

其中，r 是径向距离。

该方法使用两个约束条件式 (4.3) 和式 (4.4) 以及两个边界条件式 (4.36) 和式 (4.37) 来计算光球上方的磁场。该方法中引入了参考函数 Y (Yan and Li, 2006)，

$$Y = \frac{\cos(\lambda\rho)}{4\pi\rho} - \frac{\cos(\lambda\rho')}{4\pi\rho'} \tag{4.38}$$

其中，$\rho = [(x - x_i)^2 + (y - y_i)^2 + (z - z_i)^2]^{1/2}$ 是变量点 (x, y, z) 与给定场点 (x_i, y_i, z_i) 之间的距离，$\rho' = [(x - x_i)^2 + (y - y_i)^2 + (z + z_i)^2]^{1/2}$，而 λ 是依赖于点 i 位置的因子。经过一系列推导，磁场 $\mathbf{B}$ 可以从以下公式获得：

$$\mathbf{B}(x_i, y_i, z_i) = \int_\Gamma \frac{z_i[\lambda r \sin(\lambda r) + \cos(\lambda r)]\mathbf{B}_0(x, y, 0)}{2\pi[(x - x_i)^2 + (y - y_i)^2 + z_i^2]^{3/2}} dx dy \tag{4.39}$$

其中，$r = [(x - x_i)^2 + (y - y_i)^2 + z_i^2]^{1/2}$ 和 $\mathbf{B}_0$ 是光球面的磁场，$\lambda = \lambda(x_i, y_i, z_i)$ 可以从下式计算：

$$\int_{\Omega''} (Y\nabla^2\mathbf{B} - \mathbf{B}\nabla^2 Y)d\Omega = \int_{\Omega''} Y(\lambda^2\mathbf{B} - \alpha^2\mathbf{B} - \nabla\alpha \times \mathbf{B})d\Omega = 0 \tag{4.40}$$

式中，Ω 是光球表面 Γ 上方的半空间，而 Ω'' 与 Ω 相同，但切割了一个包含计算点的小邻域 (Yan and Li, 2006))。与 α 不同，λ 沿磁场线不是常数，它是位置的函数。BIE 的理论在 Li 等 (2004) 以及 Yan 和 Li (2006) 的论文中有详细的描述。BIE 方法是通过迭代找到最好的 λ，同时获得磁场。当磁场满足以下条件式 (4.43) 和式 (4.44) 时，对应的 λ 就是一个很好的值：

$$f_i(\lambda_x, \lambda_y, \lambda_z) = \frac{|\mathbf{J} \times \mathbf{B}|}{|\mathbf{J}||\mathbf{B}|} \tag{4.41}$$

$$g_i(\lambda_x, \lambda_y, \lambda_z) = \frac{|\delta\mathbf{B}_i|}{|\mathbf{B}_i|} = \frac{|\nabla \cdot \mathbf{B}|\Delta V_i}{|\mathbf{B}|\Delta\sigma_i} \tag{4.42}$$

和

$$f_i(\lambda_x^*, \lambda_y^*, \lambda_z^*) = \min(f_i(\lambda_x, \lambda_y, \lambda_z))$$

$$g_i(\lambda_x^*, \lambda_y^*, \lambda_z^*) = \min(g_i(\lambda_x, \lambda_y, \lambda_z))$$

$$(4.43)$$

我们设置了以下约束:

$$f_i(\lambda_x^*, \lambda_y^*, \lambda_z^*) \leqslant \epsilon_f, \quad g_i(\lambda_x^*, \lambda_y^*, \lambda_z^*) \leqslant \epsilon_g \qquad (4.44)$$

其中, ϵ_f 和 ϵ_g 是足够小的阈值。事实上, $f_i(\lambda_x, \lambda_y, \lambda_z)$ 表示 **B** 和 **J** 之间的角度, 如果 $f_i(\lambda_x, \lambda_y, \lambda_z) = 0$ 没有洛伦兹力, 式 (4.3) 成立。其中 $g_i(\lambda_x, \lambda_y, \lambda_z)$ 代表 **B** 的散度, 当 $g_i(\lambda_x, \lambda_y, \lambda_z) = 0$ 时可以满足式 (4.4)。BIE 方法使用简单的下推技术找到 λ, 然后计算满足式 (4.44)。

2. 近似垂直积分 (AVI) 方法

在垂直积分方法 (Wu et al., 1990) 中, 已经使用有限差分格式来求解与高度相关的混合椭圆双曲偏微分方程式 (4.45) ~ 式 (4.48), 可以从式 (4.3) 和式 (4.4) 推导出:

$$\frac{\partial B_x}{\partial z} = \frac{\partial B_z}{\partial x} + \alpha B_y \qquad (4.45)$$

$$\frac{\partial B_y}{\partial z} = \frac{\partial B_z}{\partial y} - \alpha B_x \qquad (4.46)$$

$$\frac{\partial B_z}{\partial z} = -\frac{\partial B_x}{\partial x} - \frac{\partial B_y}{\partial y} \qquad (4.47)$$

$$\alpha B_z = \frac{\partial B_y}{\partial x} - \frac{\partial B_x}{\partial y} \qquad (4.48)$$

但它们是不适定的问题, 当高度增加时它们有发散的问题 (Démoulin et al., 1992; Cuperman et al., 1990)。Song 等 (2006) 提出了近似垂直积分 (AVI) 方法, 并试图避免垂直积分方法包含的那些不良问题。在该方法中, 首先, 他们通过以下公式构建磁场, 假设在一定高度范围内具有二阶连续偏导数的解, $0 < z < H$ (z 是从光球表面计算的高度),

$$B_x = \xi_1(x, y, z) F_1(x, y, z)$$

$$B_y = \xi_2(x, y, z) F_2(x, y, z) \qquad (4.49)$$

$$B_z = \xi_3(x, y, z) F_3(x, y, z)$$

其中，ξ_1、ξ_2 和 ξ_3 主要取决于 z，并随着 (x, y)、F_1、F_2 缓慢变化；F_3 主要依赖于 x 和 y，而与 z 有微弱的变化。式 (4.49) 是相似解和六个导数的数学表示 $\partial F_1/\partial_{x,y}, \partial F_2/\partial_{x,y}, \partial F_3/\partial_{x,y}$ 在 z 方向缓慢变化。在太阳活动区，由于磁场种类繁多，我们无法寻求磁场的解析解，但我们可以在薄层内构建解析渐近解：Γ 和 $z_k < z < z_{k+1}$（Γ 是活动区的延伸），$z_k = k\Delta z$，这里 $\Delta z = H/K$（H 是从光球表面向上计算的高度，K 是计算的层数）和 $k = 1, 2, 3, \cdots, K-1, K$。

构造式 (4.45) ~ 式 (4.48) 的相似解后，方程可以写成

$$\frac{d\xi_1}{dz}F_1(x_i, y_j, z) = \xi_3\frac{\partial F_3(x_i, y_j, z)}{\partial x} + \alpha(x_i, y_j, z)\xi_2 F_2(x_i, y_j, z)$$

$$\frac{d\xi_2}{dz}F_2(x_i, y_j, z) = \xi_3\frac{\partial F_3(x_i, y_j, z)}{\partial y} - \alpha(x_i, y_j, z)\xi_1 F_1(x_i, y_j, z)$$

$$\frac{d\xi_3}{dz}F_3(x_i, y_j, z) = -\xi_1\frac{\partial F_1(x_i, y_j, z)}{\partial x} - \xi_2\frac{\partial F_2(x_i, y_j, z)}{\partial y} \qquad (4.50)$$

$$\alpha(x_i, y_j, z)\xi_3 F_3(x_i, y_j, z) = \xi_2\frac{\partial F_2(x_i, y_j, z)}{\partial x} - \xi_1\frac{\partial F_1(x_i, y_j, z)}{\partial y}$$

$$0 \leqslant z \leqslant \Delta z$$

上述方程的解可以在 Song 等 (2006) 的论文中找到。

AVI 方法使用上述技术计算从一层到另一层的磁场，同时使用以下人为黏度公式：

$$[(B_x)_{i,j}]_{\text{correct}}$$

$$= (B_x)_{i,j}(1 - \omega_1) + \omega_1\frac{1}{4}[(B_x)_{i-1,j} + (B_x)_{i+1,j} + (B_x)_{i,j-1} + (B_x)_{i,j+1}]$$

$$[(B_z)_{i,j}]_{\text{correct}} \qquad (4.51)$$

$$= (B_z)_{i,j}(1 - \omega_2) + \omega_2\frac{1}{4}[(B_z)_{i-1,j} + (B_z)_{i+1,j} + (B_z)_{i,j-1} + (B_z)_{i,j+1}]$$

其中，$\omega_1 = 0.1$，$\omega_2 = 0.2$，并且 $[(B_y)_{i,j}]_{\text{correct}}$ 类似于上面 $[(B_x)_{i,j}]_{\text{correct}}$。

由于 AVI 方法中使用的微分技术，α 和 ξ 的偏差可能会在 B_x、B_y 和 B_z 的值接近零的某些点处引入。这个问题是不可避免的，因为在这种方法中使用了微分。在 Song 等 (2006) 的论文中，当 B_z 小于阈值时，将替换合理的 B_z 值。然而，这种简单的方法并不总是能得到好的结果。为了改进这种方法，Liu 等 (2011a) 将 B_z（其中一个点的 B_z 值接近于零）替换为其最近点的 B_z 的平均值，这意味着我

们在 B_z 接近于零的这些点上进行了局部积分。同样的技术也用于 B_x 和 B_y 分量。这里我们将 Song 等 (2006) 论文中的 AVI 方法称为原始 AVI 方法，将这里使用的 AVI 方法称为改进的 AVI 方法。

3. 优化方法

Wheatland 等 (2000) 提出并由 Wiegelmann (2004) 改进的优化方法包括最小化归一化洛伦兹力和场散度的联合测量，由函数给出：

$$L = \int_V \omega(x,y,z)[B^{-2}|(\nabla \times \mathbf{B} \times \mathbf{B})|^2 + |\nabla \cdot \mathbf{B}|^2]d^3x \tag{4.52}$$

其中，$\omega(x,y,z)$ 是与位置相关的权重函数。很明显，当 L 等于 0 时 (对于 $w > 0$)，无力方程得到满足。该方法涉及通过越来越无力和无散状态优化求解函数 $\mathbf{B}(x,t)$ 来最小化 L，其中 t 是引入的人工类时间参数。

4. 非线性无力磁场解

Low 和 Lou (1990) 描述了一类特殊的非线性无力场，它们满足式 (4.3) 和式 (4.4)，写成球坐标系中的二阶偏分微分方程：

$$\mathbf{B} = \frac{1}{r\sin\theta}\left(\frac{1}{r}\frac{\partial A}{\partial \theta}\hat{r} - \frac{A}{r}\hat{\theta} + Q\hat{\phi}\right) \tag{4.53}$$

其中，A 和 Q 是两个标量函数。无力条件要求 Q 是 A 的严格函数，其中，

$$\alpha = \frac{dQ}{dA} \tag{4.54}$$

和

$$\frac{\partial^2 A}{\partial r^2} + \frac{1-\mu^2}{r^2}\frac{\partial^2 A}{\partial \mu^2} + Q\frac{dQ}{dA} = 0 \tag{4.55}$$

其中，$\mu = \cos\theta$。在数学上，该方程是一个可变的可分离微分方程，两个可分离的解是

$$A = \frac{\mathrm{P}(\mu)}{r^n} \tag{4.56}$$

$$Q(A) = aA^{1+1/n} \tag{4.57}$$

其中，a 和 n 是常数，勒让德多项式函数 P 满足非线性微分方程

$$(1-\mu^2)\frac{d^2\mathrm{P}}{d\mu^2} + n(n+1)\mathrm{P} + a^2\frac{1+n}{n}\mathrm{P}^{1+2/n} = 0 \tag{4.58}$$

对于无穷远处消失的磁场，这意味着

$$P = 0, \quad \mu = -1, 1 \tag{4.59}$$

我们可以看出，式 (4.53) 描述了一个轴对称磁场。Low 和 Lou 指出，由两个参数 l(平面表面边界和点源之间的距离) 和 ϕ(表面法线方向与球坐标系相联系的 z 轴之间的夹角) 决定的平面的任意位置可能代表太阳光球上的一个活动区。因此它可以作为磁场外推的边界条件。当 $n>0$ 时，边界方程 (4.59) 创建了一个离散的无限特征值集，可以用 $\alpha_{n,m}^2$ 表示，$m = 0, 1, 2, 3, \cdots$ 和 $\alpha_{n,0}^2 = 0$，对应的特征函数为 $P_{n,m}(\mu)$。所以对于不同的 n 和 m，可以给出球坐标系中不同的磁场分布，满足无发散和无力方程的要求。然后我们选择指定的 l 和 ϕ 进行坐标变换，因为我们的外推需要笛卡儿坐标中的磁场。我们选择其中两个解决方案作为测试领域。

SAF1：半解析场，$n = 1$，$m = 1$，$l = 0.3$，$\phi = \dfrac{\pi}{4}$，设置 $x \in [-0.5, 0.5]$，$y \in [-0.5, 0.5]$ 和 $z \in [0, 1]$ 在笛卡儿坐标系中。

SAF2：半解析场，$n = 3$，$m = 1$，$l = 0.3$，$\phi = \dfrac{4\pi}{5}$，设置 $x \in [-0.5, 0.5]$，$y \in [-0.5, 0.5]$ 和 $z \in [0, 1]$ 在笛卡儿坐标系中。这两个解决方案的网格是 64 像素 × 64 像素。

再次注意：

在球极坐标 (r, θ, ϕ) 中，轴对称场可以写成

$$\mathbf{B} = \frac{1}{r \sin\theta} \left[\frac{1}{r} \frac{\partial A}{\partial \theta}, \ -\frac{\partial A}{\partial r}, \ Q(A) \right] \tag{4.60}$$

我们可以写为

$$\frac{\partial^2 A}{\partial r^2} + \frac{1 - \mu^2}{r^2} \frac{\partial^2 A}{\partial \mu^2} + \alpha Q = 0 \tag{4.61}$$

对于具有 $\nabla \times \mathbf{B} = \alpha \mathbf{B}$ 的无力磁场，

$$\alpha = \frac{\dfrac{1}{r} \dfrac{\partial Q}{\partial \mu} - \dfrac{1}{r} \dfrac{1}{1 - \mu^2} \dfrac{\partial^2 A}{\partial \phi \partial r} + \dfrac{1}{r^2} \dfrac{\partial^2 A}{\partial \phi \partial \mu} + \dfrac{\partial Q}{\partial r}}{\dfrac{1}{r} \dfrac{\partial A}{\partial \mu} + \dfrac{\partial A}{\partial r}} \tag{4.62}$$

由于 $\dfrac{\partial A}{\partial \phi} = 0$，则

$$\alpha = \frac{\dfrac{1}{r} \dfrac{\partial Q}{\partial \mu} + \dfrac{\partial Q}{\partial r}}{\dfrac{1}{r} \dfrac{\partial A}{\partial \mu} + \dfrac{\partial A}{\partial r}} = \frac{dQ}{dA} \tag{4.63}$$

证明　我们可以在球坐标系中使用向量公式

$$\nabla \times \mathbf{A} = \frac{1}{r\sin\theta}\left(\frac{\partial}{\partial\theta}(A_\phi\sin\theta) - \frac{\partial A_\theta}{\partial\phi}\right)\hat{\mathbf{r}} + \frac{1}{r}\left(\frac{1}{\sin\theta}\frac{\partial A_r}{\partial\phi} - \frac{\partial}{\partial r}(rA_\phi)\right)\hat{\theta}$$

$$+ \frac{1}{r}\left(\frac{\partial}{\partial r}(rA_\theta) - \frac{\partial A_r}{\partial\theta}\right)\hat{\phi} \tag{4.64}$$

我们可以得到

$$\nabla \times \mathbf{B} = \frac{1}{r\sin\theta}\left[\frac{\partial}{\partial\theta}\left(\frac{Q\sin\theta}{r\sin\theta}\right) - \frac{\partial}{\partial\phi}\left(-\frac{1}{r\sin\theta}\frac{\partial A}{\partial r}\right)\right]\hat{\mathbf{r}}$$

$$+ \frac{1}{r}\left[\frac{1}{\sin\theta}\frac{\partial}{\partial\phi}\left(\frac{1}{r\sin\theta}\frac{1}{r}\frac{\partial A}{\partial\theta}\right) - \frac{\partial}{\partial r}\left(\frac{rQ}{r\sin\theta}\right)\right]\hat{\theta}$$

$$+ \frac{1}{r}\left[\frac{\partial}{\partial r}\left(-\frac{r}{r\sin\theta}\frac{\partial A}{\partial r}\right) - \frac{\partial}{\partial\theta}\left(\frac{1}{r\sin\theta}\frac{1}{r}\frac{\partial A}{\partial\theta}\right)\right]\hat{\phi}$$

$$= \frac{1}{r\sin\theta}\left[\frac{1}{r}\frac{\partial Q}{\partial\theta} + \frac{1}{r\sin\theta}\frac{\partial^2 A}{\partial\phi\partial r}\right]\hat{\mathbf{r}} + \frac{1}{r}\left[\frac{1}{r^2\sin^2\theta}\frac{\partial^2 A}{\partial\phi\partial\theta} - \frac{1}{\sin\theta}\frac{\partial Q}{\partial r}\right]\hat{\theta}$$

$$- \frac{1}{r}\left[\frac{1}{\sin\theta}\frac{\partial^2 A}{\partial r^2} + \frac{1}{r^2}\frac{\partial}{\partial\theta}\left(\frac{1}{\sin\theta}\frac{\partial A}{\partial\theta}\right)\right]\hat{\phi} \tag{4.65}$$

从无力场的关系，

$$\nabla \times \mathbf{B} = \alpha\mathbf{B} = \frac{\alpha}{r\sin\theta}\left[\frac{1}{r}\frac{\partial A}{\partial\theta}\hat{\mathbf{r}} - \frac{\partial A}{\partial r}\hat{\theta} + Q(A)\hat{\phi}\right] \tag{4.66}$$

则

$$\frac{1}{r\sin\theta}\left[\frac{1}{r}\frac{\partial Q}{\partial\theta} + \frac{1}{r\sin\theta}\frac{\partial^2 A}{\partial\phi\partial r}\right] = \alpha\frac{1}{r\sin\theta}\frac{1}{r}\frac{\partial A}{\partial\theta}$$

$$\frac{1}{r}\left[\frac{1}{r^2\sin^2\theta}\frac{\partial^2 A}{\partial\phi\partial\theta} - \frac{1}{\sin\theta}\frac{\partial Q}{\partial r}\right] = -\alpha\frac{1}{r\sin\theta}\frac{\partial A}{\partial r} \tag{4.67}$$

$$- \frac{1}{r}\left[\frac{1}{\sin\theta}\frac{\partial^2 A}{\partial r^2} + \frac{1}{r^2}\frac{\partial}{\partial\theta}\left(\frac{1}{\sin\theta}\frac{\partial A}{\partial\theta}\right)\right] = \alpha\frac{1}{r\sin\theta}Q$$

我们可以发现

$$\frac{1}{r}\frac{\partial Q}{\partial \theta} + \frac{1}{r\sin\theta}\frac{\partial^2 A}{\partial \phi \partial r} = \alpha \frac{1}{r}\frac{\partial A}{\partial \theta}$$

$$\frac{1}{r^2 \sin\theta}\frac{\partial^2 A}{\partial \phi \partial \theta} - \frac{\partial Q}{\partial r} = -\alpha\frac{\partial A}{\partial r} \qquad (4.68)$$

$$\frac{\partial^2 A}{\partial r^2} + \frac{\sin^2\theta}{r^2\sin\theta}\frac{\partial}{\partial \theta}\left(\frac{1}{\sin\theta}\frac{\partial A}{\partial \theta}\right) = -\alpha Q$$

设置 $\mu = \cos\theta$，然后

$$\frac{1}{r}\frac{\partial Q}{\partial \mu} - \frac{1}{r}\frac{1}{1-\mu^2}\frac{\partial^2 A}{\partial \phi \partial r} = \alpha\frac{1}{r}\frac{\partial A}{\partial \mu}$$

$$\frac{1}{r^2}\frac{\partial^2 A}{\partial \phi \partial \mu} + \frac{\partial Q}{\partial r} = \alpha\frac{\partial A}{\partial r} \qquad (4.69)$$

$$\frac{\partial^2 A}{\partial r^2} + \frac{1-\mu^2}{r^2}\frac{\partial^2 A}{\partial \mu^2} = -\alpha Q$$

我们可以得到

$$\frac{\partial^2 A}{\partial r^2} + \frac{1-\mu^2}{r^2}\frac{\partial^2 A}{\partial \mu^2} + \alpha Q = 0 \qquad (4.70)$$

其中，

$$\alpha = \frac{\dfrac{1}{r}\dfrac{\partial Q}{\partial \mu} - \dfrac{1}{r}\dfrac{1}{1-\mu^2}\dfrac{\partial^2 A}{\partial \phi \partial r} + \dfrac{1}{r^2}\dfrac{\partial^2 A}{\partial \phi \partial \mu} + \dfrac{\partial Q}{\partial r}}{\dfrac{1}{r}\dfrac{\partial A}{\partial \mu} + \dfrac{\partial A}{\partial r}} \qquad (4.71)$$

证毕。

4.3.2 不同方法的计算

1. 指标比较

像 Schrijver 等 (2006), Amari 等 (2006), Valori 等 (2007), Liu 等 (2011a, 2012) 还计算了一些用于检查外推场性能的指标。下面，我们将一一介绍。C_{vec} 用于量化向量相关性，定义为

$$C_{\text{vec}} = \sum_i \mathbf{B}_i \cdot \mathbf{b}_i / \left(\sum_i |\mathbf{B}_i|^2 \sum_i |\mathbf{b}_i|^2\right)^{1/2} \qquad (4.72)$$

其中，$\mathbf{B}_i$ 和 $\mathbf{b}_i$ 分别是网格点 i 处的半解析场和外推场的场向量。如果向量场相同，则 $C_{\text{vec}} \equiv 1$; 如果 $\mathbf{B}_i \perp \mathbf{b}_i$，则 $C_{\text{vec}} \equiv 0$。

C_{cs} 基于柯西–施瓦茨 (Cauchy-Schwarz) 不等式, 主要用于测量向量场的差异:

$$C_{cs} = \frac{1}{M} \sum_i \frac{\mathbf{B}_i \cdot \mathbf{b}_i}{|\mathbf{B}_i||\mathbf{b}_i|} = \frac{1}{M} \sum_i \cos \theta_i \tag{4.73}$$

其中, M 是要计算的体积中向量的总数; θ_i 是 $\mathbf{B}_i$ 和 $\mathbf{b}_i$ 之间的夹角。$C_{cs} = 1$ 表示 $\mathbf{B}_i$ 和 $\mathbf{b}_i$ 是平行的; 反之, $C_{cs} = -1$ 表示 $\mathbf{B}_i$ 和 $\mathbf{b}_i$ 是反平行的; $C_{cs} = 0$ 表示 $\mathbf{B}_i$ 和 $\mathbf{b}_i$ 相互垂直。

E_n 是归一化向量误差:

$$E_n = \sum_i |\mathbf{b}_i - \mathbf{B}_i| / \sum_i |\mathbf{B}_i| \tag{4.74}$$

上述归一化向量误差的平均值

$$E_m = \frac{1}{M} \sum_i |\mathbf{b}_i - \mathbf{B}_i| / |\mathbf{B}_i| \tag{4.75}$$

当 $E_m = E_n = 0$ 时, 一致性是完美的, 这与前两个指标不同。然而, 在这项工作中, 我们将使用 $E'_{m(n)} = 1 - E_{m(n)}$ 而不是 $E_{m(n)}$ 进行比较。

最后一个测量外推场的能量归一化为半解析场的程度:

$$\epsilon = \frac{\sum_i |\mathbf{b}_i|^2}{\sum_i |\mathbf{B}_i|^2} \tag{4.76}$$

对于这些指标, 如果 $\mathbf{B}_i$ 和 $\mathbf{b}_i$ 相同, 则 C_{vec}, C_{cs}, ϵ, E'_n 和 E'_m 应该等于单位值 (unity)。E'_n 和 E'_m 是基于半解析场向量和外推场向量之间的差异。因此, 它们包括关于两个向量在方向和幅度上的一致性的信息。而 C_{vec} 和 C_{cs} 受半解析场向量和外推场向量之间方向差异的影响相对较大 (Schrijver et al., 2006)。此外, C_{vec} 和 C_{cs} 对外推场误差的敏感度低于归一化矢量误差 E'_n 和平均矢量误差 E'_m, 尤其是 E'_n 是外推准确度的敏感而可靠的指标 (Valori et al., 2007)。

两个半分析领域 (SAF1 和 SAF2) 的这些指标的结果显示在表 4.1 中。它还显示了 BIE、原始 AVI 和改进的 AVI 方法的外推场的结果。我们发现, 改进的 AVI 方法的半解析场和相应的外推场之间的一致性比原始 AVI 方法更好。特别是对于 E'_n 和 E'_m, 它们表明由于改进的 AVI 方法中仅使用有限点, 奇异点会宏观上影响外推的准确性。E'_n 和 E'_m 的明显改进也表明它们对外推场的误差很敏感。对于每种方法, SAF1 和相应外推场之间的一致性优于 SAF2 和相应外推场之间的一致性。这些结果与其他作者 (Schrijver et al., 2006; Amari et al., 2006; Valori et al., 2007) 获得的结果一致。正如 Amari 等 (2006) 指出的那样, SAF2

可能被认为是将方法推向极限的理论挑战。此外，我们可以发现这些度量的幅度顺序与其他方法相当 (例如 Schrijver et al., 2006; Amari et al., 2006; Valori et al., 2007)。请注意，对于我们的外推，仅使用了半解析场的底部边界，并且这些指标仅显示了外推方法的整体性能。

表 4.1 在计算的 $(64\times64\times64)$ 方盒中，用 BIE、原始 AVI 和改进的 AVI 方法外推磁场的 C_{vec}, C_{cs}, E'_{n}, E'_{m} 和 ϵ 的度量

	C_{vec}	C_{cs}	E'_{n}	E'_{m}	ϵ
Low 和 Lou (SAF1)	1.00	1.00	1.00	1.00	1.00
BIE	0.978	0.956	0.770	0.721	0.990
AVI (改进的)	0.983	0.979	0.803	0.722	0.943
AVI (原始)	0.956	0.969	0.661	0.189	0.825
Low 和 Lou (SAF2)	1.00	1.00	1.00	1.00	1.00
BIE	0.959	0.873	0.658	0.567	0.978
AVI (改进的)	0.958	0.864	0.651	0.403	0.728
AVI (原始)	0.939	0.858	0.402	0.214	0.678

2. SAF1

SAF1 与 BIE 方法、原始 AVI 方法和改进的 AVI 方法的外推场之间的 B_{xs}、B_{ys}、B_{zs} 和方位角 (ϕ) 的相关性如图 4.1 所示，其中实线、点线和虚线分别表示

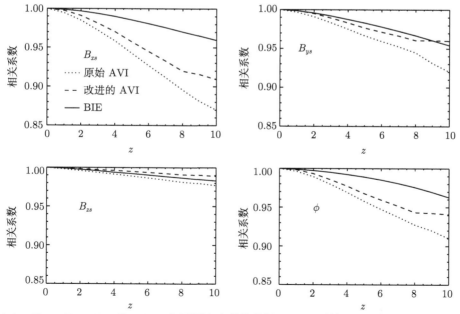

图 4.1 B_{xs}、B_{ys}、B_{zs} 和 SAF1 与不同高度的外推场 (BIE、原始和改进的 AVI 方法) 之间的方位角 (ϕ) 的相关性。来自 Liu 等 (2011a)

BIE 方法、原始 AVI 方法和改进的 AVI 方法。x 轴和 y 轴分别表示外推高度和相关系数。对于 BIE 方法，B_x、B_y 和 ϕ 的相关系数大于 95%，B_z 的相关系数在 $z = 10$ 以下时大于 98%。这表明 BIE 外推场的结果对于 $z < 10$ 是可靠的。相对于原始 AVI 方法，可以看出，SAF1 与改进的 AVI 方法的外推场之间的相关系数有明显的增加。例如，在 $z = 10$ 处，B_x 的相关系数增加了 4%。此外，可以发现，对于改进的 AVI 方法，SAF1 和外推场之间 B_y 和 B_z 的相关系数在 $z = 10$ 以下大于 95%；而 B_x 和 ϕ 的相关系数在 $z = 10$ 以下时小于 95%。当高度 $z < 10$ 时，改进的 AVI 方法的外推场可能是可靠的，在这个高度范围内它的所有相关系数都大于 90%。

SAF1 的选定磁场线分布和每种方法的外推场如图 4.2 所示，其中红色和蓝色线分别为闭合和开放的磁场线。可以看出，外推的磁力线分布与较低高度的 SAF1 基本一致，但随着高度的增加差异变得明显，特别是 AVI 方法的开放磁力线。

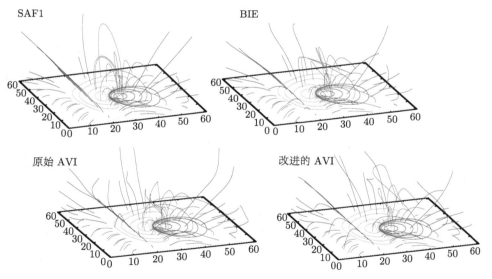

图 4.2　SAF1 所选磁场线的分布以及 BIE、原始和改进的 AVI 方法的相应外推场。来自 Liu 等 (2011a)

3. SAF2

在图 4.3 中，绘制了 SAF2 所选磁场线的分布以及每种方法的外推场，并且它们的差异很明显。例如，三个外推场的开放场都存在可以比 SAF2 更高的场线。SAF2 和外推场之间的闭合场线的差异，无论是 BIE 方法还是 AVI 方法，随着高度的增加变得更加明显。请注意，我们看不到改进的 AVI 方法的场线有更多改进。

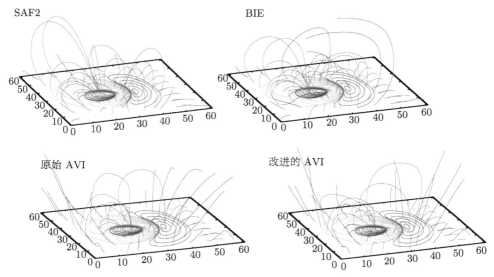

图 4.3　SAF2 所选磁场线的分布以及不同方法的相应外推场。来自 Liu 等 (2011a)

4.3.3　不同方法的比较

在 AVI 方法中，由于使用微分技术来外推磁场，所以不能完全去除奇异点。在 Liu 等 (2011a) 的研究中，使用了一些小尺度的平滑来解决问题，并且得到了比 Song 等 (2006) 获得的更好的结果。发现可靠的结果仅限于较低的高度，该方法仍需要新的改进。另一方面，这种方法的好处是在执行外推时节省时间。

BIE 方法是利用格林函数构造亥姆霍兹方程，然后用积分求解亥姆霍兹方程并外推磁场，从而避免微分方程中奇异点的问题。而 BIE 方法的关键问题是是否可以找到合理的 λ 值，这可能会严重影响外推结果。例如，如果可以提高我们的计算机能力，则可以通过修改迭代和计算精度来获得更好的结果。

从表 4.1 中列出的指标以及对每个磁场分量的相关性分析，可以发现改进的 AVI 方法明显优于原始 AVI 方法。还可以发现 SAF1 的 B_x 和 SAF2 的 B_y 的结果较差。这可能是由于弱场区附近或弱场区中的强电流密度对非线性无力外推的解有很大影响。

通过比较，发现半解析场和外推场之间存在明显差异。但对于较低的高度，两种外推方法都能给出可靠的结果。最后，需要注意的是，使用 Low 和 Lou (1990)的半解析域来检验外推方法的有效性可能存在理论上的缺点，因为外推中只使用了有限的底部边界数据，但半解析场呈现全局磁结构。

4.4　外推磁场与观测比较

图 4.4 显示了 1991 年 5 月 10 日产生耀斑的活动区 NOAA 6619 的示例。该区域发生了一系列耀斑。发现外推的磁力线在非线性无力场的近似下连接相反的极性，这是基于 Wheatland 等 (2000) 和 Wiegelmann (2004) 的优化方法。在观测光球矢量磁图中，高度剪切横向分量沿磁中性线形成，位于图 4.4 中用 N 和 S 标记的相反磁极之间。这提供了有关活动区中磁场空间结构的一些基本信息，即使可以通过详细观察发现外推磁力线拓扑结构的一些不确定性。

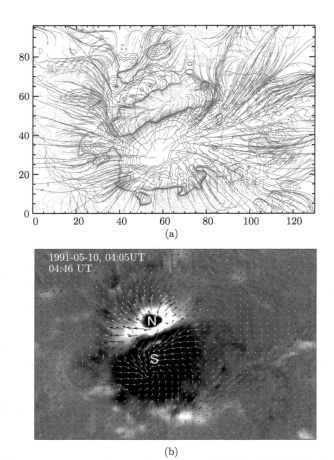

(a)

(b)

图 4.4　(a) 活动区 NOAA 6619 在 1991 年 5 月 10 日被外推磁力线覆盖，轻 (重) 轮廓标志着光球磁场的正 (负) 极性，红色 (蓝色) 线标记闭合 (打开) 磁力线；(b) Hβ 色球纵向磁场和光球横向磁场，白色 (黑色) 标记正极 (负极)

对比 Hβ 磁图与光球横向场的关系，发现在日面中心附近色球磁纤维分布与观测光球横向场方向基本一致的趋势，在解决横场 180° 不确定性后，色球磁图中本影 N 的反转结构可能是由 Hβ 线翼部光球混合线的扰动引起的 (Zhang, 1996a)。

我们需要指出的是，Hβ 线的一般形成高度距离光球层不到 2000 km，而其在本影中的形成高度远低于宁静太阳中的高度，如 1.14 节。由于我们分析的反转磁结构的大小大于光球层和色球层之间的高度差，所以应考虑两层中磁通量的守恒 (Zhang, 1995b)：

$$\oint_{\partial V} \mathbf{B} \cdot d\mathbf{s} = 0 \tag{4.77}$$

其中，$\mathbf{B}$ 是磁场强度；∂V 是光球和色球中磁通量通过的面积。如果这种变形的磁构型相对稳定，它也应该符合磁流体力学的静态平衡条件。另一方面，由于本影磁场通常垂直于太阳表面，所以很难猜测在太阳黑子本影上方形成色球反转磁结构。所以，如果色球反转磁结构确实存在，这种扭曲磁力线的大小将是有限的，并且可以在光球矢量磁图中反映出来。正如 Alfvén 和 Falthammer (1963) 所指出的，扭曲磁绳的能量耗减条件是

$$\int_0^a B_\phi^2 r dr > 2 \int_0^a B_z^2 r dr \tag{4.78}$$

其中，B_z 是轴向场；B_ϕ 是环形磁场；a 是磁绳的半径。这意味着当环形磁场的磁能密度大于轴向磁场的两倍时，磁绳变得不稳定。

Song 等 (2007) 提出了一种基于光球矢量磁图的球面非线性无力场 (NLFFF) 重建方法。这种方法的重要性在于它能够揭示 NLFFF 结构，这对于理解大规模太阳爆发的物理机制是必要的，例如日冕物质抛射和相关耀斑。使用平滑连续函数，球坐标中的基本 NLFFF 控制偏微分方程简化为一组易于处理的常微分方程。这里使用的数值方案类似于最近由 Song 和同事开发的局部非线性无力方案 (Song and Zhang, 2004, 2005, 2006)。为了说明这种方法，他们给出了一些测试示例。一个是计算由 Low 和 Lou (1990) 给出的众所周知的 NLFFF 解析解。另一个是在图 4.5 中于 2003 年 10 月 29 日观测到的两个活动区 NOAA 10486 和 NOAA 10488，其中 θ 是太阳纬度，φ 是通常的中央子午线经度。结果表明，赤道磁环被揭示并与一些 EUV 成像望远镜的环重合。

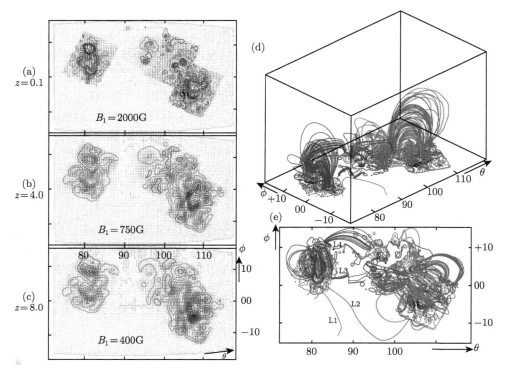

图 4.5 左图：使用 2003 年 10 月 29 日活动区 NOAA 10486 和 NOAA 10488 的矢量磁图计算的 NFFF 结构的高度变化。B_r 用等强度线表示，而 B_θ/B_1 和 B_ϕ/B_1 为向量分量。(a) $r = R_0 + 0.10$，(b) $r = R_0 + 4.0$，以及 (c) $r = R_0 + 8.0$，其中 $z = r - R_0$。右图：使用 NOAA 10486 和 NOAA 10488 的矢量磁图计算出的 NFFF 线的结构。(d) $\theta_1 = 30°$，$\phi_1 = 225°$，$l_1 = 60000$。(e) $\theta_1 = 0°$，$\phi_1 = 270°$，$l_1 = 60000$。θ 和 ϕ 的单位度。来自 Song 等 (2007)

图 4.6 显示了通过非线性无力场向上积分的方法 (Song et al., 2006)，从 2000 年 7 月 13 日 02:50 UT 的光球矢量磁图推断出的光球上方磁场的空间结构。发现光球上方扭曲的磁力线和大气下层的磁力线方向与图 4.6 中场的光球横向分量趋势几乎一致。磁场的螺旋结构显示左旋。这与上述光球矢量磁图磁螺度分析结果和 NOAA 9077 活动区光球上方软 X 射线特征螺旋构型的发展过程一致。可以推断在光球层 N1 和 S1 之间磁中性线附近的磁剪切的发展，促成了图 4.6 和图 4.7 中形成在 2000 年 7 月 14 日强大的 "巴士底日" 耀斑–日冕物质抛射之前的光球上方空间螺旋磁构型，即使光球磁场的磁剪切和光球平均电流螺度密度在活动区的耀斑–日冕物质抛射之前衰减 (Deng et al., 2001; Liu and Zhang, 2001, 2002; Zhang, 2002)。这意味着磁场并没有立即将相反极性的两极 N1 和 S1 连

接起来，因为它们之间的剪切运动导致它们靠近在一起，且伴随大规模磁通量在发展的强耀斑产区浮现。它提供了非势磁场从太阳大气下层到日冕的传递形式。Zhang (2002) 证明了 TRACE 观测到的"巴士底日"耀斑–日冕物质抛射触发后，磁场的类势空间结构与紫外 171Å 耀斑柱环之间的一致性。它可以推断出随着耀斑–日冕物质抛射传输到行星际空间的磁螺度量。

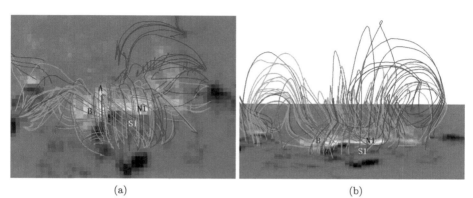

(a)   (b)

图 4.6　从 2000 年 7 月 13 日 02:50UT 的光球矢量磁图外推活动区 NOAA 9077 中磁力线，
在视图的 (a) 顶部和 (b) 侧面看。来自 Zhang (2008)

　　正如 Solanki 等 (2003) 在研究太阳活动区的空间结构时指出的那样，位于日冕或色球层上部的电流片长期以来一直被认为是日冕加热的重要来源，需要它们位于日冕或上色球。色球磁场的观测正是提供了关于光球层上层复杂磁场分布的信息。

　　Zhang 等 (2006), Zhang 和 Flyer (2008) 指出，磁场的损失是日冕物质抛射的原因。磁储能机制对于理解磁场如何拥有足够的自由能以克服 Aly 极限 (Aly, 1984) 并打开它至关重要。而日冕中磁螺度的积累在存储磁能方面起着重要作用。他们提出了一个假设，即无力场可以包含的总磁螺度有一个上界。这与磁流体特性直接相关，即无界空间中的无力场必须是自约束的。他们提供了数学证据和数值，表明磁螺度的上界可能存在。当超过这个上限时磁螺度积累将引发非平衡状态，导致日冕演化的自然产物——日冕物质抛射。

　　磁螺度的单调累积可以导致形成适用于扭结不稳定性的磁通绳。这表明，日冕物质抛射通过超过螺度界限和扭结不稳定性引发，都可能是日冕螺度累积的结果。它提供了观测到的日冕物质抛射与太阳表面起源处的磁特征之间的联系。

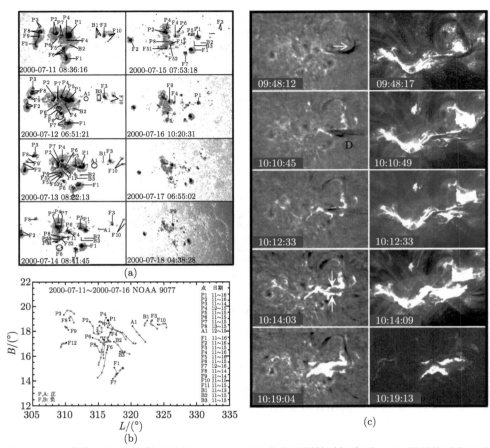

图 4.7　(a) 来自 TRACE 的活动区 NOAA 9077 白光观测的时间序列；(b) 黑子的适当运动；(c) 一系列 Hβ (左列) 和 TRACE 图像 (右列，10:12:33UT 为 195Å，其他在 171Å)，几乎同时获得，它显示了在 7 月 14 日发生主要耀斑之前和期间 D 点附近的快速变化。北在上，东在左。来自 Liu 和 Zhang (2001)

4.5　耀斑-日冕物质抛射的爆发

4.5.1　暗条爆发的耀斑

　　许多研究人员观察性地研究了重联电流片中的电场 (Qiu et al., 2002; Wang et al., 2003; Jing et al., 2005)。人们普遍认为色球层中的耀斑增亮是由日冕中的渐近磁重联造成的。Wang 等 (2003) 指出，磁场足点的扫掠运动在物理上对应于在日冕的重联点处对流进入扩散区域的磁通量的速率，在该处产生重联电流片。因此，光球层中的 **E** 与重新连接电流片中的电场之间很可能存在某种关系。

图 4.7 显示活动区 NOAA 9077 产生了最大的太阳耀斑之一 (3B/X5.7)，在 2000 年 7 月 14 日，与猛烈的晕状日冕物质抛射相关。它为 βγδ 磁分类，黑子群和磁场的形态每天都在变化。根据对活动区运动精确测量的基础上，我们在此展示了这些黑子群运动与 7 月 14 日的主要耀斑之间的关系。发现：① 特殊的磁性形态和快速、连续的破碎使活动区始终处于高剪切构型；② 一个黑子群的运动方向与突然变化激活的地方有很好的空间对应关系；③ 快速出现的通量系统的运动特征表明，黑子运动与大耀斑之间存在良好的相关性，表明 7 月 14 日两带耀斑的爆发是由通量系统的相继浮现推动的。强烈的大耀斑总是与新出现的磁通量系统密切相关。这证实了 δ 磁结构和动力学过程在大耀斑中很重要。

图 4.8 显示了 2003 年 2 月 18 日通过多个空间和地面仪器在白光、Hα、EUV 和 X 射线 (Bao et al., 2006) 下观察到的典型日冕物质抛射 (CME)。Hα 和 EUV 图像表明，CME 始于位于太阳西北边附近的暗条喷发。白光日冕图像显示，CME 始于太阳边缘上方的稀薄区域，随后在太阳表面上方 0.46 太阳半径高度处稀薄区域边界形成了一个明亮的拱廊。稀薄过程与喷发丝的缓慢上升阶段同步，随着后者开始加速，观察到 CME 前沿形成。随着暗条上升到一定高度，暗条的下部在 Hα 中变亮，并且在上升期间在 GOES X 射线图像中可以看到部分暗

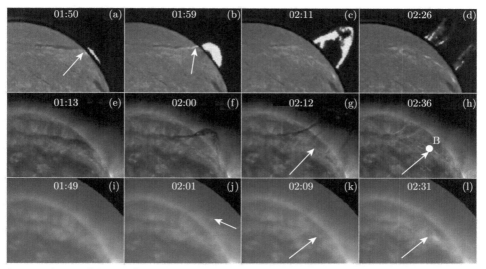

图 4.8　在不同波长下观察到的 2003 年 2 月 18 日事件的演变。(a)~(d) 日面和边缘的 Hα 图像的合成，白色箭头表示出现在暗条下部的发射特征；(e)~(h) EIT 195Å 图像，白色箭头表示耀斑带；(i)~(l) GOES 软 X 射线成像仪 (SXI) 图像，白色箭头分别表示 02:01 UT 喷发暗条顶部的增亮，以及 02:09 UT 和 02:31 UT 的耀斑带。来自 Bao 等 (2006)

条。这些变亮意味着在爆发的早期，暗条可能被暗条下方的磁重联加热。据 Bao, Zhang 和 Lin (2006) 估计，导致 CME 前缘和空腔形成的可能机制是在暗条达到一定高度后在暗条下方发生的磁重联。

磁重联机制是太阳爆发研究中的重要课题，我们将在 4.5.6 节中给予简洁介绍。

4.5.2   可能存在电场的爆发耀斑带分离

Wang 等 (2003) 介绍了 Kanzelhohe 太阳天文台 (KSO) 观测到的两带状耀斑的详细研究，这是我们全球 Hα 网络中的一个台站。他们之所以选择这一事件，是因为它有非常清晰的暗条喷发、两条带状分离以及与快速 CME 的关联。图 4.9 是 KSO Hα 图像的时间序列，显示了事件的演变。这是一个经典的双带耀斑，伴随着暗条喷发。发现分离运动由前 20 min 速度约为 15 km/s 的快速运动阶段和分离速度约为 1 km/s 的慢速阶段组成，持续 2 h。

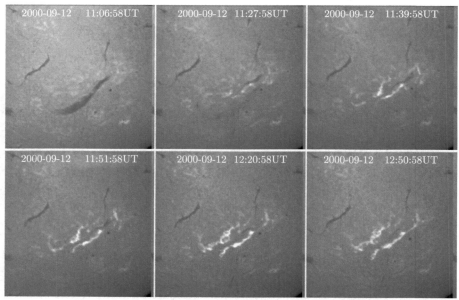

图 4.9   Hα 图像序列显示了耀斑的演变和暗条的消失。视场为 $512'' \times 512''$。来自 Wang 等 (2003)

Wang 等 (2003) 然后通过测量耀斑带运动速度和从 MDI 获得的磁场，估计日冕中磁重联的速率，由重联电流表中的电场 E_c 表示。如图 4.10(a) 所示，此时考虑到投影效应，暗条与 CME 之间的位移约为 1.4~2 个太阳半径。这大致给出了当时扩展系统的规模。根据图 4.10(b) 中的速度分布估计，平均加速度为 260 m/s^2。发现电场演化也有两个阶段：$E_c = 1$ V/cm 早期平均超过 20min，

然后是 $E_c = 0.1$ V/cm 在随后的 2 h 内。耀斑带运动和电场的两个阶段分别与耀斑的脉冲和衰减阶段重合，清楚地证明了脉冲耀斑的能量释放是由日冕中的快速磁重联控制的。Wang 等 (2003) 还测量了来自 KSO Hα 和 SOHO/EIT 图像的喷发暗条的投影高度。暗条在耀斑前 20 min 开始上升。耀斑爆发后，以 300 m/s 的速度快速加速，20 min 内达到至少 540 km/s 的速度，然后消失在 EIT 观察中的日面边缘。在耀斑衰减阶段，CME 的加速度估计为 58 m/s²。暗条和 CME 的高度和速度轮廓的比较表明，在耀斑的脉冲阶段发生了物质抛射的快速加速，此时磁重联率也很大，$E_c = 1$V/cm。

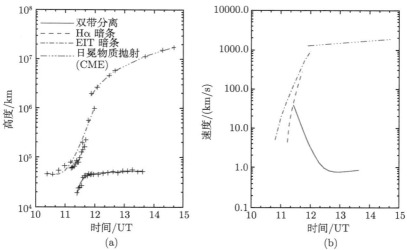

图 4.10　(a) 耀斑带分离的时间曲线、从 KSO 和 EIT 图像测量的暗条高度以及由 S. Yashiro 测量的 CME 高度，线：最小二乘拟合双曲函数；(b) 色带分离、暗条和 CME 的速度分布图源自高度分布图的拟合。来自 Wang 等 (2003)

由于磁重联率可以通过带分离速度和纵向磁场估计，Xie 等 (2009) 发现了带速度和磁重联率之间相似的时间曲线，并证实了 Wang 等 (2003) 的结论，提供证据表明日冕中的磁重联率决定了耀斑带分离的速度。他们还发现，在强磁场中分离速度没有预期的那么高。这表明耀斑带的膨胀受到强磁场的抑制。E_{rec} 的时间演变有多个峰值，可能表明在耀斑期间发生了多次磁重联爆发。与耀斑带一起，E_{rec} 在除硬 X 射线 (HXR) 源附近以外的小范围内波动。重联率的局部增强对应于耀斑期间 HXR 源的位置，但在峰值时间前后并非如此。E_{rec} 的空间分布随带状分布是不均匀的，并且在 HXR 辐射增强的地方发现了强的 E_{rec}。这与 Temmer 等 (2007) 和 Lin 等 (2005) 的结果一致。E_{rec} 的这些变化可能是由于能量释放的三维结构。Jing 等 (2007) 演示了耀斑不同阶段的非均匀性。他们得出的结论是，这是由于在绳索切割 (tether-cutting) 模型 (Moore et al., 2001) 的框架中进行了扭曲结构 (sigmoid) 到拱环 (arcade) 的转换过程。

图 4.11 显示了在 2 min 内的快速发展的爆发 (Liu et al., 2003)。可以看到爆发的热等离子体在光球磁中性线上空高速上升。差异图像 (左图和中图) 中的白色箭头显示了爆发等离子体边界的位置。“p” 周围的区域是爆发的初始地点。右图给出了 MDI 的速度测量值。需要注意的是，在爆发初期，“p” 处没有明显的增亮 (附近部分地方甚至变暗)；因此，没有直接证据表明爆发是从下方推动的。白色圆圈和椭圆勾勒出两条新的耀斑带，这些耀斑带是在 20:04:29 UT 等离子爆发后出现的。在弯曲喷发前沿的隆起处，几股耀斑等离子体正朝右上方向向上移动。图中黑色箭头显示了等离子体中明显扭曲的精细结构。有趣的是，20:04 UT 的速度图清楚地说明了第一个耀斑及其带 (标记为 1 和 2)，而 20:05 UT 的速度图反映了第二个耀斑的实例及其紧凑的带 (标记为 3 和 4)。

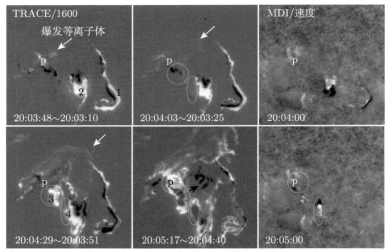

图 4.11　磁通绳在 2 min 内扩展。左图和中图：运行差异图像。右图：MDI 速度贴图。耀斑色带用数字 1~4 标记。圆圈和椭圆中的区域显示了受驱动耀斑的演化。白色箭头指向等离子体的扩展边界，黑色箭头指向缠绕结构

4.5.3　耀斑–日冕物质抛射 (flare-CME) 产生活动区的磁特性

Zhang 等 (2000) 检查了观测软 X 射线耀斑以及与活动区 (NOAA 7070) 中光球矢量磁图的关系。他们分析了 1992 年 2 月 24 ~ 25 日的软 X 射线耀斑，特别是前耀斑及其与光球磁中线附近高度剪切的光球矢量磁场的关系。他们发现，1992 年 2 月 24 ~ 25 日耀斑中磁场的初始重联很可能发生在活动区较低层大气的磁中性线附近，在那里强剪切磁通量爆发并触发大尺度磁场重联。1992 年 2 月

20 ~ 21 日在该活动区发生的边缘耀斑磁重联的可能过程也是基于与 2 月 24 ~ 25 日日面中心附近耀斑的磁图类比而提出的，见图 4.12 和图 4.13。

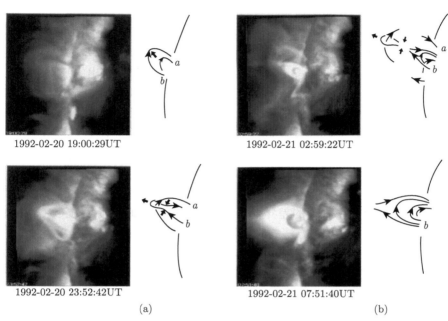

1992-02-20 19:00:29UT

1992-02-21 02:59:22UT

1992-02-20 23:52:42UT (a)

1992-02-21 07:51:40UT (b)

图 4.12　(a)1992 年 2 月 20 ~ 21 日的软 X 射线耀斑的时间序列；(b) 软 X 射线耀斑时期磁力线的重联过程是由 1992 年 2 月活动区的同源耀斑推断出来的。箭头线显示了活动区中光球层上方的磁力线。短箭头表示磁力线的移动方向。a 和 b 标记了磁力线的拓扑对应关系。来自 Zhang 等 (2000)

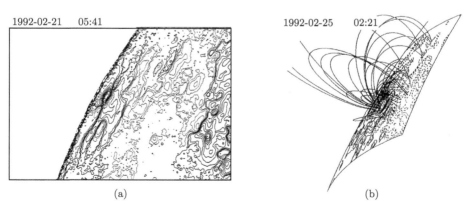

1992-02-21　05:41

1992-02-25　02:21

(a)

(b)

图 4.13　(a) 1992 年 2 月 21 日的纵向磁图；(b) 1992 年 2 月 25 日的光球纵向磁图旋转到太阳的东侧，磁场线在势磁场的近似下外推。北在上，东在左。来自 Zhang 等 (2000)

4.5.4　太阳活动区和日冕物质抛射的磁螺度推理

Nindos 等 (2003) 计算了与晕状 CME 相关的六个太阳活动区中瞬态光球水平流注入的磁螺度,这些区域在 1AU 处产生了大的地磁暴和磁云 (MC)。使用局部相关跟踪 (LCT) 方法计算速度。他们的计算涵盖了 110~150 h 的时间间隔,并且在四个活动区中,由瞬态流动而导致的累积螺度比由太阳较差自转而导致的累积螺度大 8~12 倍。正如 Démoulin 和 Berger (2003) 首先指出的那样,用 LCT 方法不仅仅可获得剪切运动注入的螺度,还获得来自通量浮现的螺度。他们使用 MC 螺度计算作为 CME 螺度的代理,将计算出的注入日冕的螺度与 CME 带走的螺度进行比较。如果我们假设磁云通量管的长度为 $l = 2\mathrm{AU}$,那么注入日冕的总螺度是总 CME 螺度的 1/2.9~1/4 。如果我们使用由日冕通量绳中扭结不稳定性开始的条件确定的 l 值或 $l = 0.5\,\mathrm{AU}$,则总 CME 螺度和注入日冕的总螺度大致一致。他们的研究至少部分地消除了活动区域螺度预算中的一些差异,因为出现的差异比以前研究中报告的差异要小得多。然而,他们指出了 MC/CME 螺度计算的不确定性以及 LCT 方法的局限性,它低估了计算出的螺度。

这些结果适用于圆柱对称的初始结构,因此将这些结果应用于活动区场远非直接的。这里我们采用了一个 $nk \approx 2$ 的临界值,关系式

$$H_k \approx 2F^2 \tag{4.79}$$

被使用。

在表 4.2 中,我们还给出了用 LCT 方法 (差分旋转除外) 计算的累积螺度 ΔH_{LCT}、与活动区相关的 CME 的数量,以及被 CME 携带的总螺度,这里通过使

表 4.2　螺度预算来自 Nindos 等 (2003)

NOAA 活动区	α_{AR}[a]	ΔH_{LCT} /$(\times 10^{40}\mathrm{Mx}^2)$	ΔH_{rot} /$(\times 10^{40}\mathrm{Mx}^2)$	$H_{\mathrm{CME}}^{\mathrm{tot}}$[b] /$(\times 10^{40}\mathrm{Mx}^2)$				$(H_{\mathrm{CME}}^{\mathrm{tot}}-\Delta H_{\mathrm{LCT}}-\Delta H_{\mathrm{rot}})$ /$H_{\mathrm{CME}}^{\mathrm{tot}}$[c]		
				CME	$l=2\mathrm{AU}$	$l=l_k$	$l=0.5\mathrm{AU}$	$l=2\mathrm{AU}$	$l=l_k$	$l=0.5\mathrm{AU}$
(1)	(2)	(3)	(4)	(5)	(6)	(7)	(8)	(9)	(10)	(11)
8210....................	+	3784	324	9	16596	9270	4149	75%	56%	1%
8375....................	+	1178	334	9	4428	1296	1107	65%	−17%	−36%
9114,9115,9122[d]........	−	−1697	−257	3	−5712	−2052	−1428	66%	5%	−37%
9182....................	+	276	34	4	1176	404	294	74%	23%	−5%
9201....................	−	133	−428	1	−2980	−1922	−745	90%	84%	60%
9212,9113,9118[d]........	−	−477	−666	3	−3582	−1245	−8959	68%	8%	−28%

注: a 活动区的手征性。

b (6)~(8) 列指的是使用 $l = 2\mathrm{AU}$ 推导出的 CME 喷射的总螺度,式 (4.79) 和 $l = 0.5\mathrm{AU}$,分别用于 MC 螺度计算。

c 在 (9)~(11) 列中 CME 喷射出的总螺度已经使用 $l = 2\mathrm{AU}$ 推导出来,式 (4.79) 和 $l = 0.5\mathrm{AU}$,分别用于 MC 螺度计算。

d ΔH_{LCT} 和 ΔH_{rot} 的值是指整个活动区的综合。

用三个不同的 l 值进行计算。用 $l = 2\text{AU}$ 导出的日冕物质抛射螺度比计算出的水平运动和较差旋转所累积的总螺度高 2.9~10.1 倍。较大的螺度亏损与活动区 AR 9201 相关；然而，我们提醒读者，在与 AR 9201 相关的 MC 中，最好拟合 B_0 和 R 被判断为较差。对于剩余的活动区，日冕物质抛射螺度比计算的瞬态运动和较差旋转累积的总螺度高 2.9~4 倍。用从式 (4.79) 和 $l = 0.5\ \text{AU}$ 得出的 l 确定的日冕物质抛射螺度与 $\Delta H_{\text{LCT}} + \Delta H_{\text{rot}}$ 的总和大致一致 (同样除了 AR 9201)。这个图像在表 4.2 的 (9)~(11) 列中显示得更好，其中我们给出了 CME 和所有计算运动之间的螺度差。

4.5.5 磁场和日冕物质抛射之间的统计分析

Guo 等 (2007) 提出了耀斑-CME 生产活动区的磁场特性及其与 CME 速度的统计相关性，使用了 55 个太阳活动区中 86 个耀斑-CME 的样本。四个度量，包括倾斜角 ($Tilt$)、总通量 (Ft)、强场强梯度主中线长度 (Lsg) 和有效距离 (d_{E})，用于量化耀斑-CME 产生活动区的磁场特性。

1. 非势磁参数的定义

(1) Ft，活动区的总通量，是活动区大小的定量度量，它与能量事件的整体生产率有很好的相关性 (Giovanelli, 1939; McIntosh, 1990; Canfield et al., 1999; Tian et al., 2002)。

(2) $Tilt$ 定义为活动区极性轴方向与当地纬度之间的夹角，其计算公式为 $\tan(Tilt) = \delta y / \delta x$，其中 δx 和 δy 是日球平面中活动区的前导和后随极性之间的笛卡儿坐标差。这个倾斜的定义类似于 Tian 等 (2002) 使用的定义。太阳活动区的 $Tilt$ 与通量管的扭曲 (轴的空间变形或转动) 有关，这是太阳活动区的可测量参数之一，它为我们提供了伴随着形成和后续演化相关的表面下层磁通量管和太阳内部的物理过程的信息 (Holder et al., 2004)。

(3) d_{E}，有效距离，是由 Chumak 和 Chumak (1987) 提出的结构参数。该参数定义为 $d_{\text{E}} = (R_{\text{n}} + R_{\text{s}})/R_{\text{sn}}$，其中 $R_{\text{s}} = (N_{\text{s}}/\pi)^{-1/2}$，$R_{\text{n}} = (N_{\text{n}}/\pi)^{-1/2}$，$N_{\text{s}}(N_{\text{n}})$ 是负 (正) 极性的总面积，$R_{\text{s}}(R_{\text{n}})$ 是负 (正) 极性的等效半径，R_{sn} 是相反极性磁通的加权中心之间的距离。

(4) Lsg，主中性线上势横向场强 (>150 G) 和纵向磁场水平梯度足够陡 (>50 G/Mm) 部分的长度 (Falconer et al., 2003)。中性线将相反极性的纵向磁场分开。高梯度和强切变通常出现在中性线附近，那里频繁发生耀斑 (Zirin and Liggett, 1987; Zirin, 1988; Hagyard and Rabin, 1986; Hagyard, 1988; Zhang et al., 1994; Zhang, 2001b)。

例如，图 4.14 显示了 CME 产生活动区 NOAA 10720 的典型数据集。根据太阳活动周报，该区域在 2005 年 1 月 17 日产生了一个 X3.8 耀斑。耀斑在 06:59UT

开始，在 09:52 达到最大值，在 10:07UT 结束。与这次耀斑相关，一个速度为 2547 km/s 的复杂的西北指向的全晕 CME 在大约 09:54UT 在日冕仪 C2 上出现 (图 4.14 (a))，因此我们选择耀斑开始前约 35 min，06:24UT 的 NOAA 10720 的纵向磁图，以测量 4 个参数。该磁图的倾角 ($Tilt$) 和 d_E 分别绘制在图 4.14 (b) 和 (c)。计算它们都与两个极性的通量加权中心有关。S 表示负极磁通加权中心，N 表示正极磁通加权中心。对于 $Tilt$，b-o 连接磁通加权中心 S 和 N，c-o 是当地纬度的平行线，角度 b-o-c 是该磁图的倾斜角。大约是 58.06°。对于 d_E，中心位于 S 且与负极面积相同的环表示负极性通量绳的光球横截面，中心位于 N 且与正极面积相同的环表示正极性通量绳的光球横截面。这两个简化的极性彼此非常接近，以至于它们在很大程度上彼此重叠。这种几何表示可以看作是 δ 结构的示意图，它被定义为位于公共半影中的相反极性的本影。通过计算两个相反极性的半径之和与两个相反极性的磁通加权中心之间的距离之比，d_E 可以粗略地量化该活动区的磁构型。图 4.14 (d) 显示了主中性线上的梯度，其上势横向场很强 (> 150 G) 并且视线场的梯度足够陡峭 (> 50 G/Mm)。参数 Lsg 是主中性线的长度。对于此图像，Lsg 为 523 arcsec，比 50 arcsec 的阈值长得多。

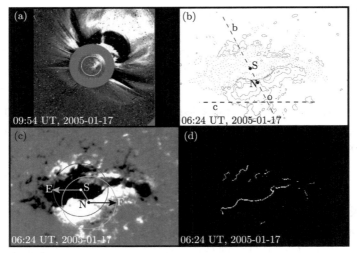

图 4.14   (a) 在 NOAA 10720 中触发并由 LASCO/C2 于 2005 年 1 月 17 日 09:54 UT 获得的复杂西北方向全晕 CME。(b) 等强度线级别为 ± (100 G, 500 G, 1000 G) 的纵向场。角度 b-o-c 是此磁图的倾斜角，约为 58.06°。(c) 这张磁图的 d_E 示意图 (d_E = 3.55)。以 N(S) 为中心的圆圈表示正 (负) 极性。线 S-N 是相反极性的磁通加权中心之间的距离。带箭头 S-E (N-F) 的线是负 (正) 极性的等效半径。(d) 强场强梯度主中性线。请注意，后三张图是 06:24UT 的 NOAA 10720 活动区，视场为 338″ × 242″。(b) 和 (c) 中，标有 S(N) 表示黑子的负 (正) 极性的磁通加权中心。来自 Guo 等 (2007)

2. 四个参数与日冕物质抛射的速度 (V_{CME})

为了呈现 Ft、d_{E} 和 Lsg 之间的相关性，Guo 等 (2007) 估计它们之间的 Pearson 线性相关系数（CC_{Pl}）和 Spearman 秩相关系数（CC_{Sr}），以及它们之间从零偏离的显著性（S_{Sr}）。

在图 4.15 中显示了 86 次日冕物质抛射（CME）的速度与日冕物质抛射相关活动区磁图参数的关系。与这些关系相对应的估计相关系数如表 4.3 和表 4.4 所示。研究发现，尽管 d_{E} 与 V_{CME}、Ft 和 V_{CME} 之间的估计 Pearson 线性相关系

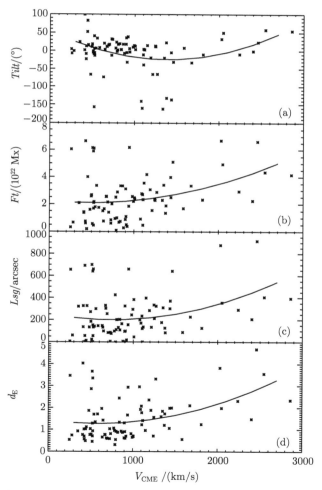

图 4.15 (a) 86 个日冕物质抛射的 V_{CME} 与 $Tilt$，实线表示拟合数据点的最小二乘二次多项式；(b) 与顶部面板相同，但为 V_{CME} 与 Ft；(c) 与顶部面板相同，但为 V_{CME} 与 Lsg；(d) 与顶部面板相同，但为 V_{CME} 与 d_{E}。来自 Guo 等 (2007)

数与 Guo 等 (2006) 的结果相比有所下降，但相关性仍然存在：d_E 与 V_{CME} 的相关性好于表 4.3 中的 $Tilt$ 和 Ft。此外，应该注意的是，Ft 与日冕物质抛射速度的相关系数受样本数量的影响较小。

表 4.3　V_{CME} 和参数

	CC_{Pl}	CC_{Sr}	S_{Sr}	CC_P
V_{CME} vs. $Tilt$	-0.0406	-0.1256	0.2491	
V_{CME} vs. Ft	0.3337	0.3386	0.0014	0.1290 (d_E) 0.1752 (Lsg)
V_{CME} vs. Lsg	0.289	0.2370	0.0280	-0.0239 (Ft) 0.0325 (d_E)
V_{CME} vs. d_E	0.3888	0.3499	9.6×10^{-4}	0.2463 (Ft) 0.2730 (Lsg)

表 4.4　V_{CME} 和组合参数

	CC_{Pl}	CC_{Sr}	S_{Sr}
V_{CME} vs. $Ft\times d_E$	0.3665	0.3815	2.9×10^{-4}
V_{CME} vs. $Ft\times Lsg$	0.2495	0.2842	0.0080

对于 86 个事件，检查了 V_{CME} 与两个组合参数 $Ft\times d_E$ 和 $Ft\times Lsg$ 之间的相关性 (图 4.16)。从表 4.4 可以看出，V_{CME} 与 $Ft\times d_E$ 之间的任何一种相关系数都比 V_{CME} 和 $Ft\times Lsg$ 之间的相关系数要好。然而，V_{CME} 与这两个组合参数中的

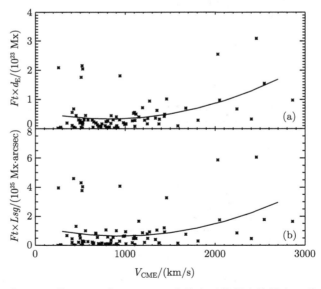

图 4.16　(a) 86 个 CME 的 V_{CME} 与 $Ft\times d_E$，实线表示数据点的最小二乘二次多项式拟合；(b) 与顶部相同，但为 V_{CME} 与 $Ft\times Lsg$。来自 Guo 等 (2007)

任何一个之间的相关性都没有预期的那么好。经过详细分析，发现是由于六个事件的出现：来自 NOAA 9393 的五个慢 CME，一个巨大的活动区，具有非常强的磁场 (大 Ft)，以及非常复杂的磁结构 (大 Lsg 和大 d_E)，以及来自 NOAA 8674 的一个慢 CME，该区域有大 Ft 和大 Lsg。如果没有这六个事件，V_{CME} 和两个组合参数之间的相关量将为：$CC_{Pl} = 0.6557$，$CC_{Sr} = 0.5613$，$S_{Sr} = 6.11 \times 10^{-8}$，对于 $Ft \times d_E$；$CC_{Pl} = 0.5520$，$CC_{Sr} = 0.4565$，$S_{Sr} = 2.08 \times 10^{-5}$，对于 $Ft \times Lsg$。应该注意的是，无论有没有六个特殊事件，$Ft \times d_E$ 与 V_{CME} 的相关性都比 $Ft \times Lsg$ 更好。这些表明具有大 Ft 和大 d_E 的活动区往往比具有大 Ft 和大 Lsg 的活动区产生更快的 CME。

4.5.6 磁重联的形成

磁重联 (magnetic reconnection) 是高导电等离子体中磁场线的断裂和重新连接，又称磁场湮灭，是天体物理中一种非常重要的快速能量释放过程。重联将磁能转化为动能、热能和粒子加速能。我们在这里简洁地介绍磁重联的基本理论框架。

根据简单的电阻磁流体力学 (MHD) 理论，重联的发生是由于边界层附近等离子体的电阻率与维持磁场变化所需的电流相反。电流层的电阻率允许来自任一侧的磁通量扩散穿过电流层，抵消来自边界另一侧的磁通量。

在理想的 MHD 中，要么这些力与维持平衡的等离子体压力梯度相反，要么等离子体和场线将一起移动，直到这些力达到平衡。然而，随着有限电阻率的引入，无论场有多小，场都不再冻结在等离子体中，并且不再有相反极性的场线滑移 (Boyd and Sanderson, 2003)。

Sweet-Parker 模型由一个长度为 $2L$ 和宽为 $2l$ 的简单扩散区域组成，也就是说，位于相反方向磁场之间的区域 (图 4.17)，可以如下进行数量级分析。对于稳定状态，当磁场 B_i 以 v_i 的速度进入扩散层，等离子必须以与它们试图向外扩散的速度相同的速度携带场线，因此

$$v_i = \frac{\eta}{l} \tag{4.80}$$

这个表达式直接来自欧姆定律 (2.31)，如下所示。

质量守恒意味着质量从两侧进入薄片的速率 ($4\rho L v_i$) 必须等于速率 ($4\rho L v_o$) (Priest and Forbes, 2000)。在无量纲变量中 $v_i^2 = \frac{\eta v_o}{L}$ 可以改写为

$$M_i = \frac{\sqrt{v_o/v_{Ai}}}{\sqrt{R_{mi}}} \tag{4.81}$$

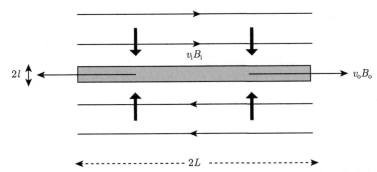

图 4.17　Sweet-Parker 磁重联。扩散区域被阴影化。等离子体速度用实心箭头表示，磁场线
用小头箭头表示。来自 Priest 和 Forbes (2000)

其中，

$$M_i = \frac{v_i}{v_{Ai}} \tag{4.82}$$

是流入阿尔芬数 (或无量纲重联率)；

$$R_{mi} = \frac{L v_{Ai}}{\eta} \tag{4.83}$$

是基于流入阿尔芬速度的磁雷诺数。

流出磁场强度 (B_o) 由通量守恒确定：

$$v_i B_i = v_o B_o \tag{4.84}$$

Petschek (1964) 意识到慢模式激波提供了另一种将磁能转化为热能和动能
的方式 (以及扩散区域)。他建议当达到稳定状态时，四个这样的激波会出现在流
动中。

Petschek 建议当 B_i 变得太小时该机制会自行关闭，因此，通过放置 $B_i = \frac{1}{2} B_e$，
他估计了最大重联率 (M_e^*)

$$M_e^* \approx \frac{\pi}{8 \log R_{me}} \tag{4.85}$$

这实际上介于 0.1～0.01，因此比 Sweet-Parker 快得多。

Petschek 机制中的流入区是一个扩散的快模膨胀，其中压力和场强随着磁场
的进入而减小并且流动会聚。快模扰动是等离子体和磁压一起增加或减少，而慢
模式干扰使它们发生相反的变化。膨胀使压力降低，而压缩使其增加，即使在不
可压缩的极限。

Priest 和 Forbes (1986) 探索了不同类型的流入。通过以 B_e 评估扩散区入口
处的磁场，他们指出

$$\left(\frac{M_{\mathrm{e}}}{M_{\mathrm{i}}}\right)^2 \approx \frac{4M_{\mathrm{e}}(1-b)}{\pi}\left[0.834 - \log_{\mathrm{e}}\tan\left(\frac{4R_{me}m_{\mathrm{e}}^{1/2}m_{\mathrm{i}}^{1/2}}{\pi}\right)^{-1}\right] \quad (4.86)$$

Priest 和 Forbes (2000) 指出，新参数 b 的引入效果显著。它产生了一系列不同的状态：当 $b=0$ 时，Petschek 状态 (弱快速模式扩展) 被恢复；但是当 $b=1$ 时，y 轴 (图 4.17 的垂直方向) 上流入场是均匀的，因此我们有一个类似 Sonnerup 的解，在整个流入区域具有弱慢模扩展。一般来说，参数 b 的其他值存在连续解，这可以由流入边界上的流动性质决定。图 4.18(a) 显示了重联机制与 b 值的关系，以及 Petschek 与 Sonnerup 机制所在的位置。对于给定的 R_{me}，重联率 (M_{e}) 随 M_{i} 和 b 变化的方式如图 4.18(b) 所示。当 $b>0$ 时，对于相同的 M_{i}，重联率比 Petschek 速率快 (尽管该分析仅对 $M \ll l$ 是准确的)。对于 $b=1$，M_{e} 随 M_{i} 线性增加，而对于 $b=0$，可以看到 Petschek 最大值。$b<1$ 的所有机制也具有最大重联率，尽管当 $b<0$ 时它比 Petschek 的要慢。当 $b>1$ 时，在理论限制范围内，没有最大率值。

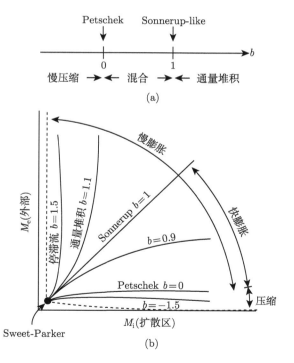

图 4.18　(a) 不同 b 值的不同快速重联机制；(b) 对于不同的 b，重联率 ($M_{\mathrm{e}} = v_{\mathrm{e}}/v_{Ae}$) 作为 $M_{\mathrm{i}} = V_{\mathrm{i}}/V_{Ai}$ 的函数。来自 Priest 和 Forbes (2000)

这些情况的场线和流线如图 4.19 所示。当 $b<0$ 时，靠近 y 轴的流线会聚并

因此倾向于压缩等离子体，从而产生慢模压缩。当 $b > 1$ 时，流线发散，因此倾向于膨胀等离子体，产生慢模膨胀。我们将这种类型的重联称为通量堆积机制，因为磁场线靠得更近，并且场强随着磁场线接近扩散区域而增加。中间范围 $0 < b < 1$ 给出了慢速和快速模式扩展的混合系列，快速模式区域往往出现在两侧。另一个特征是通量堆积机制的中心扩散区域比 Petschek 机制大得多。慢速模式压缩方案的中心扩散区域也比 Petschek 方案大得多，但这些解决方案相当慢——甚至比 Sweet-Parker 方案慢。

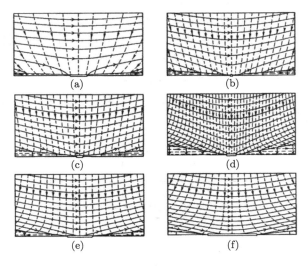

图 4.19　上半平面 $(y > 0)$ 中的磁场线 (实线) 和流线 (虚线)，用于几种几乎均匀重新连接的不同状态：(a) 慢压缩 $(b < 0)$；(b) Petschek $(b = 0)$；(c) 混合扩展 $(0 < b < 2/\pi)$；(d) 混合扩展 $(2/\pi < b < 1)$；(e) Sonnerup $(b = 1)$；(f) 通量堆积 $(b > 1)$。来自 Priest 和 Forbes (2000)

　　上述分析的主要结果是，重联状态的类型和重联速率敏感地取决于表征流入边界条件的参数 b。Petschek $(b = 0)$ 和类似 Sonnerup $(b = 1)$ 的解只是更广泛类别中的特殊情况。

1. 电阻撕裂模式

　　电阻不稳定性首先在 Furth 等 (1963) 的开创性论文中推导出来。术语"撕裂不稳定性"或"撕裂模式" (暗示不稳定模式) 是指自发重联过程，它可能发生在任何剪切磁构型中 (Biskamp, 2000)。

　　双撕裂模式的特征在于存在两个 (或更多) 共振表面，其耦合可以产生比标准撕裂模式更快的动态。此时引入线性位移向量 ξ 和 $\partial_t \xi = \gamma \xi = \mathbf{v}_1$ 很有用，它们一般使用在理想的 MHD 稳定性理论中，更具体地说是平衡梯度方向上的分量 ξ_x

和 $\xi_x = -\mathrm{i}k_y\phi_1/\gamma$。

在 $x = x_s$ 附近有 $B_0(x) \simeq (x - x_s)B_0'$ 并且依据参数 $k^2x_s^2$ 的幂级数展开，$\xi = \xi^{(0)} + \xi^{(1)} + \cdots$ 和最低阶，除了在共振表面 $x = \pm x_s$，$d\xi^{(0)}/dx = 0$，我们可以写出

$$\frac{1}{\xi_0}\frac{d\xi^{(1)}}{dx} = -\frac{1}{\pi}\frac{\lambda_H}{(x - x_s)^2} \tag{4.87}$$

其中

$$\lambda_H = -\pi\frac{k^2}{B_0'^2}\int_0^{x_s} B_0^2 dx \tag{4.88}$$

是模式的自由磁能的量度。我们定义 $\widehat{\lambda}_H = \lambda_H(kB_0'/\eta)^{1/3}$。

(1) 对于强理想不稳定性 $\widehat{\lambda}_H \gg 0$ 使用 Γ 函数的渐近性质，$\Gamma(z+a)/\Gamma(z+b) \simeq z^{a-b}$，给出理想的增长率 $\widehat{\gamma} = \widehat{\lambda}_H$，即

$$\gamma = \lambda_H kB_0' \tag{4.89}$$

(2) 边际不稳定性 $\widehat{\lambda}_H = 0$ 对应于 $\Gamma[(\widehat{\gamma}^{3/2} - 1)/4]$ 的第一个极点，即 $\widehat{\gamma} = 1$ 或

$$\gamma = (\eta k^2 B_0'^2)^{1/3} \tag{4.90}$$

(3) 对于非常理想稳定的 MHD 条件 $\widehat{\lambda}_H < 0, |\widehat{\lambda}_H| \gg 1$ 对应于小增长率 $\widehat{\gamma} \ll 1$，它给出

$$\gamma = \left(\frac{\Gamma\left(\dfrac{1}{4}\right)}{2\Gamma\left(\dfrac{3}{4}\right)}\right)^{4/5} \eta^{3/5}(kB_0')^{2/5}|\lambda_H|^{-4/5} \tag{4.91}$$

因此，在 MHD 稳定模式中，正如预期的那样，模式简化为标准撕裂模。

2. 聚结不稳定

在波纹中性片平衡电阻等离子体中的岛聚结已被关注 (Biskamp, 2000)，如图 4.20 所示。

$$\psi(x, y) = \frac{B_\infty}{k}\ln[\cosh(kx) + \epsilon\cos(ky)] \tag{4.92}$$

其中，B_∞ 是 $|x| \to \infty$ 的场强；ϵ 是由 $\cosh(w_\mathrm{I}k/2) = 1 + 2\epsilon$ 给出的岛宽度 w_I 的度量，$w_\mathrm{I}/c \simeq 4\sqrt{\epsilon}$ 为 $w_\mathrm{I}k \ll 1$。这种配置属于平衡方程 $\nabla^2\psi = k^2\mathrm{e}^{-\psi}$ 的一般解，可以写成 $\psi = -\ln\{8|f'|^2/(1 + |f|^2)^2\}$，其中 $f(z)$ 是 $z = x + \mathrm{i}y$ (Fadeev et al.,

1965) 的任意复函数。解 (4.92) 来自选择 $f = \sqrt{2k/B_\infty}(\epsilon + e^{kz})$ 的结果，其中相应的电流密度为

$$j = \nabla^2 \psi = \frac{B_\infty}{k} \frac{1 - \epsilon^2}{[\cosh(kx) + \epsilon \cos(kh)]^2} \tag{4.93}$$

当前最大值位于 ψ 的最小值处，即沿 y 轴的磁岛的 O 点处，$y = (2n+1)\pi$。因此，该结构对应于一串电流密度小岛，如果从它们的平衡位置受到干扰，它们就会相互吸引。理想情况下，对于任意岛宽度的成对吸引，平衡点是不稳定的 (Pritchett and Wu, 1979)。

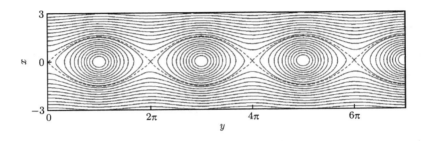

图 4.20　$\epsilon = 0.71$ 的孤立片夹捏点解 (4.93)。来自 Biskamp (2000)

第 5 章　螺旋磁场和太阳周期

近年来，太阳矢量磁场为基础的观测资料被大量获得。它们已经被用于探讨非势磁场和螺度太阳周的变化。从太阳表面不同特征尺度矢量磁场随太阳周变化的角度来看，太阳表层大气中磁螺度不仅仅属于磁湍流属性中的具有缠绕性的组分，而且其统计分布特征携带其在太阳内部形成的主要信息，往往使人感兴趣。

5.1　太阳活动周期的磁螺度分布

"地球大气中的旋风风暴，无论是旋风还是龙卷风，都遵循一个众所周知的规律，据说没有例外：北半球的旋风方向是左旋或逆时针方向，而在南半球，旋风的方向是右旋或顺时针" (Hale et al., 1919)。海尔 (Hale) 认识到太阳黑子与上面引用的极性规则具有相似性，称为太阳黑子极性规则：磁场的符号在太阳南北半球是反对称的，并且每 11 年变化一次。Ding 等 (1987) 统计分析了黑子螺旋特性随太阳周的分布，并在近三十年的活动区磁螺度研究中得到证实 (Seehafer, 1990; Pevtsov et al., 1995; Abramenko et al., 1997; Bao and Zhang, 1998; Hagino and Sakurai, 2005; Xu et al., 2007)。一些作者还分析了磁螺度的内在性质 (Georgoulis and LaBonte, 2007; Georgoulis et al., 2009; Zhang et al., 2010a)。

图 5.1 和图 5.2 显示了根据怀柔太阳观测站观测的矢量磁图推断的 1988∼1997

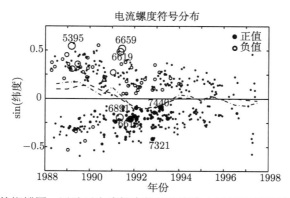

图 5.1　电流螺度的蝴蝶图。活动区电流螺度的平均密度由以下等级的圆圈大小标记：$(0, 1, 3, 5, 7) \times 10^{-3} \mathrm{G^2/m}$。实心圆和空心圆分别表示螺度的正负值。点划线表示电流螺度的平均值，虚线表示数据平滑后电流螺度不平衡的平均值。来自 Zhang 和 Bao (1998)

年活动区平均电流螺度密度的分布。此外，在这些统计工作中，螺度的反转符号也引起了广泛关注 (Bao et al., 2000b; Zhang et al., 2002; Kuzanyan et al., 2003)。

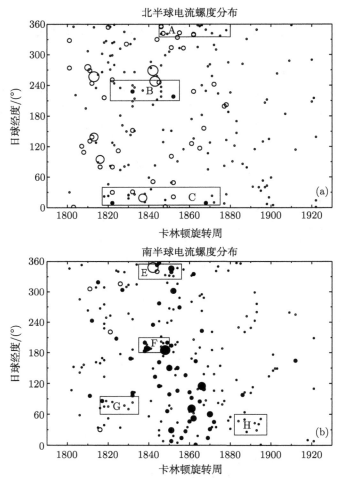

图 5.2　活动区平均电流螺度密度参数随太阳自转周期的分布，圆圈大小表示：(0, 1, 3, 5, 7)×10^{-3}G^2/m 等级。电流螺度符号与图 5.1 相同。(a) 北半球平均电流螺度密度；(b) 南半球平均电流螺度密度。来自 Zhang 和 Bao (1999)

5.1.1　从观测的活动区矢量磁图到电流螺度统计分析

　　在图 5.3 中，从 1988 年到 2005 年共选取了 984 个活动区 (共 6205 张磁图)，其中 431 个活动区处于第 22 太阳周期，553 个活动区处于第 23 太阳周期 (Gao et al., 2008)。我们将活动区的纬度限制在 40° 以下，其中大部分在 35° 以下 (只有少数在 35° ∼ 40°)。所以在我们的工作中，活动区的投影效应是可以忽略的。

此外，Gao 等 (2008) 应用平均矩阵的线性插值结果来校正统计工作中的方位角旋转。通过假定太阳表面的净电流应零，也就是从统计上讲，活动区中必须存在大小相似的正负电流。然而，如果磁图中存在法拉第旋转，则正极性或负极性活动区的磁场局部最大值处将出现正伪电流 (Hagino and Sakurai, 2004)。在我们的结果中，净电流的平均值均匀地分布在零电流的两侧，没有伪净电流，这是法拉第旋转校正的证据 (图 5.3)。

顺便说一下，我们在统计工作中限定 B_z 的上限为 900 G，因为我们校正了目前纵向磁场小于 900 G 的区域由法拉第旋转引起的方位角误差 (表 5.1)。

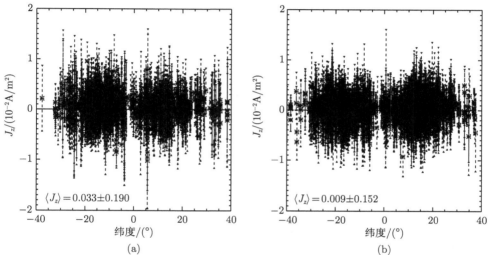

| | (a) | | | | | | | (b) | |

图 5.3 修正法拉第旋转后的第 22 和第 23 太阳周期 ($B_z > 500G$) 太阳活动区电流的统计分布。(a) 对应第 22 太阳周期；(b) 对应第 23 太阳周期。来自 Gao 等 (2008)

表 5.1 与纵向磁场和倾角相关的方位角旋转的平均分布

B_z/G	倾角/(°)								
	85	75	65	55	45	35	25	15	5
250	0.00	0.17	0.13	5.45	10.74	0.00	0.00	0.00	0.00
350	0.00	1.38	0.67	6.68	15.24	14.17	0.00	0.00	0.00
450	0.00	0.00	3.08	5.33	7.03	13.86	0.00	0.00	0.00
550	0.00	0.00	18.89	17.95	15.81	10.36	4.66	−19.15	0.00
650	0.00	0.00	0.00	28.88	11.81	13.46	18.96	−26.80	0.00
750	0.00	0.00	0.00	2.51	4.98	8.10	14.67	−6.23	0.00
850	0.00	0.00	0.00	0.00	6.05	3.21	−0.62	29.91	0.00
950	0.00	0.00	0.00	0.00	0.00	0.00	0.00	0.00	0.00
1050	0.00	0.00	0.00	0.00	0.00	0.00	0.00	0.00	0.00

根据 H_c，我们比较了活动区的分布及其法拉第旋转引起的误差，见图 5.4。从图中我们知道法拉第旋转产生的电流螺度密度的最大起伏约为 0.1 G²/m，因此

对于那些电流螺度密度绝对值大于 0.1 G²/m 的活动区，由于法拉第旋转而改变符号的可能性很小。尽管所有活动区的值都会有类似幅度的变化，但变化的部分将与小于 0.1 G²/m 的实际螺度绝对值相当，远小于那些大于 0.1G²/m 活动区的实际螺度值。因此，即使不修正法拉第旋转，那些大于 0.1 G²/m 的活动区的螺度随纬度的分布也应该反映螺度的基本趋势。

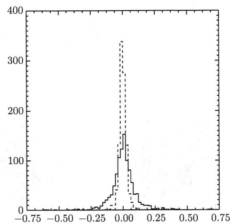

图 5.4   根据 H_{c0} 和 $H_{c1} - H_{c0}$ 的值分布活动区，实线对应前者，虚线对应后者。H_{c0} 为法拉第旋转修正前的电流螺度密度值，H_{c1} 为修正后的值

5.1.2   活动区电流螺度的半球分布

Gao 等 (2008) 展示了 H_c 和 α_{av} 在两个太阳周期中的纬度分布 (图 5.5)。这两个参数都显示 HSR 在两个太阳周期中保持良好。

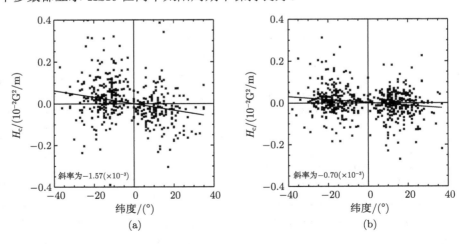

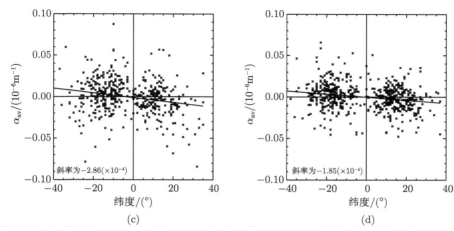

图 5.5　H_c 和 α_{av} 的纬度分布。其中 (a) 和 (b) 分别对应于第 22 和第 23 太阳周期的 H_c；
(c) 和 (d) 分别对应于第 22 和第 23 太阳周期的 α_{av}

在表 5.2 中显示电流螺度随太阳纬度的变化率，可以看到大多数年份的值为
负，表示与 HSR 的一致性，并且强调的部分是来自相对较大的数据样本的结果。

表 5.2　螺度随纬度梯度列表

年份	$(dH_c/d\theta)$ /$(10^{-5}\mathrm{G}^2/(\mathrm{m}\cdot(°)))$	$(d\alpha_{av}/d\theta)$ /$(10^{-10}\mathrm{m}^{-1}\cdot(°)^{-1})$	活动区数目
1988	-1.8 ± 0.8	-2.9 ± 2.0	25
1989	0.2 ± 0.8	0.7 ± 1.3	56
1990	-1.6 ± 0.5	-3.0 ± 1.1	69
1991	-4.7 ± 1.2	-8.3 ± 1.9	67
1992	0.1 ± 1.1	-1.3 ± 1.4	78
1993	-0.9 ± 1.5	0.2 ± 2.2	65
1994	-2.3 ± 1.0	-6.3 ± 3.0	39
1995	-0.3 ± 1.1	-2.0 ± 3.4	24
1996	-2.3 ± 1.5	-3.4 ± 4.2	8
1997	-0.5 ± 1.0	-0.7 ± 1.8	20
1998	-1.1 ± 0.5	-2.4 ± 1.0	55
1999	-0.5 ± 0.3	-1.2 ± 0.6	102
2000	-1.3 ± 0.4	-2.5 ± 0.7	142
2001	-0.8 ± 0.3	-2.0 ± 1.1	117
2002	0.0 ± 0.3	-1.9 ± 1.1	74
2003	-0.1 ± 1.1	-1.4 ± 3.3	18
2004	0.7 ± 1.0	0.7 ± 4.0	17
2005	-1.7 ± 2.9	-9.8 ± 5.5	8

5.2　太阳活动区电流螺度的蝴蝶图

值得注意的是，由于螺度守恒 (Zeldovich et al., 1983; Brandenburg and Sub-ramanian, 2005a) 和太阳活动区的证据 (Holder et al., 2004)，缠绕或电流螺度分布也受到缠绕和扭曲之间互换的影响。对于螺旋磁通的出现，Longcope 等 (1998) 指出了由螺旋湍流 (sigma 效应) 引起磁通管扭曲的形式。

磁螺度相对于太阳发电机过程被提出 (例如, Frisch et al., 1975; Branden-burg and Subramanian, 2005a)。根据平均场太阳发电机模型，它是由于太阳较差自转的影响和科里奥利力对太阳对流区中等离子体湍流运动的作用而产生的 (例如, Berger and Ruzmaikin, 2000; Kuzanyan et al., 2000; Kleeorin et al., 2003; Choudhuri et al., 2004; Nandy, 2006; Zhang et al., 2006)。

5.2.1　太阳周期的螺度

图 5.6 以蝴蝶图 (纬度–年份) 的形式展示了 1988~2005 年太阳活动区磁场平均螺度特征的分布 (涵盖了第 22 太阳周期和第 23 太阳周期的大部分)。这些结果是在统计消除磁光 (或法拉第) 效应对磁场测量的影响后 (Su and Zhang, 2004b; Gao et al., 2008)，从怀柔太阳观测站记录的光球矢量磁图推断出来的。这个涵盖两个太阳周期的最长可用系统数据集包括 984 个太阳活动区 (两个太阳周期的大部分大型太阳活动区) 的 6205 个矢量磁图。其中，431 个活动区属于第 22 太阳周期，553 个活动区属于第 23 太阳周期。我们将活动区的纬度限制在 ±40° 以内，其中大部分都在 35° 以下。活动区的螺度值已按太阳纬度的 7° 间隔以及重叠的两年期间 (即 1988~1989, 1989~1990, · · · , 2004~2005)。通过这种平均方式，我们能够对至少 30 个数据点进行分组，以使误差棒 (计算为 95% 置信区间) 合理地小。在这个采样中，我们发现 66% (63%) 的活动区在第 22 太阳周期和 58% 北 (南) 半球具有负 (正) 平均电流螺度 (57%) 在第 23 太阳周期。

我们从电流螺度蝴蝶图中获得如下信息。

(1) 螺度和缠绕模式通常在太阳赤道南北两侧反对称。这一结果证实了在 11 年观测数据集 (Kleeorin et al., 2003; Pevtsov et al., 1994; Pevtsov et al., 1995; Bao and Zhang, 1998) 的研究中获得的半球规则。

(2) 螺度模式比海尔的太阳黑子极性定律更复杂。我们的结果揭示了蝴蝶图上的特定纬度和时间，其中半球螺度定律被反转。因此，我们在蝴蝶翅膀的末端发现了"错误"标志的区域。这是对发电机理论的挑战。我们可以将这种现象解释为活动波从一个半球渗透到另一个"错误"半球。在蒙德 (Maunder) 极小值 (Sokoloff, 2004; Sokoloff et al., 2006) 末端的太阳黑子数据中可以识别出类似的模式。位于蝴蝶图的翼开始处的"错误"螺旋性标志已被预测 (Chumak et al., 2004)，这是由于磁管的额外扭曲形成了一个太阳黑子群。

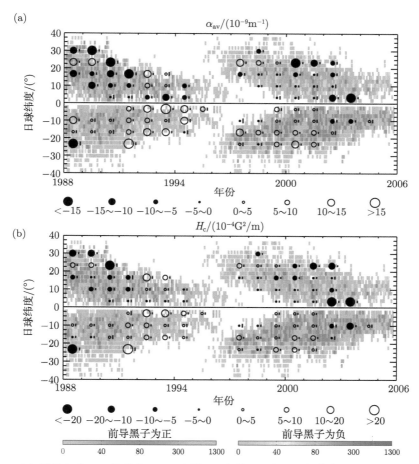

图 5.6 (a) 平均扭曲 α_{ff} 的分布；(b) 在第 22 和第 23 太阳周期中太阳活动区的电流螺度 H_{cz}。叠加后，附着的彩色"蝴蝶图"显示了太阳黑子密度在太阳活动周期随纬度的变化情况。纵轴表示纬度，横轴表示时间 (以年为单位)。圆圈大小给出了显示数量的大小。圆圈右侧的条形显示了计算为 95% 置信区间的误差棒水平，缩放到与圆圈相同的单位。88 组中的 72 组电流螺度 (82%) 以及 88 组中的 67 组扭曲 (76%) 的误差棒低于信号水平。来自 Zhang 等 (2010b)

(3) 太阳黑子与电流螺度和缠绕模式之间存在大约两年的时间滞后：螺度和缠绕模式出现在太阳黑子模式之后。此外，螺度的最大值，至少在表面，似乎出现在太阳黑子蝴蝶图的边缘附近。这是一个意想不到的结果，对发电机理论提出了另一个挑战。该理论预测 (Parker, 1955a) 一个相反符号的滞后 (螺度和缠绕模式应该在太阳黑子模式之前大约 2.7 年出现)。然而，传统的发电机模型忽略了螺度需要时间来跟随磁场的事实。

5.2.2   活动区磁场的缠绕和倾斜之间的关系

使用来自 HMI/SDO (太阳动力学天文台上的日震和磁成像仪仪器) 的矢量磁场数据，Liu 等 (2022) 研究在 2018 年 12 月 ~ 2020 年 11 月期间出现在日面中心附近 (距日面中心 ±45° 以内) 的 85 个样本活动区的螺度的迹象 (磁扭 α_{av}，电流螺度 H_{c} 的 z 分量) 和倾斜角。这个时间范围跨越第 24 和第 25 太阳周期的交换期。

图 5.7(a) 显示了 2018 年 12 月 ~ 2020 年 11 月期间 85 个活动区的 α_{av} 作为纬度和时间函数的分布。可以看出，在 24 个月的调查中，活动区纬度随时间的变化基本上显示出遵循蝴蝶图的趋势。Liu 等 (2022) 用两条斜线将太阳周期 24 和 25 分开，它们的斜率类似于 Usoskin 和 Mursula (2003)，以及 McClintock 和 Norton (2014) 给出的斜率。如图 5.7(a) 所示，样本活动区显示出遵循半球规则的趋势，即在北半球/南半球具有负/正扭曲符号。图 5.7(b) 显示了平均缠绕 α_{av} 作为活动区纬度的函数 (红色代表太阳周期 24，蓝色代表太阳周期 25)。对于在北/南半球为负/正的"主导"缠绕，实线的斜率应该是负的。从图 5.7(b) 我们可以看到所有斜率都是负的。这些结果意味着大多数样本活动区倾向遵循半球规则，无论是在太阳周期的整个交换期间还是在太阳周期 24/25 的结束/开始期间，但在图 5.7 中分布的细节还是复杂的。

图 5.7(c) 与图 5.7(a) 相似，但蓝色/红色圆圈表示具有负/正倾斜角的活动区。如图中间所示，圆的大小与倾斜角的值成正比。这表明活动区在北半球具有负倾斜角，在南半球具有正倾斜角。图 5.7(d) 类似于图 5.7(b)，但平均倾斜角是纬度的函数。发现拟合倾斜度和纬度的最小二乘的斜率都是负的。这些结果意味着大多数活动区遵循乔伊定律。

表 5.3 分别显示了遵循乔伊定律、海尔定律和半球规则活动区的比例。从最后一列我们可以看到 62% 的活动区遵循半球规则。其中，北半球 67% 有负缠绕，南半球 58% 有正缠绕，并且太阳周期 25 开始时的活动区 (66%) 的半球偏好比太阳周期 24 结束时的活动区 (58%) 更明显。考虑到太阳周期 24/25 的大部分活动区位于低/高纬度地区，这一结果意味着半球缠绕趋势随着纬度的增加而增加。

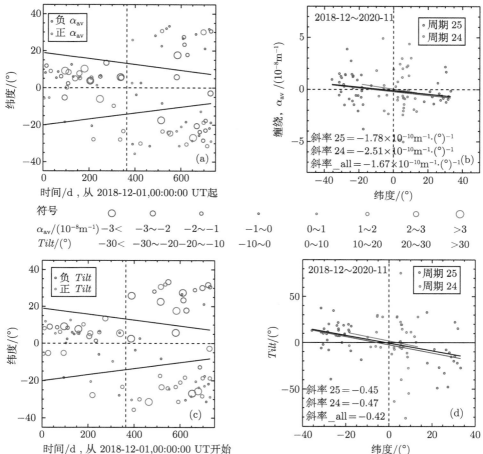

图 5.7　(a) 2018 年 12 月 ~ 2020 年 11 月第 24 和第 25 太阳周期交换期的 85 个样本活动区中观测扭曲 α_{av} 随纬度和时间的分布，两条斜线之间/之外的数据属于太阳周期 24/25。垂直虚线标记了 13 个月平滑太阳黑子数的最小值，圆圈的大小表示观察扭曲 α_{av} 的相应典型值 (蓝色表示负数，红色表示正数)，α_{av} 对应于某些圆圈大小的值显示在图的中间。(b) 平均扭曲 α_{av} 作为 85 个样本活动区纬度的函数 (红色代表太阳周期 24，蓝色代表太阳周期 25)，红色/蓝色实线是与属于太阳周期 24/25 的 38/47 个样本活动区的观测数据的最小二乘拟合，黑线是整个样本活动区的观测数据。(c) 与 (a) 类似，但圆圈的大小表示相应的观测倾斜角的典型值。(d) 与 (b) 类似，但平均倾斜角是纬度的函数。来自 Liu 等 (2022)

　　图 5.8(a) 显示了 85 个活动区样本的 α_{av} (X 轴) 和平均倾斜角 (tilt angle) (Y 轴) 的散点图。红色实线是太阳第 24 活动周的 38 个活动区的最小二乘拟合，蓝色实线是太阳第 25 活动周的 47 个活动区的最小二乘拟合。图 5.8(b) 显示了 α_{av} (X 轴) 和扭曲 (Y 轴)。我们可以看到数据点非常分散，相关系数很小，这

意味着缠绕和倾斜/扭曲之间的相关性很差。当通量管上升通过对流区时，它会因科里奥利力或对流湍流而变形，并且这种变形会在管中产生磁性缠绕和相反符号的等效扭曲，以保持螺度守恒 (Berger, 1984; Longcope et al., 1998: Berger and Ruzmaikin, 2000; Liu et al., 2014)。在这种情况下，可以预期活动区获得的扭动的符号与缠绕的符号相反。有趣的是，Liu 等 (2022) 的结果与这个观点不同。这可能是因为缠绕从通量管形成的深处出现。发电机过程是产生与倾斜/扭曲无关 (或微弱相关) 的缠绕的一种可能性。相对于 3.4.3 节中关于浮现活动区获得磁螺度和倾角之间的统计相关性结果 (Yang 等, 2009)，问题的探讨可能还有待于深入。

表 5.3   遵循乔伊定律、海尔定律、半球规则活动区的比例

活动区类型	样本量	乔伊定律 [a]	海尔定律 [b]	半球规则 [c]
All	85	57(67%)	80(94%)	53(62%)
Northern	45	28(62%)	43(96%)	30(67%)
Southern	40	29(73%)	37(93%)	23(58%)
Cycle 24	38	20(53%)	33(87%)	22(58%)
Cycle 25	47	37(79%)	47(100%)	31(66%)

注：a, b, c 分别遵循乔伊定律、海尔定律和半球规则的活动区的数量和百分比。

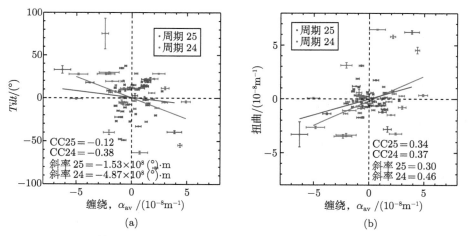

图 5.8   (a) α_{av} (X 轴) 和 85 个活动区样本的平均倾斜角 (Y 轴) 的散点图，红色/蓝色实线是与属于太阳周期 24/25 的 38/47 样本活动区的观测数据的最小二乘拟合，注释 "CC25" 和 "CC24" 标记了相应的相关系数；(b) 与 (a) 类似，但用于 α_{av} 的散点图并扭曲。来自 Liu 等 (2022)

5.2.3   不同磁像仪观测推论螺度演化的比较

Xu 等 (2007) 比较了怀柔 (HR) 太阳观测站的太阳磁场望远镜 (SMFT) 和日本国家天文台三鹰 (MTK) 的太阳耀斑望远镜 (SFT) 从 1992 年到 2005 年观测到的 228 个活动区的矢量磁图, 以及 SFT 和夏威夷大学密斯 (Mees) 太阳天文台的哈雷阿卡拉斯托克斯偏振仪 (HSP) 从 1997 年到 2000 年观测到的 55 个活动区, 如图 5.9 所示。计算两个螺度参数: 电流螺度密度 h_c 和线性无力场系数 α_{ff}。由此得出: ① HR 和 MTK 数据横向场平均方位角差系统性小于 MTK 和 Mees 数据。② 在 HR 和 MTK 处观察到的 228 个活动区中, h_c 的 83.8% 和 α_{ff} 的 78.1% 符号一致, 并且这两个数据集之间的 Pearson 线性相关系数对于 h_c 为 0.72, 对于 α_{ff} 为 0.56。在 MTK 和 Mees 上观察到的 55 个活动区有 69.1% 的 h_c 和 65.5% 的 α_{ff} 的符号一致, 并且 Pearson 线性这两个数据集之间的相关系数对于 h_c 为 0.63, 对于 α_{ff} 为 0.62。③ 在 HR、Mees 和 MTK 上观察到的活动区的螺度参数的时间变化基本一致。

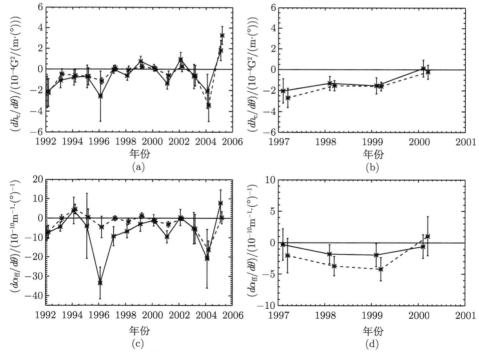

图 5.9   (a)、(c) 1992~2005 年每年的螺度纬度剖面计算的线性拟合斜率的时间变化, 实线和虚线分别代表 HR 数据和 MTK 数据; (b)、(d) 1997~2000 年每年的螺度纬度剖面计算的线性拟合斜率的时间变化, 实线和虚线分别代表 Mees 数据和 MTK 数据。(a)、(b) 是 $dh_c/d\theta$, (c)、(d) 是 $d\alpha_{ff}/d\theta$。误差棒代表线性拟合斜率的 1 个标准偏差的不确定性。来自 Xu 等 (2007)

5.2.4　测量矢量磁场的精度

除了在发现太阳磁活动的一些重要性质方面取得了一些根本性的成果外，还需要注意的是，不同仪器观测到的磁场和相关参数，如螺度等，表现出基本相同的趋势，但也有一些差异 (Wang et al., 1992; Bao et al., 2000a; Pevtsov et al., 2006; Xu et al., 2016)。作为样本，我国怀柔和日本三鹰不同太阳矢量磁像仪获得的太阳活动区电流螺度参数 h_c 和 α_{av} 值的统计分布差异可以通过 Xu 等 (2016) 工作在图 5.10 找到。

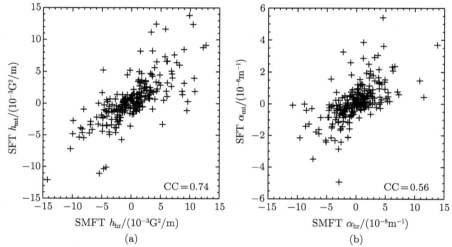

图 5.10　(a) h_c 和 (b) α_{av} 从 SMFT(怀柔) 和 SFT(三鹰) 数据中获得的相关性。相关系数 (CC) 的值显示在图中。来自 Xu 等 (2016)

这涉及太阳矢量磁像仪测量太阳磁场精度的基本问题和相应的太阳磁场观测理论。由于上述太阳磁大气中谱线辐射转移方程的计算具有非线性和简单化，所以给斯托克斯参数分析磁场的定标提出了一些限制。这意味着即使忽略了太阳仪器技术的一些问题，相对于光谱线辐射转移诊断的太阳观测理论仍然存在一些问题。

5.2.5　电流螺度和日面下层动力学螺度的比较

Gao 等 (2009) 对太阳活动区的光球层电流螺度和表面下动力学螺度进行了比较。采用四个参数：平均电流螺度 $\langle B_z \cdot (\nabla \times \mathbf{B})_z \rangle$ ($\langle H_c \rangle$)、平均无力场因子 $\sum (\nabla \times \mathbf{B})_z \cdot \mathrm{sign}[B_z] / \sum |B_z|$ (α_{av}) 和平均地下动力学螺度 $\langle \mathbf{v} \cdot (\nabla \times \mathbf{v}) / |\mathbf{v}|^2 \rangle$ (α_v)，根据太阳表面下的不同深度，表示为两个不同的参数 $\langle \alpha_{v1} \rangle$ 和 $\langle \alpha_{v2} \rangle$。总共研究了 38 个活动区。结果表明，$\langle H_c \rangle$ 和 α_{av} 的符号具有典型的半球分布特征。相比之下，$\langle \alpha_{v1} \rangle$ 的符号呈现出与上述两个参数相反的特征。$\langle \alpha_{v2} \rangle$ 与其他三个参数相比，每

个半球的符号都没有明显的优势。尽管在太阳表面下 0~3 Mm 处电流螺度的符号与动能螺度的符号之间存在相反的半球优势，但 $\langle H_c \rangle$ 和 $\langle \alpha_{v1} Ks'1 \rangle$，$\alpha_{av}$ 和 $\langle \alpha_{v1} \rangle$，$\langle H_c \rangle$ 和 $\langle \alpha_{v2} \rangle$，$\alpha_{av}$ 和 $\langle \alpha_{v2} \rangle$（相关系数分别为 $-0.095, 0.118, -0.102, -0.179$）不支持光球电流螺度与太阳表面下方 0~12 Mm 处的动力学螺度有因果关系。

此外，四个参数的半球和纬度分布如图 5.11 所示。图中清楚地显示了 $\langle H_c \rangle$ 和 α_{av} 的负斜率及 $\langle \alpha_{v1} \rangle$ 的正斜率，从数值上来说，它们是 $-3.8 \times 10^{-6} \mathrm{G}^2/(\mathrm{m} \cdot (°))$，$-2 \times 10^{-12} \mathrm{m}^{-1} \cdot (°)^{-1}$ 和 $2.7 \times 10^{-6} \mathrm{m}/(\mathrm{s}^2 \cdot (°))$。$\langle \alpha_{v2} \rangle$ 的趋势尚不清楚。斜率的值为 $-5.6 \times 10^{-6} \mathrm{m}/(\mathrm{s}^2 \cdot (°))$，与 88 个数据集的原始趋势呈现相反的趋势。然而，趋势非常弱。

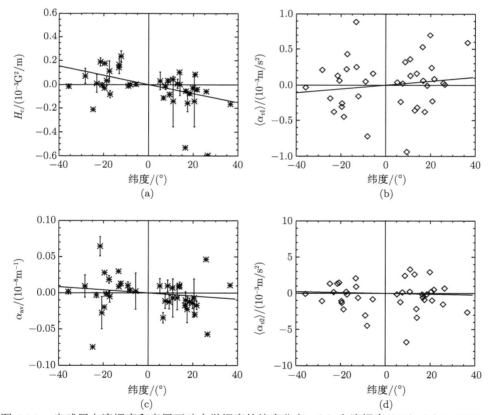

图 5.11 光球层电流螺度和表层下动力学螺度的纬度分布。(a) 电流螺度 $\langle H_c \rangle$；(b) 0~3 Mm 深度的地下动力学螺度；(c) 平均无力场因子 α_{av}；(d) 9~12 Mm 深度的表层下动力学螺度。来自 Gao 等 (2009)

从上面可以看出，在太阳表面下方 0∼3 Mm (9∼12 Mm) 处，电流螺度的符号与太阳表面下动力学螺度的符号之间存在相反 (不确定) 的趋势。在 $\langle H_{\mathrm{c}} \rangle$ 和 $\langle \alpha_{v1} \rangle$ 之间有 24 (63.2%) 个具有相反符号的活动区。对于 α_{av} 和 $\langle \alpha_{v1} \rangle$，有 20 (52.6%) 个具有相反符号的活动区。由于磁浮力引起的 α-效应的一些数值模拟似乎得到了支持 (例如，Brandenburg 和 Schmitt (1998))。为了更清楚，我们在图 5.12 中显示了这些参数之间的相关性。这些参数之间的弱相关性不支持光球电流螺度与太阳表面下方 0∼12 Mm 的运动螺度存在因果关系，即太阳表面的电流螺度和太阳对流区如此浅的深度处的动力学螺度之间可能没有任何相关性。

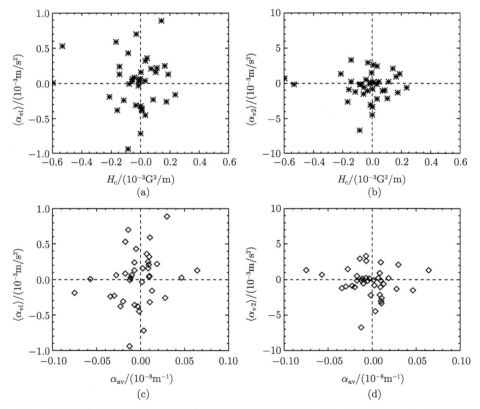

图 5.12   光球层电流螺度与表层下动力学螺度之间的相关性。(a) $\langle H_{\mathrm{c}} \rangle$ 和 $\langle \alpha_{v1} \rangle$; (b) $\langle H_{\mathrm{c}} \rangle$ 和 $\langle \alpha_{v2} \rangle$; (c) $\langle \alpha_{v1} \rangle$ 和 α_{av}; (d) $\langle \alpha_{v2} \rangle$ 和 α_{av}。来自 Gao 等 (2009)

然而，值得指出的是，这里提供的表面下动力学螺度和光球层电流螺度尽管非常相似，但是这是使用不同仪器在不同时间得到的观测数据来计算的。

5.2.6 活动区随太阳周期的磁螺度和能量谱

由于磁螺度守恒 (Zeldovich et al., 1983; Kerr and Brandenburg, 1999)，包含在不同尺度内的磁螺度的重新分布被认为是缠绕和扭动的交换过程。此外，磁螺度谱分布对于理解太阳发电机 (Brandenburg and Subramanian, 2005a) 的运行很重要。

图 5.13 显示了 1988~2005 年观测到的太阳活动区的超过 6629 张怀柔矢量磁图推断的磁螺度 $k|H_M|$ (点线)、电流螺度 $|H_c|$ (虚线) 和磁能 E_M (实线) 的平均谱。计算方法类似于上面提到的单个活动区。为了通过一系列怀柔矢量磁图计算太阳活动区磁场长期演化的一致性，将怀柔矢量磁图的空间分辨率压缩为 $2'' \times 2''$，因此，观测中不同宁静度条件的影响已基本消除。由于空间分辨率相对较低，图 5.13 在高波数下没有显示更多信息。经数据分析发现，高波数磁能谱斜率较浅，主要来自磁场横向分量的观测误差。

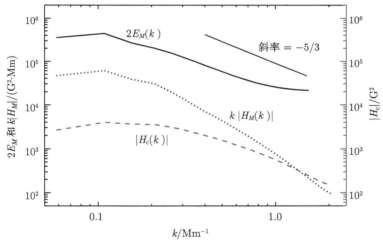

图 5.13 1988~2005 年太阳活动区 6629 张怀柔矢量磁图推断的磁螺度 (点线)、电流螺度 (虚线) 和磁能 (实线) 的平均谱。来自 Zhang 等 (2016)

为分析太阳活动区统计螺度和能谱的演化，图 5.14 显示了 $0.2\mathrm{Mm}^{-1} < k < 0.6\mathrm{Mm}^{-1}$ 范围内，磁螺度、电流螺度和磁能谱的平均尺度指数 α 随太阳周的分布。可以发现，谱的斜率随纬度变化不明显，对 1988~2005 年活动区的谱进行平均。kH_M 的 $k^{-\alpha}$ 幂律的平均尺度指数 α 值约为 2.2，H_c 的值约为 1.1，E_M 的值约为 1.4。

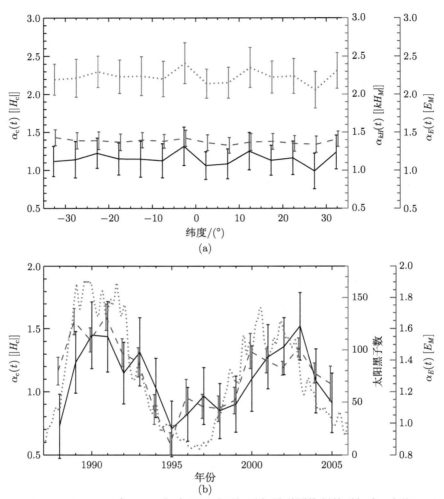

图 5.14　(a) 1988∼ 2005 年 6629 幅太阳活动区怀柔矢量磁图推断的磁螺度 (点线)、电流螺度 (实线) 和磁能 (虚线) 的平均尺度指数 α 随纬度的分布；(b) 电流螺度 (实线) 和磁能 (虚线) 的平均尺度指数 α 随时间的分布，底部的虚线显示太阳黑子数，误差棒为 0.3σ。来自 Zhang 等 (2016)

　　图 5.14 还显示了磁能谱斜率和活动区螺度的时间变化。这些斜率与太阳黑子数量显著相关。高值出现在 1990∼1992 年和 2000∼2003 年，低值出现在 1995 年。这与太阳活动的最大和最小周期一致。电流螺度斜率与太阳黑子数的统计相关系数为 0.730，磁能与太阳黑子数的统计相关系数为 0.827。这意味着活动区谱的统计变化显示出与太阳周期相同的周期性。这也和太阳活动极大期间太阳黑子的磁场强度值相符合。我们还注意到，电流螺度斜率与太阳黑子数之间的相关系数变

为 0.831，如果人为地将太阳黑子数推迟一年。它与图 5.6 的观测结果一致，其中活动区的平均电流螺度的最大值往往比太阳黑子数的最大值有延迟 (Zhang et al., 2010b)。类似的证据是，活动区的复杂磁构型往往发生在第 23 太阳活动周期的衰减阶段 (2002 年之后)(Guo et al., 2010)。

图 5.15 显示了 1988~2005 年 6029 张怀柔矢量磁图推断的太阳活动区磁能积分尺度 l_M 的统计分布。磁能积分尺度 (由式 (3.79) 推断) 与太阳黑子数之间的相关系数为 0.802。对于我们计算的活动区，磁能积分尺度的平均值在太阳极大值约为 8 Mm，在极小值约为 6 Mm。这与活动区的大尺度磁结构倾向于在太阳活动周期的最大值附近发生是一致的。

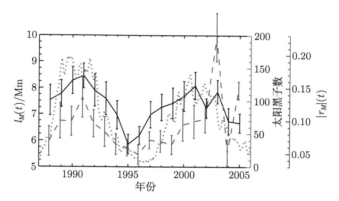

图 5.15 1988~2005 年 6029 张太阳活动区怀柔矢量磁图推断，实线表示磁能积分尺度 l_M 的统计分布，虚线表示光球相对磁度 r_M 的统计分布。误差棒为 0.3σ。虚线表示太阳黑子数。来自 Zhang 等 (2016)

图 5.15 还展示了由式 (3.81) 推导的活动区的平均光球相对磁螺度 r_M 随着 (以太阳黑子数为标志) 太阳活动周期变化的趋势，除了 2003 年之后。2003~2005 年平均相对磁螺度的高摆幅与 Guo 等 (2010) 基于 MDI 纵向磁图分析得到的活动区磁场的高复杂度大致一致，即使是使用不同的数据集。值得注意的是，该研究使用了 2003 年底附近的一系列超级活动区 (如 NOAA 10484、10486 和 10488) 的怀柔矢量磁图。这些活动区显示出高非势性 (Liu and Zhang, 2006; Zhou et al., 2007; Zhang et al., 2008a)。这就是统计上在此期间出现高归一化磁螺度 $|r_M|$ 的原因。

5.2.7 分辨率依赖性

在研究中，HMI 和怀柔矢量磁图已被用于估计太阳活动区的磁能和螺度谱。此外，还发现了活动区磁能谱的时间变化以及随太阳周期的演变。由于使用不同空间分辨率的矢量磁图来分析不同时间磁能谱分布的演变，我们现在解决了磁场观测分辨率与大波数谱形之间关系的可能不确定性。地面观测矢量磁图的较低空间分辨率意味着高波数下磁场频谱的误差来源。

　　为了估计由怀柔矢量磁图观测磁场空间分辨率低而导致的磁谱计算可能出现的误差，图 5.16 显示了磁能以及磁和电流的平均谱螺度。图 5.17 显示了活动区 NOAA 11158 中波数的光谱指数 α_c 和 α_E 的演变，其 HMI 矢量磁图分析区域的像素大小已被下采样从 512 像素 ×512 像素压缩到 128 像素 ×128 像素。像素分辨率为 $2'' \times 2''$，与怀柔矢量磁图几乎相同。在磁能谱中发现了与图 3.35 中相同的趋势。图 3.37 中 α_c 和 α_E 的时间序列中的高噪声现在降低了。2011 年 2 月 12~16 日，α_E 的均值约为 1.82，α_c 的均值约为 1.34，$0.4\,\mathrm{Mm^{-1}} < k < 2.0\,\mathrm{Mm^{-1}}$，而图 3.37 中原始分辨率得到的值分别为 1.52 和 1.62 (α_E 的较低值是由于包括快速增长的 2011 年 2 月 12 日活动区的浮现阶段)。为了进行详细分析，我们还在弱场近似中将 HMI 矢量磁图反转为斯托克斯参数 (Q，U 和 V)，以使用高斯平滑将其简化为较低空间分辨率的形式，将它们压缩到斯托克斯参数的较低像素分辨率，然后再次恢复为矢量磁图。我们发现，如图 5.16 所示的磁场谱几乎具有相同的趋势，尽管磁场谱的斜率幅度略有变化。我们注意到，我们仍然无法完全模拟观测空间分辨率较低的真实情况，例如图 5.13 中高波数的磁能谱斜率较浅。与退化数据的差异意味着，观测矢量磁图的分辨率在详细研究中的磁场谱诊断中可能仍然存在问题。这可能会影响使用怀柔矢量磁图时关于光谱斜率随太阳活动周期变化的一些分析，尽管如此，应该记住，我们从时间变化得出的结论与针对单个活动区发现的结论是一致的。

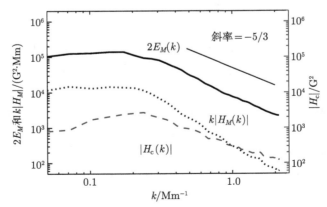

图 5.16　与图 3.35 相同，但像素从 512 像素 ×512 像素压缩到 128 像素 ×128 像素。来自 Zhang 等 (2016)

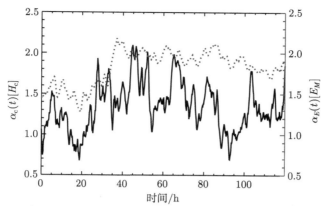

图 5.17　与图 3.37 相同，但像素从 512 像素 ×512 像素压缩到 128 像素 ×128 像素。来自 Zhang 等 (2016)

5.2.8　磁场谱演化总结

我们已经应用 Zhang 等 (2014) 的技术使用太阳表面的矢量磁图数据估计磁能和螺度谱。我们利用了磁场的谱两点相关张量可以通过其各向同性表示来近似的假设。我们分析了活动区磁能和螺度谱的演变，也分析了随着太阳周期的变化。我们的主要结果如下：

(1) 太阳活动区的 α_E 和 α_c 的值在 5/3 左右，虽然 α_c 略低于 α_E，即电流螺度谱略比 α_E 磁能谱浅。我们还发现 α_E 和 α_c 随着活动区的发展发生系统性变化，反映了它们的结构变化。

(2) 光球归一化磁螺度 r_M 的变化与各个活动区磁场 l_M 的积分尺度没有明显的关系。这表明磁结构平均尺度的增加并不意味着活动区的磁螺度增加。

(3) 我们发现磁能谱的变化与太阳活动区的螺度和太阳周期之间存在相关性。这反映了活动区磁场的特征尺度和强度随着太阳周期的变化而变化。

(4) 有趣的是，即使活动区的平均 α_E 和 α_c 随周期变化并随着平均磁能密度的增加而增加，但它们不随纬度变化，即使是平均磁能密度确实随纬度变化。这有可能表明下层磁场代表了一个独立于全球周期磁场的部分，并且可能是通常被称为局部小尺度发电机的特征。

α_E 和 α_c 的 5/3 数量级的值与类 Kolmogorov 前向级联 (Kolmogorov, 1941a; Obukhov, 1941) 大致兼容，这是在场中等强度情况下从非螺旋磁流体湍流理论中预期的 (Goldreich and Sridhar, 1995)。然而，对于衰减湍流，Lee 等 (2010) 发现，尺度取决于场强，并且对于较弱的场采用更浅的 Iroshnikov-Kraichnan $k^{-3/2}$ 频谱 (Iroshnikov, 1963; Kraichnan, 1965)，以及更陡峭的 k^{-2} 弱湍流频谱，用于更强的场；参见 Brandenburg 和 Nordlund (2011)，了解三种情况下的各自现

象。最近在衰减湍流模拟中也发现了更陡峭的 k^{-2} 频谱，其中流动完全由磁场驱动 (Brandenburg et al., 2015)。因此，很容易将 α_E 和 α_c 值的变化与不同尺度定律之间的相应变化联系起来。

5.3　跨赤道环的统计研究

跨赤道环 (TL) 是一种日冕结构，它连接相反半球的不同区域 (Chen et al., 2006)。Skylab (Chase et al., 1976; Švestka et al., 1977) 于 1973 年首次观察到了跨赤道环。跨赤道环的存在不是偶然现象；Pevtsov (2000) 发现，多达三分之一的活动区在软 X 射线图像与跨赤道环有关。由 TL 连接的区域往往具有相同的手征性。Canfield 等 (1996) 研究了赤道两侧活动区的手征性，发现具有相同手征性的区域能够形成跨赤道环，而具有相反手征性的区域则没有发现。Fárník 等 (1999) 和 Pevtsov (2000) 进一步证实了这一点。

5.3.1　跨赤道环的分布

1. 与太阳周期的关系

Chen 等 (2020) 在图 5.18(a) 中显示了不同年份的 TL 数量。在太阳活动周期的下降阶段，TL 的数量减少；在上升阶段，它增加。太阳活动高年时 (1992 年, 2000 年)，TL 数量多；太阳活动低年时 (1996 年, 1997 年)，TL 数量少。每年的 TL 数量与活动区之间的关系如图 5.18(b) 所示。虚线显示，该比率的平均值仅约为 10%，与 Pevtsov (2000) 的结果 (约 30%) 不同。我们通过计算每年最后一天的 NOAA 活动区编号减去年初第一天的活动区编号，得到每年活动区的数量。1991 年和 2001 年的软 X 射线望远镜 (SXT) 数据不完整；这两年的活动区数仅在 SXT 观测期间计算。

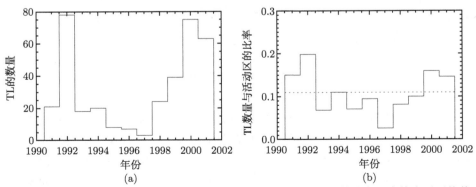

图 5.18　(a) 不同年份的 TL 数量；(b) 每年 TL 数量与活动区的比率，虚线表示平均值，1991~1996 年属于第 22 太阳周期，1996~2001 年属于第 23 太阳周期。来自 Chen 等 (2006)

2. 跨赤道环的三个参数

使用 TL 的足点位置，计算三个参数；足点分离、倾斜角和纬度不对称。图 5.19(a)、图 5.20(a) 和图 5.21(a) 显示了 TL 在这三个参数方面的分布。曲线表示多项式拟合结果，虚线表示这些参数的平均值。图 5.19(b)、图 5.20(b) 和图 5.21(b) 显示了这些参数在不同年份的变化。误差范围在 1σ 区间。

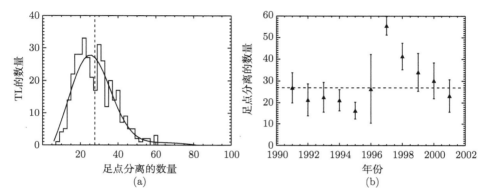

图 5.19　TL 的足点分离。(a) 足点分离的数量分布，该曲线显示多项式拟合，虚线表示平均值；(b) 不同年份的足点分离，三角形显示了每年的平均值，误差棒适用于 1σ 区间。虚线表示整体平均值。来自 Chen 等 (2006)

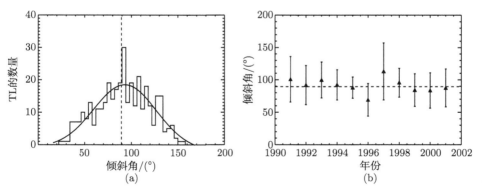

图 5.20　TL 的倾斜角。(a) 倾斜角的数量分布，该曲线显示多项式拟合，虚线表示平均值；(b) 不同年份的倾斜角，三角形显示了每年的平均值，误差棒适用于 1σ 区间，虚线表示整体平均值。来自 Chen 等 (2006)

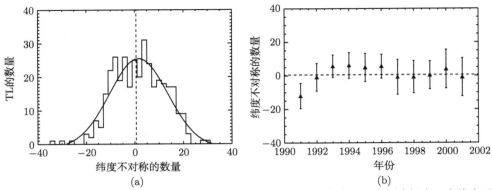

图 5.21　TL 的纬度不对称。(a) 纬度不对称的数量分布，该曲线显示多项式拟合，虚线表示
平均值；(b) 不同年份的纬度不对称，三角形显示了每年的平均值，误差棒适用于 1σ 区间，
虚线表示整体平均值。来自 Chen 等 (2006)

3. 足点分离

足点分离是指 TL 的两个足点之间的距离，在这里代表 TL 在日面投影的长度。从图 5.19中，我们可以看到足点分离的平均值约为 27°，与 Pevtsov (2000) 的结果接近，与 Chase 等 (1976) 的值差大约 20°。

1991~1995 年是第 22 太阳活动周期的下降阶段，1997~2001 年是第 23 太阳活动周期的上升阶段。1991~1995 年 TL 投影长度逐年递减，并且 1997~2001 年同样逐年递减。还计算了太阳活动周期 22 和 23 的分离平均值。在太阳周期 22 中，平均值约为 22°；在太阳周期 23 中，平均值约为 31°。1996 年发生了磁极性变化，但这一年的分离平均值接近整个 TL 的平均值。Spörer 定律表明，新太阳黑子出现的太阳纬度，从太阳周期开始时的高纬度到周期结束时的低纬度逐渐减小。TL 的足点分离与 Spörer 定律来自图 5.19(b)。它随着太阳周而减少，下降阶段 (1991~1995 年) 的平均值低于上升阶段 (1997~2001 年)。

4. 倾斜角

倾斜角定义为 TL 与赤道之间的角度。我们可以使用足点纬度的差值除以足点经度的差值来获得倾斜角的正切值。当北足点在南足点以西时，倾斜角定义为小于 90°(锐角)。相反，如果北足点在南足点以东，则倾斜角定义为大于 90°(钝角)。图 5.20(a) 显示了不同倾斜角的 TL 数分布。平均值接近 90°。图 5.20(b) 显示了不同年份的倾斜角。误差棒适用于 1σ 区间。在图 5.20(b) 中，可以看到跨赤道环与赤道之间的角度随太阳周的变化并不十分显著。它类似于 Pevtsov (2004) 的结果。

5. 纬度不对称

这里的纬度不对称定义为北足点纬度减去南足点纬度的值。如果北足点的纬度值大于 (小于) 南足点的纬度值，则结果分别为正 (负)。我们发现，纬度不对称的平均值接近 0°，即 TL 在纬度上几乎对称。图 5.21(b) 展示了不同年份的纬度不对称。每年的平均值也是约为 0°。我们看到，不同年份的 TL 在纬度上的不对称没有明显差异，不管在第 22 太阳活动周期的下降阶段还是第 23 太阳活动周期的上升阶段。

5.3.2 跨赤道环连接的活动区的螺度特性

1. 电流螺度的参数和计算方法

对于选定的怀柔活动区，包括在经度上距日面中心 ±35° 范围内具有良好视宁度观测条件的矢量磁场数据。满足上述条件的矢量磁图的活动区有 43 对。一个活动区中的 TL 的数量可能是多个 (Chen et al., 2006)，因此对于所选的 43 对活动区，包括 800 多个矢量磁图，共有 81 个活动区。

图 5.22(a) 是 1999 年 1 月 19 日的"阳光"(Yohkoh) 卫星软 X 射线图像，在该图中展示了一个 TL。图 5.22(b) 是对应的基特峰全日面纵向磁图。从图中可以看出，TL 连接北半球活动区 8440 的正磁极，足点存在于南半球活动区 8439 的负极区域。我们也找到怀柔太阳观测站两个活动区对应的矢量磁图。

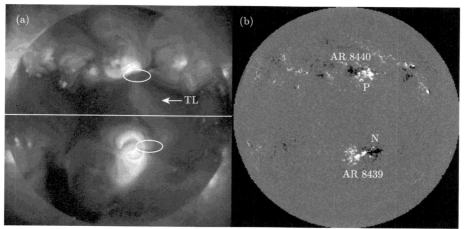

图 5.22　(a) Yohkoh 卫星软 X 射线图像显示了 1999 年 1 月 19 日的赤道环线，两个椭圆圈显示了赤道环线连接的区域；(b) 对应的基特峰全日面纵向磁图，"P"表示正极磁极，"N"表示负极磁极。来自 Chen 等 (2007)

对于两个活动区，我们选择了具有良好观测条件且靠近中央子午线的磁图。根据所描述的过程处理矢量磁图。计算它们的 α_{best}(无力场最佳拟合参数) 和 ρ_{h}(电流螺度不平衡度) 的均值，符号均为正，其值见表 5.4。结果表明，一对源区 (AR 8440、AR 8439) 具有相同的手征性，并且由该 TL 连接的一对磁极区也具有相同的手征性。

表 5.4   活动区 8440 和 8439 的螺度值

活动区	α_{best}	ρ_{h}	α_{best}(MP)	ρ_{h}(MP)
8440	1.16	31%	1.17(P)	30%(P)
8439	0.04	21%	0.80(N)	11%(N)

注：α_{best} 的单位是 10^{-8}m^{-1}；MP 代表磁极区；"P" 表示正极磁极区；"N" 表示负极磁极区。

图 5.23 显示了日冕中 TL 的磁力线分布。它们是通过近似常数 α 无力磁场来计算的。我们得到 α 的值为 $1.7 \times 10^{-3}\text{Mm}^{-1}$。TL 的扭曲符号与由 TL 连接的区域对相同。

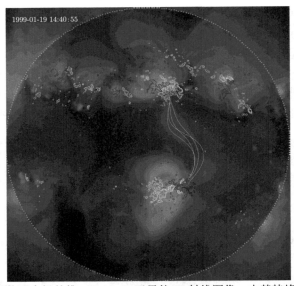

图 5.23   纵向磁场的无力场外推。Yohkoh 卫星软 X 射线图像，由基特峰纵向磁图的轮廓覆盖，$\alpha = 1.7 \times 10^{-3}\text{Mm}^{-1}$。来自 Chen 等 (2007)

2. 与跨赤道环相关的螺度统计分布

图 5.24 展示了 43 对由赤道环连接的活动区的螺度相关性。从图中，我们看不出它们之间明显的关系。对于参数 α_{best}，22 对 (51%) 活动区具有相同的螺度图形，21 对 (49%) 活动区具有相反的手征性。应用参数 ρ_{h}，我们获得了 26 对 (60%) 显示相同符号的活动区和 17 对 (40%) 显示相反符号的活动区。两个参数的结果表明，一些由 TL 连接的活动区对不具有相同的手征性。

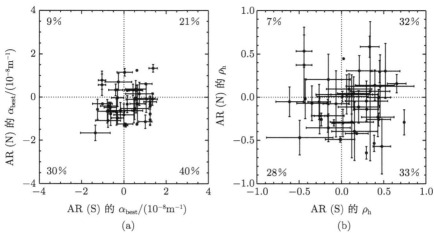

图 5.24　(a) 通过赤道环连接的活动区对的 α_{best} 的相关性；(b) 由 TL 连接的活动区对的 ρ_{h} 的关系。X 轴表示南半球活动区 (AR(S)) 的螺度值，Y 轴表示北半球 (AR(N)) 的值。误差棒 (如果存在) 对应于来自同一活动区的多个磁图的平均螺度值的 1σ。没有误差棒的点对应于由单个磁图表示的活动区。来自 Chen 等 (2007)

　　图 5.25 展示了由 43 个 TL 连接的 52 对磁极性区域的螺度图形关系。结果与活动区对几乎相似，这两个参数表明磁极性区域对的电流螺度没有明显的相关性。在这些对当中，28 对 (54%) 显示相同的螺度符号，和使用 α_{best} 显示 24 对 (46%) 有相反的手征性，通过参数 ρ_{h} 显示 32 对 (62%) 有相同的手征性。

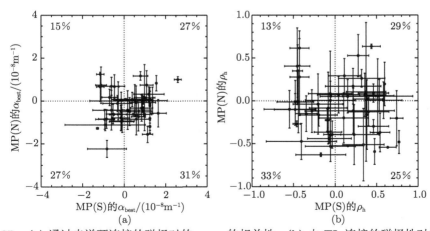

图 5.25　(a) 通过赤道环连接的磁极对的 α_{best} 的相关性；(b) 由 TL 连接的磁极性对的 ρ_{h} 关系。X 轴表示南半球磁极区 (MP(S)) 的螺度值，Y 轴表示北半球 (MP(N)) 的值。误差棒 (如果存在) 对应于来自同一磁极性区域的多个磁图的平均螺度值的 1σ。没有误差棒的点对应于由单个磁图表示的磁极性区域。来自 Chen 等 (2007)

使用观察到的纵向磁场对这些 TL 进行无力场外推。一些 TL 没有对应的磁图，一些 TL 通过拟合软 X 射线图像没有明确的符号。在被外推的 30 个 TL 中，缠绕符号为正的有 15 个，缠绕符号为负的有 11 个，4 个为 0。图 5.26 展示了不同扭曲值下的 TL 数量分布。从图中我们可以得到平均值接近于 0。

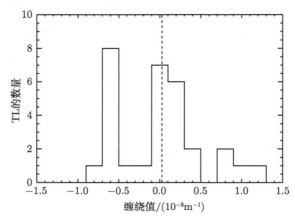

图 5.26　赤道环线缠绕值的分布，虚线表示平均值。来自 Chen 等 (2007)

TL 是使用无力场模型外推的，并且还计算了日冕环的参数 α_{best}，这两个量是可比的，因此可以分析相关性。对于 ρ_h，虽然它可以在一定程度上代表电流螺度，但它作为外推值具有不同的物理意义。活动区对可以连接一个 TL 或两个 TL。如果活动区对仅由一个 TL 连接，则我们考虑 TL 和磁极性区对之间的螺度关系；如果活动区对由两个 TL 连接，则我们寻找 TL 和活动区对之间的手征性相关性。结果表明，TL 的缠绕符号趋向于与其连接的区域的螺度符号相同。

5.4　从太阳下层长时标注入活动区的磁场手征性

太阳活动区磁手征性的转移是一个相对长期的过程，这与太阳下层产生的新磁通量绳有关。该分析是基于对太阳表面磁螺度注入的计算而提出的。

为了分析两个半球可能的反转磁螺度，图 5.27 显示了紫外 195Å 观测的太阳活动区 NOAA 10484、10486 和 10488，以及 SOHO 卫星观测到的相应磁图。这些超级活动区在 2003 年 10 月 18 日 ~ 11 月 4 日期间出现在日面，并产生了大量的爆发事件。发现 2003 年 10 月 28 日 10:14~10:36 UT 期间 AR 10486 的 195Å 图像差异中的反扭曲 (sigmoid) 结构是活动区磁螺度的指标。这与 Zhang (2008) 的分析一致。

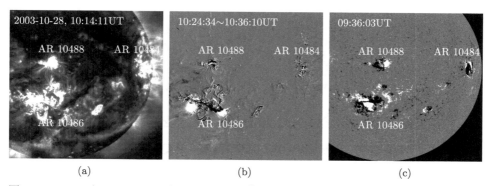

图 5.27   2003 年 10 月 28 日的 (a) EIT 195Å 图像、(b) EIT 195Å 图像差和 (c) 相应的
MDI 磁图 (灰度)。顶部为北，右侧为西。来自 Zhang (2012)

图 5.28 中的活动区 NOAA 10484、10486 和 10488 是 2003 年 11 月 4 日
太阳自转周期综合图看到的新发展的活动区，并且 AR 10484 和 10486 在随后的
2003 年 12 月 1 日太阳自转周期综合图中衰减明显。Zhou 等 (2007) 介绍了 10
月下旬这些活动区的浮现过程。活动区 10484 (经度 355°, 北纬 4°) 和 10488 (经
度 288°, 北纬 8°) 形成于北半球，在太阳表面这些活动区中磁场的横向分量呈现
出逆时针旋转。Liu 和 Zhang (2006) 在 AR 10488 中发现从亚大气层传输到日冕
的负磁螺度。AR 10486 (经度 293°, 南纬 15°) 形成于南半球。Zhang 等 (2008a)
分析了 AR 10486 的磁螺度转移，他们在 2003 年 10 月 25~ 30 日从太阳黑子的
强烈逆时针旋转活动区检测到负磁螺度。发现 AR 10486 相对于从 2003 年 11 月
4 日的 MDI 综合图推断出的太阳总通量约为 20%。它与北半球的 AR 10484 和
10488 的总通量相当。Liu 和 Zhang (2006), Zhang 等 (2008a) 分析了 AR 10486
和 10488 中磁螺度的积累与电流螺度符号之间的关系，他们发现这些动性区的平
均电流螺度也显示为负号。活动区 NOAA 10484、10486 和 10488 显示出磁螺度
的负号，它们位于两个太阳半球。

通过局部相关跟踪 (LCT) 方法 (Chae, 2001) 使用 MDI 96 min 磁图计算这
些活动区中磁螺度的注入。我们对活动区 NOAA 10488 的结果与 Liu 和 Zhang
(2006) 的结果略有不同，因为它们使用高时间间隔数据序列计算螺度累积。尽管
如此，基本上可以找到有关活动区域内注入磁螺度演化的相同信息。

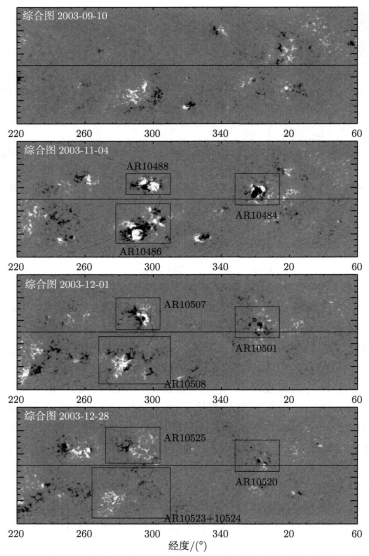

图 5.28   2003 年 9 月、11 月、12 月 MDI 磁图局部综合图。该区域的纬度正弦为 ±0.5，经度范围为 200°。来自 Zhang (2012)

图 5.29 显示了北半球 NOAA 10484、10501 和 10520 活动区中磁螺度的转移。在连续的太阳自转周期中，这些活动区几乎出现在太阳表面的相同位置，如图 5.28 所示。发现 2003 年 10 月 20∼ 27 日从太阳大气下层注入的负磁螺度量为 $-5.5 \times 10^{43} \mathrm{Mx}^2$，2003 年 11 月 16∼ 23 日为 $-2.2 \times 10^{43} \mathrm{Mx}^2$，2003 年 12 月 12∼ 20 日注入的螺度量为 $0.16 \times 10^{43} \mathrm{Mx}^2$。

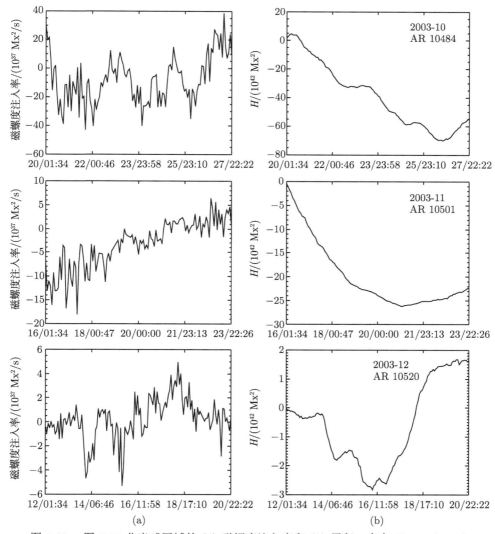

图 5.29 图 5.28 北半球区域的 (a) 磁螺度注入率和 (b) 累积。来自 Zhang (2012)

图 5.30 显示了南半球活动区 NOAA 10486、10508 和 10523-10524 中磁螺度的转移。在连续的太阳自转周期中，这些活动区域几乎出现在太阳表面的相同位置，如图 5.28 所示。发现 2003 年 10 月 20~ 27 日从太阳大气下层注入的负磁螺度量为 $-8.7 \times 10^{43} \mathrm{Mx}^2$，在 2003 年 11 月 16~ 23 日注入 $-4.3 \times 10^{43} \mathrm{Mx}^2$ 和在 2003 年 12 月 12~ 20 日注入 $1.2 \times 10^{43} \mathrm{Mx}^2$。

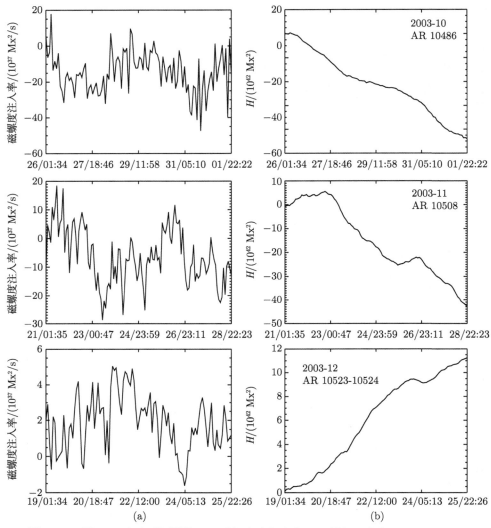

图 5.30　图 5.28 南半球区域的 (a) 磁螺度注入率和 (b) 累积。来自 Zhang (2012)

　　图 5.31 显示了北半球 NOAA 10488、10507 和 10525 活动区中磁螺度的转移。在连续的太阳自转周期中，这些活动区几乎出现在太阳表面的相同位置，如图 5.28 所示。2003 年 10 月 26 日 ～ 11 月 1 日，发现从太阳大气下层注入的磁螺度量为 $-1.8 \times 10^{43} \mathrm{Mx}^2$，2003 年 11 月 21～ 28 日为 $5.5 \times 10^{43} \mathrm{Mx}^2$，2003 年 12 月 19～ 25 日为 $0.4 \times 10^{43} \mathrm{Mx}^2$。

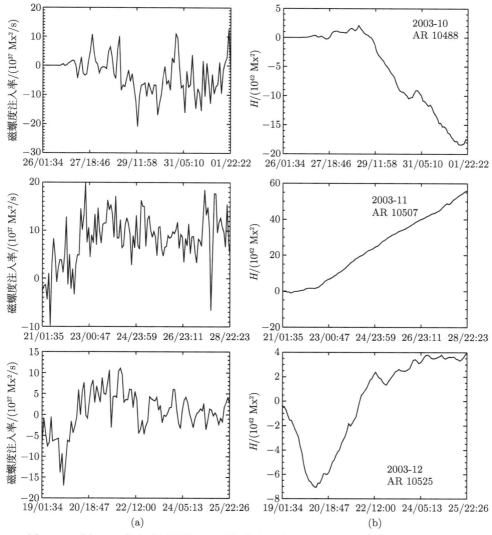

图 5.31 图 5.28 北半球区域的 (a) 磁螺度注入率和 (b) 累积。来自 Zhang (2012)

图 5.29 ～ 图 5.31 显示了从活动区长期注入的磁螺度。在图 5.29 和图 5.30 中可以看到，磁螺度在活动区 NOAA 10484-10501-10520 和 10486-10508-10523-10524 中基本上以相同的符号 (负) 注入，而在图 5.31 中 NOAA 10488-10507-10525 显然在不同时期表现出相反的螺度符号。可以发现，来自太阳大气下层的磁螺度注入过程表现出两种趋势：太阳表面相同区域的单调和混合趋势。

5.5　两个半球的大尺度软 X 射线环和磁手征性

基于软 X 射线和磁场观测研究了太阳大气中的磁手征性。研究发现，在相应的背景大尺度磁场消失之前，一些大尺度扭曲的软 X 射线环系统在太阳大气中出现有几个月。它提供了太阳大气中大尺度磁场螺度的观测证据，以及与太阳周期两个半球的螺度规则相反的观测证据。

使用来自 Haleakala 斯托克斯偏振参数仪 (Haleakala Stokes polarimeter) 的光球矢量磁图和来自 Yohkoh 软 X 射线望远镜 (SXT) 的日冕软 X 射线图像，Pevtsov 等 (1997) 推断 140 个活动区光球和日冕的无力场参数 α 的值。他们发现这两个值具有很好的相关性。

5.5.1　与太阳活动区相关的软 X 射线环的磁手征性

图 5.32 显示了来自 Yohkoh 软 X 射线望远镜 (SXT) 的太阳北半球扭曲的大

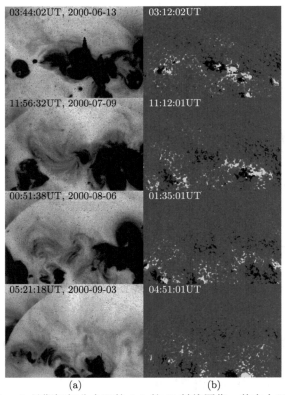

图 5.32　2000 年 6 ~ 9 月期间部分太阳的 (a) 软 X 射线图像，其中大尺度软 X 射线环顺时针缠绕，以及 (b) 相应的光球磁图。白色 (黑色) 表示磁图中的正极 (负极)。上为北，右为西。

来自 Zhang 等 (2010a)

型软 X 射线结构例子。发现扭曲的大尺度软 X 射线构型在 2000 年 6～9 月期间在太阳大气中保留了几个月，即使软 X 射线构型的拓扑结构逐渐发生变化。通常认为，太阳大气中的软 X 射线结构提供了磁场的基本信息，因为人们认为该场被束缚在电离等离子体中。

5.5.2　软 X 射线环螺旋性的半球分布

为了分析太阳大气中磁手性的分布，在表 5.5 中，我们提供了 Yohkoh 卫星 1991～2001 年观测到的 753 个大型软 X 射线环系统的统计数据。软 X 射线环的手征性可以通过它们的扭曲或 sigmoid 结构来推断。发现软 X 射线环的手征性在统计上服从半球符号规则。它们中的大多数显示在北 (南) 半球拥有左 (右) 手征性。发现大约 31% 软 X 射线环的手征性无法识别，因为它们的结构离势场的近似值不太远，或者不能识别为 S-型 (sigmoid) 或缠绕结构。这种识别的缺乏不会明显影响北半球和南半球之间软 X 射线环的手征性比率的趋势。由于忽略了这些未识别的软 X 射线环，可以发现符合半球规则的系统部分在北半球为 77.3%，在南半球为 81.5%。它与从矢量磁图 (Seehafer, 1990; Pevtsov et al., 1995; Abramenko et al., 1996; Bao and Zhang, 1998; Hagino and Sakurai, 2005; Xu et al., 2007) 计算的结果大致一致。

表 5.5　北半球和南半球软 X 射线环的手征性统计

年份	1991	1992	1993	1994	1995	1996	1997	1998	1999	2000	2001	总计
N_n	4	38	25	31	5	5	16	23	32	24	22	225
P_n	6	24	5	4	3	1	2	3	9	6	5	68
Q_n	7	27	22	14	5	5	11	15	18	13	7	144
P_s	13	23	24	13	7	6	19	26	16	11	27	185
N_s	7	8	10	4	2	1	2	2	2	3	1	42
Q_s	3	12	4	5	7	4	5	22	14	6	7	89
总计	40	132	90	71	29	22	55	91	91	63	69	753

注：N 是具有左手征性的软 X 射线环数量，P 是具有右手征性的软 X 射线环数量，Q 是未识别的软 X 射线环数量。下标 n 和 s 分别表示北半球和南半球。

图 5.33 显示了在北半球和南半球遵循半球手征性规则的软 X 射线环的比例。发现了遵循螺度半球手性规则的软 X 射线环比例的变化以及它们在两个半球的手性不平衡。1991 年、1992 年和 1995 年北半球出现了相对较高的反向磁螺度趋势，而南半球则不显著。

图 5.34 显示了图 5.33 中软 X 射线环的统计纬度分布。在蝴蝶图中发现，随着太阳周期的变化，软 X 射线环的平均纬度有向赤道迁移的趋势。由于 1991 年、1995 年和 1996 年纳入我们统计的软 X 射线环很少，所以可以看出这些年与蝴蝶图的偏差。大多数大型软 X 射线环在北 (南) 半球显示左 (右) 手征，这遵循太阳活动区电流螺度的手征规则，而反向软 X 射线环的统计分布显示了南 (北) 半球的左 (右) 手征性，如图 5.34 所示。

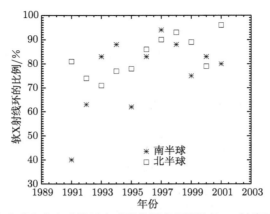

图 5.33　在北半球和南半球遵循半球递推螺度规则的软 X 射线环的比例。来自
Zhang 等 (2010a)

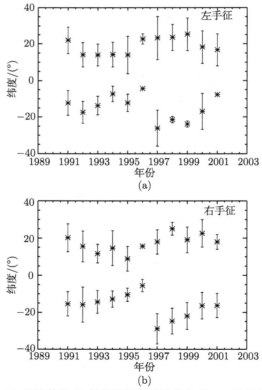

图 5.34　(a) 左旋和 (b) 右旋的软 X 射线环的平均纬度分布，σ-误差棒由垂直线显示。来自
Zhang 等 (2010a)

5.5.3 大尺度软 X 射线环和磁 (电流) 螺度的手征性

值得注意的是，综合分析磁螺度的积累及其与平均电流螺度密度 (以及平均无力 α) 的关系，是了解太阳活动磁螺度动力学基本信息的重要途径 (Zhang, 2006b)。它可以用来分析大尺度软 X 射线环的手征性与太阳大气中相应的磁螺度之间的关系，而大尺度软 X 射线环的螺度可能是由附近的太阳活动区和增强的网络贡献。

表 5.6 显示了在中国科学院国家天文台怀柔太阳观测站观测到的矢量磁图计算的太阳活动区的平均电流螺度密度和无力 α 参数。这些活动区显示电流螺度为负号并且它们与累积磁螺度的符号相同。在图 5.32 中，右侧活动区 NOAA 9033 是 2000 年 6 月 13 日的一个快速发展的活动区，在下一个太阳自转周期，它演化成 NOAA 9070，在 8 月 6 日磁图中成为大尺度增强磁网络。在图 5.32 中位于 8 月 6 日磁图左侧的是活动区 NOAA 9114 和 9 月 3 日靠近右下角的活动区 NOAA 9149。可以估计，大规模软 X 射线环主要来自日面中活动区 NOAA 9033 及其后的转出区域，而其他活动区如 NOAA 9114 和 9149 的贡献大概也不容忽视。这表明了太阳大气中磁螺度的积累与磁场的剩余手征性之间的一致性。

表 5.6 从怀柔观察到的活动区的矢量磁图推断出的平均电流螺度密度和 α 参数 (相对于图 5.32)

日期	活动区	纬度/(°)	$\overline{h_c}/(10^{-2}\mathrm{G}^2/\mathrm{m})$	$\overline{\alpha}/(10^{-7}\mathrm{m}^{-1})$
2000 年 6 月 12~15 日	9033	15.8	−0.329	−0.209
2000 年 7 月 6 日	9070	10.1	−0.184	−0.413
2000 年 8 月 9~11 日	9114	10.3	−0.085	−0.125
2000 年 8 月 31 日~9 月 6 日	9149	6.7	−0.059	−0.113

5.6 太阳表面观测交叉螺度

交叉螺度是衡量速度和磁场之间相关性的量。Woltjer (1958a) 和 Moffatt (1969) 得到了交叉螺度守恒，如果流体是无黏性的、正压的、完全导电的，并且外力是守恒的。交叉螺度通常定义为 $H_\chi = \int_v \mathbf{B} \cdot \mathbf{U} dV$，其中 $\mathbf{B}$ 和 $\mathbf{U}$ 分别是磁场和速度场。近年来，人们对交叉螺度的兴趣一直在增加。Yoshizawa (1990) 的研究表明，在交叉螺度效应下通过与平均速度对齐来确定感应平均磁场的饱和水平，交叉螺旋的演化方程可用于探索平均场发电机特性 (Yoshizawa et al., 1999, 2000)。Kuzanyan 等 (2007), Pipin 等 (2011), Rüdiger 等 (2012) 调查了 $h_\chi = \langle \mathbf{u} \cdot \mathbf{b} \rangle$，其中 $\mathbf{u}$ 和 $\mathbf{b}$ 分别是速度和磁场的小尺度波动，$\langle \cdots \rangle$ 是平均场理论下的集合平均值。

他们将平均场方法应用于交叉螺度研究，并在不同的假设下获得湍流交叉螺度的蝴蝶图，这些假设涉及关于大尺度太阳极向场产生的机制。

5.6.1   交叉螺度守恒定律

根据 Moffatt (1969)，可以简单地推导出交叉螺度守恒定律。对于连续的无黏性流体，外力是保守的，考虑到正压条件 $p = f(\rho)$，运动方程可以写成

$$\frac{D\mathbf{U}}{Dt} = -\nabla(h + \Omega) + \frac{1}{\rho}(\mathbf{j} \times \mathbf{B}) \tag{5.1}$$

其中 $h = \int dp/\rho$ 和 Ω 是保守体力和其他具有一般意义的参数的势。在完全导电的条件下，感应方程可以写成

$$\frac{D}{Dt}\frac{\mathbf{B}}{\rho} = \frac{\mathbf{B}}{\rho} \cdot \nabla\mathbf{U} \tag{5.2}$$

用 $\mathbf{B}/\rho$ 计算式 (5.1) 的标量积，用 $\mathbf{U}$ 计算式 (5.2) 的标量积，然后将它们相加，可以得到交叉螺度守恒定律的一种微分形式：

$$\frac{D}{Dt}\left(\frac{\mathbf{U} \cdot \mathbf{B}}{\rho}\right) = \frac{\mathbf{B}}{\rho} \cdot \nabla\left(\frac{1}{2}q^2 - h - \Omega\right) \tag{5.3}$$

其中，$q^2 = \mathbf{U} \cdot \mathbf{U}$。令 $\mathcal{S}$ 是包围体积 $\mathcal{V}$ 并随流体移动的任何表面，并令

$$I = \int_{\mathcal{V}} \mathbf{B} \cdot \mathbf{U} dV \tag{5.4}$$

根据质量守恒，可以发现

$$\begin{aligned}
\frac{dI}{dt} &= \int_{\mathcal{V}} \frac{D}{Dt}\left(\frac{\mathbf{B} \cdot \mathbf{U}}{\rho}\right) \rho dV \\
&= \int_{\mathcal{V}} (\mathbf{B} \cdot \nabla)\left(\frac{1}{2}q^2 - h - \Omega\right) dV \\
&= \int_{\mathcal{S}} (\mathbf{n} \cdot \mathbf{B})\left(\frac{1}{2}q^2 - h - \Omega\right) dS
\end{aligned} \tag{5.5}$$

因此，当流体无黏性、正压、完全导电且外力守恒时，可以得到交叉螺度守恒定律：

$$\int_{\mathcal{V}} \mathbf{B} \cdot \mathbf{U} = \text{const} \tag{5.6}$$

假设在体积 $\mathcal{V}$ 的表面上 $\mathbf{B} \cdot \mathbf{n} = 0$，其中 $\mathbf{B}$ 是磁感应矢量，$\mathbf{U}$ 是速度场。

5.6.2 SOHO/MDI 和 SDO/HMI 数据的相关性

我们分别分析了 SOHO/MDI 和 SDO/HMI 的磁图和多普勒速度图的相关性，发现多普勒速度图的全日面相关系数大于 0.85，而磁图的全日面相关系数约为 0.47。结果如图 5.35 所示。

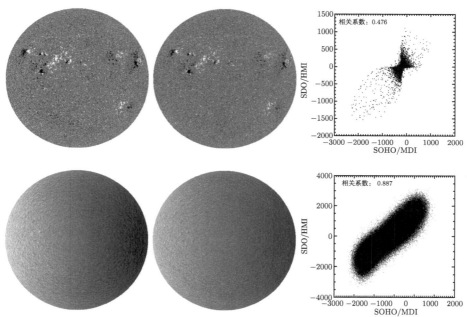

图 5.35　2010 年 9 月 1 日 23:02 UT，来自 SOHO/MDI 和 SDO/HMI 的磁图和多普勒图的相关性。第一列显示来自 SOHO/MDI 的磁图和多普勒图，第二列显示来自 SDO/HMI 的磁图和多普勒图，第三列显示相关性。来自 Zhao 等 (2014)

然后我们计算了不同太阳区域的相关性，发现在活动区附近相关性很强，在宁静区相关性很弱。因此，SOHO/MDI 和 SDO/HMI 的全日面磁图之间的弱相关性受到宁静区域噪声的影响。SOHO/MDI 的视线磁通噪声级为 20 G，SDO/HMI 为 10 G。因此，从单个磁图获得的全日面相关性受到噪声的显著影响。图 5.36 显示了 2010 年 9 月 1 日日面上活动区的相关性。

由于 Korzennik 等 (2004) 的结果，SOHO/MDI 给出的方位角的误差为 0.25°。Zhao 等 (2014) 不知道 SDO/HMI 是否也有类似的效果，所以我们改变位置角度来寻找相关性达到最大值的地方。结果如图 5.37 所示。结果表明，0.4° 是 SOHO/MDI 和 SDO/HMI 磁图之间相关性分析的合适修正。

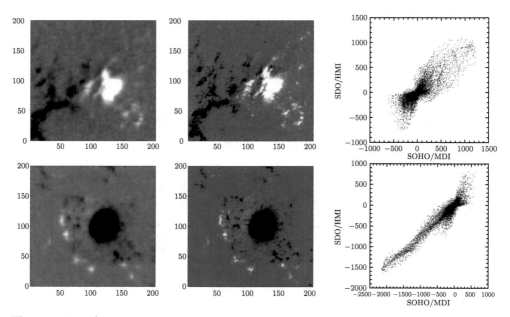

图 5.36   2010 年 9 月 1 日 23:02 UT SOHO/MDI 和 SDO/HMI 的磁图和多普勒图的相关性。第一行显示 NOAA 11102 活动区的 SOHO/MDI 和 SDO/HMI 之间的相关性，第二行显示对于 NOAA 11101 活动区。来自 Zhao 等 (2014)

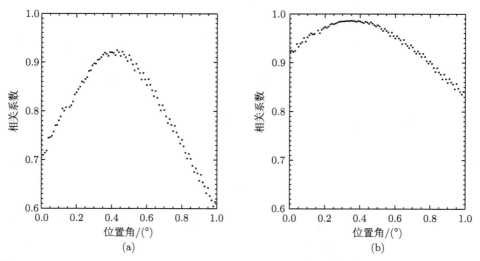

图 5.37   (a) NOAA 11102 和 (b) NOAA 11101 活动区的相关系数与位置角的方差。来自 Zhao 等 (2014)

  Zhao 等 (2014) 分析了不同平滑尺度下磁图的相关性。在通过平滑超过 4 像素 ×4 像素来降低来自 SDO/HMI 的数据的分辨率后，我们以 $19.8'' \times 19.8''$ 的比例进一步平滑了来自 SOHO/MDI 和 SDO/HMI 的磁图。然后我们将 SDO/HMI 的磁图尺寸缩小到 1024 像素 ×1024 像素并计算平滑磁图的相关性，从而描述了太阳表面的大尺度相关性。结果如图 5.38 所示。

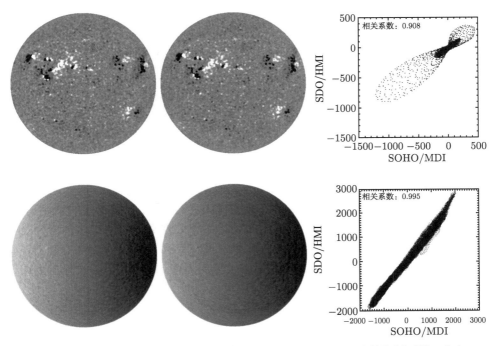

图 5.38 与图 5.35 相同，但磁图和多普勒图以 $19.8'' \times 19.8''$ 的比例平滑。来自 Zhao 等 (2014)

  图 5.38 与图 5.36 中的相关系数相比显著增加，磁图的相关系数为 0.908。我们用平滑尺度分析了相关系数的变化，如图 5.39 所示。结果显示出如预期的凸单调递增曲线。当尺度超过 $19.8'' \times 19.8''$ 时，SOHO/MDI 和 SDO/HMI 之间的磁图有很强的相关性。

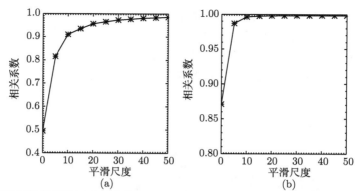

图 5.39　相关系数随平滑尺度的变化。(a) SOHO/MDI 和 SDO/HMI 磁图之间的数据，在 2010 年 9 月 1 日 23:02 UT 观察到；(b) 是多普勒图的。来自 Zhao 等 (2014)

5.6.3　交叉螺度随纬度的分布

继之前基于全日面多普勒图和磁图 (Scherrer et al., 1995) 对交叉螺度 (Zhao et al., 2011) 的研究之后，我们使用 SDO/HMI 计算交叉螺度，以与 SOHO/MDI 的结果进行比较。从 SOHO/MDI 和 SDO/HMI 的全日面数据得到的 $\langle \mathbf{u} \cdot \mathbf{b} \rangle$ 的纬度分布表现出不同的趋势。由于磁图的全日面相关性不是很高，这种差异是可以接受的。$\mathbf{b}$ 和 $\mathbf{u}$ 的分布在 SOHO/MDI 和 SDO/HMI 之间具有相同的趋势，而 $\langle \mathbf{u} \cdot \mathbf{b} \rangle$ 的分布明显不同。注意 $\langle \mathbf{u} \cdot \mathbf{b} \rangle$ 的纬度分布不能通过 $\mathbf{b}$ 和 $\mathbf{u}$ 的分布直观地估计，因为 $\Sigma(\mathbf{u} \cdot \mathbf{b}) \neq \Sigma\mathbf{u} \cdot \Sigma\mathbf{b}$。

然后我们使用平滑的磁图和多普勒图 ($19.8'' \times 19.8''$) 重新计算了 $\langle \mathbf{u} \cdot \mathbf{b} \rangle$ 与纬度的分布，并且从 SOHO/MDI 和 SDO/HMI 得到的分布之间的差异减小。纬度分布曲线的相关系数为 0.628，空间平均前的图的相关系数为 0.780。结果如图 5.40 所示。这些模式表明在不同的区间 $\mathbf{u}$ 和 $\mathbf{b}$ 有明显的趋势。

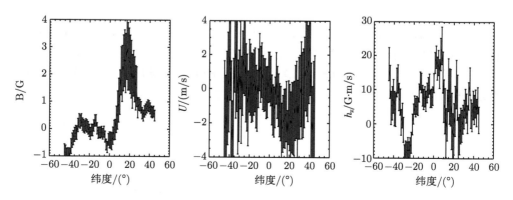

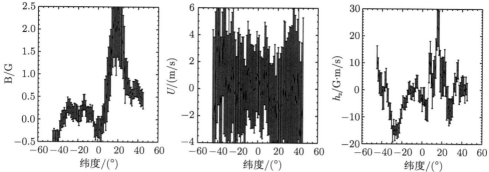

图 5.40　2010 年 9 月 1 日 23：00：00 ～ 24：00：00 UT，从左到右分别是 **b**、**u** 和 $\langle \mathbf{u} \cdot \mathbf{b} \rangle$ 的纬度分布。上面是 SOHO/MDI 的结果，下面是 SDO/HMI 的结果。误差棒定义为 $3\sigma / \sqrt{N}$，其中 σ 是标准偏差，N 是平均像素数。来自 Zhao 等 (2014)

5.7　磁螺度通量的传输与太阳周期

与太阳活动区平均电流螺度密度的统计分析相比，研究太阳表面 (包括活动区和磁网络) 来自太阳大气下层长期注入的磁螺度可能也是诊断太阳活动源的重要途径。我们根据磁场随太阳周期的演变来展示来自大气层下面的磁螺度的转移。

5.7.1　磁螺度观测数据分析

太阳和日球层天文台 (SOHO) 航天器搭载的 MDI 可测量太阳的视向速度、线和连续谱强度以及磁场 (Scherrer et al., 1995)。标准可观测值是从 6768Å 处的 Ni I 谱线附近等距 75 mÅ 的 5 个 1024 像素 ×1024 像素滤光器单色图计算出来的，视向磁图是从测量的多普勒频移的左右圆偏振光获得的 (Liu et al., 2004)。为了分析磁螺度对太阳活动周期的贡献，使用了 1996~2009 年的一系列 96 min MDI 全日面磁图，其中包括这些年的所有相关数据。

这项工作是计算从太阳面中心开始的南北方向 ±475″ 和西东方向 ±460″ 窗口中注入的磁螺度，其纬度和经度约为 ±30°，见图 5.41。我们可以发现，太阳表面的大部分太阳活动区都包括在内，磁场的投影效应可以忽略不计。

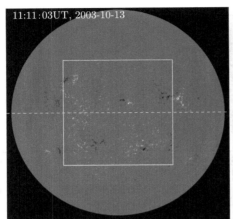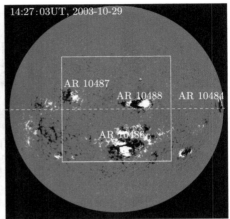

图 5.41   2003 年 10 月 13 日和 29 日的 MDI 全日面磁图。白色 (黑色) 显示磁场的正 (负) 极。来自 Zhang 和 Yang (2013)

5.7.2   磁螺度的长时间序列传输

图 5.41 显示 2003 年 10 月 13 日相对宁静太阳磁场和 2003 年 10 月 29 日超级活动区 NOAA 10484、10486 和 10488 磁场分布。注意到，在太阳相对宁静区域，磁螺度通量的最大振幅在图 5.42 中为 $10^{37}\mathrm{Mx}^2/\mathrm{s}$，其中包括增强网络和一些活动区的贡献。该值大于 Welsch 和 Longcope (2003) 的估计，即在太阳的典型宁静区域，注入螺度通量为 $2.9 \times 10^{34}\mathrm{Mx}^2/\mathrm{s}$ 的数量级。根据他们的结果，来自宁静太阳的半球互螺度通量对于整个太阳周期约为 $10^{43}\mathrm{Mx}^2$。图 5.42(a) 中北半球磁螺度的贡献主要来自 10 月 18 日 ~ 11 月 3 日活动区 NOAA 10482、10484、10487 和 10488，以及 11 月 18~ 30 日活动区 NOAA 10501 和 10507。而图 5.42(b) 中南半球磁螺度的贡献主要来自 10 月 2~ 8 日活动区 NOAA 10471、10473、10476，10 月 18 日 ~ 11 月 3 日出现的活动区 NOAA 10483、10485 和 10486，以及随后在 11 月 20~ 30 日期间出现的活动区。可以发现磁螺度通量的极值是 $-2.6 \times 10^{38}\mathrm{Mx}^2/\mathrm{s}$。作为样本，2003 年 10 月末 NOAA 10486、10487 和 10486 活动区的注入螺度的贡献已在图 5.42(a) 中标出。Liu 和 Zhang (2006) 以及 Zhang 等 (2008a) 分析了快速发展的超级活动区 NOAA 10486 和 10488 中磁场形态演化的螺度贡献。发现这些活动区磁场的剧烈浮现、剪切和缠绕导致螺度注入显著。此外，由于太阳表面中心的纬度和经度的 ±30° 窗口已被用于计算注入磁螺度，这意味着注入螺度在太阳表面固定位置的贡献只能计算 5 天左右，无法在太阳表面东至西翼附近进行追踪以研究长期演化。

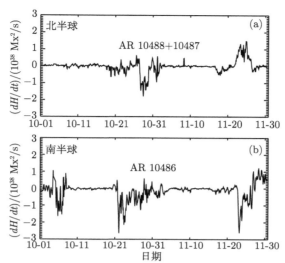

图 5.42 2003 年 10 ~ 11 月来自 (a) 北半球和 (b) 南半球的注入磁螺度通量。来自 Zhang 和 Yang (2013)

图 5.43(a) 显示了 10 ~ 11 月从 (北半球和南半球) 两个半球注入的净磁螺度通量。净注入磁螺度通量的平均值为 $-0.18 \times 10^{38} \mathrm{Mx}^2/\mathrm{s}$。这与 Liu 和 Zhang (2006), Zhang 等 (2008a) 对 10 月一些超级活动区的磁螺度注入分析以及 Zhang 等 (2012) 对这些活动区的比较是一致的。

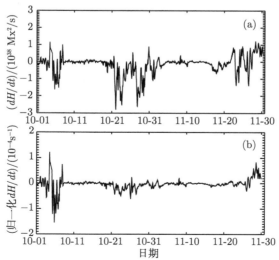

图 5.43 2003 年 10 ~ 11 月来自两个半球的 (a) 净磁螺度通量和 (b) 归一化注入磁螺度通量。来自 Zhang 和 Yang (2013)

　　为了分析磁场的螺度特性，法向注入磁螺度通量定义为

$$F_m^N = \frac{4}{(|\phi_+| + |\phi_-|)^2} \frac{dH_m}{dt} \tag{5.7}$$

其中，ϕ_+ 和 ϕ_- 是正负磁通量。图 5.43(b) 显示了 2003 年 10 ∼ 11 月从 (北半球和南半球) 两个半球注入的正常净磁螺度通量。发现经磁通量归一化的法向注入磁螺度通量的平均值为 $-0.36 \times 10^{-5} \mathrm{s}^{-1}$。

　　图 5.44 为 2003 年北半球和南半球亚大气注入磁螺度通量。北半球注入磁螺度通量的平均值为 $-0.15 \times 10^{37} \mathrm{Mx}^2/\mathrm{s}$，而在南半球是 $0.23 \times 10^{37} \mathrm{Mx}^2 \cdot \mathrm{s}^{-1}$。它符合磁螺度的半球规则 (Seehafer, 1990)。发现 2003 年净注入磁螺度通量的平均值为 $0.79 \times 10^{36} \mathrm{Mx}^2/\mathrm{s}$，正常注入磁螺度通量的平均值为 $0.22 \times 10^{-6} \mathrm{s}^{-1}$。这意味着 2003 年的净注入磁螺度与 2003 年 10 ∼ 11 月的符号相反。

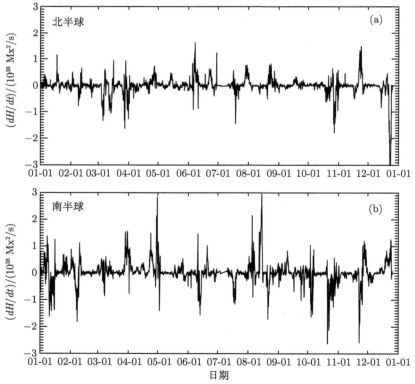

图 5.44　2003 年来自 (a) 北半球和 (b) 南半球的注入磁螺度通量。来自 Zhang 和 Yang (2013)

图 5.45 显示了 1996~2009 年在每个太阳旋转周期的平均值之后注入的磁螺度通量，以提供其在太阳表面的长期演化。发现来自太阳表面的注入负磁螺度通量的极值 (约 $-2.0 \times 10^{37} \mathrm{Mx}^2/\mathrm{s}$) 发生在 2001~2002 年，而 (约 $1.6 \times 10^{37} \mathrm{Mx}^2/\mathrm{s}$) 在北半球 2002~2003 年为正值；而 (约 $2.0 \times 10^{37} \mathrm{Mx}^2/\mathrm{s}$) 在 2000 ~ 2001 年和 (约 $-1.7 \times 10^{37} \mathrm{Mx}^2/\mathrm{s}$) 2003~2004 年在南半球。来自两个半球的净注入磁螺度没有表现出明显的趋势，而极值 (约 $-2.0 \times 10^{37} \mathrm{Mx}^2/\mathrm{s}$ 和约 $2.2 \times 10^{37} \mathrm{Mx}^2/\mathrm{s}$) 的太阳表面注入磁螺度通量发生在 2000~2001 年。发现负磁螺度通量的主要贡献往往发生在 1997~2002 年，经过图 5.45 中的净磁螺度通量的长期平滑。这与从磁场 (Yang and Zhang, 2012) 的 MDI 综合图中推断出的大尺度磁螺度注入的结果大致一致。

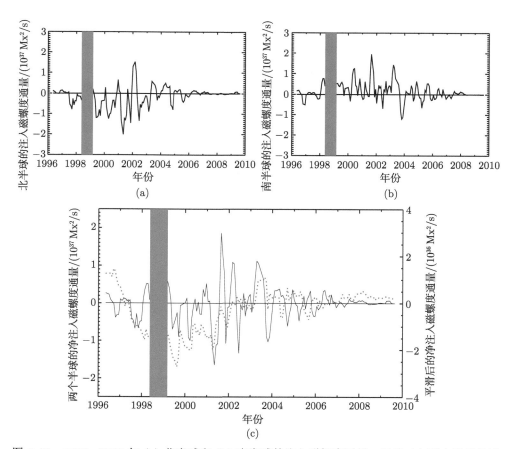

图 5.45　1996~2009 年 (a) 北半球和 (b) 南半球的注入磁螺度通量，以及 (c) 两个半球的净注入磁螺度。虚线标记了 48 个太阳自转周期平滑后的净注入磁螺度。阴影区域标记了没有根据磁图进行相关磁螺度计算的时间段。来自 Zhang 和 Yang (2013)

在 1996~2009 年期间，平均注入通量在北半球为 $-1.76 \times 10^{36} \mathrm{Mx}^2/\mathrm{s}$，在南半球为 $1.41 \times 10^{36} \mathrm{Mx}^2/\mathrm{s}$。负磁螺度通量的贡献相对于北半球的总磁螺度通量为 73%，而正磁螺度值在南半球的贡献为 62%。它在统计上与磁 (电流) 螺度的半球符号规则一致 (Seehafer, 1990; Pevtsov et al., 1995; Abramenko et al., 1996; Bao and Zhang, 1998; Hagino and Sakurai, 2005; Xu et al., 2007)。

Berger 和 Ruzmaikin (2000) 分析了太阳周期的磁螺度注入，发现在研究的整个 22 年周期 (1976~1998 年) 中，与日冕结构的观测相比，通过较差自转在内部产生的磁螺度具有正确的符号，即北方为负，南方为正。在这个太阳周中流入每个半球的净磁螺度约为 $4 \times 10^{46} \mathrm{Mx}^2$。Georgoulis 等 (2009) 考虑到各种次要的低估因素，他们估计第 23 太阳周期的最大磁螺度注入量为 $6.6 \times 10^{45} \mathrm{Mx}^2$。

图 5.46 显示了 1996~2009 年两半球磁螺度通量总绝对值的注入率以及与太阳黑子数的关系。螺度通量总绝对值的注入率为正负绝对值之和。在日面的计算区域中，总螺度的平均注入率为 $2.40 \times 10^{37} \mathrm{Mx}^2/\mathrm{s}$。这提供了对第 23 太阳周期中大约 $5.0 \times 10^{46} \mathrm{Mx}^2$ 的总注入磁螺度通量的基本估计，这与 Berger 和 Ruzmaikin (2000) 的估计以及 Yang 和 Zhang (2012) 通过一系列 MDI 综合磁图的计算具有相似的量级。由于太阳表面磁场的投影效应和来自高纬度地区的磁螺度通量的贡献已经被估计，在第 23 太阳周期中注入的总磁螺度通量是在或大于 $5.0 \times 10^{46} \mathrm{Mx}^2$ 的数量级。

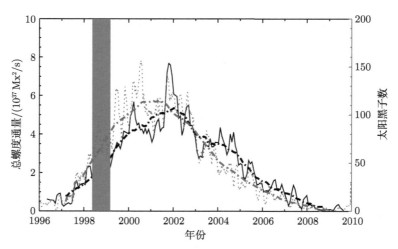

图 5.46　1996~2009 年的总磁螺度通量 (细实线) 和太阳黑子数 (细虚线)，黑色 (红色) 粗点划线显示平滑后的总螺度通量 (太阳黑子数)

比较活动区的平均电流螺度密度随太阳活动周期的演变 (Yang et al., 2012)，太阳表面的注入磁螺度通量和太阳黑子数与太阳活动周期的关系如图 5.46 所示。

发现总磁螺度通量的注入与太阳大气中太阳黑子数的变化大致一致。这也意味着太阳活动区的磁场主要携带来自大气下层的磁螺度。在我们的计算中，两者之间的相关系数为 0.899。为了详细定量分析磁螺度通量与太阳黑子数之间的相关性，计算了 2000~2001 年、2002~2003 年、2004~2005 年、2006~2007 年和 2008~2009 年两年间的年度相关系数。它们分别为 0.53、0.83、0.76、0.70 和 0.67。在第 23 太阳周期中，2000~2001 年是太阳活动的最大值，2006~2007 年是太阳活动的最小值。这意味着低相关性可能倾向于发生在第 23 太阳活动周期的最大值附近。比较图 5.46，还注意到总磁螺度通量往往比总太阳黑子数延迟。太阳黑子数的最大值出现在 2001 年，而平滑之后的电流螺度的最大值出现在 2002 年。这与图 5.6 中计算的太阳活动区电流螺度蝴蝶图的最大值比太阳黑子数的延迟一致。这也意味着太阳黑子数并不能完全反映大气层下面磁螺度的相关贡献。相应的证据是磁螺度通量与太阳活动区的磁通量不成线性比例，如果我们在图 5.43 中用磁通量归一化注入的磁螺度。

5.8 光球活动区磁非势性随活动周的演化及其与耀斑关系的统计研究

对太阳光球活动区磁非势性及其与关联耀斑的关系进行了统计研究。Yang 等 (2012) 选择了怀柔太阳观测站 (HSOS) 的太阳磁场望远镜 (SMFT) 从 1988 年到 2008 年观测到的 1106 个活动区共 2173 张光球矢量磁图，覆盖了第 22 和第 23 太阳周的大部分时间。

在全部 SMFT 观测得到的矢量磁图中，同一天内为一个活动区选取一张磁图。大多数选择的样本是在 1:00 到 7:00 UT 期间观测得到，这个时段内 HSOS 处于相对较好的视宁度和大气状态。最后选出的样本包含了 1988 年 6 月 ~ 2008 年 3 月间 1106 个活动区的 2173 张矢量磁图。表 5.7 列出了所选磁图和活动区在两个太阳活动周中每年的数量分布。这些样本在选择时没有偏向性，包含了多种类型的活动区，从简单的单极黑子到复杂的 δ 型活动区。

表 5.7 所选磁图 (MG) 和活动区 (AR) 在 1988 年至 2008 年的数量分布

年份	1988	1989	1990	1991	1992	1993	1994	1995	1996	1997	1998
MG	10	37	47	108	138	97	74	56	11	54	114
AR	8	21	30	58	65	52	39	25	6	32	62
年份	1999	2000	2001	2002	2003	2004	2005	2006	2007	2008	总计
MG	166	361	285	233	144	67	101	46	20	4	2173
AR	88	166	136	123	77	34	50	22	11	2	1106

为分析活动区磁特征与关联耀斑之间的关系，我们将怀柔活动区号与 NOAA 活动区号进行了一一对应。这样，便可以利用地球静止轨道业务环境卫星 (GOES) 记录到的较完整的软 X 射线耀斑信息进行研究。

5.8.1　磁非势性和复杂性参数

1. 磁剪切角

磁剪切是描述太阳光球层磁场非势能的典型参数之一。Hagyard 等 (1984) 将磁剪切角 $\Delta\phi$ 定义为光球上的观测场 ($\mathbf{B}_o$) 和势场 ($\mathbf{B}_p$) 的方位角之差，其中势场满足观测的视向场提供的边界条件。Lü 等 (1993) 引入了矢量磁场的剪切角 $\Delta\psi$，它被定义为观测到的磁场与其对应的无电流场之间的夹角。$\Delta\phi$ 可以看作是 $\Delta\psi$ 在天空平面的投影。$\Delta\psi$ 比 $\Delta\phi$ 更直接地衡量观测磁场与势场的偏差。这里 $\Delta\phi$ 和 $\Delta\psi$ 是两个向量之间的夹角：

$$\Delta\phi = (\widehat{\mathbf{B}_{to}, \mathbf{B}_{tp}}) = \arccos\left(\frac{\mathbf{B}_{to} \cdot \mathbf{B}_{tp}}{|\mathbf{B}_{to}||\mathbf{B}_{tp}|}\right) \tag{5.8}$$

$$\Delta\psi = (\widehat{\mathbf{B}_o, \mathbf{B}_p}) = \arccos\left(\frac{\mathbf{B}_o \cdot \mathbf{B}_p}{|\mathbf{B}_o||\mathbf{B}_p|}\right) \tag{5.9}$$

其中，下标 o 和 p 分别表示观测磁场和其对应的势场；t 表示磁场的横向分量。

2. 纵向电流密度、电流螺度密度和无力因子 α

根据安培定律，忽略位移电流效应的影响，电流密度为 $\mathbf{J} = 1/\mu_0(\nabla \times \mathbf{B})$，电流密度的纵向分量可由下式获得：

$$\mathbf{J}_z = \frac{1}{\mu_0}(\nabla \times \mathbf{B})_z = \frac{1}{\mu_0}\left(\frac{\partial B_y}{\partial x} - \frac{\partial B_x}{\partial y}\right)\hat{\mathbf{z}} \tag{5.10}$$

其中，B_x 和 B_y 是水平磁场的两个正交分量；$\mu_0 = 4\pi \times 10^{-6}$ G·km/A 为真空磁导率。

电流螺度定义为 $H_c = \int_V \mathbf{B} \cdot (\nabla \times \mathbf{B})\, dV$，那么电流螺度密度的纵向分量由下式计算：

$$(h_c)_z = \mathbf{B}_z(\nabla \times \mathbf{B})_z = B_z\left(\frac{\partial B_y}{\partial x} - \frac{\partial B_x}{\partial y}\right) \tag{5.11}$$

目前还没有观测方法能得到电流螺度密度的横向分量 $(h_c)_t$，通常用符号 h_c 来直接表示它的纵向分量。

基于无力场假设，洛伦兹力为零，即电流平行于局地磁场：

$$(\nabla \times \mathbf{B}) \times \mathbf{B} = 0, \quad \text{或} \quad \nabla \times \mathbf{B} = \alpha \mathbf{B} \tag{5.12}$$

如果磁场近似线性无力，则局地的 α 表示为

$$\alpha = \frac{(\nabla \times \mathbf{B})_z}{B_z}$$

我们使用 α_{av} (Hagino and Sakurai, 2004) 来表征活动区的主导扭绞状态：

$$\alpha_{\mathrm{av}} = \frac{\sum (\nabla \times \mathbf{B})_z \cdot \mathrm{sign}[B_z]}{\sum |B_z|} \tag{5.13}$$

3. 自由磁能密度

太阳耀斑和其他爆发事件释放的能量依赖于自由磁能 (非势磁能) 的积累，其定义为总磁能 (E) 与其势磁能 (E_{p}) 的差值：

$$\Delta E = E - E_{\mathrm{p}}$$

Hagyard 等 (1981) 定义了源场来描述光球上磁场的非势性：

$$\mathbf{B}_{\mathrm{s}} = \mathbf{B}_{\mathrm{o}} - \mathbf{B}_{\mathrm{p}}$$

其中，$\mathbf{B}_{\mathrm{o}}$ 是观测到的矢量磁场；$\mathbf{B}_{\mathrm{p}}$ 是由 $\mathbf{B}_{\mathrm{o}}$ 的纵向分量外推得到的势场；$\mathbf{B}_{\mathrm{s}}$ 就是表示磁场非势分量的源场。

Lü 等 (1993) 定义的类似磁能密度与 $\mathbf{B}_{\mathrm{s}}^2$ 成正比：

$$\rho_{\mathrm{energy}}^* = \frac{\mathbf{B}_{\mathrm{s}}^2}{8\pi} = \frac{(\mathbf{B}_{\mathrm{o}} - \mathbf{B}_{\mathrm{p}})^2}{8\pi} \tag{5.14}$$

当我们如同 Lü 等 (1993) 由式 (5.14) 替换自由能密度时，可以得到

$$\rho_{\mathrm{free}}^* = \frac{(B_{\mathrm{o}} - B_{\mathrm{p}})^2}{8\pi} + \frac{B_{\mathrm{o}} B_{\mathrm{p}}}{2\pi} \sin^2 \left(\frac{\Delta \psi}{2} \right)$$

其中，$B_{\mathrm{o}} = |\mathbf{B}_{\mathrm{o}}|$，$B_{\mathrm{p}} = |\mathbf{B}_{\mathrm{p}}|$；$\Delta \psi$ 是 $\mathbf{B}_{\mathrm{o}}$ 和 $\mathbf{B}_{\mathrm{p}}$ 之间矢量磁场的剪切角。该参数已用于以下太阳磁活动的太阳周演化分析中 (Yang et al., 2012)。

注意到实际自由磁能密度 (3.1) 的定义是

$$\rho_{\mathrm{free}} = E_{\mathrm{o}} - E_{\mathrm{p}} = \frac{B_{\mathrm{o}}^2 - B_{\mathrm{p}}^2}{8\pi}$$

与式 (5.14) 不同。

4. 有效距离

有效距离 (d_E) 是活动区的结构参数，由 Chumak 和 Chumak (1987) 提出，在少耀斑的活动区和耀斑频发的活动区呈现出一定的区别 (Chumak et al., 2004)。作为量化的磁复杂性参数，d_E 从几何意义上描述了活动区两极间的隔离或互相渗透的程度 (Guo et al., 2006，并参见 4.5.5 节)。d_E 的计算公式为

$$d_E = \frac{R_p + R_n}{R_{pn}} \tag{5.15}$$

其中，

$$R_p = \sqrt{\frac{A_p}{\pi}}, \quad R_n = \sqrt{\frac{A_n}{\pi}}$$

这里，A_p (A_n) 是正极 (负极) 的总面积；R_p (R_n) 是正 (负) 极性区域的等效半径；R_{pn} 是两极的磁流中心间的距离 (Guo et al., 2006; Guo et al., 2007; Guo and Zhang, 2007; Guo et al., 2010)。

考虑到参数 d_E 单独表征活动区复杂性存在一定的局限性，我们将 d_E 乘上一个因子 $\overline{|B_z|}$。修改后的有效距离 d_{Em} 表示为

$$d_{Em} = d_E\overline{|B_z|} = \frac{R_p + R_n}{R_{pn}}\overline{|B_z|} \tag{5.16}$$

d_E 是无量纲的，但 $\overline{|B_z|}$ 在某种程度上为 d_{Em} 提供了实际的物理意义。这里，d_{Em} 的量纲与磁场的量纲相同，单位为高斯。d_{Em} 也反映了一个活动区的复杂度，可以认为是经黑子纵场平均强度加权过的复杂度。

5.8.2 统计分析和结果

1. 第 22 和第 23 太阳周期磁场非势性的强度分布

根据上述磁非势性和磁复杂性参数的介绍，对每张磁图计算以下参数：平面剪切角均值 $\overline{\Delta\phi}$、空间剪切角均值 $\overline{\Delta\psi}$、无符号纵向电流密度均值 $\overline{|J_z|}$、无符号电流螺度密度均值 $\overline{|h_c|}$、自由磁能密度均值 $\overline{\rho_{free}}$、无符号平均无力因子 $|\alpha_{av}|$、纵向磁场的有效距离 d_E、修改后的有效距离 d_{Em}。对于 $\overline{|J_z|}$、$\overline{|h_c|}$、$|\alpha_{av}|$、$\overline{\rho_{free}}$、d_{Em}，满足纵场大于 20 G 的区域参与计算。对于 $\overline{\Delta\phi}$ 和 $\overline{\Delta\psi}$，除了纵场大于 20 G 外，还要求横场大于 200 G，即将计算区域仅限制在黑子半影和沿磁中性线区域。计算 d_E 时，纵场的下限设为 80 G。

定义活跃样本 (耀斑活跃活动区) 为在一定的向后时间内等效耀斑级别 (在 5.8.2 节 2. 中的 FI) 超过设定值的活动区样本。没有超过设定值的则为宁静样本

(耀斑宁静活动区)。图 5.47 分别给出各参数的活动样本和宁静样本的年均值, 误差棒给出相应年均值的标准误差, 每张子图中叠加有月平均黑子数 (虚线) 以作对照。

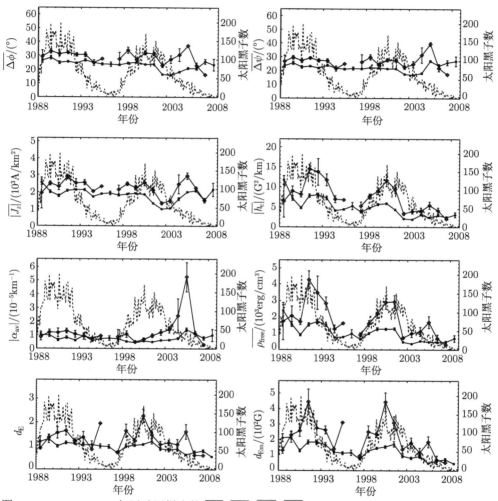

图 5.47 1988~2008 年活动区样本的 $\overline{\Delta\phi}$, $\overline{\Delta\psi}$, $\overline{|J_z|}$, $\overline{|h_c|}$, $|\alpha_{av}|$, $\overline{\rho_{free}}$, d_E, d_{Em} 的年均值。圆点表示 24 小时内等效耀斑指数小于 10.0 的宁静活动区样本的年均值, 菱形点表示 24 小时内等效耀斑指数大于 10.0 的活跃活动区样本的年均值, 虚线描画出月均黑子数作为对照

可以看到 $\overline{\Delta\phi}$ 和 $\overline{\Delta\psi}$ 具有相似的分布。两者的线性相关系数为 0.875。它们没有随活动周期的起伏而变化的趋势。大部分值分布在 $[10°, 40°]$ 范围内。$\overline{\Delta\psi}$ 的分布更加集中于这个区间。在 1988~2008 年期间, $\overline{\Delta\psi}$ 的平均值为 22.0°、标准

差为 $6.6°$，而 $\overline{\Delta\phi}$ 为 $23.4° \pm 7.6°$。

结合图 5.47，$\overline{|J_z|}$ 随活动周期没有明显的起伏，大多数样本的值在 $(1.0 \sim 3.0) \times 10^3$ A/km^2 内浮动。在太阳活动峰年有一些活动区有着较大的 $\overline{|J_z|}$ 值。$\overline{|J_z|}$ 值大于 2.5×10^3 A/km^2 的样本多为活跃样本。在 2001~2003 年间，也即第 23 太阳活动周期的下降期的开始阶段，$\overline{|J_z|}$ 值大多 (91.7%) 低于其整体的平均水平 2.0×10^3 A/km^2。2003 年后，$\overline{|J_z|}$ 的值恢复到平均水平。图中显示出的 $\overline{|J_z|}$ 年均值演化的形状与 $\overline{\Delta\phi}$ 和 $\overline{\Delta\psi}$ 非常相似。

对于 $|\alpha_{av}|$，其值大都集中在 $(0 \sim 1.5) \times 10^{-5}$ km^{-1} 区间内，随活动周期也没有明显的变化。除了 2004 年和 2005 年，它在活跃样本与宁静样本之间的差别也不显著。

$\overline{|h_c|}$、$\overline{\rho_{\text{free}}}$ 和 d_{Em} 与活动周期的变化吻合得较好。两个活动周期内都能看到两个明显的钟形结构。三个参数的整体水平随着活动峰年的来临而增长，随着活动低年的来临而下降。与月均黑子数相比较，1989~1990 年有一个低谷，这可能是由于可获得样本的缺少，或者是一些未知的不确定性或者未知的演化过程所致。这与 Bao 和 Zhang (1998) 得到的结果一致，他们研究了第 22 太阳周期的平均电流螺度演化。表 5.8 列出了这八个参数年 (月) 均值分别与年 (月) 均黑子数的线性相关系数。从中也能看出平均黑子数与 $\overline{|h_c|}$、$\overline{\rho_{\text{free}}}$ 和 d_{Em} 三者有着更为密切的关系。

表 5.8   八个参数年 (月) 均值分别与年 (月) 均黑子数的线性相关系数

参数	$\overline{\Delta\phi}$	$\overline{\Delta\psi}$	$\overline{|J_z|}$	$\overline{|h_c|}$	$|\alpha_{av}|$	$\overline{\rho_{\text{free}}}$	d_E	d_{Em}
SSN (年均值)	0.379	0.010	0.093	0.594	−0.176	0.666	0.799	0.814
SSN (月均值)	0.242	0.085	0.054	0.448	−0.067	0.474	0.367	0.530

比较两个磁场结构复杂性参数 d_E 和 d_{Em}，在太阳活动峰年的一些活动区的 d_E 值比在太阳活动低年的活动区的值要大，但是样本中那些有着较大 d_E 值的活动区的数目并不多，大多数样本的 d_E 值分布在 1.04 ± 0.93 的一个狭窄区间内。结合了平均磁场强度，d_{Em} 更确切地反映了活动区的磁复杂程度，而 d_E 仅有限地与活动区的形态有关，缺少了些物理内容。两者都随活动周期的发展而变化，这意味着在太阳活动峰年有着更多的复杂活动区，而在太阳活动低年有着较少的复杂活动区。

从图 5.47 的每张子图里都能看到 2005 年的一个小的凸起。于是，我们检查了第 23 周期的月均黑子数和每月 10.7 cm 射电流量的变化情况，发现在 2005 年附近并无异常情况，仅仅是在 2004 年末和 2005 年耀斑稍稍多了一些。表 5.9 给出了第 22 周期下降期与第 23 周期下降期的一个比较。我们选择相比较的一组两个年份有着大致相同的年均黑子数，也即它们有着大致相似的太阳活动水平。一个例外是，将 2002 年和 2003 年合在一起与 1992 年进行比较。表 5.9 中列出的值为第 23 周期年份相比第 22 周期年份的相对偏差。各参数的值在第 23 周期的下降阶段比第 22 周期的下降阶段要低一些，与这两个活动周期的实际情况一致。然而，活跃样本的所有这些参数在 2005 年相对 1994 年的偏差为正，这意味着活跃样本的非势性在 2005 年稍强。第 23 周期这种曲折下降过程或许可以看作是第 23 周期和第 24 周期之间长而深的极小期的一种前兆。

表 5.9　第 22 周期下降期 (1992~1996 年) 与第 23 周期下降期 (2002~2007 年) 各参数年均值比较。表中列出的值为第 23 周期年份相比第 22 周期年份的相对偏差。AS 代表活跃样本，QS 代表宁静样本，TS 代表全部样本。每组相比较的年份具有大致相同的年均黑子数

参数	年份	AS	QS	TS	参数	年份	AS	QS	TS
$\overline{\Delta\phi}$	2002&2003 vs. 1992	-0.057	-0.398	-0.329	$\overline{\Delta\psi}$	2002&2003 vs. 1992	0.009	-0.269	-0.215
	2004 vs. 1993	0.082	-0.335	-0.298		2004 vs. 1993	0.244	-0.259	-0.214
	2005 vs. 1994	0.407	-0.183	-0.101		2005 vs. 1994	0.747	0.218	0.291
	2006 vs. 1995	0.165	-0.170	-0.126		2006 vs. 1995	0.372	0.068	0.108
	2007 vs. 1996	0.295	0.031	0.070		2007 vs. 1996	0.450	0.129	0.177
$\overline{|J_z|}$	2002&2003 vs. 1992	-0.358	-0.560	-0.509	$\overline{|h_c|}$	2002&2003 vs. 1992	-0.603	-0.906	-0.753
	2004 vs. 1993	0.092	-0.272	-0.240		2004 vs. 1993	-0.505	-0.609	-0.600
	2005 vs. 1994	0.591	0.136	0.199		2005 vs. 1994	0.074	-0.442	-0.370
	2006 vs. 1995	0.212	0.086	0.102		2006 vs. 1995	-0.208	-0.336	-0.320
	2007 vs. 1996	-0.032	-0.244	-0.212		2007 vs. 1996	-0.493	-0.538	-0.531
$\overline{|\alpha_{\mathrm{av}}|}$	2002&2003 vs. 1992	0.891	-0.135	0.032	$\overline{\rho_{\mathrm{free}}}$	2002&2003 vs. 1992	-0.609	-1.001	-0.768
	2004 vs. 1993	1.576	-0.236	-0.074		2004 vs. 1993	-0.415	-0.696	-0.671
	2005 vs. 1994	6.398	1.325	2.028		2005 vs. 1994	0.687	-0.407	-0.256
	2006 vs. 1995	1.980	0.280	0.502		2006 vs. 1995	0.027	-0.467	-0.402
	2007 vs. 1996	0.192	-0.042	-0.008		2007 vs. 1996	-0.565	-0.502	-0.511
d_{E}	2002&2003 vs. 1992	0.165	-0.282	-0.212	d_{Em}	2002&2003 vs. 1992	-0.105	-0.661	-0.521
	2004 vs. 1993	-0.099	-0.197	-0.189		2004 vs. 1993	-0.425	-0.491	-0.485
	2005 vs. 1994	0.454	-0.444	-0.320		2005 vs. 1994	0.319	-0.637	-0.505
	2006 vs. 1995	-0.350	-0.278	-0.288		2006 vs. 1995	-0.432	-0.455	-0.452
	2007 vs. 1996	-0.267	-0.180	-0.193		2007 vs. 1996	-0.441	-0.384	-0.393

2. 非势性与关联耀斑

软 X 射线 (SXR) 耀斑分类是普遍接受的一种耀斑分类方法。1975 年至今，GOES 卫星持续记录了 0.5~4 Å(硬通道) 和 1~8 Å(软通道) 波段的太阳 X 射线全日面积分流量。根据 1~8 Å 通道在耀斑期间的峰值流量的数量级，SXR 耀斑分为 B、C、M、X 等级别。

为方便分析非势性与耀斑间的关系，我们设定时间窗口 τ 表示从磁图观测时刻起向后的一段时间。在确定的时间窗口 τ 内，软 X 射线等效耀斑指数 (flare index, FI) 根据实际发生耀斑的不同级别的系数分别加权后相加得到，以此来度量一个活动区的耀斑爆发能力：

$$\mathrm{FI} = 100 \sum_{\tau} I_{\mathrm{X}} + 10 \sum_{\tau} I_{\mathrm{M}} + \sum_{\tau} I_{\mathrm{C}} \tag{5.17}$$

式中，I_{X}，I_{M} 和 I_{C} 分别表示 X 级、M 级和 C 级 SXR 耀斑事件的指标系数 (Antalova, 1996; Abramenko, 2005)。由于在太阳活动高峰年份 X 射线流量的背景比较高，B 级耀斑淹没在背景里难以探测 (Feldman et al., 1997; Joshi et al., 2010)，我们在计算中没有包含 B 级耀斑。

图 5.47 中，太阳活动峰年附近每个参数的活跃样本的年均值要高于宁静样本的年均值，尤其对于 $\overline{|h_{\mathrm{c}}|}$、$\overline{\rho_{\mathrm{free}}}$ 和 d_{Em} 三者。然而，无力因子 $|\alpha_{\mathrm{av}}|$ 在活跃样本与宁静样本间的差别不显著，除了 2005 年差别比较明显，当然这个较大差别也有着较高的不确定性。对于同样的 τ 值，活跃样本的各参数的年均值随 FI 阈值的提高而变大，活跃样本与宁静样本的差距也随之逐渐略为增大。如果确定 FI 阈值，活跃样本的各参数的年均值随 τ 值的增加而变小，活跃样本与宁静样本的差距相应是略为减小的。设定不同的 τ 值和不同的 FI 阈值，各参数的年均值都有着基本相似的演化趋势。这意味着活跃样本更可能具有相对强的非势性和显著的复杂性，于是这些表征非势性和复杂性的参数可以作为耀斑预测的指标 (Yang et al., 2013)。

此外，为考察有着一定非势性和复杂性的活动区爆发耀斑的可能性，我们还计算了耀斑产率 (Cui et al., 2006, 2007; Cui and Wang, 2008; Park et al., 2010)，定义为

$$P(X) = \frac{N_{\mathrm{A}}(\geqslant X)}{N_{\mathrm{T}}(\geqslant X)} \tag{5.18}$$

其中，$N_{\mathrm{T}}(\geqslant X)$ 是满足所研究的参数大于其某一阈值 X 的样本总数；$N_{\mathrm{A}}(\geqslant X)$ 是其中的活跃样本个数。

玻尔兹曼 sigmoid 函数用于拟合各参数不同阈值和耀斑产率的关系。$\overline{\Delta\phi}$ 和 $\overline{\Delta\psi}$ 具有非常相似的变化趋势。$\overline{|J_z|}$ 也与前面两者类似，但在 2.5×10^3 A/km^2 附近陡升。$\overline{|h_{\mathrm{c}}|}$ 和 $|\alpha_{\mathrm{av}}|$ 的增长趋势相似。$\overline{\rho_{\mathrm{free}}}$ 和 d_{Em} 的拟合曲线形状相像。当 d_{E} 的值大于 1.0 时，活动区的耀斑产率几乎没有明显变化了。这些图反映出各参数不同的耀斑产生水平及各自的变化趋势，这也是图 5.47 中八个参数的分布和变化所产生的很自然的结果。

表 5.10 中列出了非势性参数和复杂性参数与 d_{E} 和 d_{Em} 之间的线性相关系数。可以看到，d_{Em} 与 $\overline{|h_{\mathrm{c}}|}$、$\overline{\rho_{\mathrm{free}}}$ 的关系较为密切。与 d_{E} 相比较，d_{Em} 和非势性参数有着更高一些的正相关，而 d_{E} 与非势性参数几乎没有关系。非势性和复杂性是从不同角度描述活动区，因此它们之间的弱相关是正常的，然而两者都与活动区的耀斑产率呈正相关。

表 5.10 非势性和复杂性参数与 d_E 和 d_{Em} 之间的线性相关系数

	$\overline{\Delta\phi}$	$\overline{\Delta\psi}$	$\overline{|J_z|}$	$\overline{|h_c|}$	$\overline{|\alpha_{av}|}$	$\overline{\rho_{free}}$
d_E	0.259	0.186	0.162	0.220	0.076	0.242
d_{Em}	0.330	0.241	0.357	0.566	0.069	0.618

5.8.3 不同非势磁参数的总结

通过计算 1106 个活动区共 2173 张光球矢量磁图的非势性和复杂性的八个参数 ($\overline{\Delta\phi}$、$\overline{\Delta\psi}$、$\overline{|J_z|}$、$\overline{|h_c|}$、$\overline{|\alpha_{av}|}$、$\overline{\rho_{free}}$、d_E 和 d_{Em}) 随活动周的演化及与它们的关联耀斑的关系，主要结果如下：

(1) 两个磁剪切角均值 $\overline{\Delta\phi}$ 和 $\overline{\Delta\psi}$，无符号纵向电流密度均值 $\overline{|J_z|}$，无符号平均无力因子 $\overline{|\alpha_{av}|}$，以及有效距离 d_E 随整体太阳活动水平变化不显著。然而，这些参数仍能反映出活动区在太阳活动峰年较低年具有更强的非势性。

(2) 无符号电流螺度密度均值 $\overline{|h_c|}$、自由磁能密度均值 $\overline{\rho_{free}}$、纵场加权后的有效距离 d_{Em} 与平均黑子数显现出高的正相关，且三者之间也有着相对紧密的关系。三者与年均黑子数的线性相关系数都高于 0.59。它们可以和传统的黑子数一样用于表征太阳活动水平。

(3) 分别考察活跃样本和宁静样本的磁非势性和磁复杂性，有助于理解耀斑活跃活动区的演化及其与活动周磁活动水平的关系。这些磁非势性和磁复杂性参数可以作为预测因子用于太阳耀斑预测。

(4) 有效距离参数 d_E 里缺少磁场强度信息，经纵场加权后的有效距离 d_{Em} 则由于加入了磁场强度信息而能更好地反映活动区的磁活动特征。

第 6 章　磁螺度和太阳发电机

太阳发电机的研究，应当说始于从统计观测到太阳黑子活动 11 年周期的发现，而去探讨其形成的原因。人们通过全日面磁场的大量观测结果，发现大尺度纵向磁场在太阳表面上 22 年的整体迁移规律 (图 6.1)。太阳 11 年的黑子周期是 Babcock-Leighton 建议的 22 年太阳发电机周期的一半，相当于被认为的太阳环向磁场和极向磁场之间的振荡往复能量交换。在发电机周期的这一点上，认为对流区内的浮力上升流迫使环形磁场在光球层出现，从而产生成对的太阳黑子，它们大致呈东西向排列，磁极相反。太阳黑子对的磁极性在每个太阳周期都会发生变化，这种现象称为海尔周期。

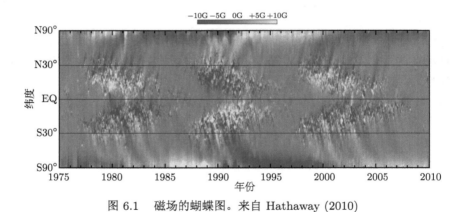

图 6.1　磁场的蝴蝶图。来自 Hathaway (2010)

近年来，太阳活动区矢量磁场的大量观测，使人们可以从太阳磁场的非势性、电流和磁螺度的视角对太阳发电机的理论基础和观测进行再探讨，并弥补仅从黑子和纵场观测资料探讨太阳发电机理论的缺陷或不足。

在 1955 年，Parker 提出了一种基于较差自转和气旋对流涡旋联合作用的太阳内部发电机机制，作为产生能够驱动活动周期的磁场的可行方法。我们可以通过太阳表面大尺度磁场的运动和太阳对流区的日震学来量化较差自转。然而，由于太阳大气的不透明性，对流涡旋作用的知识只能从根据现有的磁场观测推断出的磁螺度中获得。这意味着使用矢量磁像仪观察到的太阳表面磁场恰好为深入探讨太阳发电机过程提供了一个重要机会。

6.1 太阳发电机和螺度

6.1.1 平均场太阳发电机

在平均场理论中，人们使用系综平均、环向平均，或在具有周期边界条件的笛卡儿几何的情况下，使用二维 (例如水平) 平均值求解雷诺平均方程 (Krause and Rädler, 1980; Brandenburg and Subramanian, 2005a)。因此我们考虑分解

$$\mathbf{U}_0 = \mathbf{U} + \mathbf{u}, \quad \mathbf{H} = \mathbf{B} + \mathbf{b}, \quad \mathbf{A}_0 = \mathbf{A} + \mathbf{a} \tag{6.1}$$

这里，$\mathbf{U}$、$\mathbf{B}$ 和 $\mathbf{A}$ 分别是平均速度、磁场和磁势；而 $\mathbf{u}$、$\mathbf{b}$ 和 $\mathbf{a}$ 分别是它们的起伏部分。这些平均值满足雷诺规则，

$$\overline{\mathbf{U}_1 + \mathbf{U}_2} = \overline{\mathbf{U}}_1 + \overline{\mathbf{U}}_2, \quad \overline{\overline{\mathbf{U}}} = \overline{\mathbf{U}}, \quad \overline{\overline{\mathbf{U}}\mathbf{u}} = 0, \quad \overline{\overline{\mathbf{U}}_1\overline{\mathbf{U}}_2} = \overline{\mathbf{U}}_1\overline{\mathbf{U}}_2$$

$$\overline{\partial \mathbf{U}/\partial t} = \partial \overline{\mathbf{U}}/\partial t, \quad \overline{\partial \mathbf{U}/\partial x} = \partial \overline{\mathbf{U}}/\partial x$$

其中一些属性不为其他几个平均值所共有；高斯滤波 $\overline{\overline{\mathbf{U}}} \neq \overline{\mathbf{U}}$，以及谱滤波 $\overline{\overline{\mathbf{U}}\,\overline{\mathbf{U}}} \neq \overline{\mathbf{U}\mathbf{U}}$。注意 $\overline{\overline{\mathbf{U}}} = \overline{\mathbf{U}}$ 意味着 $\overline{\mathbf{u}} = 0$。

在其余部分，我们假设雷诺规则依然适用。平均

$$\frac{\partial \mathbf{H}}{\partial t} = \nabla \times (\mathbf{U}_0 \times \mathbf{H} - \eta \nabla \times \mathbf{H}) \tag{6.2}$$

获得平均场感应方程，

$$\frac{\partial \overline{\mathbf{B}}}{\partial t} = \nabla \times (\overline{\mathbf{U}} \times \overline{\mathbf{B}} + \boldsymbol{\mathcal{E}} - \eta \nabla \times \overline{\mathbf{B}}) \tag{6.3}$$

并且

$$\frac{\partial \mathbf{b}}{\partial t} = \nabla \times (\overline{\mathbf{U}} \times \mathbf{b} + \mathbf{u} \times \overline{\mathbf{B}} + \mathbf{G} - \eta \nabla \times \mathbf{b}) \tag{6.4}$$

其中，

$$\boldsymbol{\mathcal{E}} = \overline{\mathbf{u} \times \mathbf{b}} \quad \text{和} \quad \mathbf{G} = \mathbf{u} \times \mathbf{b} - \overline{\mathbf{u} \times \mathbf{b}} \tag{6.5}$$

我们也可以得到磁势方程为 $\mathbf{H} = \nabla \times \mathbf{A}_0$，

$$\frac{\partial \mathbf{A}_0}{\partial t} = \mathbf{U}_0 \times \mathbf{H} - \eta \nabla \times \mathbf{H} + \nabla \phi \tag{6.6}$$

则

$$\frac{\partial \overline{\mathbf{A}}}{\partial t} = \overline{\mathbf{U}} \times (\nabla \times \overline{\mathbf{A}}) + \boldsymbol{\mathcal{E}} + \eta \nabla^2 \overline{\mathbf{A}} \tag{6.7}$$

和

$$\frac{\partial \mathbf{a}}{\partial t} = \overline{\mathbf{U}} \times (\nabla \times \mathbf{a}) + \mathbf{u} \times \overline{\mathbf{A}} + \mathbf{G} - \eta \nabla \times \mathbf{a} \tag{6.8}$$

其中，η 为磁扩散系数，ϕ 为标量势。

如果 $\nabla(\overline{\mathbf{U}} \cdot \overline{\mathbf{A}}) - \overline{\mathbf{A}} \times (\nabla \times \overline{\mathbf{U}}) - (\overline{\mathbf{A}} \cdot \nabla)\overline{\mathbf{U}} = \mathbf{0}$，我们可以得到

$$\frac{\partial \overline{\mathbf{A}}}{\partial t} + (\overline{U} \cdot \nabla)\overline{\mathbf{A}} = \boldsymbol{\mathcal{E}} + \eta \nabla^2 \overline{\mathbf{A}} \tag{6.9}$$

有时为了简化，我们得到平均场发电机方程并忽略物理量平均值的上划线

$$\frac{\partial \mathbf{B}}{\partial t} + (\mathbf{U} \cdot \nabla)\mathbf{B} = (\mathbf{B} \cdot \nabla)\mathbf{U} + \nabla \times \boldsymbol{\mathcal{E}} + \eta \nabla^2 \mathbf{B}$$
$$\frac{\partial \mathbf{A}}{\partial t} + (U \cdot \nabla)\mathbf{A} = \boldsymbol{\mathcal{E}} + \eta \nabla^2 \mathbf{A} \tag{6.10}$$

根据平均场发电机理论，电动势 $\boldsymbol{\mathcal{E}}$ 在对流涡流上平均有一个平行于磁场的分量，$\boldsymbol{\mathcal{E}} = \alpha \mathbf{B} + \cdots$，其中赝标量 α 与运动学和电流螺度有关，$\alpha = -\frac{1}{3}\tau_0(\langle \mathbf{u} \cdot (\nabla \times \mathbf{u}) \rangle - \frac{1}{\mu\rho}\langle \mathbf{b} \cdot (\nabla \times \mathbf{b}) \rangle) + \cdots$。$\langle \mathbf{b} \cdot (\nabla \times \mathbf{b}) \rangle$ 可以从太阳表面的矢量磁图中统计探测到。这里 $\langle \cdots \rangle$ 表示求平均，τ_0 表示为相关时间的量级。

这里的基本观点是 α 效应包括两项贡献 (Pouquet et al., 1976)，一个如上所述的与对流涡旋螺度相关的流体动力学贡献 (α^v)，以及来自磁场本身螺度的贡献 (α^m)。流体动力学螺度由对流速度 $\mathbf{u}$ 与其旋度之间的相关性决定，即 $\langle \mathbf{u} \cdot (\nabla \times \mathbf{u}) \rangle$，并且由此，它的观测确定需要了解速度场的所有三个分量，而多普勒效应仅给出视线速度分量。α 效应的磁性部分 α^m 可以与已知的电流螺度有关，与 $\langle \mathbf{b} \cdot (\nabla \times \mathbf{b}) \rangle$ 成比例，其中 $\mathbf{b}$ 是小尺度磁场。

关于平均场发电机理论的详细介绍，可参考这方面的专著 (例如，Krause and Rädler, 1980; Zeldovich et al., 1983; Rüdiger and Hollerbach, 2004; Brandenburg and Subramanian, 2005a)。这里不过多展开。

6.1.2　磁螺度方程

现在由 $\mathbf{a}$ 乘以式 (6.4) 和由 $\mathbf{b}$ 乘以式 (6.8)，将它们相加并平均在湍流场的集合上。这产生了磁螺度的方程 $\chi^m = \langle a_p(\mathbf{x})b_p(\mathbf{x}) \rangle$ (Kleeorin and Rogachevskii, 1999)：

$$\frac{\partial \chi^m}{\partial t} = -2\langle \mathbf{u} \times \mathbf{b} \rangle \cdot \mathbf{B} - 2\eta\langle \mathbf{b} \cdot (\nabla \times \mathbf{b}) \rangle - \nabla \cdot \bar{\mathbf{F}} \tag{6.11}$$

其中，$\bar{F}_p = V_p\chi^m - \chi^m_{pn}V_n + \langle \mathbf{a} \times \mathbf{u} \rangle \times \mathbf{B} - \eta\langle \mathbf{a} \times (\nabla \times \mathbf{b}) \rangle + \langle \mathbf{a} \times (\mathbf{u} \times \mathbf{b}) \rangle - \langle \mathbf{b}\phi \rangle$。各向异性湍流的电动势由下式给出：

$$\langle \mathbf{u} \times \mathbf{b} \rangle = \mathbf{V}_{DM} \times \mathbf{B} + \hat{\alpha}\mathbf{B} - \hat{\eta}\nabla \times \mathbf{B} \tag{6.12}$$

其中, $\hat{\eta} \equiv \hat{\eta}_{mn} = (\eta_{pp}\delta_{mn} - \eta_{mn})/2$, $\eta_{mn} = \eta\delta_{mn} + \bar{\eta}_{mn}$, $\bar{\eta}_{mn} = \langle\tau u_m u_n\rangle$, $\mathbf{V}_{DM} = -\nabla_m \bar{\eta}_{mn}/2$ 是湍流抗磁性引起的速度, $\hat{\alpha} = \alpha_{mn} = \alpha_{mn}^{(v)} + \alpha_{mn}^{(B)}$, 那么张量 $\alpha_{mn}^{(v)}$ 和 $\alpha_{mn}^{(B)}$ 由下式给出:

$$\alpha_{mn}^{(v)} = -[\epsilon_{mji}\langle\tau u_i(\mathbf{x})\nabla_n u_j(\mathbf{x})\rangle + \epsilon_{nji}\langle\tau u_i(\mathbf{x})\nabla_m u_j(\mathbf{x})\rangle]/2 \quad (6.13)$$

$$\alpha_{mn}^{(B)} = [\epsilon_{mji}\langle\tau b_i(\mathbf{x})\nabla_n b_j(\mathbf{x})\rangle + \epsilon_{nji}\langle\tau b_i(\mathbf{x})\nabla_m b_j(\mathbf{x})\rangle]/(2\mu_0\rho) \quad (6.14)$$

将式 (6.12) 代入式 (6.11) 中, 在简单操作后获得磁螺度方程:

$$\frac{\partial\chi^m}{\partial t} = -2\eta\left(\frac{\partial^2\chi^m}{\partial x_p \partial y_p}\right)_{(r\to 0)} + 2\eta_{mn}B_m(\nabla\times\mathbf{B})_n - 2\hat{\alpha}_{mn}B_m B_n - \nabla\cdot\mathbf{F} \quad (6.15)$$

其中使用了一个等式 $\langle\mathbf{b}\cdot(\nabla\times\mathbf{b})\rangle = (\partial^2\chi^m/\partial x_p\partial y_p)_{(r\to 0)}$ 和 $\mathbf{r} = \mathbf{x}-\mathbf{y}$。式 (6.15) 中的第二项和第三项描述了磁螺度的来源。因此, 平均磁场 $\mathbf{B}$、平均电流 $\propto \nabla\times\mathbf{B}$ 和流体动力学螺度是磁螺度的来源。式 (6.15) 中的第一项决定磁螺度弛豫的特征时间 T, 它依赖于分子磁扩散。这时由

$$T^{-1} = -\frac{2\eta}{\chi^m}\left(\frac{\partial^2\chi^m}{\partial x_p\partial y_p}\right)_{(r\to 0)} \quad (6.16)$$

给出。磁螺度的特征弛豫时间 $T \sim \tau_0 R_m$, 即远大于湍流速度场的相关时间 $\tau_0 = l_0/u_0$, 其中 u_0 为湍流运动最大尺度 l_0 下的特征湍流速度。磁雷诺数定义为 $R_m = l_0 u_0/\eta$。式 (6.15) 中的最后一项描述了磁螺度的湍流通量 $\mathbf{F}$。在各向同性湍流的情况下, 式 (6.15) 与 Kleeorin 和 Ruzmaikin(1982) 中导出的结果一致 (Gruzinov and Diamond, 1995; Kleeorin et al., 1995)。

6.2 太阳对流区磁螺度的径向分布：观测和发电机理论

6.2.1 太阳对流区的速度结构

对流区是太阳内部的最外层。通常认为太阳对流区厚度约 20 万 km(大约 0.3 个太阳半径)。对流区底部的温度约为 200 万 K。研究结果表明对流区内的氢不断电离, 增加气体比热, 破坏流体静力学平衡, 引起热气体上升。流体元几乎处于绝热状态; 冷的流体元一旦下降, 温度比周围低, 密度大, 就继续下降。这样就形成对流。流体在上升时膨胀和冷却。在可见表面, 温度已降至 5700 K, 密度仅为 0.0000002 gm/cm。

通过日震学的观测研究发现, 太阳对流区存在大尺度的宏观流动, 包括内部的较差自转和子午环流。由于在太阳内部磁场受到流场的强烈制约, 在研究太阳内部磁场的形成和演化过程中, 这种大尺度流场起到了极为重要的作用。太阳的

赤道自转速度约为 2 km/s；它的较差旋转意味着角速度随着纬度的增加而降低。
两极每 34.3 天自转一圈，赤道每 25.05 天自转一圈。图 6.2 展示出由日震学观测
结果推测出的太阳内部对流区的角速度的径向分布 (Gilman and Howe, 2003)。

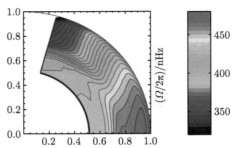

图 6.2　Gilman 和 Howe (2003) 获得的太阳对流区角速度的等值线。请注意，极区不存在任
　　　　何信息。等值线仅在较高的中纬度地区是径向的。来自 Moffatt (1978)

　　根据日震学观测，Zhao 等 (2013) 进行两组有和没有质量守恒约束的反演。对
于仅从不应用质量守恒约束的日震测量反演的结果，在图 6.3 中显示了太阳内部
某些选定深度和纬度的径向流速和流动剖面的二维横截面视图。

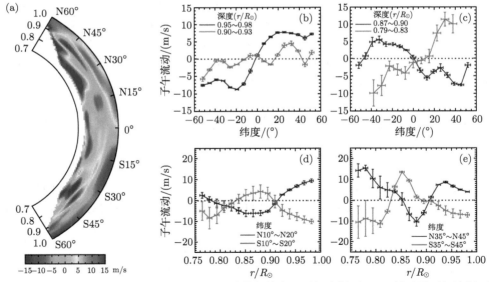

图 6.3　通过对测得的声波传播时间进行反演获得的太阳子午流剖面。(a) 显示了子午流剖面
的横截面视图，正速度指向北；(b) 和 (c) 显示了作为纬度函数在几个深度间隔上平均的倒转
速度；(d) 和 (e) 显示了作为不同纬度带平均深度函数的速度。水平误差棒表示平均内核在纬
度方向 ((b) 和 (c)) 和径向 ((d) 和 (e)) 的宽度。来自 Zhao 等 (2013)

这些日震学观测结果对磁场在太阳内部形成提供了重要制约条件。

6.2.2 利用怀柔太阳观测站获得的电流螺度数据

我们的研究基于在中国科学院国家天文台的怀柔太阳观测站连续 10 年 (1988~1997 年) 观测中积累的电流螺度数据 (Bao and Zhang, 1998; Zhang et al., 2002)。基于太阳内部旋转速度随对流区深度分布图 6.2，Kuzanyan 等 (2003) 和 Zhang 等 (2006) 将活动区分为 4 组，即浅层、中层和深层活动区，以及无法令人满意地估计深度的组 (表 6.1)。将活动区分成三组是基于日震学 (Schou et al., 1998) 的结果，即至少对于分数半径 0.65~0.95 并且纬度低于 30° ~ 35° 的区域，角旋转率随半径单调增长 (详情见 Kuzanyan 等 (2003))。

表 6.1 按深度划分的活动区的电流螺度 H_c，阈值 $\sigma = 0.5$，此处及以下 H_c 的测量单位为 $10^{-3}\mathrm{G}^2/\mathrm{m}$

depth	N	N^*	H_c	N^*/N
北半球				
s	47	1	-0.6 ± 0.2	0.02 ± 0.04
m	5	1	-0.2 ± 0.7	0.20 ± 0.35
d	34	8	-1.0 ± 0.7	0.24 ± 0.14
d+m	39	9	-0.9 ± 0.6	0.23 ± 0.13
南半球				
s	41	5	0.5 ± 0.6	0.12 ± 0.10
m	6	2	0.3 ± 1.5	0.33 ± 0.38
d	38	11	0.6 ± 0.4	0.29 ± 0.14
d+m	44	13	0.6 ± 0.4	0.3 ± 0.13

可以从 NOAA (USAF-MWL) 数据库中获得的太阳地球物理数据记录为我们提供了后续几天每个活动区的数十个经度位置 (根据卡林顿坐标系)。因此，我们尝试计算卡林顿旋转的部分或 "个别" 角旋转率。对于一些活动区，我们可以发现它们的卡林顿坐标随时间演变的某种趋势。从包含 410 个活动区的数据总采样中，我们选择了卡林顿经度相对时间趋势具有显著相关性的子样本。我们确定了相关系数分别大于 0.5 和 0.6 的子样本。这些样本分别包含 178 个和 134 个活动区 (或可用数据的 43% 和 33%)。

由于电流螺度预计在北半球和南半球具有相反的符号，Zhang 等 (2006) 将这些组细分到两个半球，并在所有纬度和周期阶段对每个组中的数据进行平均。表 6.1 中给出了具有识别深度的活动区的平均 H_c 的结果。这里 depth 是一个深度标识，其中 "s" 表示浅，"m" 中间和 "d" 深活动区。因为中间深度的活动区数量似乎很少，不足以估计螺度的符号，我们相当随意地将中层和深层活动区的数据组合成一个单一的组，即 "d+m"。N 是每个组中包含的活动区的数量。对于表 6.1，我们使用阈值 $\sigma = 0.5$。为了证明选择过程对阈值的稳定性，我们在表 6.2 中给出了阈值 $\sigma = 0.6$ 的类似结果。

表 6.2　按深度划分的活动区的电流螺度，阈值 $\sigma = 0.6$

depth	N	N^*	H_c	N^*/N
北半球				
s	33	1	-0.6 ± 0.3	0.03 ± 0.06
m	2	1	-0.3 ± 9.4	0.5 ± 0.69
d	28	7	-1.0 ± 0.8	0.25 ± 0.16
d+m	30	8	-1.0 ± 0.8	0.27 ± 0.16
南半球				
s	33	4	0.6 ± 0.7	0.12 ± 0.11
m	3	2	-0.2 ± 4.8	0.7 ± 0.53
d	29	9	0.4 ± 0.4	0.31 ± 0.17
d+m	32	11	0.4 ± 0.4	0.34 ± 0.16

与理论预期一致，H_c 的数据相对于太阳赤道明显反对称。请注意，在 Kleeorin 等 (2003) 中对纬度或时间进行平均时，也认识到了相同类型的反对称。然而，我们注意到有大量的活动区违反了这个极性定律。此类活动区的数量在表 6.1 和表 6.2 中给出为 N^*。

我们在表 6.3 中给出了所有 410 个活动区的螺度平均值，这些区域的螺度观测可用。这些活动区与已知深度的活动区遵循相同的极性规则，并且一些活动区也违反了此规则。它们的编号以 N^* 形式给出。

表 6.3　所有 410 个活动区的电流螺度

半球	N	N^*	H_c	N^*/N
北半球	193	30	-0.8 ± 0.2	0.16 ± 0.05
南半球	217	47	0.6 ± 0.2	0.22 ± 0.05

我们可以计算两个半球的电流螺度违反极性规则的活动区的数量 (表 6.4)。请注意，由于北半球和南半球的数据相互抵消，所以不适合对两个半球的电流螺度进行平均。我们从表 6.4 得出结论，深 (和中间) 活动区包含比浅活动区几倍的奇偶规则违规情况，甚至比没有确定深度估计的活动区略多。

我们无法识别违反根据纬度或周期阶段选择的极性规则的活动区数量的任何明显趋势。但是，我们在下面提供了相关数据 (表 6.5 和表 6.6)。

表 6.4   电流螺度违反极性规则的活动区的数量，按深度划分，阈值 $\sigma = 0.5$

depth	N	N^*	N^*/N
s	88	6	0.07 ± 0.05
d+m	83	22	0.27 ± 0.09

表 6.5   电流螺度违反极性规则的活动区数量按日期排序，阈值 $\sigma = 0.5$

年份	N	N^*	N^*/N
1988~1989	87	23	0.26 ± 0.09
1990~1991	126	20	0.16 ± 0.06
1992~1993	121	18	0.15 ± 0.06
1994~1996	69	13	0.18 ± 0.09

表 6.6   电流螺度违反极性规则的活动区的数量，按纬度 Θ 排序，阈值 $\sigma = 0.5$

纬度/(°)	N	N^*	N^*/N
$24 < \Theta \leqslant 32$	18	4	0.22 ± 0.19
$16 < \Theta \leqslant 24$	53	10	0.19 ± 0.11
$12 < \Theta \leqslant 16$	36	5	0.14 ± 0.11
$8 < \Theta \leqslant 12$	48	8	0.17 ± 0.11
$-8 < \Theta \leqslant 8$	65	6	0.08 ± 0.06
$-12 < \Theta \leqslant -8$	58	12	0.21 ± 0.10
$-16 < \Theta \leqslant -12$	46	8	0.17 ± 0.11
$-24 < \Theta \leqslant -16$	67	19	0.28 ± 0.11
$-32 \leqslant \Theta \leqslant -24$	12	3	0.25 ± 0.25

6.2.3   发电机模型

我们在这里使用发电机模型，它是 Kleeorin 等 (2003) 的简化模型的扩展。特别是，本模型包括一个明确的径向坐标，并考虑到对流壳层的曲率，以及湍流磁扩散率的猝灭。我们从一般的平均场发电机方程 (例如 Moffatt, 1978; Krause and Rädler, 1980) 开始。使用球坐标 r, θ, ϕ，我们通过磁场 B 的方位分量和极向场的磁势 A 来描述轴对称磁场。遵照 Parker (1955a)，我们考虑对流壳层中的发电机作用。然而，我们在发电机方程中保留了 A 和 B 的径向相关性，并且我们没有忽略对流壳层的曲率。$\tilde{A} = r \sin\theta A$ 和 $\tilde{B} = r \sin\theta B$ 的方程为

$$\frac{\partial \tilde{A}}{\partial t} + \frac{V_\theta^A}{r}\frac{\partial \tilde{A}}{\partial \theta} + V_r^A \frac{\partial \tilde{A}}{\partial r} = C_\alpha \, \alpha \, \tilde{B} + \eta_A \left[\frac{\partial^2 \tilde{A}}{\partial r^2} + \frac{\sin\theta}{r^2}\frac{\partial}{\partial \theta}\left(\frac{1}{\sin\theta}\frac{\partial \tilde{A}}{\partial \theta} \right) \right] \quad (6.17)$$

$$\frac{\partial \tilde{B}}{\partial t} + \frac{\sin\theta}{r}\frac{\partial}{\partial\theta}\left(\frac{V_\theta^B \tilde{B}}{\sin\theta}\right) + \frac{\partial(V_r^B \tilde{B})}{\partial r}$$

$$= \sin\theta\left(G_r\frac{\partial}{\partial\theta} - G_\theta\frac{\partial}{\partial r}\right)\tilde{A} + \frac{\sin\theta}{r^2}\frac{\partial}{\partial\theta}\left(\frac{\eta_B}{\sin\theta}\frac{\partial\tilde{B}}{\partial\theta}\right) + \frac{\partial}{\partial r}\left(\eta_B\frac{\partial\tilde{B}}{\partial r}\right) \tag{6.18}$$

其中,

$$G_r = \frac{\partial\Omega}{\partial r}, \quad G_\theta = \frac{\partial\Omega}{\partial\theta}$$

在这里, 我们以太阳半径 $R_\odot$ 为单位测量长度, 并基于太阳半径和湍流磁扩散率 η 以扩散时间为单位测量时间。在估计这个时间尺度时, 我们使用湍流磁扩散率的 "基本" (假设均匀) 值, 它不受磁场的影响。

我们考虑分数径向范围 $0.64 < r < 1$, 其中 $r = 0.64$ 对应于对流区的底部, $r = 1$ 对应于太阳表面。"对流区" 本身可以被认为占据 $0.7 \leqslant r \leqslant 1.0, 0.64 \leqslant r \leqslant 0.7$ 是一个差旋层/过冲 (tachocline/overshoot) 区域。旋转定律包括径向剪切 (与 G_r 成比例) 和纬度依赖性 (与 G_θ 成比例)。

在太阳表面 $r = 1$, 我们在场上使用真空边界条件, 即 $B = 0$ 并且极向场平滑地拟合到外部势场上。在下边界, $r = r_0 = 0.64$, $B = 0 = B_r = 0$。在 $r = r_0$ 和 $r = 1$ 处, $\partial\chi^c/\partial r = 0$, 其中 χ^c 是电流螺度 (式 (6.19))。

当然, 这些方程虽然比通常用于研究太阳周期的方程更复杂, 但仍然过于简化。然而, 它们似乎足以再现太阳 (和恒星) 活动的基本定性特征。考虑到该方法的探索性, 我们使用与对称性要求兼容的发电机的最简单形式, 并生成集中在低纬度地区的磁蝴蝶图 (Rüdiger and Brandenburg, 1995; Moss and Brooke, 2000)。因此 $\alpha(B = 0) = \sin^2\theta\cos\theta$ 和 $C_\alpha < 0$ (这决定了流体力学 α 效应的符号值, 见 6.2.4 节)。点 $\theta = 0°$ 和 $\theta = 180°$ 分别对应于北极和南极。有关此方法的进一步讨论, 请参见 Kleeorin 等 (2003)。

作为式 (6.17) 和式 (6.18) 的一个新特征, 与 Kleeorin 等 (2003) 所利用的发电机模型相比, 我们在这里保留了包括来自发电机生成磁场的湍流扩散系数 (η_A 和 η_B) 贡献的可能性, 以及子午环流 ($V_\theta^A, V_r^A, V_\theta^B$ 和 V_r^B)。但是, 我们在这里并没有充分考虑子午环流的作用。

磁场以均分场 $B_{eq} = u\sqrt{4\pi\rho}$ 为单位测量, 极向场 A 的矢量势以 $R_\odot B_{eq}$ 为单位测量。密度 ρ 被归一化为其在对流区底部的值, 并且尺度 l 处的湍流运动 l 和湍流速度 u 的基本尺度以它们在对流区的最大值为单位。因为湍流扩散率和 α 效应取决于磁场, 我们在非常小的平均磁场的极限范围内使用它们的初始值来获得方程的无量纲形式。为了强调这一点, 我们没有在此处以明确的形式引入发电机数, 但在方便时在下面使用它。

6.2.4 非线性

在下面我们介绍一个非线性发电机饱和的模型。该模型尽可能基于第一原理，并且类似于由 Krause 和 Rädler (1980) 推导平均场电动力学方程中使用的模型。作为一个重要的技术点，我们在这里使用维纳 (Wiener) 路径积分框架中的拟拉格朗日方法来推导出包括磁螺度通量 (Kleeorin and Rogachevskii, 1999) 的磁螺度演化的动力学方程。我们还使用 τ 近似 (Orszag 的三阶闭合程序) 来确定非线性平均电动势 (Rogachevskii and Kleeorin, 2000, 2004)。这里我们只注意到模型的一些重要特征。

请注意，原则上对电流螺度的湍流扩散进行严格研究是可能的。至少需要应用 Orszag 的四阶闭合程序来导出湍流扩散螺度通量。

我们再次强调，所分析的模型尽可能来自第一原则。然而，该模型的范围显然是有限的，并且不包括原则上可能导致发电机饱和的所有可能的物理机制。特别是，我们不包括磁场的浮力。下面提到了一些其他限制。考虑到模型的自然局限性，我们引入了几个数值系数 C_1，C_2，C_3，我们认为它们是阶数统一的自由参数 (也见 Kleeorin 等 (2003)，以及式 (6.24))。

1. α 效应

下面 (以及 Kleeorin 等 (2003)) 利用的发电机饱和情景的关键思想是将总 α 效应分解为其流体动力学和磁性部分。α 效应的磁性部分的计算基于磁螺度守恒的思想以及电流和磁螺度之间的联系并给出 (参见 Kleeorin 等 (2000, 2003) 以及 6.2.7 节)

$$\alpha = \chi^v \phi_v + \frac{\phi_m}{\rho(z)} \chi^c \tag{6.19}$$

这里，χ^v 和 χ^c 分别是流体力学螺度和电流螺度；ϕ_v 和 ϕ_m 是猝灭函数，描述了螺度和对 α 效应的相应贡献之间的联系，例如，对于运动发电机，ϕ_v 由最大尺度涡旋的周转时间 τ 决定。猝灭函数 $\phi_v(B)$ 和 $\phi_m(B)$ 的解析形式在 6.2.7 节中给出。与 Kleeorin 等 (2003) 相比，我们在这里考虑了显式形式的径向螺度分布，因此我们保留了式 (6.44) 中以对流区底部的密度归一化后密度 $\rho(z)$ 的径向分布。基于 Baker 和 Temesvary (1966) 以及 Spruit (1974)，我们为 $\rho(z)$ 选择解析近似

$$\rho(z) = \exp[-a \tan(0.45\pi z)] \tag{6.20}$$

其中，$z = 1 - \mu(1-r)$ 和 $\mu = (1 - R_0/R_\odot)^{-1}$。这里的 $a \approx 0.3$ 对应于太阳对流区密度的 10 倍变化，$a \approx 1$ 大约对应一个 10^3 的因子，等等。但是在我们的大多数研究中，我们取了 $\rho = $ const，但我们也考虑了 $a = 0.3$ 的情况。

磁螺度密度守恒可以写成

$$\frac{\partial \chi^c}{\partial t} + \frac{\chi^c}{T} = \frac{1}{9\pi\eta\rho}(\boldsymbol{\mathcal{E}} \cdot \mathbf{B} + \nabla \cdot \mathbf{F}) + \kappa\nabla^2\chi^c \tag{6.21}$$

其中,

$$\mathcal{E}_i = \alpha_{ij}B_j + (\mathbf{V} \times \mathbf{B})_i - \eta_{ij}(\nabla \times \mathbf{B})_j \tag{6.22}$$

或

$$\mathcal{E}_i = \alpha_{ij}B_j + \varepsilon_{ijk}V_jB_k - \eta_{ij}\varepsilon_{jkl}\frac{\partial B_l}{\partial x_k} \tag{6.23}$$

我们定义 $\tilde{\chi}^c = r^2\sin^2\theta\chi^c$ 的方程是

$$
\begin{aligned}
\frac{\partial \tilde{\chi}^c}{\partial t} + \frac{\tilde{\chi}^c}{T} &= \left\{ \left(\frac{2R_\odot}{l}\right)^2 \left\{ \frac{1}{C_\alpha}\left[\frac{\eta_B}{r^2}\frac{\partial \tilde{A}}{\partial \theta}\frac{\partial \tilde{B}}{\partial \theta} + \eta_B\frac{\partial \tilde{A}}{\partial r}\frac{\partial \tilde{B}}{\partial r} \right.\right.\right. \\
&\quad -\eta_A\,\tilde{B}\frac{\sin\theta}{r^2}\frac{\partial}{\partial\theta}\left(\frac{1}{\sin\theta}\frac{\partial\tilde{A}}{\partial\theta}\right) - \eta_A\,\tilde{B}\frac{\partial^2\tilde{A}}{\partial r^2} \\
&\quad \left.\left.\left. +(V_r^A - V_r^B)\,\tilde{B}\frac{\partial\tilde{A}}{\partial r} + (V_\theta^A - V_\theta^B)\frac{\tilde{B}}{r}\frac{\partial\tilde{A}}{\partial\theta} \right] - \alpha\tilde{B}^2 \right\} \right. \\
&\quad \left. -\frac{\partial\tilde{\mathcal{F}}_r}{\partial r} - \frac{\sin\theta}{r}\frac{\partial}{\partial\theta}\left(\frac{\tilde{\mathcal{F}}_\theta}{\sin\theta}\right) \right.
\end{aligned}
\tag{6.24}
$$

$\tilde{\mathbf{F}} = r^2\sin^2\theta\mathbf{F}$,并且磁螺度的通量选择形式为

$$\mathbf{F} = C_1\,\eta_A(B)\,B^2\nabla[\chi^v\,\phi_v(B)] + C_2\,\chi^v\,\eta_A(B)\,\phi_v(B)\,B^2\boldsymbol{\Lambda}_\rho + C_3\kappa\nabla\chi^c \tag{6.25}$$

式中,$\boldsymbol{\Lambda}_\rho = -\nabla\rho/\rho$。式 (6.25) 是 Kleeorin 等 (2003) 的方程 (A.3) 在这里考虑的案例的推广。$R_\odot/l$ 是太阳半径与太阳对流基本尺度的比值 (我们取 $(2R_\odot/l)^2 = 300$),$T = (1/3)R_m(l/R_\odot)^2$ 是磁螺度的无量纲弛豫时间,$R_m = l\,u/\eta_0$ 是磁雷诺数,这里 η_0 是由流体的导电性导致的 "基本" 磁扩散。注意,$T = 5$ 和 $R_m = 10^6$ 在深度 $h_* = 10^8$ cm (从对流区顶部测量),$T = 150$ 和 $R_m = 3 \times 10^7$ 在深度 $h_* = 10^9$ cm,并且 $T = 10^7$ 和 $R_m = 2 \times 10^9$ 在深度 $h_* = 2 \times 10^{10}$ cm。我们意识到已经提出了对太阳对流区磁雷诺数的各种估计,因此在下面研究相对于 T 的稳定的结果。还要注意,如果我们在对流区的深度上平均参数 T,我们得到 $T \sim 5$(Kleeorin et al. 2003)。

2. 湍流扩散率

磁场湍流扩散最简单的数量级估计表明，它对所有磁场分量的影响类似。当然，这并不排除湍流传输系数的更详细参数化可能导致对极向和环向磁场分量湍流扩散 η_B 和 η_A 的不同估计，并且 Rogachevskii 和 Kleeorin (2004) 为弱磁场和强磁场情况下的系数 η_B 和 η_A 提供以下估计值 (请记住，我们以均分值为单位测量磁场强度，并且对于帕克迁移 (Parker migratory) 发电机，环向磁场比极向磁场强得多)。对于弱磁场的情况，扩散系数为

$$\eta_A = 1 - \frac{96}{5} B^2 , \quad \eta_B = 1 - 32B^2 \tag{6.26}$$

而对于强磁场，标度是

$$\eta_A = \frac{1}{8B^2}, \quad \eta_B = \frac{1}{3\sqrt{2}B} \tag{6.27}$$

其中，磁场以均分场 B_{eq} 为单位测量。

不出所料，磁螺度的湍流扩散系数 κ 也依赖于 B，即 $\kappa(B) = 1 - 24B^2/5$ 对于弱磁场，以及

$$\kappa(B) = \frac{1}{2}\left(1 + \frac{3\pi}{40B}\right) \tag{6.28}$$

在强场极限。该理论给出了这些渐近表达式的更通用的公式 (参见 Rogachevskii 和 Kleeorin (2004) 和 6.2.7 节)。

我们注意到湍流扩散估计取决于磁场演化的细节，在此期间磁螺度累积。特别地，磁能和动能之间的初始比率出现在 Rogachevskii 和 Kleeorin (2004) 的完整方程中。我们认识到这个因素的重要性，而发电机理论的现有论文中几乎没有提到这一因素。我们 (相当武断地) 接受发电机动作始于 (几乎) 非磁化介质。此外，我们忽略了背景湍流中可能的不均匀性的影响。

3. 非线性平流

我们的模型包含对湍流磁扩散的非均匀非线性抑制，这会导致湍流抗磁 (或顺磁) 效应，即磁场的非线性平流对于磁场的环向和极向部分是不同的。相应的速度由 Rogachevskii 和 Kleeorin (2004) 计算得出，对于弱磁场

$$\mathbf{V}_A = \frac{32}{5} B^2 \left(\mathbf{\Lambda}^{(B)} + 3\mathbf{\Lambda}_\rho - \frac{\mathbf{e}_r + \cot\theta\,\mathbf{e}_\theta}{r} \right)$$

$$\mathbf{V}_B = \frac{32}{5} B^2 \left(3\mathbf{\Lambda}_\rho - \frac{\mathbf{e}_r + \cot\theta\,\mathbf{e}_\theta}{r} \right)$$

对于强磁场

$$\mathbf{V}_A = -\frac{1}{3\sqrt{8}B}\left(\mathbf{\Lambda}_B + 2\frac{\mathbf{e}_r + \cot\theta\,\mathbf{e}_\theta}{r}\right) + \frac{5}{16B^2}\mathbf{\Lambda}_\rho$$

$$\mathbf{V}_B = \frac{4}{3\sqrt{8}B}\frac{\mathbf{e}_r + \cot\theta\,\mathbf{e}_\theta}{r} + \frac{5}{16B^2}\mathbf{\Lambda}_\rho$$

这里，$\mathbf{\Lambda}_B = (\nabla B^2)/B^2$；$\mathbf{e}_r$ 和 $\mathbf{e}_\theta$ 分别是球极坐标的 r 和 θ 方向的单位向量。$[\mathbf{\Lambda}_\rho]_r = -d\ln\rho/d\mathbf{r}$，$[\mathbf{\Lambda}_B]_r = d\ln B^2/d\mathbf{r}$。

4. 旋转定律

在 $0.7 \leqslant r \leqslant 1$ 区域，我们对源自日震反演的旋转定律进行了插值。通过在 $r = 0.7$ 处的日震形式和 $r = r_0$ 处的固体旋转之间进行插值 (Moss and Brooke, 2000)，这被扩展为包括差旋层区域。我们的选择是 $r_0 = 0.64$，给出了一个相当宽的差旋层，但做了数值简化。

6.2.5　数值实现的非线性解决方案

我们用 $0° \leqslant \theta \leqslant 180°$ 和 $0.64 \leqslant r \leqslant 1$ 模拟球壳子午横截面中描述的模型。我们将区域 (相当任意地) 划分为 3 个域，即 $0.64 \leqslant r < 0.7$，$0.7 \leqslant r \leqslant 0.8$ 和 $0.8 \leqslant r \leqslant 1$，并用 6.2.3 节的深、中、浅活动区的域来识别它们。我们试图用 N^*/N 来确定"不正确"符号的电流螺度所占据的相对体积。

我们的模拟表明，发电机模型导致参数空间中相当大域的稳定振荡磁结构。与当前太阳物理学的想法相比，这些参数似乎是可以接受的。我们在此展示了一个典型的具有稳定振荡的模型 $C_\alpha = -5$，$C_\omega = 6 \times 10^4$，即 $D = -3 \times 10^5$，$C_1 = C_2 = 1$，$C_3 = 0.5$，$T = 5$ 和 $(2R/l)^2 = 300$。当然，我们对太阳内部螺度传输的知识水平还远不足以确定这些参数的数值。所选择的参数集给出了循环周期 (大约 10 年) 的实际时间尺度，但扩散系数 η_0 的标称值相当小，也就是说，这就是我们选择解决众所周知的问题的方式平均场发电机模型背景下的太阳周期长度。选择的值 $|C_\alpha|$ (和 $|D|$) 可能比预期的要大，因为我们使用了 $\chi^v = \sin^2\theta\cos\theta$ 的轮廓，与"标准" $\chi^v = \cos\theta$ 相比，这明显降低了域上 χ^v 的平均值。我们注意到，对于引入 χ^v 的径向依赖和 T 的大幅增加，结果非常稳健。

我们证明了这些结果至少在与磁雷诺数相关的参数 T 方面是适当的。对于 $T = 0.5$ (即为上述基本运行的 1/10)，我们仍然获得规则振荡，磁能仅增加 2 或 3 倍。对于更小的 T 值，解变得不规则。

对于该解，以均分值为单位测量的磁能 E_m 在 $E_m \approx 0.12$ 附近振荡，振荡幅度约为 0.035。这意味着平均磁场强度约为均分值的 40%。磁性配置可以描述为一个活动波系统，可以在相应的蝴蝶图中呈现。在图 6.4 中，我们展示了近太阳表

面蝴蝶图 ($r = 0.94$)。在这里，一对活动波从中纬度向太阳赤道迁移，而另一对从中纬度向两极迁移。我们在图 6.4 中展示了界面正上方区域的蝴蝶图 ($r = 0.70$)。在这里，与图 6.4 所示的结构相比，两对活动波都不太明显。然而，与图 6.4 中的极区相比，赤道分支更明显。从这些合成图中，观察到的蝴蝶图似乎可以被充分模仿。模拟中发现的磁场结构也与预期非常一致。

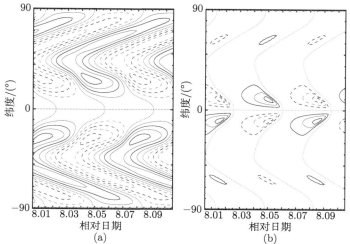

图 6.4　平均磁场的 (a) 近表面 ($r = 0.94$) 和 (b) 界面上方 ($r = 0.70$) 蝴蝶图。等强度线等距：实线表示正值，虚线表示负值，零等高线显示为点线。来自 Zhang 等 (2006)

作为一个典型的例子，我们在图 6.5 中给出了磁能最小后不久的环形磁场分布。同时电流螺度分布如图 6.6 所示。这里虚线表示电流螺度的零等值线。螺度分布相对于太阳赤道是反对称的，但在每个半球内改变符号。如果在给定的半球中螺度基本上为正，则可以在对流带底部的赤道附近隔离出一个为负螺度的区域。螺度分布中极性相反的另一个区域位于两极附近。在对流区底部附近，螺度模式以类似于环形场的方式迁移，相应的蝴蝶图如图 6.7 所示。出乎意料的是，表面附近的螺度图形没有表现出任何明显的迁移。

计算网格每个点的归一化局部非线性发电机数 $D_{\mathrm{N}} = \alpha(B)/[\eta_A(B)\eta_B(B)]$，作为平均磁场的函数，如图 6.8 所示。这里 $\alpha(B)$ 由 $\alpha(B = 0)$ 的局部值归一化。非线性发电机数随着平均磁场的增加而减小。后者的相关性意味着非线性平均磁场发电机中平均磁场的增长饱和。请注意，基于 α 效应的流体力学部分 α^v 的发电机数随着平均磁场的增加而增加。这说明了 α 效应的磁性部分 α^m 的非常重要的作用，它导致平均磁场的增长饱和。

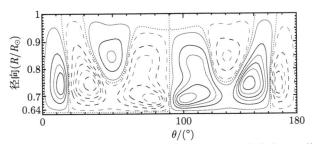

图 6.5   磁活动极小值后瞬间的环形磁场分布。等强度线等距：实线表示正值，虚线表示负值，
零等高线显示为点线。来自 Zhang 等 (2006)

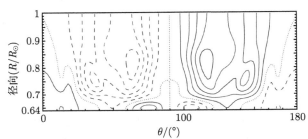

图 6.6   电流螺度分布。这里的虚线表示电流螺度的零水平。等强度线等距：实线表示正值，
虚线表示负值，零等高线显示为点线。来自 Zhang 等 (2006)

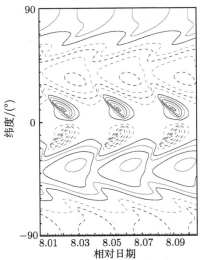

图 6.7   界面 $(r = 0.70)$ 正上方区域的电流螺度的蝴蝶图。等强度线等距分布：实线表示正
值，虚线表示负值。来自 Zhang 等 (2006)

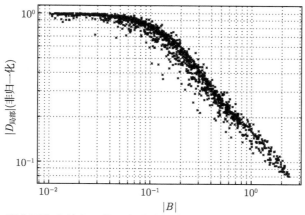

图 6.8 所有网格点的归一化局部非线性发电机数，作为平均磁场的函数。
来自 Zhang 等 (2006)

6.2.6 螺度分布

我们需要将建模中的数值数据处理到与可用观测值相当的形式。重要的一点是从观测得到的平均螺度的分辨率大大低于太阳黑子数据的分辨率，更不用说发电机模拟的分辨率了。我们应用以下程序来降低数值数据的分辨率，从而使我们能够与观察结果进行有意义的比较。

我们隔离了一个区域 $60° < \theta < 120°$，即以赤道为中心的 $\pm 30°$ 带，因为螺度数据仅适用于该赤道区域。我们将它分成一个深区域 $(0.64 < r \leqslant 0.8)$ 和一个浅区域 $(r > 0.8)$，并且只考虑一个半球，比如北半球 (模拟数据相对于太阳赤道严格反对称)。令 D_+ 和 D_- 为每个区域内的体积，其中 χ 分别具有正负号。我们计算值 $I_+ = \int_{T_c} \int_{D_+} \chi^c dV\, dt$ 和 $I_- = \int_{T_c} \int_{D_-} \chi^c dV\, dt$，其中 T_c 是活动周期的一半长度 (注意 I_- 是负值)。

从我们的基本运行中，我们获得了以下螺度积分值。对于深区域 $(0.64 < r \leqslant 0.8)$，我们得到 $I_- = -5.4 \times 10^{-5}$ 和 $I_+ = 2.1 \times 10^{-5}$，而对于浅区域 $(0.8 < r \leqslant 1.0)$ 我们获得了 $I_- = -2.2 \times 10^{-4}$ 和 $I_+ = 0$。当 a 减少到 0.5 时，深部和浅部区域之间螺度分布的差异仍然很明显。对于深层区域 $(0.64 < r \leqslant 0.8)$，我们得到 $I_+ = -I_- = 4.4 \times 10^{-5}$ (当然，相等纯属巧合)，而对于 $0.8 < r \leqslant 1$ 我们得到了 $I_- = -2.3 \times 10^{-4}$ 和 $I_+ = 0$。

请注意，计算螺度积分的纬度和径向带的选择会显著影响上述数值。对于基本运行，计算整个北半球的螺度积分，我们得到在深度区域 $0.7 < r \leqslant 0.8$，$I_- = -2.7 \times 10^{-3}$ 和 $I_+ = 7.2 \times 10^{-4}$；在深度区域 $0.8 < r \leqslant 0.9$，$I_- = -5.9 \times 10^{-3}$ 和 $I_+ = 3.6 \times 10^{-4}$；在深度区域 $0.8 < r \leqslant 1.0$，$I_- = -6.1 \times 10^{-3}$，$I_+ = 3.5 \times 10^{-4}$。

显然，这些相当任意选择的带计算的螺度积分值与之前相比没有那么令人印象深刻，其中深度带是根据螺度分布的快照隔离的。重要的是，这里仍然可以看到螺度积分和深度之间的联系。

我们已经证明，关于太阳电流螺度的可用观测数据给出了有关其径向分布的一些提示。与太阳对流区上层明显相关的活动区显示出比较深区域明显更均匀的电流螺度分布。我们将解释这种观测现象，太阳深处的太阳活动波的结构比靠近其表面的要复杂得多。与表面活动波的结构相当平滑且主要模式从中纬度传播到赤道相反，我们预计太阳深处的活动波结构更为复杂。特别是，与主波相比，太阳深处"错误"极性的波预计比靠近表面的波更重要。

6.2.7　附录：猝灭函数

非线性 α 效应中出现的猝灭函数 $\phi_v(B)$ 和 $\phi_m(B)$ 由下式给出：

$$\phi_v(B) = \frac{1}{7}[4\phi_m(B) + 3L(\sqrt{8}B)] \tag{6.29}$$

$$\phi_m(B) = \frac{3}{8B^2}\left(1 - \frac{\arctan(\sqrt{8}B)}{\sqrt{8}B}\right) \tag{6.30}$$

(Rogachevskii and Kleeorin, 2000)，其中 $L(y) = 1 - 2y^2 + 2y^4\ln(1 + y^{-2})$。

平均极向磁场和环向磁场的非线性湍流磁扩散系数 $\eta_A(B)$ 和 $\eta_B(B)$，以及极向磁场的非线性漂移速度和环形平均磁场 $\mathbf{V}^A(B)$ 和 $\mathbf{V}^B(B)$ 以无量纲形式给出：

$$\eta_A(B) = A_1(4B) + A_2(4B) \tag{6.31}$$

$$\eta_B(B) = A_1(4B) + \frac{3}{2}[2A_2(4B) - A_3(4B)] \tag{6.32}$$

$$\mathbf{V}^A(B) = V_1(B)\frac{\mathbf{\Lambda}^{(B)}}{2} + \frac{V_2(B)}{r}(\mathbf{e}_r + \cot\theta\,\mathbf{e}_\theta) + \mathbf{V}^{(\rho)}(B) \tag{6.33}$$

$$\mathbf{V}^B(B) = \frac{V_3(B)}{r}(\mathbf{e}_r + \cot\theta\,\mathbf{e}_\theta) + \mathbf{V}^{(\rho)}(B) \tag{6.34}$$

其中，

$$V_1(B) = \frac{3}{2}A_3(4B) - 2A_2(4B)$$

$$V_2(B) = \frac{1}{2}A_2(4B)$$

$$V_3(B) = \frac{3}{2}[A_2(4B) - A_3(4B)]$$

$$\mathbf{V}^{(\rho)}(B) = \frac{1}{2}\mathbf{\Lambda}_\rho[-5A_2(4B) + 3A_3(4B)]$$

(Rogachevskii and Kleeorin, 2004)。

函数 $A_k(y)$ 是

$$A_1(y) = \frac{6}{5}\left[\frac{\arctan y}{y}\left(1 + \frac{5}{7y^2}\right) + \frac{1}{14}L(y) - \frac{5}{7y^2}\right]$$

$$A_2(y) = -\frac{6}{5}\left[\frac{\arctan y}{y}\left(1 + \frac{15}{7y^2}\right) - \frac{2}{7}L(y) - \frac{15}{7y^2}\right]$$

$$A_3(y) = -\frac{2}{y^2}\left[\frac{\arctan y}{y}\left(y^2 + 3\right) - 3\right]$$

磁螺度湍流磁扩散的非线性猝灭由下式给出:

$$\kappa(B) = \frac{1}{2}\left[1 + A_1(4B) + \frac{1}{2}A_2(4B)\right] \tag{6.35}$$

6.3 太阳活动区电流螺度作为大尺度太阳磁螺度的踪迹

为了进行比较,我们还研究了一个更基本的二维平均场发电机模型,仅具有简单的代数 α 猝灭。利用这些数值模型,我们获得了小尺度电流螺度和大尺度磁螺度的蝴蝶图,并将它们与观测获得的活动区电流螺度的蝴蝶图进行了比较。这种比较表明,活动区的电流螺度,由 $-\mathbf{A}\cdot\mathbf{B}$ 在活动区产生的深度评估,其与观测数据的相似度比计算直接来自螺度演化方程的小尺度电流螺度要好得多。

6.3.1 螺度在磁场演化中的作用

随着发电机放大大尺度磁场,大尺度磁螺度 $H_M = \mathbf{A}\cdot\mathbf{B}$ 随时间增长 (但在循环状态下不是单调的)。我们可以从式 (6.2) 和式 (6.6) 中获得 (Zhang et al., 2012)

$$\begin{aligned}\frac{\partial}{\partial t}(\overline{\mathbf{A}}\cdot\overline{\mathbf{B}}) &= -2\overline{\mathbf{E}}\cdot\overline{\mathbf{B}} + \nabla\cdot(\varphi\overline{\mathbf{B}} + \overline{\mathbf{A}}\times\overline{\mathbf{E}}) \\ &= 2\overline{\boldsymbol{\mathcal{E}}}\cdot\overline{\mathbf{B}} - 2\eta\overline{\mathbf{J}}\cdot\overline{\mathbf{B}} - \nabla\cdot\mathbf{F}_M\end{aligned} \tag{6.36}$$

其中,

$$\mathbf{F}_M = -\varphi\overline{\mathbf{E}} - \overline{\mathbf{A}}\times\overline{\mathbf{E}} \tag{6.37}$$

大尺度磁螺度 H_M 的演化可以写成

$$\frac{\partial H_M}{\partial t} + \nabla\cdot\mathbf{F}_M = 2\boldsymbol{\mathcal{E}}\cdot\mathbf{B} - 2\eta H_c \tag{6.38}$$

(Kleeorin et al., 1995; Blacman and Field, 2000a; Brandenburg and Subramanian, 2005a)，其中，$\mathcal{E} = \langle \mathbf{u} \times \mathbf{b} \rangle$ 是平均电动势，决定大尺度磁场的产生和消散；$2\mathcal{E} \cdot \mathbf{B}$ 是由发电机产生的大尺度磁场引起的大尺度磁螺度的来源；$\mathbf{F}_M$ 是决定其传输的大尺度磁螺度通量。由于在湍流流体上积分的所有尺度上的总磁螺度 $H_M + H_m$ 对于非常小的磁扩散系数是守恒的，因此在发电机过程中小尺度磁螺度发生变化，其演化由动力学方程决定

$$\frac{\partial H_m}{\partial t} + \nabla \cdot \mathbf{F} = -2\mathcal{E} \cdot \mathbf{B} - 2\eta H_c \tag{6.39}$$

(Kleeorin et al., 1995; Blacman & Field, 2000a; Brandenburg & Subramanian, 2005a)，其中，$-2\mathcal{E} \cdot \mathbf{B}$ 是由发电机产生的大尺度磁场；$\mathbf{F}$ 是决定其传输的小尺度磁螺度的通量；$2\eta H_c = H_m/T_m$ 是小尺度磁螺度的耗散率。从式 (6.38) 和式 (6.39) 可以看出，小尺度和大尺度磁螺度的来源仅位于湍流区域 (即在我们的例子中，在太阳对流区)。α 效应的磁性部分由参数 $\chi^c = \tau H_c/(12\pi\rho)$ 决定，对于弱非均匀湍流 χ^c，它与磁螺度成正比：$\chi^c = H_m/(18\pi\eta_T\rho)$ (Kleeorin and Rogachevskii, 1999; Brandenburg and Subramanian, 2005a)，其中 ρ 是密度，η_T 是湍流磁扩散。

值得注意的是，这里讨论的内容和 6.1.2 节介绍的是有区别的，它是在不同尺度螺度之间的总螺度守恒问题的延展，虽然有些公式相似。

6.3.2   活动区中电流螺度的估计

活动区的空间尺度远小于太阳半径，但远大于太阳湍流米粒的最大尺度。为了估计活动区中的电流螺度，我们必须将大尺度磁场 $\mathbf{B}$ 和它在对流区内的磁势 $\mathbf{A}$ 以及对流区内相应的小尺度量联系起来 (决定小尺度磁涨落)，表面磁场 $\mathbf{B}^{\mathrm{AR}}$ 及其磁势 $\mathbf{A}^{\mathrm{AR}}$ 在活动区内，这是可用于观测的量。

我们假设磁通量管的浮现是一个快速的绝热过程。我们还假设平均磁场和总磁螺度在初始时刻消失，并考虑磁螺度守恒定律 (因为太阳等离子体是高导电性的，所以我们认为磁螺度守恒定律在所有尺度上都成立，包括整个太阳的尺度)。如果该管迅速上升到表面以产生活动区，则管中的总磁螺度是守恒的，因为该过程是快速的。上升的大尺度磁场和磁势给出了活动区的相应量，因此可能与周围介质中的相应量大不相同。由于几乎未磁化流管的初始总磁螺度可以忽略不计，所以磁螺度守恒定律显示为

$$\langle \mathbf{A}^{\mathrm{AR}} \cdot \mathbf{B}^{\mathrm{AR}} \rangle \approx -\mathbf{A} \cdot \mathbf{B} \tag{6.40}$$

其中，尖括号表示对活动区占据的表面进行平均。

现在我们将平均电流螺度 $\langle \mathbf{B}^{\mathrm{AR}} \cdot (\nabla \times \mathbf{B}^{\mathrm{AR}}) \rangle$ 与磁螺度 $\langle \mathbf{A}^{\mathrm{AR}} \cdot \mathbf{B}^{\mathrm{AR}} \rangle$ 联系起

来。我们使用置换张量第一原理将其重写为

$$\langle \mathbf{B}^{\mathrm{AR}} \cdot (\nabla \times \mathbf{B}^{\mathrm{AR}}) \rangle \approx \frac{1}{L_{\mathrm{AR}}^2} \langle \mathbf{A}^{\mathrm{AR}} \cdot \mathbf{B}^{\mathrm{AR}} \rangle + O\left(\frac{L_{\mathrm{AR}}^2}{R_\odot^2}\right) \tag{6.41}$$

(见 6.3.5 节)，其中 $R_\odot$ 是太阳半径，L_{AR} 是活动区的空间尺度。由式 (6.40) 和式 (6.41) 得到

$$\langle \mathbf{B}^{\mathrm{AR}} \cdot (\nabla \times \mathbf{B}^{\mathrm{AR}}) \rangle \approx -\frac{1}{L_{\mathrm{AR}}^2} \mathbf{A} \cdot \mathbf{B} \tag{6.42}$$

因此，预计在活动区观察到的电流螺度是 $-\mathbf{A} \cdot \mathbf{B}$ 的代表。这个想法将使用平均场发电机数值模型和数值结果与活动区中观察到的电流螺度的比较来验证。

6.3.3 发电机模型

我们将发电机模型与观测值进行比较的方法如下。我们考虑两种类型的发电机模型。这两种模型都是二维平均场模型，其轴对称磁场取决于半径 r 和极角 θ。第三个 (方位角) 坐标是 ϕ，$\partial/\partial\phi = 0$。发电机的作用是基于较差旋转，其旋转曲线类似于太阳对流区的旋转曲线，如从日震学观察中所知，并且存在常规的 α 效应。

下面我们讨论详细的发电机模型。我们使用球坐标 r, θ, ϕ 并通过磁场的方位分量 B 和对应于极向场的磁势分量 A 来描述轴对称磁场。

我们以太阳半径 $R_\odot$ 为单位测量长度，并基于太阳半径和参考湍流磁扩散率 η_{T0} 的扩散时间为单位测量时间。磁场的单位是均分场 $B_{\mathrm{eq}} = u_* \sqrt{4\pi\rho_*}$，极向场的矢量势 A，单位为 $R_\odot B_{\mathrm{eq}}$，密度 ρ 被归一化为其在对流区底部的值 ρ_*，以及湍流运动的基本尺度 ℓ 和尺度 ℓ 的湍流速度 u 以其通过对流区的最大值为单位进行测量。α 效应是根据 α_0 (定义如下) 和以最大表面值 Ω_0 为单位的角速度来衡量的。

在原始发电机模型中，α 效应由下式给出：

$$\alpha = \alpha^v = \chi^v \Phi_v \tag{6.43}$$

其中，χ^v 与流体动力学螺度 H_u 乘以湍流相关时间 τ 成正比；$\Phi_v = (1 + B^2)^{-1}$ 是 α 猝灭 (α-quenching) 非线性的模型。为方便起见，我们在大多数计算中使用 Moss 和 Brooke (2000) 的代码 (另见 Moss 等 (2011))。这段代码有可能将扩散率适度降低到 $\eta_{\min}$，在计算壳的最里面部分 ("旋切层")，在分数半径 0.7 以下。我们定义 $\eta_r = \eta_{\min}/\eta_{T0}$。在生成图 6.11 时，我们也在下面的模型中使用了这种原始的 α 猝灭公式。在后一种情况下，扩散率到处都是均匀的。

在表面 $r = 1$ 处, 场与真空外场匹配, 在下边界使用 "过冲" (overshoot) 边界条件。

在具有磁螺度演化的发电机模型中, 总的 α 效应由下式给出:

$$\alpha = \alpha^v + \alpha^m = \chi^v \Phi_v + \frac{\Phi_m}{\rho(z)} \chi^c \tag{6.44}$$

这里, $\alpha^v = \alpha_0 \sin^2 \theta \cos \theta \, \Phi_v$。$\alpha$ 效应的磁性部分基于磁螺度守恒的思想以及电流螺度和磁螺度之间的联系。这里 χ^v 和 χ^c 与流体动力学螺度和电流螺度乘以湍流相关时间成正比, Φ_v 和 Φ_m 是猝灭函数。猝灭函数 $\Phi_v(B)$ 和 $\Phi_m(B)$ 的解析形式可以在 6.2.4 节和 6.2.7 节中更详细地看到。密度分布按以下形式选择:

$$\rho(z) = \exp[-a \tan(0.45\pi z)] \tag{6.45}$$

其中, $z = 1 - \mu(1 - r)$ 和 $\mu = (1 - R_0/R_\odot)^{-1}$。这里 $a \approx 0.3$ 对应于太阳对流区密度的十倍变化, $a \approx 1$ 大约为 10^3 的因子。

子午环流 (每个半球中的单个元胞, 表面极向) 由下式决定:

$$V_\theta^M = -\frac{1}{\sin \theta \, r \, \rho(r)} \frac{\partial [r \, \Psi(r, \theta)]}{\partial r} \tag{6.46}$$

$$V_r^M = \frac{1}{\sin \theta \, r \, \rho(r)} \frac{\partial \Psi(r, \theta)}{\partial \theta} \tag{6.47}$$

其中, $\Psi(r, \theta) = R_v \sin^2 \theta \cos \theta f(r) \rho$, $f(r) = 2(r - r_b)^2(r - 1)/(1 - r_b)^2$, 这里 r_b 是计算外壳的基础。这是标准化的, 因此表面的 V_θ^M 的最大值是归一的。我们引入一个系数 $R_v = R_\odot U_0/\eta_{T0}$, 其中 U_0 是最大表面速度。

浮力是通过引入纯垂直速度 $\mathbf{V}_B = \gamma B_\phi^2 \tilde{\mathbf{r}}$ (Moss et al., 1999) 来实现的。我们通过采用 K. H. Rädler 的论点来证明质量的明显不守恒, 作为 Moss 等 (1999) 中的私人通信提出, 返回速度将采用或多或少的均匀 "雨" 的形式。在某些方面, 该过程代表了 "喷泉流" 的泵送。因此, 规则速度 $\mathbf{V}_B$ 出现在大尺度磁场与磁和电流螺度的控制方程中, 但没有密度方程。从概率论的角度来看, 在第一种情况下, $\mathbf{V}_B$ 是在基本体积被磁化的条件下取的平均量, 因此它不会消失, 在第二种情况下, 它没有被考虑并消失。在我们看来, 这个想法对于其他磁螺度平流通量的问题也有建设性, 例如 Shukurov 等 (2006)。

关于数值计算的边界条件请参见 6.2.3 节中的讨论。

6.3.4　电流螺度的模拟蝴蝶图

我们在一个参数范围内对模型进行了广泛的数值研究, 该范围被认为适用于太阳发电机。我们使用太阳对流区的模型来估计对流区不同深度的控制参数的值,例如 Baker 和 Temesvary (1966), Spruit (1974)——更现代的处理方法对这些估计几乎没有影响。在对流区的上部，在深度 (从顶部测量)$h_* = 2 \times 10^7$ cm，参数是 $R_m = 10^5, u = 9.4 \times 10^4$ cm/s, $\ell = 2.6 \times 10^7$ cm, $\rho = 4.5 \times 10^{-7}$ g/cm^3，湍流扩散系数 $\eta_T = 0.8 \times 10^{12}$ cm^2/s；均分平均磁场为 $B_{eq} = 220$ G 和 $T = 5 \times 10^{-3}$。在深度 $h_* = 10^9$ cm，这些值是 $R_m = 3 \times 10^7, u = 10^4$ cm/s, $\ell = 2.8 \times 10^8$ cm, $\rho = 5 \times 10^{-4}$ g/cm^3, $\eta_T = 0.9 \times 10^{12}$ cm^2/s；均分平均磁场为 $B_{eq} = 800$ G 和 $T \sim 150$。在对流区的底部，在深度 $h_* = 2 \times 10^{10}$ cm, $R_m = 2 \times 10^9, u = 2 \times 10^3$ cm/s, $\ell = 8 \times 10^9$ cm, $\rho = 2 \times 10^{-1}$ g/cm^3, $\eta_T = 5.3 \times 10^{12}$ cm^2/s。这里的均分意味着磁场 $B_{eq} = 3000$ G 和 $T \approx 10^7$。如果我们在对流区的深度上平均参数 T，我们得到 $T \approx 5$，见 Kleeorin 等 (2003)。

我们从原始模型的结果开始。图 6.9 展示了叠加在环向场上的电流螺度蝴蝶图。我们估计这个数量是基于这样一个想法，即在活动区中观察到的电流螺度预计会相关于 $-\mathbf{A} \cdot \mathbf{B}$，因此我们在本节中绘制 $-\mathbf{A} \cdot \mathbf{B}$。

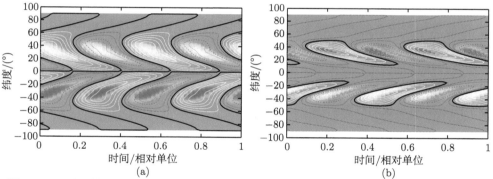

图 6.9 活动区的电流螺度估计为 $-\mathbf{A} \cdot \mathbf{B}$ (式 (6.42))，叠加在原始发电机模型的环形场上：(a) 深层；(b) 表层。$C_\alpha = -6.5, C_\omega = 6 \times 10^4, R_v = 0$ (即无子午环流)，无浮力。扩散常数 $\eta_r = 0.5$，计算区域底部位于 $r_0 = 0.64$。色彩选择如下：黄色为正，红色为负，绿色为零。来自 Zhang 等 (2012)

我们看到这些图成功地显示了观察到的螺度图形的主要特征。图 6.9 中呈现的图形对于该模型来说是非常典型的。当然，人们可以选择一组与观测值不太相似的发电机控制参数。例如，可以通过在标称的"过冲层"中选择缩减 $\eta_r = 0.1$ 来将磁场集中在对流区的深层 (例如，在过冲层中)，而不是 $\eta_r = 0.5$ (我们的标准情况)，如图 6.9 中所用。这往往会使过冲层中的螺旋波看起来更像驻波，但保持表面图的主要特征 (图 6.10)。蝴蝶图的高度不和谐的驻模式被讨论为某些恒星的可能选项，参见 Baliunas 等 (2006)，但看起来与太阳的情况无关。

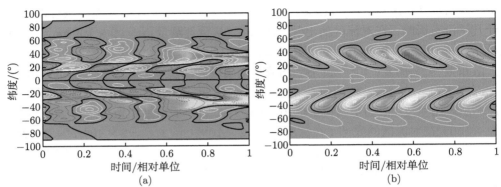

图 6.10　活动区的电流螺度估计为 $-\mathbf{A} \cdot \mathbf{B}$ (式 (6.42))，叠加在具有增强的发电机活动的原始发电机模型的环向场上，在过冲层中：(a) 深层；(b) 表层。C_α，C_ω，R_v 和 r_0 的值与图 6.9 相同，但扩散率对比 $\eta_r = 0.1$。来自 Zhang 等 (2012)

我们为基于螺度守恒的模型制作了相同类型的图 6.11。我们还在图 6.12 中展示了小尺度电流螺度 χ_c。这里给出了发电机区域中间半径的迁移图：靠近表面 χ_c 仅显示相对较弱的波动行为。我们看到小尺度电流螺度强烈集中在中纬度地区，模型中可用的螺度振荡在中纬度恒定螺度密集带的背景下几乎不可见。我们怀疑这种振荡是否可以观察到。我们强调，如果这个模型产生任何迁移的螺度模式，则它只位于深层。该模式通常更类似于图 6.10 (b) 中呈现的模式，而不是类似于图 6.9 中呈现的行波。

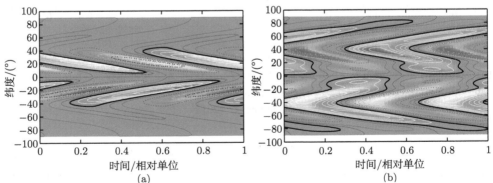

图 6.11　活动区的电流螺度估计为 $-\mathbf{A} \cdot \mathbf{B}$ (式 (6.42))，叠加在基于螺度平衡的发电机模型的环向场轮廓上，(a) 靠近发电机区域的中间半径 ($r = 0.84$) 和 (b) 靠近表面 ($r = 0.96$)。$C_\alpha = -5$，$C_\omega = 6 \times 10^4$，$R_v = 10$ (即有子午环流)，浮力参数 $\gamma = 1$。
来自 Zhang 等 (2012)

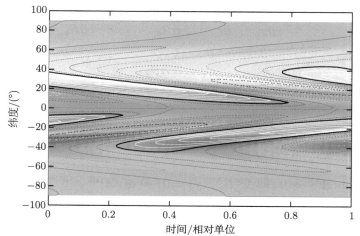

图 6.12 小尺度电流螺度 χ_c 叠加在基于螺度平衡的发电机模型的环向场轮廓上,靠近发电机区域的中间半径。$C_\alpha = -5$, $C_\omega = 6 \times 10^4$, $R_v = 10$(即有子午环流),浮力参数 $\gamma = 1$。这些图适用于小数半径 0.84。来自 Zhang 等 (2012)

综上所述,我们得出的结论是,在活动区产生的深度处,探讨的活动区中磁场的电流螺度预计与 $\mathbf{A} \cdot \mathbf{B}$ 具有相反的符号。因此,这里提出的模型与解释所观察到的螺度符号的机制在太阳表面附近运行的解释一致,参见如 Kosovichev (2012)。

6.3.5 附录:电流螺度与磁螺度

这里我们将平均电流螺度 $\langle \mathbf{B}^{\mathrm{AR}} \cdot \mathrm{curl}\, \mathbf{B}^{\mathrm{AR}} \rangle$ 与磁螺度 $\langle \mathbf{A}^{\mathrm{AR}} \cdot \mathbf{B}^{\mathrm{AR}} \rangle$ 相互联系。首先,我们使用置换张量从第一性原理重写平均电流螺度为

$$
\begin{aligned}
&\langle \mathbf{B}^{\mathrm{AR}} \cdot (\nabla \times \mathbf{B}^{\mathrm{AR}}) \rangle \\
&= \varepsilon_{mpq}\, \varepsilon_{mij} \lim_{\mathbf{x} \to \mathbf{y}} \nabla_p^{\mathbf{x}} \nabla_i^{\mathbf{y}} \langle A_q^{\mathrm{AR}}(\mathbf{x}) B_j^{\mathrm{AR}}(\mathbf{y}) \rangle \\
&= \lim_{\mathbf{x} \to \mathbf{y}} \left[(\boldsymbol{\nabla}^{\mathbf{x}} \cdot \boldsymbol{\nabla}^{\mathbf{y}}) \langle \mathbf{A}^{\mathrm{AR}}(\mathbf{x}) \cdot \mathbf{B}^{\mathrm{AR}}(\mathbf{y}) \rangle - \nabla_p^{\mathbf{x}} \nabla_q^{\mathbf{y}} \langle A_q^{\mathrm{AR}}(\mathbf{x}) B_p^{\mathrm{AR}}(\mathbf{y}) \rangle \right]
\end{aligned} \tag{6.48}
$$

ε_{ijn} 是完全反对称的莱维-齐维塔 (Levi-Civita) 张量;L_{AR} 是活动区的空间尺度;$\mathbf{r} = \mathbf{x} - \mathbf{y}$。[①] 这里需要使用完整的张量符号和限制来分隔大尺度和小尺度变量,并在存在尺度分离时以标量形式获得简单的最后答案。由于 $\mathbf{r} = \mathbf{x} - \mathbf{y}$ 是一个小尺度变量,$\mathbf{R} = (\mathbf{x} + \mathbf{y})/2$ 是一个大尺度变量,导数

---

① 注意到 $(\nabla \times \mathbf{B}) \cdot \mathbf{B} = (\nabla \times (\nabla \times \mathbf{A})) \cdot \mathbf{B} = [\nabla(\nabla \cdot \mathbf{A})] \cdot \mathbf{B} - [\nabla \cdot (\nabla \mathbf{A})] \cdot \mathbf{B}$。

$$\nabla_p^{\mathbf{x}} \equiv \frac{\partial}{\partial x_p} = \frac{\partial}{\partial r_p} + \frac{1}{2}\frac{\partial}{\partial R_p} = -\nabla_p^{\mathbf{y}} + \frac{\partial}{\partial R_p}$$

$$\nabla_p^{\mathbf{y}} \equiv \frac{\partial}{\partial y_p} = -\frac{\partial}{\partial r_p} + \frac{1}{2}\frac{\partial}{\partial R_p} = -\nabla_p^{\mathbf{x}} + \frac{\partial}{\partial R_p}$$

这意味着

$$\nabla^{\mathbf{x}} \cdot \nabla^{\mathbf{y}} = -\left(\frac{\partial^2}{\partial \mathbf{r}^2} - \frac{1}{4}\frac{\partial^2}{\partial \mathbf{R}^2}\right), \quad \nabla_p^{\mathbf{x}}\nabla_q^{\mathbf{y}} = \nabla_p^{\mathbf{y}}\nabla_q^{\mathbf{x}} - \nabla_p^{\mathbf{y}}\frac{\partial}{\partial R_q} - \nabla_q^{\mathbf{x}}\frac{\partial}{\partial R_p} + \frac{\partial^2}{\partial R_p \partial R_q}$$

我们考虑到 $\mathrm{div}\,\mathbf{B}^{\mathrm{AR}} = 0$ (即 $\nabla_p^{\mathbf{y}} B_p^{\mathrm{AR}}(\mathbf{y}) = 0$) 和 $\mathrm{div}\,\mathbf{A}^{\mathrm{AR}} = 0$ (即 $\nabla_q^{\mathbf{x}} A_q^{\mathrm{AR}}(\mathbf{x}) = 0$)。我们还考虑到，与对流区的厚度或太阳的半径相比，活动区的特征尺度很小。这意味着

$$\nabla_p^{\mathbf{x}}\nabla_q^{\mathbf{y}}\langle A_q^{\mathrm{AR}}(\mathbf{x})B_p^{\mathrm{AR}}(\mathbf{y})\rangle = \frac{\partial^2}{\partial R_p \partial R_q}\langle A_q^{\mathrm{AR}}(\mathbf{x})B_p^{\mathrm{AR}}(\mathbf{y})\rangle \sim O\left(\frac{L_{\mathrm{AR}}^2}{R_\odot^2}\right)$$

其中，$R_\odot$ 是太阳半径。并且因此这个项消失了。这产生

$$\langle \mathbf{B}^{\mathrm{AR}} \cdot (\nabla \times \mathbf{B}^{\mathrm{AR}})\rangle = -\left(\frac{\partial^2}{\partial r_p \partial r_p}\langle \mathbf{A}^{\mathrm{AR}} \cdot \mathbf{B}^{\mathrm{AR}}\rangle\right)_{\mathbf{r}\to 0} + O\left(\frac{L_{\mathrm{AR}}^2}{R_\odot^2}\right) \tag{6.49}$$

现在我们考虑相关函数的二阶导数

$$\left(\frac{\partial^2}{\partial r_p \partial r_p}\langle \mathbf{A}^{\mathrm{AR}} \cdot \mathbf{B}^{\mathrm{AR}}\rangle\right)_{\mathbf{r}\to 0}$$

应该是负数，因为 $\mathbf{r} \to 0$ 相关函数具有最大值。于是，我们最终得到

$$\langle \mathbf{B}^{\mathrm{AR}} \cdot (\nabla \times \mathbf{B}^{\mathrm{AR}})\rangle \approx \frac{1}{L_{\mathrm{AR}}^2}\langle \mathbf{A}^{\mathrm{AR}} \cdot \mathbf{B}^{\mathrm{AR}}\rangle + O\left(\frac{L_{\mathrm{AR}}^2}{R_\odot^2}\right) \tag{6.50}$$

与 $\mathbf{k}$ 空间中的电流螺度和磁螺度有关的类似计算可以在 Kleeorin 和 Rogachevskii (1999) 的附录 C 中找到。

6.4 反转螺度和太阳发电机的可能性

6.4.1 太阳大气下面反转螺度的可能性

在 5.2.1 节、5.4 节和 5.7.2 节中讨论的关于在系列活动区形成的相对于半球螺度规则的反符号磁螺度现象，是一个值得注意的问题。可以推论，太阳活动区

中转移的反向磁螺度来自两种可能性：① 太阳大气表层下面的局部磁螺度产生，这是镜像对称发电机中的通常情况；② 来自不同亚半球的跨赤道发电机波。

　　为了分析两个半球的磁螺度，磁力线的两种不同拓扑缠绕模式如图 6.13 所示。图 6.13(a) 显示了大气下面产生的缠绕磁场的典型示意图。太阳大气底层中扭曲的磁力线相对于太阳赤道呈镜像对称。它在形态上与太阳发电机的正常模型一致，即使一些作者提出了反转镜像对称模型来研究太阳周期不同阶段的螺度形成过程 (Choudhuri et al., 2004; Xu et al., 2009)。图 6.13(b) 显示了在太阳亚大气中产生磁螺度的另一种可能性。磁力线在两个半球的亚大气中以相同的手征缠绕。这种现象已经从观测角度在 5.4 节中讨论。

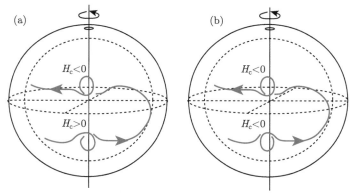

图 6.13　亚大气层中产生的缠绕磁场的示意图。(a) 相对于赤道的缠绕磁力线的镜像对称，(b) 以相同的手征缠绕。来自 Zhang(2012)

　　当我们认为磁场的扭曲分量以阿尔芬速度 $(V_A = B/\sqrt{\mu_0 \rho})$(Alfvén, 1942) 的量级传递，可以估计大气下层磁螺度的越赤道时间。图 6.14 显示了深度和磁螺度沿磁环的跨赤道转移之间可能的关系，磁环直接连接了两个半球下面的不同区域。假设两个区域都位于纬度 $\pm 25.5°$，磁场为 10^3 G，质量密度随太阳深度的变化引自 Allen (1973)，Bahcall 和 Ulrich (1988)，以及 Cox (1999) 的模型。由于大气深层中的磁场为 10^5 G (Choudhuri, 1989)，则螺度的传递时间只有几个小时的数量级。

　　作为 α 效应量的磁螺度表征了磁力线的钩联系数。如 Xu 等 (2009) 所示，总磁场和磁势分解为大尺度和小尺度分量的总和。在 $\alpha\Omega$ 模型中，磁场和磁势的大尺度分量的环向分量被考虑，其乘积不守恒，必须通过小尺度磁螺度的密度来平衡。由于磁和电流螺度在近似中彼此成比例，并且我们基本上对它们在循环过程中的定性行为感兴趣，我们可以将它们以同一种类型描述，而不必细分两种螺度的差异。

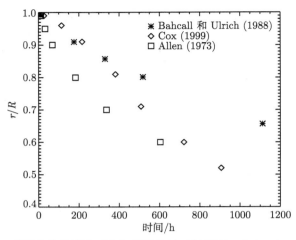

图 6.14   磁螺度从北到南亚大气层转移的时间尺度。来自 Zhang (2012)

磁螺度密度可以写成 (见 6.4.2 节和 Xu 等 (2009))

$$A \cdot B = ab \cdot \exp(2\gamma t + 2\mathrm{i}\kappa\theta) = \left(\frac{\alpha}{\kappa|D|}\right)^{\frac{1}{2}} \cdot \exp\left(2\gamma t + 2\mathrm{i}\kappa\theta + \frac{\mathrm{i}\pi}{4}\right) \qquad (6.51)$$

为了分析两个半球的磁螺度符号相同的原因，太阳对流区中的磁螺度被分为两个部分：两个半球中正常的螺度分量 h_m^{nor} 和振荡的一个 h_m^{osi}。太阳半球大尺度平均磁螺度密度的形式写成

$$h_m = h_m^{\mathrm{nor}} + h_m^{\mathrm{osi}} = A \cdot B + h_{\mathrm{osi}} \sin(\omega_{\mathrm{o}} t + \kappa_{\mathrm{o}}\theta + \phi_{\mathrm{o}}) \qquad (6.52)$$

其中，$\omega_{\mathrm{o}}, \kappa_{\mathrm{o}}$ 和 ϕ_{o} 是螺度振荡分量的参数。可以选择 ω_{o}，κ_{o} 和 ϕ_{o} 作为自由参数。

在式 (6.52) 中，当磁场和螺度之间存在 $\frac{\pi}{4}$ 的相位差时，可以估计太阳周期的磁螺度的模式有 $\phi_{\mathrm{o}} = \frac{\pi}{4}$，$\kappa_{\mathrm{o}} = \kappa$，$\omega_{\mathrm{o}} = \mathrm{i}\gamma$ 和螺度的复杂振荡分量仅出现在半球较低位置。图 6.15 显示了太阳表面大尺度电流螺度和磁场的分布，因为人们认为磁场由于子午环流而从高纬度向极区迁移 (Wang et al., 1989a,b)，并与极性相反的极区磁场抵消，在发电机过程中改变太阳表面的极区磁场的极性。图 6.15 中的磁场分布与 Hathaway (2010) 的图 6.1 的观测结果大体一致。继上面对磁场与螺度关系的分析之后，可以想象，随着太阳活动区磁场的衰减过程，螺度的部分残余会向极区迁移。

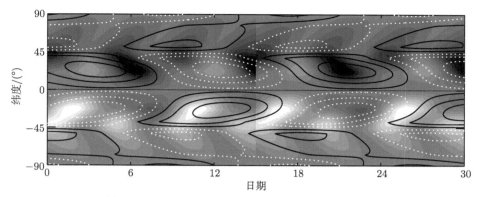

图 6.15 电流螺度 (灰度) 和磁场 (轮廓) 的蝴蝶图

当然，太阳内部的磁场的复杂性可能超过我们的想象，我们这里仅是在做一种唯象的简单讨论。

6.4.2 附录：反转螺度和太阳发电机可能性

1. *方法* 1

Parker (1955a) 提出的最简单的案例是指在给定纬度 θ 附近 $\alpha\omega$ 发电机波的行为，并且方程采用如下形式 (Kleeorin et al., 2003)：

$$\frac{\partial B}{\partial t} + V\frac{\partial B}{\partial \theta} = D\frac{\partial A}{\partial \theta} + \lambda\frac{\partial^2 B}{\partial \theta^2} \tag{6.53}$$

$$\frac{\partial A}{\partial t} + V\frac{\partial A}{\partial \theta} = \alpha B + \lambda\frac{\partial^2 A}{\partial \theta^2} \tag{6.54}$$

其中，V 为大尺度流；D 为发电机数，$D \sim \Omega(\theta, r)$，这里 Ω 为角速度，r 为太阳半径方向，λ 是湍流扩散系数。$D(\Omega)$ 和 α 是与太阳发电机模型中磁场的拉伸和缠绕相关的重要拓扑参数。太阳较差旋转与 $D(\Omega)$ 有关。

我们可以假设式 (6.54) 和式 (6.53) 中的行波形式为

$$A = a \cdot \exp(\gamma t + \mathrm{i}\kappa\theta) \tag{6.55}$$

$$B = b \cdot \exp(\gamma t + \mathrm{i}\kappa\theta) \tag{6.56}$$

在磁螺度 $h_m = AB$ 与太阳周期镜像反对称的假设下，Xu 等 (2009) 已经提出了简单的解决方案和相应的磁螺度图像。式 (6.54) 和式 (6.53) 的解显示了磁螺度相对于赤道的镜像非对称分量，符号相反。式 (6.54) 和式 (6.53) 可以写成这样的形式：

$$\begin{cases} \gamma a + \mathrm{i}\kappa V a = \alpha b - \lambda \kappa^2 a \\ \gamma b + \mathrm{i}\kappa V b = \mathrm{i}\kappa D a - \lambda \kappa^2 b \end{cases} \tag{6.57}$$

色散关系可以写成

$$(\gamma + \lambda \kappa^2 + \mathrm{i}\kappa V)^2 = \mathrm{i}\kappa D\alpha \tag{6.58}$$

则

$$\gamma = -\lambda \kappa^2 - \mathrm{i}\kappa V \pm \sqrt{\mathrm{i}\kappa D\alpha} \tag{6.59}$$

当 $D > 0$，我们可以得到

$$\gamma = -\lambda \kappa^2 - \mathrm{i}\kappa V \pm (\kappa |D|\alpha)^{\frac{1}{2}} \frac{1 + \mathrm{i}}{\sqrt{2}} \tag{6.60}$$

由此，当 $\mathrm{Re}\, \gamma > 0$

$$\gamma = -\lambda \kappa^2 - \mathrm{i}\kappa V + (\kappa |D|\alpha)^{\frac{1}{2}} \frac{1 + \mathrm{i}}{\sqrt{2}} \tag{6.61}$$

比较 $D < 0$，我们可以得到

$$\gamma = -\lambda \kappa^2 - \mathrm{i}\kappa V \pm (\kappa |D|\alpha)^{\frac{1}{2}} \frac{-1 + \mathrm{i}}{\sqrt{2}} \tag{6.62}$$

因此当 $\mathrm{Re}\, \gamma > 0$

$$\gamma = -\lambda \kappa^2 - \mathrm{i}\kappa V + (\kappa |D|\alpha)^{\frac{1}{2}} \frac{1 - \mathrm{i}}{\sqrt{2}} \tag{6.63}$$

对于最大 $\mathrm{Re}\, \gamma$，则

$$-\lambda \kappa^2 + \frac{1}{2^{\frac{1}{2}}} (\kappa |D|\alpha)^{\frac{1}{2}} = \mathrm{Max} \tag{6.64}$$

和

$$\frac{d\gamma}{d\kappa} = -2\lambda \kappa + \frac{1}{2^{\frac{3}{2}}} \kappa^{-\frac{1}{2}} (|D|\alpha)^{\frac{1}{2}} = 0 \tag{6.65}$$

我们可以发现

$$\kappa = \frac{(|D|\alpha)^{\frac{1}{3}}}{2^{\frac{5}{3}} \lambda^{\frac{2}{3}}} \tag{6.66}$$

$$\gamma = -\lambda\kappa^2 - i\kappa V + (\kappa|D|\alpha)^{\frac{1}{2}}\frac{1-i}{\sqrt{2}}$$

$$= -\lambda\left[\frac{(|D|\alpha)^{\frac{1}{3}}}{2^{\frac{5}{3}}\lambda^{\frac{2}{3}}}\right]^2 - i\frac{(|D|\alpha)^{\frac{1}{3}}}{2^{\frac{5}{3}}\lambda^{\frac{2}{3}}}V + \left[\frac{(|D|\alpha)^{\frac{1}{3}}}{2^{\frac{5}{3}}\lambda^{\frac{2}{3}}}|D|\alpha\right]^{\frac{1}{2}}\frac{1-i}{\sqrt{2}} \tag{6.67}$$

$$= -\frac{(|D|\alpha)^{\frac{2}{3}}}{2^{\frac{10}{3}}\lambda^{\frac{4}{3}}} - i\frac{(|D|\alpha)^{\frac{1}{3}}}{2^{\frac{4}{3}}\lambda^{\frac{2}{3}}}V + \frac{(|D|\alpha)^{\frac{2}{3}}}{2^{\frac{4}{3}}\lambda^{\frac{1}{3}}}(1-i)$$

设 $\lambda = 1$，则

$$\gamma = -\frac{(|D|\alpha)^{\frac{2}{3}}}{2^{\frac{10}{3}}} + \frac{(|D|\alpha)^{\frac{2}{3}}}{2^{\frac{4}{3}}} - i\left[\frac{(|D|\alpha)^{\frac{1}{3}}}{2^{\frac{5}{3}}}V + \frac{(|D|\alpha)^{\frac{2}{3}}}{2^{\frac{4}{3}}}\right]$$

$$= -\frac{3(|D|\alpha)^{\frac{2}{3}}}{2^{\frac{10}{3}}} - i\left[\frac{(|D|\alpha)^{\frac{1}{3}}}{2^{\frac{5}{3}}}V + \frac{(|D|\alpha)^{\frac{2}{3}}}{2^{\frac{4}{3}}}\right] \tag{6.68}$$

设为 $b = 1$，则

$$a = \frac{\alpha}{\gamma + \lambda\kappa^2 + i\kappa V} \tag{6.69}$$

磁螺度密度可以写成

$$A \cdot B = ab \cdot \exp(2\gamma t + 2i\kappa\theta)$$

$$= \frac{\alpha}{\gamma + \lambda\kappa^2 + i\kappa V} \cdot \exp(2\gamma t + 2i\kappa\theta)$$

$$= \frac{2^{\frac{1}{2}}\alpha}{(1-i)(\kappa|D|\alpha)^{\frac{1}{2}}} \cdot \exp(2\gamma t + 2i\kappa\theta) \tag{6.70}$$

$$= \left(\frac{\alpha}{\kappa|D|}\right)^{\frac{1}{2}} \cdot \exp\left(2\gamma t + 2i\kappa\theta + \frac{i\pi}{4}\right)$$

这里，

$$(1+i)^2 = 1 + 2i - 1 = 2i \tag{6.71}$$

和

$$\frac{1}{\sqrt{2}}(1+i) = \frac{\sqrt{2}}{2}(1+i) = \cos\frac{\pi}{4} + i\sin\frac{\pi}{4} = e^{i\frac{\pi}{4}} \tag{6.72}$$

2. 方法 2

我们可以假设方程中的行波形式。式 (6.53) 和式 (6.54) 的形式如下：

$$A = a_1\sin(\omega t + \kappa\theta) + \overline{a_1}\cos(\omega t + \kappa\theta) \tag{6.73a}$$

$$B = b_1 \sin(\omega t + \kappa \theta) \tag{6.73b}$$

在磁螺度 $h_m = AB$ 与太阳周期的镜像不对称的假设下，Xu 等 (2009) 已经给出了磁螺度的解和相应图像。式 (6.53) 和式 (6.54) 的解显示了磁螺度相对于赤道的镜像符号相反的反对称分量。

由于 α 和 λ 已被假定为如下形式：

$$\alpha = \alpha_0(1 - \overline{B^2}), \quad \overline{B^2} = \frac{b_1{}^2}{2}, \quad \lambda = 1 \tag{6.74}$$

式 (6.53) 和式 (6.54) 可以写成以下形式：

$$\begin{cases} \omega a_1 \cos(\omega t + \kappa\theta) - \omega \overline{a_1} \sin(\omega t + \kappa\theta) = \alpha_0 \left(1 - \dfrac{b_1{}^2}{2}\right) b_1 \sin(\omega t + \kappa\theta) \\ \qquad\qquad\qquad\qquad\qquad - \kappa^2[a_1 \sin(\omega t + \kappa\theta) + \overline{a_1} \sin(\omega t + \kappa\theta)] \\ \qquad\qquad\qquad\qquad\qquad - [V\kappa a_1 \cos(\omega t + \kappa\theta) - V\kappa \overline{a_1} \sin(\omega t + \kappa\theta)] \\ \omega b_1 \cos(\omega t + \kappa\theta) = D\kappa[a_1 \cos(\omega t + \kappa\theta) - \overline{a_1} \sin(\omega t + \kappa\theta)] \\ \qquad\qquad\qquad\qquad\qquad - \kappa^2 b_1 \sin(\omega t + \kappa\theta) - V b_1 \kappa \cos(\omega t + \kappa\theta) \end{cases} \tag{6.75}$$

从式 (6.75)，我们可以得到

$$\omega a_1 = -\kappa^2 \overline{a_1} - V\kappa a_1 \tag{6.76a}$$

$$-\omega \overline{a_1} = \alpha_0 \left(1 - \frac{b_1{}^2}{2}\right) b_1 - \kappa^2 a_1 + V\kappa \overline{a_1} \tag{6.76b}$$

$$\omega b_1 = D\kappa a_1 - V\kappa b_1 \tag{6.76c}$$

$$0 = D\kappa \overline{a_1} + \kappa^2 b_1 \tag{6.76d}$$

从式 (6.76a)，式 (6.76b) 和式 (6.76d)，我们也可以得到

$$\overline{a_1} = -\frac{\omega + V\kappa}{\kappa^2} a_1 \quad \text{或} \quad \frac{\overline{a_1}}{a_1} = -\frac{\omega + V\kappa}{\kappa^2} \tag{6.77a}$$

$$-\omega \overline{a_1} = \alpha_0 \left(1 - \frac{D^2 \overline{a_1}^2}{2\kappa^2}\right) \left(-\frac{D}{\kappa} \overline{a_1}\right) - \kappa^2 a_1 + V\kappa \overline{a_1} \tag{6.77b}$$

从式 (6.76c) 和式 (6.76d)，我们也可以得到

$$-\frac{\omega}{\kappa} \overline{a_1} = \kappa a_1 - V\overline{a_1} \tag{6.78}$$

由此

$$a_1 = -\frac{\omega + V\kappa}{\kappa^2}\overline{a_1} \quad \text{或} \quad \frac{a_1}{\overline{a_1}} = -\frac{\omega + V\kappa}{\kappa^2} \tag{6.79}$$

比较式 (6.77a) 和式 (6.79)，我们可以得到

$$\frac{a_1}{\overline{a_1}} = \frac{\overline{a_1}}{a_1} \quad \text{或} \quad \frac{\overline{a_1}}{a_1} = \pm 1 \tag{6.80}$$

从式 (6.77b)，我们可以得到

$$-\omega = -\frac{\alpha_0 D}{2\kappa^3}(2\kappa^2 - D^2\overline{a_1}^2) + \omega + 2V\kappa \tag{6.81}$$

则

$$\frac{4(\omega + V\kappa)\kappa^3}{\alpha_0 D} = 2\kappa^2 - D^2\overline{a_1}^2 \tag{6.82}$$

和

$$\overline{a_1}^2 = \frac{1}{D^2}\left[2\kappa^2 - \frac{4(\omega + V\kappa)\kappa^3}{\alpha_0 D}\right] \tag{6.83}$$

由此

$$\begin{aligned}
\frac{a_1 b_1}{2} &= \frac{\omega + V\kappa}{2\kappa^2}\overline{a_1}\frac{D}{\kappa}\overline{a_1} \\
&= \frac{\omega + V\kappa}{\kappa\alpha_0 D^2}[\alpha_0 D - 2\kappa(\omega + V\kappa)]
\end{aligned} \tag{6.84}$$

磁螺度密度可以写成

$$\begin{aligned}
A \cdot B &= [a_1\sin(\omega t + \kappa\theta) + \overline{a_1}\cos(\omega t + \kappa\theta)] \cdot b_1\sin(\omega t + \kappa\theta) \\
&= \frac{\kappa}{\alpha_0 D^2}[\alpha_0 D - 2\kappa(\omega + V\kappa)]\left[1 - \sqrt{2}\sin\left(2\omega t + 2\kappa\theta + \frac{\pi}{4}\right)\right]
\end{aligned} \tag{6.85}$$

由于太阳对流区的磁螺度密度可分为正常的螺度密度 h_m^{nor} 和存在于两个半球中的振荡分量 h_m^{osi}，所以磁螺度密度的形式可以写成

$$h_m = h_m^{\text{nor}} + h_m^{\text{osi}} = A \cdot B + h_{\text{osi}}\sin(\omega_{\text{o}} t + \kappa_{\text{o}}\theta + \phi_{\text{o}}) \tag{6.86}$$

6.5 平均场太阳发电机问题中的湍流交叉螺度

通常认为，可以在太阳表面观测到的交叉螺旋参数是近表面物理过程的表现 (Rüdiger et al., 2000; Rüdiger et al., 2011)。在太阳对流区存在湍流波动的空间

不均匀压力和动能的情况下，存在湍流速度和磁场之间的快速局部对齐 (Mason et al., 2006; Boldyrev et al., 2009)。值得注意的是，即使在平均交叉螺度为零的情况下，局部相互牵制的湍流速度和磁场结构在空间上依然会占主导地位。Zhao 等 (2011) 做了一些从 SOHO/MDI 数据 (Scherrer et al., 1995) 测量交叉螺度的初步尝试 (参见 5.6 节)。

交叉螺度对于诊断太阳对流区中的非线性湍流发电机过程可能是一个有用的量 (例如 Kleeorin 等 (2003))。Yoshizawa (1990) 和 Yokoi (1999) 认为交叉螺度是湍流天体物理流动中发电机机制的一部分。Sur 和 Brandenburg (2009) 最近探索了这种类型发电机的交叉螺度守恒的作用。另一方面，数值模拟结果 (Mason et al., 2006; Boldyrev et al., 2009) 表明，在存在空间不均匀压力和湍流波动动能的情况下，湍流速度和磁场存在快速局部对齐。

6.5.1　变换对称性和交叉螺度

任何赝标量都可以表示为张量与赝张量的张量积或向量和赝向量的标量积。$\overline{\mathbf{u}\cdot\mathbf{b}}$ 的一般表达式可能具有相当复杂的结构。Pipin 等 (2011) 局限于研究对太阳对流区动力学和太阳发电机的重要影响。对太阳动力学的贡献由湍流动力学波动和磁能密度的梯度给出，例如 $\nabla\left(\overline{\rho\mathbf{u}^2}\right)$ 和 $\nabla\left(\dfrac{\overline{\mathbf{b}^2}}{2\mu_0}\right)$ (所有量都是普通向量)。注意，平均密度足以描述多方大气中热力学分层的影响。此假设将在下文中使用。此外，我们必须考虑整体旋转 (赝向量 $\mathbf{\Omega}$) 和大尺度剪切 $\nabla_i\overline{U}_j$ (张量) 的影响。这个张量可以分解如下：$\nabla_i\overline{U}_j = \dfrac{1}{2}\varepsilon_{ijp}W_p + \left(\boldsymbol{\nabla}\overline{\mathbf{U}}\right)_{\{i,j\}}$，其中，$\mathbf{W}=(\nabla\times\overline{\mathbf{U}})$ (赝向量) 和应变张量 $\left(\boldsymbol{\nabla}\overline{\mathbf{U}}\right)_{\{i,j\}} = \dfrac{1}{2}\left(\nabla_i\overline{U}_j+\nabla_j\overline{U}_i\right)$。我们假设在没有大尺度磁场的情况下，$\overline{\mathbf{u}\cdot\mathbf{b}}=0$ 并且考虑到大尺度 $\overline{\mathbf{B}}$ (赝向量) 磁场的影响及其空间导数 $\nabla_i\overline{B}_j$。与大尺度剪切流类似，我们将非均匀磁场的贡献分解为大规模电流 $\overline{\mathbf{J}}=\boldsymbol{\nabla}\times\overline{\mathbf{B}}/\mu_0$(向量) 和磁应变张量 $\left(\boldsymbol{\nabla}\overline{\mathbf{B}}\right)_{\{i,j\}} = \dfrac{1}{2}\left(\nabla_i\overline{B}_j+\nabla_j\overline{B}_i\right)$ (赝张量) 的影响。与 Rädler(1980) 类比，并假设典型小尺度 (ℓ,τ_c) 以及大尺度 (L,T) 速度和磁场的空间和时间变化，我们将上述效应组合如下：

$$\overline{\mathbf{u}\cdot\mathbf{b}} = \frac{\tau_c}{\rho}\left(\overline{\mathbf{B}}\cdot\nabla\right)\left(\kappa_1\overline{\rho\mathbf{u}^2}+\kappa_2\frac{\overline{\mathbf{b}^2}}{2\mu_0}\right)$$
$$+\kappa_3\mu_0\overline{\mathbf{W}}\cdot\overline{\mathbf{J}}+\kappa_4\mu_0\mathbf{\Omega}\cdot\overline{\mathbf{J}}+\kappa_5\left(\boldsymbol{\nabla}\overline{\mathbf{U}}\right)_{\{i,j\}}\left(\boldsymbol{\nabla}\overline{\mathbf{B}}\right)_{\{i,j\}}+o\left(\frac{\ell}{L}\right) \tag{6.87}$$

其中，$\kappa_1 \sim \kappa_5$ 是需要确定的系数。考虑到问题中涉及量的变换对称性，我们当然可以通过许多其他方式构造赝标量 $\overline{\mathbf{u} \cdot \mathbf{b}}$。原则上，式 (6.87) 可能包括 $\mathbf{G} \cdot \mathbf{\Omega}$，$\overline{\mathbf{U}} \cdot \mathbf{\Omega}$ (和类似的)，或像 $\overline{\mathbf{U}} \cdot \overline{\mathbf{B}}$，$\overline{\mathbf{B}} \cdot \overline{\mathbf{J}}$ (和类似的) 这样的项，甚至是高阶组合的物理量。下面，我们将看到，如果我们将自己限制在大尺度弱磁场 $\overline{\mathbf{B}}$ 的情况下，在我们对波动速度和磁场的动量和感应方程的分析中，这些项不会出现。从这个意义上说，式 (6.87) 可能是不完整的，在分析观测数据时应谨慎考虑。

式 (6.87) 中第一项的物理解释由 Rüdiger 等 (2000) 给出。考虑被大尺度场 $\overline{\mathbf{B}}$ 渗透的湍流介质。对流元上升，速度 $\mathbf{u}$ 膨胀，$(\nabla \cdot \mathbf{u}) > 0$，并感应出波动的磁场，$\mathbf{b} \approx -\tau_c \overline{\mathbf{B}} (\nabla \cdot \mathbf{u})$(符号与 $(\nabla \cdot \mathbf{u})$ 符号是反相关的)。这同样适用于下降和收缩的对流元。在非弹性近似中 (Gough, 1969)，$\nabla \cdot (\overline{\rho} \mathbf{u}) \equiv 0$ 和 $(\nabla \cdot \mathbf{u}) = -(\mathbf{u} \cdot \boldsymbol{\nabla} \log \overline{\rho})$。因此 $\overline{\mathbf{u} \cdot \mathbf{b}}$ 的符号与 $\overline{\mathbf{B}}$ 相反 (因为 $\nabla_r \log \overline{\rho} < 0$)。在此考虑中不考虑密度波动的影响。对于弱可压缩 (亚声速) 对流，$\dfrac{\overline{\mathbf{u}^2}}{C_S^2} \ll 1$ (C_S 是声速)，浮力对交叉螺度的贡献正比于 $\sim \kappa_6 \dfrac{\overline{\mathbf{u}^2}}{C_S^2} \tau_c (\mathbf{g} \cdot \overline{\mathbf{B}})$，其中 $\mathbf{g}$ 是重力加速度。这种效应可能与式 (6.87) 中的第一项具有相同的数量级，特别靠近表面时，$\dfrac{\overline{\mathbf{u}^2}}{C_S^2}$ 可能重要。

6.5.2 交叉螺度的平均场理论

1. 通过在物理坐标空间中求平均值来计算 $\overline{\mathbf{u} \cdot \mathbf{b}}$

正如 Yoshizawa 等 (2000) 所指出的，交叉螺度的演化方程有益于探索基于交叉螺度效应的平均场发电机性质 (另见 Sur 和 Brandenburg (2009))。

Pipin 等 (2011) 推导了在略去平均场交叉螺度 $\overline{\mathbf{U}} \cdot \overline{\mathbf{B}}$ 后的 $\overline{\mathbf{u} \cdot \mathbf{b}}$ 演化方程：

$$\partial_t \left(\overline{\mathbf{u} \cdot \mathbf{b}} \right) = -\nabla \cdot \overline{\mathcal{F}}^C - \mathcal{E} \cdot \left[2\mathbf{\Omega} + (\nabla \times \overline{\mathbf{U}}) \right] + \frac{\overline{B_i}}{\overline{\rho}} \nabla_j T_{ij} - \frac{\overline{(\mathbf{u} \cdot \mathbf{b})}}{\tau_c} \quad (6.88)$$

$$T_{ij} = \overline{\rho u_i u_j} - \frac{1}{\mu_0} \left(\overline{b_i b_j} - \delta_{ij} \frac{\overline{b^2}}{2} \right) \quad (6.89)$$

$$\overline{\mathcal{F}}^C = \overline{\mathbf{U}} \, \overline{\mathbf{u} \cdot \mathbf{b}} + \overline{B_i} \overline{u_i \mathbf{u}} - \overline{\mathbf{B}} \frac{\overline{\mathbf{u}^2}}{2} \quad (6.90)$$

在这里，遵循 τ-近似方法 (Vainshtein and Kitchatinov, 1983; Kleeorin et al., 1996; Blackman and Field, 2002; Blackman and Brandenburg, 2002)，我们替换了波动参数的三阶相关性，以及带有松弛项 $-\dfrac{\overline{(\mathbf{u} \cdot \mathbf{b})}}{\tau_c}$ 的 $\overline{\mathbf{b} \cdot \mathbf{f}'}$ 项，这里 τ_c 是湍流运动的

典型时间尺度。用简单的 $-\dfrac{\overline{(\mathbf{u}\cdot\mathbf{b})}}{\tau_{\mathrm{c}}}$ 项来近似这些复杂的贡献，同时必须认为这是一个有问题的假设。它涉及额外的假设 (Rädler and Rheinhardt, 2007)，例如，假设式 (6.88) 中的二阶相关性在 τ_{c} 的时间尺度上没有显著变化。这个假设与平均场磁流体动力学中的平均量和波动量之间的尺度分离是一致的。

此外，在湍流应力张量 T_{ij} 中，我们只考虑了式 (6.89) 中公式化的湍流动力学和磁压的贡献：

$$T_{ij} \approx \delta_{ij}\left(\kappa_1\bar{\rho}\overline{\mathbf{u}^2} + \kappa_2\frac{\overline{\mathbf{b}^2}}{2\mu_0}\right) \tag{6.91}$$

在线性近似中 (弱平均场情况)，$\kappa_1, \kappa_2 = 1/3$ (Kleeorin et al., 1996)。一般来说，湍流应力张量包含控制较差旋转和经向环流的项 (Kitchatinov and Ruediger, 1995)。我们假设这些项是平稳的，并且对交叉螺度演化没有贡献。因此，我们将式 (6.88) 简化为

$$\partial_t\left(\overline{\mathbf{u}\cdot\mathbf{b}}\right) = -\mathcal{E}\cdot(2\mathbf{\Omega}+\mathbf{W}) + \frac{1}{3\bar{\rho}}\left(\overline{\mathbf{B}}\cdot\nabla\right)\left(\bar{\rho}\overline{\mathbf{u}^2}+\frac{\overline{\mathbf{b}^2}}{2\mu_0}\right) - \frac{\overline{(\mathbf{u}\cdot\mathbf{b})}}{\tau_{\mathrm{c}}} \tag{6.92}$$

因此，湍流交叉螺度的主要来源是平均电动势、平均涡度、$2\mathbf{\Omega}+\overline{\mathbf{W}}$ 和湍流能量的梯度，其中，$\mathbf{W}=(\nabla\times\overline{\mathbf{U}})$。对于平均电动势的最简单表示，$\mathcal{E}\approx\alpha\overline{\mathbf{B}}-\eta_T\nabla\times\overline{\mathbf{B}}+o\left(\dfrac{\ell}{L}\right)$，其中第一项代表 α 效应 (这里，α 是赝标量)，η_T 是湍流扩散系数，我们可以写

$$\partial_t\left(\overline{\mathbf{u}\cdot\mathbf{b}}\right) = \frac{1}{3\bar{\rho}}\left(\overline{\mathbf{B}}\cdot\nabla\right)\left(\bar{\rho}\overline{\mathbf{u}^2}+\frac{\overline{\mathbf{b}^2}}{2\mu_0}\right)$$

$$-\alpha\left[\overline{\mathbf{B}}\cdot(2\mathbf{\Omega}+\overline{\mathbf{W}})\right]+\mu_0\eta_T(2\mathbf{\Omega}+\overline{\mathbf{W}})\cdot\overline{\mathbf{J}}-\frac{\overline{\mathbf{u}\cdot\mathbf{b}}}{\tau_{\mathrm{c}}} \tag{6.93}$$

该方程的前两项表明平均交叉螺度是在存在渗透分层湍流介质的大尺度磁场的情况下产生的。第三项代表的另一个重要贡献是大尺度电流和平均涡度。Yoshizawa 等 (2000) 使用类似的方程来讨论基于交叉螺度效应的平均场发电机方案。Kuzanyan 等 (2007) 使用了平均电动势的完整表达式，他们研究了太阳对流区中平均场发电机产生的交叉螺度的时间演化。

为了研究比太阳周短得多的时间间隔上的交叉螺度分布，Pipin 等 (2011) 忽略式 (6.93) 中的时间导数并得到

$$\overline{\mathbf{u \cdot b}} \approx \frac{\tau_c}{3\bar{\rho}} \left(\overline{\mathbf{B}} \cdot \nabla\right) \left(\bar{\rho} \overline{\mathbf{u}^2} + \frac{\overline{\mathbf{b}^2}}{2\mu_0}\right) - \alpha\tau_c \left(\overline{\mathbf{B}} \cdot \left(2\mathbf{\Omega} + \overline{\mathbf{W}}\right)\right) + \mu_0\eta_T\tau_c \left(2\mathbf{\Omega} + \overline{\mathbf{W}}\right) \cdot \overline{\mathbf{J}}$$

$$(6.94)$$

为了估计近太阳表层中交叉螺度的大小，我们假设波动磁场的能量可以通过对流运动的动能来表示，$\frac{\overline{\mathbf{b}^2}}{2mu_0} = \varepsilon\bar{\rho}\overline{\mathbf{u}^2}$，$\varepsilon = 1$ 是能量均分条件。与全球旋转的周期相比，表层的对流是短暂的。对于这些条件，α 效应可以估计如下：$\alpha \approx \eta_T\tau_c\Omega\left(\varepsilon + 1\right)\nabla\log\left(\bar{\rho}\overline{\mathbf{u}^2}\right)$ (Pipin, 2008)。因为在太阳表面层下面 $\tau_c\Omega \ll 1$，式 (6.94) 中的第二项比第一项小得多。因此，我们将在研究中忽略这一贡献。为了进行比较，我们引入了密度分层尺度参数 $\mathbf{G} \equiv \nabla\log\bar{\rho}$，并重写了式 (6.94) 如下：

$$\overline{\mathbf{u \cdot b}} \approx \eta_T\left(\varepsilon + 1\right)\left\{\left(\overline{\mathbf{B}} \cdot \mathbf{G}\right) + \left(\overline{\mathbf{B}} \cdot \nabla\right)\log\left(\overline{\mathbf{u}^2}\right)\right\} + \mu_0\eta_T\tau_c\left(2\mathbf{\Omega} + \overline{\mathbf{W}}\right) \cdot \overline{\mathbf{J}} \quad (6.95)$$

如果我们忽略脉动磁场的影响，我们发现密度分层的贡献与 Rüdiger 等 (2010) 一致，但湍流强度分层的贡献大了 2 倍，在我们的情况。这种差异可以通过式 (6.95) 计算中的近似值来解释。请注意 $\left(\nabla\overline{\mathbf{U}}\right)_{\{i,j\}}\left(\nabla\overline{\mathbf{B}}\right)_{\{i,j\}}$ 没有包括在式 (6.95) 中。这种方法的主要目的是证明对太阳条件下平均交叉螺度的基本物理贡献。我们必须指出，在推导式 (6.95) 时，我们没有假设湍流非均匀性尺度远大于湍流的典型尺度 ℓ。这个假设在之前的研究 (Rüdiger et al., 2011) 中使用过，严格来说，他们的结果只能应用于弱分层介质 $G\ell \ll 1$ 的情况。

2. 在傅里叶空间中计算 $\overline{\mathbf{u} \cdot \mathbf{b}}$

Pipin 等 (2011) 计算相关性 $\overline{u_r b_r}$，可以通过对日面中心部分的速度和磁场的视线观测来估计 (Zhao et al., 2011)。以这种形式计算的结果可以与 Kleeorin 等 (2003) 和 Rüdiger 等 (2011) 进行比较：

$$\overline{\mathbf{u} \cdot \mathbf{b}} = \frac{\eta_T}{2}\left(2 + 3\varepsilon\right)\left(\overline{\mathbf{B}} \cdot \mathbf{G}\right)$$
$$+ \frac{3\eta_T\left(\varepsilon + 1\right)}{2}\left(\overline{\mathbf{B}} \cdot \nabla\right)\log\left(\overline{\mathbf{u}^2}\right) + \eta_T\tau_c\left(\varepsilon + 1\right)\mu_0\left(\mathbf{\Omega} \cdot \overline{\mathbf{J}}\right) \quad (6.96)$$
$$+ \frac{\eta_T\tau_c\mu_0}{4}\left(3 + \varepsilon\right)\overline{\mathbf{J}} \cdot \overline{\mathbf{W}} + \frac{\eta_T\tau_c}{10}\left(23\varepsilon + 5\right)\left(\nabla\overline{\mathbf{U}}\right)_{\{i,j\}}\left(\nabla\overline{\mathbf{B}}\right)_{\{i,j\}}$$

其中，ε 是湍流脉动的动能和磁能之比；$\eta_T = \overline{\mathbf{u}^2}\tau_c/3$ 是湍流扩散系数；τ_c 是典型的对流周转时间。式 (6.96) 的结构对应于式 (6.87)，虽然相比于式 (6.95)，密度分层 ($\mathbf{G}$) 和湍流强度分层 ($\nabla\log\left(\overline{\mathbf{u}^2}\right)$) 是解耦的。对于其他系数，我们发现，$\kappa_3 = \mu_0\frac{\eta_T\tau_c}{4}\left(3 + \varepsilon\right)$，$\kappa_4 = \mu_0\eta_T\tau_c\left(\varepsilon + 1\right)$ 和 $\kappa_5 = \frac{\eta_T\tau_c}{10}\left(23\varepsilon + 5\right)$。此外，我们看到

式 (6.95) 中分层效应的贡献一致，但系数略有不同, 系数 $\dfrac{2+3\varepsilon}{2}$ 对比于 $(1+\varepsilon)$，并且和电流的贡献是一致的。请注意，这里类似于 Rüdiger 等 (2011)，在式 (6.96) 的推导中，我们使用了尺度分离假设，$\ell G \ll 1$ (弱分层介质)。

考虑到径向分量的相关性，我们得到

$$\overline{u_r b_r} = \left(\overline{u_r b_r}\right)_\rho + \left(\overline{u_r b_r}\right)_{J\Omega} + \left(\overline{u_r b_r}\right)_{JW} \tag{6.97}$$

这里，

$$\left(\overline{u_r b_r}\right)_\rho = \frac{\eta_T G_r \overline{B}_r}{2}\left(2+\varepsilon\right) + \frac{\tau_c\left(\varepsilon+1\right)}{6}\overline{B}_r \nabla_r \overline{\mathbf{u}^2} - \frac{\eta_T}{5}\left(5-2\varepsilon\right)\nabla_r \overline{B}_r \tag{6.98}$$

$$\left(\overline{u_r b_r}\right)_{J\Omega} = \frac{2\varepsilon\eta_T\tau_c\mu_0}{5}\Omega_r J_r + \frac{4\varepsilon\eta_T\tau_c}{5}\Omega\cdot\left(\mathbf{e}^{(r)}\times\nabla_r\overline{\mathbf{B}}\right) \tag{6.99}$$

$$\left(\overline{u_r b_r}\right)_{JW} = \frac{\eta_T\tau_c\mu_0}{10}\left(\varepsilon-3\right)\overline{J}_r\overline{W}_r + \frac{\eta_T\tau_c\mu_0}{20}\left(\varepsilon+7\right)\overline{\mathbf{J}}\cdot\overline{\mathbf{W}}$$
$$+ \frac{\eta_T\tau_c}{70}\left(163\varepsilon+41\right)\nabla_{\{i}\overline{U}_{j\}}\nabla_{\{i}\overline{B}_{j\}} \tag{6.100}$$

其中，$\mathbf{e}^{(r)}$ 是径向的单位向量。两个方程式 (6.96) 和式 (6.97) 通过包括大尺度电流和速度剪切的影响来概括 Kleeorin 等 (2003) 和 Rüdiger 等 (2011) 的先前结果。在我们的模型中，发现大尺度磁场的环向分量比极向分量强得多。我们还丢弃了式 (6.100) 中的子午环流的影响。因此，我们通过以下公式定义磁和速度应变的乘积：

$$\nabla_{\{i}\overline{U}_{j\}}\nabla_{\{i}\overline{B}_{j\}} = \nabla_r\overline{U}_\phi\nabla_r\overline{B}_\phi + \nabla_\theta\overline{U}_\phi\nabla_\theta\overline{B}_\phi + \nabla_r\overline{U}_\phi\nabla_\theta\overline{B}_\phi + \nabla_\theta\overline{U}_\phi\nabla_r\overline{B}_\phi$$

其中，$\nabla_{r,\theta}$ 是协变导数分量；$\overline{B}_\phi$ 是环向磁场；$\overline{U}_\phi = r\sin\theta\left(\Omega\left(r,\theta\right)-\Omega_0\right)$ 是较差旋转引起的大规模剪切流动。

6.5.3　发电机模型的 $\overline{u_r b_r}$ 图像

分布式发电机模型包括具有类似于 Bonanno 等 (2002) 使用的流动几何形状的子午环流。子午环流的最大速度固定为 10 m/s。湍流生成效应包括 α 效应 (Parker, 1955a,b) 和 $\mathbf{\Omega}\times\mathbf{J}$ 效应 (Rädler, 1969)。太阳对流区的内部参数由 Stix (2002) 给出。积分域在差旋层之上，半径为 $0.71R_\odot \sim 0.972R_\odot$，以不同纬度从极区到极区。我们使用 Antia 等 (1998) 给出的较差自转轮廓。

Pipin 等 (2011) 将 $\overline{u_r b_r}$ 的贡献分成三个部分：$\left(\overline{u_r b_r}\right)_\rho$，$\left(\overline{u_r b_r}\right)_{\Omega J}$ 和 $\left(\overline{u_r b_r}\right)_{JW}$，并关联式 (6.97) 的第一项作为分层效应的贡献，而第二项和第三项

代表大尺度电流的贡献。在计算中，我们假设波动的动能和磁能之间存在均分，$\varepsilon = 1$。对交叉螺度建模我们发现，如果我们采用式 (6.97) 中模型量的表面值，则我们得到分层效应占主导地位。这对于两种类型的发电机模型都是如此。然而，如果我们将交叉螺度从表面向下整合到更深层，比如低至 $0.9R_\odot$，那么大尺度电流的贡献变得与分层效应相当，甚至更大。

如果我们考虑寻找 $\overline{u_r b_r}$ 的观测问题，则我们必须选择合适的空间和时间尺度进行平均 (按照 Zhang 等 (2010b) 的想法)，以区分"局部"(在 Mason 等 (2006)，Matthaeus 等 (2008) 中注明) 和"全局"速度与磁场校对的过程。我们可以加入一个假设是，对于更大的尺度，对观测到的交叉螺度的大部分贡献来自太阳对流区的更深层。

Kuzanyan 等 (2007) 指出，h_c/τ_h 和 $\eta_h \nabla^2 h_c$ 的贡献有助于粗略地考虑螺度损失。参数 τ_h 被归一化为典型的扩散时间 $R_\odot^{-2}\eta_0$，并且 $\eta_h = \varepsilon_h \eta_0$ 其中，$\varepsilon_h \ll 1$，$\eta_0 = u_c \ell_c/3$，即对流区中的典型湍流扩散率。螺度的边界条件：底部和顶部的径向导数都消失了。发电机问题用以下类型的边界条件处理：底部超导和外部真空。

$$\left.\frac{\partial h_c}{\partial \theta}\right|_{\theta=0,\pi}, \left.\frac{\partial h_c}{\partial r}\right|_{r=0.71R_\odot, 0.96R_\odot} = 0$$

这里考虑可能导致大规尺度向磁场产生的不同湍流效应。首先，我们将标准的 α 效应乘以因子 $\sin^2\theta$ 以确保极向大尺度磁场 (LSMF) 的最大生成位于赤道附近。其次，我们将由于电流螺旋和剪切引起的联合效应添加到平均电动势 (Pipin, 2007)。这将确保环状大尺度磁场的活动在太阳周期过程中漂移到赤道。所有这些添加都可以用正式的方式表达如下：

$$\tilde{\mathcal{E}}^r = \mathcal{E}^r + \varphi_3^{(h)} \tau^2 h_c B r \sin\theta \frac{\partial \Omega}{\partial r} \tag{6.101}$$

$$\tilde{\mathcal{E}}^\theta = \mathcal{E}^\theta + \varphi_3^{(h)} \tau^2 h_c B \sin\theta \frac{\partial \Omega}{\partial \theta} \tag{6.102}$$

$$r\sin\theta\tilde{\mathcal{E}}^\phi = r\sin\theta\mathcal{E}^\phi - Br\tilde{\eta}_T C_\alpha G \sin\theta \left(f_{12}^{(a)} \varphi_6^{(a)} \cos^3\theta - \varphi_2^{(s)} \tau \sin\theta \frac{\partial \Omega}{\partial \theta} \right) \tag{6.103}$$

其中，函数 $f_{12}^{(a)}, \varphi_6^{(a)}, \varphi_3^{(h)}, \varphi_2^{(s)}$ 在 Pipin (2007) 中定义。因此，对于 $\alpha\Omega$，我们将使用平均电动势的这些分量。请注意，$\alpha\delta\Omega$ 发电机不需要这些调整。在 $\alpha\delta\Omega$ 发电机过程中，考虑到了太阳旋转角速度和平均电流之间的相互作用。此外，模型的控制参数是 $\tilde{\eta}_T = P_m u_c \ell_c$ 和 $P_m \leqslant 1$，是有效的普朗特数；$C_\alpha, C_{\omega j} \leqslant 1$ 是控制 α 和 $\Omega \times J$ 效果的功率的参数。

让我们在这里给出两个可能的发电机模型的例子。作为第一个例子，我们考虑 $\alpha\delta\Omega$ 发电机的结果。Pipin (2007) 在论文中详细讨论了该模型。在图 6.16 中，我们给出了径向大尺度磁场、环向大尺度磁场、电流和交叉螺度的演化的类似蒙德 (Maunder) 的图。它是在近太阳表面上获取的。大尺度磁场的演变和太阳对流区 (SCZ) 径向截面中显示的螺度如图 6.17 所示。

第二个例子是 $\alpha\Omega$ 发电机与式 (6.101) ~ 式 (6.103) 给出的平均电动势 (ME-MF) 调整。我们在这里也使用外部边界真空条件。相应如图 6.18 所示。

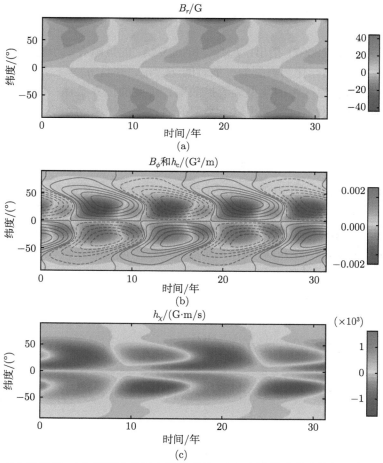

图 6.16 $\alpha\delta\Omega$ 发电机。(a) 表面上的径向磁场变化；(b) 电流螺度的变化与环向磁场的叠加等值线；(c) 近太阳表面的交叉螺度的变化。来自 Kuzanyan 等 (2007)

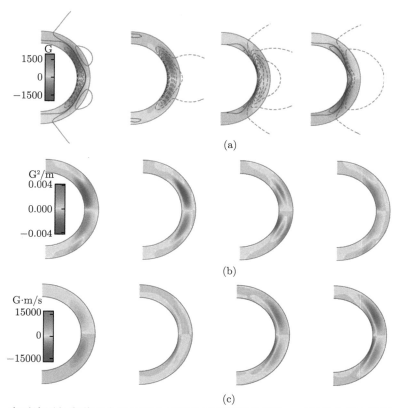

图 6.17 在对流区径向截面中显示的大尺度磁场和螺度的演化。时间从左到右增长，快照给出在第 0、第 3、第 5 和第 8 年的变化。(a) 极向场线叠加环向大尺度磁场密度图；(b) 电流螺度密度图；(c) 交叉螺度密度图。来自 Kuzanyan 等 (2007)

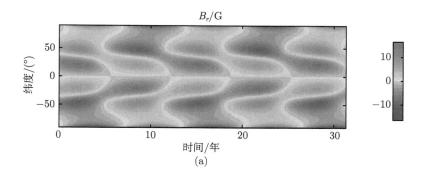

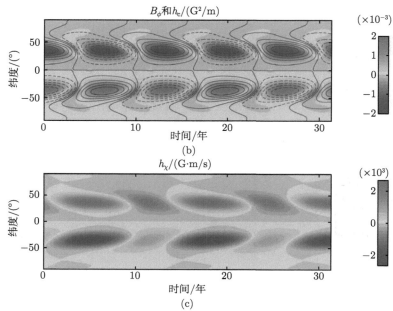

图 6.18　$\alpha\Omega$ 发电机。(a) 表面上的径向磁场变化；(b) 电流螺度的变化与环形磁场的叠加等值线；(c) 近表面的交叉螺度的变化。来自 Kuzanyan 等 (2007)

6.5.4　关于交叉螺度讨论

　　交叉螺度是一个非黏性不变量，因此，我们在太阳对流区内的分析应该与预期的观测数据相关。

　　最近，多项空间太阳观测项目已经或将要发射，预计在未来几年内将有更多关于太阳磁场和速度场的数据。这将使更多的观察数据参与到理论分析中，首先，具有前所未有的机会检查理论与直接观察。我们预测通过交叉螺度的系统统计研究可以看到以下特性：

　　(1) 半球规则，交叉螺度相对于赤道的反对称性；

　　(2) 周期性变化，交叉螺度随 11 年周期变化符号。

　　我们的结果表明，湍流交叉螺度反映了发电机过程的内部特性，并允许我们区分不同的太阳发电机模型。我们证明了交叉旋度的时空图形取决于发电机机制的细节。这意味着交叉螺度轨迹可以作为太阳发电机模型的诊断工具。

6.6　太阳活动区电流螺度和倾角的估计与乔伊定律

　　我们知道，太阳活动区磁场的倾斜角、电流螺度和缠绕可以被观察到。我们以两种方式对这些参数进行估计。首先，我们可以考虑湍流对流细胞模型，它具有朝向太阳表面的磁通量绳上浮结构 (类超米粒近似)。它们的螺度特性是在旋转分层对流区上升过程中获得的。另一种估计是从简单的平均场发电机模型获得的，该模型解释了磁螺度守恒。这两个方式都可以用来探讨观察到的磁场倾斜、螺度和缠绕的形成过程 (Kuzanyan et al., 2020; Kleeorin et al., 2020)。

从活动区来分析磁场倾斜、电流螺度和缠绕，我们注意到，即使它们的符号，也可能从一个活动区到另一个活动区而变化。另一方面，所有活动区的磁场倾斜、电流螺度和缠绕的平均值不取决于太阳周期的相位和磁场的符号 (海尔极性定律)，因此从一个太阳周期到另一个周期这些量的符号成立。这与乔伊定律的倾斜以及电流螺度和缠绕的半球符号规则非常一致。鉴于所考虑的影响与太阳周期的阶段变化不大，我们可以认为它具有相同的趋势。

6.6.1　模型

让我们考虑一个简单的双极活动区，其相反极性之间的距离为 L。我们用深度为 $L/2 \approx 10^9$ cm 的超米粒尺度的湍流对流单元模型。这个尺度是密度分层尺度的数量级，即 $L/2 \approx H_\rho = -\left[\dfrac{d}{dr}\log \rho_0(r)\right]^{-1}$，这里 ρ_0 为深度 $H = 10^9$ cm 处的流体密度。我们将这个尺度与太阳黑子形成区域的深度联系起来。在经典的 Rayleigh-Bénard 对流滚动 (convective roll) 中，水平和垂直尺度是相同的。三个对流卷的叠加形成六边形结构 (见 Chandrasekhar (1961)，第 2 章，第 16 节，第 48 页，图 7a)。这意味着六边形结构中水平与垂直尺寸的比约为 2。

在太阳和恒星中，对流以完全湍流的形式，与经典的 Rayleigh-Bénard 对流不同。特别是，对流卷的水平尺度比垂直尺度大约大 2 倍。在地球大气和其他自然湍流对流系统中也观察到了类似的现象。应用于太阳活动区的尺度分离思想 (Elperin et al., 2002; Bukai et al., 2009) 可以将类似于对流滚动这样的大尺度结构与湍流涡旋孤立开。这种考虑与太阳中超米粒对流的观察结果一致。因此，该太阳活动区的总水平尺度为 $2L$。让我们假设活动区的尺度与太阳半径相比较小，并将其置于从太阳赤道算起的纬度 ϕ 处。就可观察到的活动区而言，我们估计这个尺度量级为 $L \sim 20 \sim 50$ Mm $= (2 \sim 5) \times 10^9$ cm。

Kuzanyan 等 (2020) 考虑在太阳对流区和光球层之间的边界应用非弹性近似条件下的速度 **u** 的动量方程：

$$\frac{\partial \mathbf{u}}{\partial t} = -\nabla\left(\frac{p_{\text{tot}}}{\rho_0}\right) - \mathbf{g}S + \mathbf{F}_{\text{mag}} + \mathbf{F}_{\text{hd}} + \mathbf{F}_{\text{visc}} + \mathbf{F}_{\text{cor}} \tag{6.104}$$

其中，包括总压力、流体动力和磁浮力、非线性局部流体科里奥利力、黏性力、整体科里奥利力的影响。式 (6.104) 中出现的总压力项为 $p_{\text{tot}} = \dfrac{\rho \mathbf{u}^2}{2} + \dfrac{\mathbf{B}^2}{8\pi}$，其中 p

为流体动力压力，ρ 为密度，$\mathbf{B}$ 为磁场，$\mathbf{g}$ 为重力加速度，S 为熵，所以 $-\mathbf{g}S$ 是浮力；$\rho_0\mathbf{F}_{\mathrm{mag}} = \dfrac{(\mathbf{B}\cdot\nabla)\mathbf{B}}{4\pi} - \left(\dfrac{\nabla\rho_0}{\rho_0}\right)\dfrac{\mathbf{B}^2}{8\pi}$ 为密度分层流体中磁力的非梯度部分，其中第一项代表磁应力，而第二项为磁浮力；$\mathbf{F}_{\mathrm{hd}} = \mathbf{u}\times\mathbf{w}$ 来自非线性局部流体运动的科里奥利力，$\rho_0\mathbf{F}_{\mathrm{visc}} = \nu\rho_0\left[\nabla^2\mathbf{u} - \dfrac{2}{3}\nabla(\nabla\cdot\mathbf{u})\right]$ 为黏性力，其中 ν 是分子黏性，$\rho_0\mathbf{F}_{\mathrm{cor}} = 2\rho_0\mathbf{u}\times\boldsymbol{\Omega}_\odot$ 为来自太阳全球自转的科里奥利力，$\mathbf{w} = \nabla\times\mathbf{u}$ 为涡度。

为了消除包含压力的梯度项，我们计算方程 (6.104) 的旋度，以获得涡量 $\mathbf{w}$ 的方程，我们只对径向分量 $\mathbf{w}_r$ 感兴趣。通过粗略估计，我们假设 $(\nabla\times\mathbf{F}_{\mathrm{mag}})_r$，$(\nabla\times\mathbf{F}_{\mathrm{hd}})_r$，$(\nabla\times\mathbf{F}_{\mathrm{visc}})_r$，$(\nabla\times\mathbf{F}_{\mathrm{cor}})_r$，可以用松弛项 $-w_\tau/\tau_{\mathrm{D}}$ 替换，其中 τ_{D} 是太阳黑子缠绕时间测量量。

在这些假设下，球坐标 (图 6.19) 中涡度方程的径向分量为

$$
\begin{aligned}
\frac{\mathbf{w}_r}{2\tau_{\mathrm{D}}} &= [\nabla\times(\mathbf{u}\times\boldsymbol{\Omega})]_r \\
&= [(\nabla\cdot\boldsymbol{\Omega})\mathbf{u} + (\boldsymbol{\Omega}\cdot\nabla)\mathbf{u} - (\nabla\cdot\mathbf{u})\boldsymbol{\Omega} - (\mathbf{u}\cdot\nabla)\boldsymbol{\Omega}]_r \\
&= [(\boldsymbol{\Omega}\cdot\nabla)\mathbf{u}]_r - [(\nabla\cdot\mathbf{u})\boldsymbol{\Omega}]_r, \quad [(\nabla\cdot\boldsymbol{\Omega})\mathbf{u} - (\mathbf{u}\cdot\nabla)\boldsymbol{\Omega}]_r = 0 \\
&= \Omega_r\frac{\partial u_r}{\partial r} + \frac{\Omega_\theta}{r}\frac{\partial u_r}{\partial\theta} - \frac{\Omega_\theta u_\theta}{r} - \Omega_r\nabla\cdot\mathbf{u} \\
&= \Omega\left(\cos\theta\frac{\partial u_r}{\partial r} + \sin\theta\frac{1}{r}\frac{\partial u_r}{\partial\theta} - \sin\theta\frac{u_\theta}{r} - \cos\theta\nabla\cdot\mathbf{u}\right)
\end{aligned}
\tag{6.105}
$$

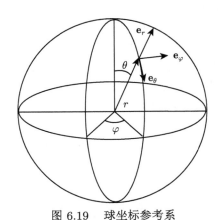

图 6.19　球坐标参考系

让我们将太阳黑子扭曲时间 τ_{D} 估计为比率 L/v_a，其中阿尔芬速度为 $v_{\mathrm{A}} = B_{\mathrm{eq}}/\sqrt{4\pi\varrho_0}$。在对流区上部平均磁场的典型均分值为 $B_{\mathrm{eq}} \sim 300\,\mathrm{G}$，根据 Spruit

(1974) 的估计，太阳等离子体的密度 ρ_0 为 4.5×10^{-7} g/cm^3。因此，阿尔芬速度是 $v_\mathrm{A} \sim 1.2 \times 10^5$ cm/s 的数量级，因此时间尺度 $\tau_\mathrm{D} \sim (2 \sim 4) \times 10^4$ s $\approx 6 \sim 12$ h。

从对流区底部浮现的通量管的持续时间约为 $\tau_\mathrm{F} = L/2u_r$。我们对太阳对流区 $\nabla \cdot (\rho u) = 0$ 中的对流使用非弹性近似。密度分层是径向的，所以我们有 $\nabla \cdot \mathbf{u} = -u_r \dfrac{d}{dr} \log \rho = \dfrac{u_r}{H_\rho} \approx \dfrac{1}{\tau_\mathrm{F}}$，其中，$H_\rho$ 是对双极太阳黑子运动的涡度 ω_r 的径向分量的密度分层尺度估计：

$$\omega_r \approx -\Omega_\odot \frac{\tau_\mathrm{D}}{\tau_\mathrm{F}} \left(4 \sin \phi + \frac{1}{\xi} \cos \phi \right) \tag{6.106}$$

这里，我们使用纬度 $\phi = \pi/2 - \theta$ 代替余纬度 θ，则 $\tau_\mathrm{F} = H_\rho / u_r$ 并且 ξ 在下面定义。垂直对流速度的纬度导数可以估计为 $\dfrac{1}{r} \dfrac{\partial u_r}{\partial \theta} \approx \dfrac{u_r}{\xi L}$，其中 ξ 取决于活动区的结构，而符号不同；对于对流的六边形结构，其绝对值大概在 1~2 。对于太阳中的超米粒尺度对流结构，ξ 的符号可以认为是随机的。如果我们考虑卷状对流，它接近于 1，而对于由三个卷组成的六边形对流单元，它接近于 2 (Elperin et al., 2002; Bukai et al., 2009)。

6.6.2 估计太阳黑子倾斜度

当给定太阳黑子形成期间活动区的演化时间 (形成相反极性之间的倾斜角)，与通量管出现时间 τ_F 相当，因此我们可以将倾斜角估计为

$$\delta = w_r \tau_\mathrm{F} = -\frac{2\pi \tau_\mathrm{D}}{T_\odot} \left(4 \sin \phi + \frac{1}{\xi} \cos \phi \right) \tag{6.107}$$

其中，太阳恒星自转周期 $T_\odot \approx 25$ 天近似对应于卡林顿自转。该公式括号前的系数为 0.25~0.5。

由于太阳黑子主要发生的低纬度地区 $\sin \phi$ 的值与括号内的后一项相当，即 $1/8 \sim 1/4$ 量级，我们可以预期各个活动区的倾斜角变化很大甚至改变符号。这一估计还意味着纬度越高，倾斜角的可变性越小，这可能需要通过观测来验证。给定 ξ 的符号随机波动，其值随超米粒变化，对于平均倾斜 δ，我们可以得到 $(0.25 \sim 0.5) \sin \phi$ 的范围，它给出的中纬度区域量级为 15°，因此与 Howard (1991) 的观测结果非常吻合。观测到的磁倾斜幅度随着偏离太阳赤道而增加，几乎与纬度呈线性关系，或类似于 $\sin \phi$，并且对于中等纬度，其平均为 $5° \sim 15°$，见例如 Stenflo 和 Kosovichev (2012), Tlatov 等 (2013) 文献作为参考。

相应地，对于典型的倾角 $\delta \sim 0.1 \sim 0.2$ ($5° \sim 10°$)，缠绕 Υ 的估计值为

$$\Upsilon = \delta / H_B \sim 10^{-10} \, \mathrm{cm}^{-1} = 10^{-8} \, \mathrm{m}^{-1} \tag{6.108}$$

这与观测结果的数量级非常匹配，例如 Zhang 等 (2002, 2010b)。请注意，与 B_z^2 成比例的垂直磁场能量是均分磁场的量级。

6.6.3　发电机模型中电流螺度和缠绕的估计

在使用太阳活动区中上升通量管的局部效应估计倾斜角以及电流螺度和缠绕过程中，我们将通过轴对称球层发电机模型估计这些值，见 6.2.3 节的讨论。让我们在总磁螺度守恒的假设下 (见 6.3 节)，使用式 (6.42) 来计算活动区的平均电流螺度，

$$H_c^{\mathrm{AR}} = \langle \mathbf{B}^{\mathrm{AR}} \cdot \nabla \times \mathbf{B}^{\mathrm{AR}} \rangle \approx -\frac{1}{L_{\mathrm{AR}}^2} \mathbf{A} \cdot \mathbf{B} = -\frac{B_*^2 R_\odot}{L_{\mathrm{AR}}^2} \tilde{A} \tilde{B} \tag{6.109}$$

其中，$A = R_\odot \tilde{A} \tilde{B}_*$，$B = \tilde{B} B_*$；这里 $B_* = 10\rho_0^{1/2} \eta_T / R_\odot$ 是发电机机制产生的特征磁场，η_T 是湍流磁扩散系数 (Zhang et al., 2012; Kleeorin et al., 1995)，太阳半径 $R_\odot \approx 7 \times 10^{10}$ cm。活动区的磁场缠绕可以估计为

$$\varUpsilon \equiv \frac{\langle \mathbf{B}^{\mathrm{AR}} \cdot \nabla \times \mathbf{B}^{\mathrm{AR}} \rangle}{\langle (\mathbf{B}^{\mathrm{AR}})^2 \rangle} \approx -\frac{\mathbf{A} \cdot \mathbf{B}}{L_{\mathrm{AR}}^2 \mathbf{B}^2} \approx -\frac{\tilde{\mathbf{A}}}{\tilde{\mathbf{B}}} \frac{R_\odot}{L_{\mathrm{AR}}^2} \tag{6.110}$$

这里我们假设 $\langle (\mathbf{B}^{\mathrm{AR}})^2 \rangle \approx \mathbf{B}^2$。请注意，$\tilde{A}$ 和 $\tilde{B}$ 的乘积和比率在太阳周内会有所不同，但不会在一个太阳 (奇/偶) 活动周期与另一个 (偶/奇) 活动周期之间变化。这里，$\mathbf{A} \cdot \mathbf{B}$ 的符号主要为负 (大约为周期的 3/4)，因此 $\varUpsilon > 0$ 的符号，即与科里奥利力产生的符号相反。根据观察，活动区的水平尺度约为超级米粒的量级，即 $L_{\mathrm{AR}} \sim (2 \sim 5) H_\rho$，其中 $H_\rho \sim 10^9$ cm。因此，我们估计 $L_{\mathrm{AR}} \sim (2 \sim 5) \times 10^9$ cm $= 20 \sim 50$ Mm。

使用式 (6.110)，我们估计活动区的磁场缠绕为

$$\varUpsilon \approx -\frac{\tilde{\mathbf{A}}}{\tilde{\mathbf{B}}} \frac{R_\odot}{L_{\mathrm{AR}}^2} \approx -(0.3 \sim 1) \times 10^{-10} \text{ cm}^{-1} \tag{6.111}$$

其中，通常为 $\tilde{\mathbf{A}}/\tilde{\mathbf{B}} \sim 6 \times 10^{-3}$。这个值是 10^{-2} 的数量级，这是 $\alpha\Omega$ 类型的大多数运动学发电机模型的典型值。现在，让我们取 0.2~0.5 量级的 $\tilde{B}$ 的值 (因为它位于对流区的底部)。如果我们采用 $B_{\mathrm{eq}} \sim 500 \sim 1000$ G 的值作为太阳黑子本影中靠近或刚好在光球层下方的某个位置，我们估计电流螺度的大小为

$$H_c^{\mathrm{AR}} = \varUpsilon B^2 \tilde{B}^2 \sim -10^{-5} \text{ G}^2/\text{cm} = -10^{-3} \text{ G}^2/\text{m} \tag{6.112}$$

这个值与 Zhang 等 (2010b) 的观察结果相当，给出 $(1 \sim 2) \times 10^{-5}$ G^2/cm 量级的电流螺度和 $(1 \sim 2) \times 10^{-10}$ cm^{-1} 的缠绕。

在存在螺度通量的情况下，由于科里奥利力，发电机产生的螺度的一部分 (我们假设相同的部分) 从光球中移除并注入日冕中。我们将这个螺旋注入的分数表示为 ϵ。这样结合式 (6.106)、式 (6.109) 和式 (6.112)，我们可以推导出活动区剩余总电流螺度的以下表达式：

$$H_c^{\mathrm{ARTOT}} = -\epsilon \frac{2\pi\tau_{\mathrm{D}}}{T_\odot} \left(4\sin\phi + \frac{1}{\xi}\cos\phi \right) \frac{B_z^2}{H_B} - (1-\epsilon)\frac{1}{L_{\mathrm{AR}}^2}\mathbf{A} \cdot \mathbf{B} \qquad (6.113)$$

因此，从太阳活动区喷射到日冕中的螺度是

$$H_c^{\mathrm{ARFL}} = \epsilon \frac{2\pi\tau_{\mathrm{D}}}{T_\odot} \left(4\sin\phi + \frac{1}{\xi}\cos\phi \right) \frac{B_z^2}{H_B} - \epsilon\frac{1}{L_{\mathrm{AR}}^2}\mathbf{A} \cdot \mathbf{B} \qquad (6.114)$$

值得注意的是，式 (6.112) 和式 (6.113) 中螺度的总剩余部分和通量部分之和等于式 (6.109) 中发电机产生的螺度量。式 (6.113) 中的具体未知值，可以通过比较理论发电机模型和太阳活动区磁场倾斜角、垂直磁场、缠绕和电流螺度的观测数据来估计。对于大活动区，总螺度的主要贡献可能是科里奥利力，而对于较小的活动区，则是由发电机产生机制。两者之间的区别可以通过太阳活动周期的纬度和相位来确定。关于太阳活动区磁场倾角和缠绕之间在观测上的统计关系，实际上比理论预期更复杂，请参看 3.4 节和 5.2.2 节。这个问题需要通过校准的发电机模型和可用的观测数据进行进一步研究。

第 7 章　问题进一步提出

美国太阳物理学家 Parker (2009) 指出："*Leighton (1969) remarked many years ago that 'were it not for magnetic fields, the Sun would be as uninteresting as most astronomers seem to think it is'; this is the stuff that makes science so fascinating.*"（译文："Leighton (1969) 很多年前指出'正如大多数天文学家认为的，如果没有磁场，太阳将是无趣的'；这使得科学如此迷人。"）同时，他又指出："*These scientific puzzles, and many others, have been with us for years, and we are beginning to be haunted by Wigner's dictum: The important problems in physics are rarely solved; they are either forgotten or declared to be uninteresting. The hope is that sufficient attention to the problem may ultimately evade Wigner's dictum. Consider, then, the origin of the magnetic fields of the Sun, as a place to begin the discussion.*"（译文："这些科学难题已经伴随我们多年了，维格纳的名言时常萦绕在我们心头：物理学中的重要问题很少被解决；它们要么被忘记，要么丧失了兴趣。希望能足够重视这些问题，最终可能逃避维格纳的名言。考虑的话，太阳的磁场的起源，作为讨论的开始。"）

与人类生存环境息息相关的太阳活动现象源于太阳磁场的变化，因而太阳磁场研究具有强大的吸引力，一直是太阳物理研究的核心课题。通常人们认为太阳磁场的极限分辨率是在太阳大气中光子自由程的尺度上，即百千米量级。太阳是我们有能力观察到其细节磁活动的唯一恒星，因而在天体物理以及自然界电磁现象研究中占据着不可替代的位置。近年来，空间太阳观测资料向我们展示前所未有的不同波段的大量太阳细节信息，使我们在太阳的物理结构及爆发活动研究等方面具有取得前所未有的进展的可能性。应当看到，当我们深入思考后发现，即使太阳磁场的研究，对其中诸多基本问题依然不甚了了，即使很多看似权威的解释，也可能存在这样或那样的漏洞。当我们通过努力，对其中一些问题感到有所清晰时，一些新的和更深层面的困扰又出现在我们的面前。从太阳磁场物理观测研究的角度上，把我所感到困扰问题初步归纳在下面。有一个老科学家曾经说过："一百个太阳物理学家，就可能会有一百个太阳耀斑的物理模型。"这句话可能过于夸张，但从一个侧面反映了我们对太阳认知还相当匮乏，以及其中可能存在的这样或那样的误区。同样，下面的探讨和问题自然也仅供思考。

7.1 太阳磁场的测量

由于无法接近太阳去直接测量其磁场，我们所获得的太阳磁场的信息通常是建立在以磁场中光谱塞曼效应为基础的理论框架体系，以及由此逐渐建立起来的太阳偏振光的诊断和分析方法上面。另外，汉勒效应和射电波段的偏振分量也携带太阳磁场的信息。如何由太阳大气中偏振光的辐射转移过程的信息来推断太阳磁场，具有重要意义。但由于对太阳大气的基本结构本身认知上的缺陷，以及偏振光中所携带磁场信息的不唯一性等诸多问题，太阳磁场的测量依然是磁场研究中的核心课题。其中一个浅显的例证就是不同磁场观测仪器获得的太阳活动区矢量磁图上的差异，而我们至今无法完全把它解释清楚，何况磁场测量所涉及的一些基本问题。其中的一些问题包括：

(1) 太阳大气中谱线辐射转移中各种参数通常是建立在局部热动平衡等系列经典假设的基础上，在偏振分光谱析中，各种参数的合理性依然值得深入探讨；

(2) 太阳大气是非均匀和运动等离子体气体，对其磁场敏感谱线辐射转移过程的复杂性知之甚少；

(3) 由于磁场大气介质的各向异性，如何有效确定和修正磁光效应对磁场测量的影响是有意义的课题；

(4) 由太阳偏振光推论磁场，横向磁场方向 180° 不确定性是固有的缺陷，完全解决该问题具有挑战性；

(5) 太阳高层大气稀薄而温度骤然升高，太阳色球和过渡区磁场的测量会遇到更多的不确定性，在日冕光学薄大气中进行弱磁场的精确测量和分析更加困难，同时具有重要意义。

7.2 太阳磁场的基本结构

由于磁场在太阳活动中起到关键的作用，太阳磁场的基本结构和演化研究具有重要的意义。我们较为精确的太阳磁场测量基本上基于太阳的低层大气，而太阳高层大气中的磁场结构通常是建立在形态分析和理论思考的基础上。由此人们更难以获得太阳高层大气磁场分布的一致结论。另外，我们无法确切测量太阳大气中的水平电流，以致无法获得完整的磁 (电流) 螺度等基本物理量。由此，应当说，我们对太阳磁场的基本结构的认识依然不十分清晰。在太阳磁结构的分析研究方面，诸多课题有待于深入，其涉及的一些基本问题包括：

(1) 太阳磁场的基本结构形式的探讨，其重要意义在于认清宇宙磁场的基本形式——磁流管等的物理特征；

(2) 太阳普遍存在的宁静区和网络磁场的分布与演化形式；

(3) 太阳活动区黑子与磁场的内在联系,包括磁浮现、运动磁结构的基本形式;

(4) 通过观测确定与太阳非势磁能存储相联系的太阳磁场剪切和电流分布,以及可能的空间形式和演化;

(5) 太阳大气中磁螺度的分布特征和输运机制,即探讨太阳磁场的拓扑连接性;

(6) 太阳活动区上空磁场的重联和湮灭机制,以及可能观测特征的进一步确认。

7.3   太阳磁周期变化

太阳磁活动周期性研究是核心课题, 它涉及太阳发电机机制这一基本问题。通过大量的太阳黑子活动区的统计分析,人们首先发现太阳 11 年活动周期的现象,继而通过太阳磁场的观察,发现太阳大尺度磁场的 22 年极性周期变化。太阳表面磁场的大量观测为我们理解太阳内部磁场形成提供了重要契机和切入点。太阳活动区矢量磁场的系统观测为我们提供了太阳磁场缠绕的分布特征, 即为研究和分析太阳内部磁场形成的新的动力。同时, 由于太阳大气的不透明度, 即便是通过日震学的诊断可以知道太阳对流区内的大致情况,但我们对太阳内部的磁场信息依然知之甚少, 以致不能完全肯定哪些参数在太阳发电机过程中真正起到决定性的作用。如何从太阳表面诸多磁场观测信息来推论太阳内部磁场结构和演化,这具有挑战性。其中有待于深入探讨的一些课题包括:

(1) 太阳活动周中非势磁场和螺度统计分布特征, 以及其与太阳耀斑–日冕物质抛射的相关性;

(2) 太阳磁场如何形成, 以及其与流场是如何相互作用的;

(3) 太阳发电机过程中磁 (电流) 螺度等如何贡献;

(4) 太阳发电机理论是否是有效探讨和预测太阳活动周期变化的重要手段。

7.4   空   间   天   气

空间天气是近地空间或太阳大气到地球大气的空间环境条件变化的概念。它与地球大气层 (对流层和平流层) 内天气截然不同。空间天气是描述日地空间环境等离子体、磁场、辐射和其他物质的变化。空间天气变化的源头通常是形成在太阳大气中的太阳风暴 (耀斑–日冕物质抛射等), 它与太阳磁场变化密切相关。可以说至今为止, 我们依然不十分清楚太阳风暴的触发和在日地空间中的发展变化过程。一个基本问题是, 太阳磁场是如何伴随着太阳风暴从太阳表层延展到日地空间的。

参 考 文 献

方成, 丁明德, 陈鹏飞. 2008. 太阳活动区物理. 南京: 南京大学出版社

胡文瑞, 林元章, 吴林襄. 1993. 太阳耀斑. 北京: 科学出版社

胡文瑞. 1987. 宇宙磁流体力学. 北京: 科学出版社

林元章. 2000. 太阳物理导论. 北京: 科学出版社

毛信杰. 2013. 太阳磁流体力学讲义, 手稿本

毛信杰. 2015. 磁场在导电流体场中产生讲义, 手稿本

宋慰鸿, 艾国祥, 张洪起, 等. 1990. 天体物理学报, **10**, 56(英文期刊转载)

宋慰鸿, 艾国祥, 张洪起, 等. 1992. 原子与分子物理学报, **9**, 2311

吴德金, 陈玲. 2021. 实验室、空间和天体等离子体中的动力学阿尔芬波. 南京: 南京大学出
版社-Springer

杨志良, 景海荣. 2015. 太阳物理概论. 北京: 清华大学出版社

曾谨言. 1997. 量子力学, 部分 1 . 北京: 科学出版社

章振大. 1992. 太阳物理学. 北京: 科学出版社

赵凯华. 1980. 等离子体中的波和不稳定性 (Vlasov 线性理论). 北京: 北京大学

Abraham M, Becker R. 1950. Classical Theory of Electricity and Magnetism. 2nd ed.
London: Blackie

Abramenko V I, Wang T J, Yurchishin V B. 1996. Solar Physics, **168**, 75

Abramenko V I, Wang T J, Yurchishin V B. 1997. Solar Physics, **174**, 291

Abramenko V I. 2005. Astrophys. J., **629**, 1141

Ahrens B, Stix M, Thorn M. 1992. A&A, **264**, 673

Ai G X. 1989. Publ. Yunnan Obs., Special Issue, 5

Ai G X. 1991. Sopo, Work, 96

Ai G X. 1993a. ASPC, **46**, 149

Ai G X. 1993b. Private Communication

Ai G X, Li W, Zhang H Q. 1982. Acta Astron. Sinica, **23**, 39

Ai G X, Hu Y F. 1986. Publ. Beijing Astron. Obs., **8**, 1

Ai G X, Hu Y F. 1987a. Science in China (SSSMP), **30**, 868

Ai G X, Hu Y F. 1987b. Science in China (SSSMP), **30**, 1969

Ai G X, Hu Y F. 1987c. AcApS., **7**, 305

Ai G X, Zhang H Q, Li J, et al. 1991. ChSBu, **36**, 1275

Alfvén H. 1942. Nature, **150 (3805)**, 405

Alfvén H, Falthammer R C. 1963. Cosmical Electrodynamics. Oxford: Oxford University
Press

Alissandrakis C E. 1981. Astron. Astrophys., **100**, 197

Allen C W. 1973. Astrophysics Quantities. London: The Athlone Press

Almeida J S. 1997. Astron. Astrophys., **324**, 763

Aly J J. 1984. Astrophys. J., **283**, 349

Aly J J. 1989. Solar Physics, **120**, 19

Aly J J. 1992. Solar Physics, **138**, 133

Amari T, Aly J J, Luciani J F, et al. 1997. Solar Physics, **174**, 129

Amari T, Boulmezaoud T Z, Mikic Z. 1999. Astron. Astrophys., **350**, 1051.

Amari T, Boulmezaoud T Z, Aly J J. 2006. Astron. Astrophys., **446**, 691.

André J C, Lesieur M. 1977. JFM, **81**, 187

Angel J R P, Borra E F, Landstreet J D. 1981. Astrophys. J. Suppl. Ser., **45**, 457

Antalova A. 1996. Contrib. Astron. Obs. Skalnate Pleso, **26**, 98

Antia H M, Basu Sarbani, Chitre S M. 1998. Mon. Not. R. Astron. Soc., **298**, 543

Antonia R A, Ould-Rouis M, Anselmet F, et al. 1997. J. Fluid Mech., **332**, 395

Ara G, Basu B, Coppi B, et al. 1978. Ann. Phys., **112**, 443

Arnold V I. 1974. The asymptotic Hopf invariant and its applications (in Russian)//Proc. Summer School in Differential Equations, Erevan. Armenian SSR Acad. Sci.

Aschwanden M. 2006. Physics of the Solar Corona, An Introduction with Problems and Solutions. Berlin: Springer

Auer L H, Heasley J N, House L L. 1977a. Astrophys. J., **216**, 531

Auer L H, Heasley J N, House L L. 1977b. Solar Physics, **55**, 47

Aydemir A Y. 1991. Phys. Fluids B, **3**, 3025

Babcock H W. 1953. Astrophys. J., **118**, 387

Babcock H W, Babcock H D. 1955. Astrophys. J., **121**, 349

Bahcall J N, Ulrich R K. 1988. Rev. Modern Phys., **60**, 297

Bai X Y, Deng Y Y, Su J T. 2013. Solar Physics, **282**, 405

Baker N, Temesvary S. 1966. Tables of Convective Stellar Envelope Models. New York: Goddaid Inst., 312

Balasubramaniam K S, West E A. 1991. Astrophys. J., **382**, 699

Baliunas S, Frick P, Moss D, et al. 2006. Mon. Not. R. Astron. Soc., **365**, 181

Bao S D, Zhang H Q. 1998. Astrophys. J., **496**, L43

Bao S D, Zhang H Q, Ai G X, et al. 1999. Astron. Astrophys. Suppl., **139**, 311

Bao S D, Pevtsov A A, Wang T J, et al. 2000a. Solar Physics, **195**, 75

Bao S D, Ai G X, Zhang H Q. 2000b. J. Astrophys. Astron., **21**, 303

Bao S D, Ai G X, Zhang H Q. 2001. IAUS, **203**, 247

Bao X M, Zhang H Q. 2003. ChJAA, **3**, 87

Bao X M, Zhang H Q, Lin J. 2006. ChJAA, **6**, 741

Basu B, Coppi B. 1981. Phys. Fluids, **24**, 465

Basu S. 1997. Mon. Not. R. Astron. Soc., **288**, 572

Batchelor H K. 1953. The Theory of Homogeneous Turbulence. Cambridge, England: Cambridge University Press

Bellan P M. 2001. Private Communication

Benevolenskaya E E, Kosovichev A G, Lemen J R, et al. 2002. Astrophys. J., **571**, L181

Berger M A. 1982. Bull. Am. Astron. Soc. **14**, 978

Berger M A. 1984. Geophys. Astrophys. Fluid Dyn., **30**, 79

Berger M A. 1986. Geophys. Astrophys. Fluid Dyn., **34**, 265

Berger M A. 1999. Plasma Phys. Control. Fusion, **41**, B167

Berger M A, Field G B. 1984. J. Fluid Mech., **147**, 133

Berger M A, Ruzmaikin A. 2000. J. Geophys. Res., **105**, 10481

Berger T E, Lites B W. 2003. Solar Physics, **213**, 213

Berlicki A, Mein P, Schmieder B. 2006. Astron. Astrophys., **445**, 1127

Bernasconi P N, Rust D M, Georgoulis M K,et al. 2002. Solar Physics, **209**, 119

Bertin G. 1982. Phys. Rev. A, **25**, 1786-1789

Bethe H A, Salpeter E E. 1957. Quantum Mechanics of One- and Two-electron Atoms.Berlin:
    Springer-Verlag

Bianda M, Ramelli R, Anusha L S, et al. 2011. Astron. Astrophys., **530**, L13

Biskamp D. 2000. Magnetic Reconnection in Plasmas. Cambridge: Cambridge University
    Press

Biskamp D. 2008. Magnetohydrodynamic Turbulence. Cambridge: Cambridge University
    Press

Biskamp D, Schwarz E, Drake J F. 1997. Phys. Plasmas, **4**, 1002

Blackman E G, Field G B. 2000a. Astrophys. J., **534**, 984

Blackman E G, Field G B. 2000b. Mon. Not. R. Astron. Soc., **318**, 724

Blackman E G, Brandenburg A. 2002. Astrophys. J., **579**, 359

Blackman E G,Field G B. 2002. Physical Review Letters, **89**, 265007

Boldyrev S, Mason J, Cattaneo F. 2009. Astrophys. J., **699**, L39

Bogdan T J, Gilman P A, Lerche I, et al. 1988. Astrophys. J., **327**, 451

Boldyrev S, Mason J, Cattaneo F. 2009. Astrophys. J., **699**, L39

Bonanno A, Elstner D, Rüdiger G, et al. 2002. Astron. Astrophys., **390**, 673

Born M. 1972. Optik. 3rd ed. Berlin: Springer

Borue V, Orszag S A. 1997. PhRvE, **55**, 7005

Boyd T J M, Sanderson J J. 2003. The Physics of Plasmas. Cambridge: Cambridge
    University Press

Brandenburg A. 2001. Astrophys. J., **550**, 824

Brandenburg A. 2005. Astrophys. J., **625**, 539

Brandenburg A. 2009. Astrophys. J., **697**, 1206

Brandenburg A, Käpylä P J. 2007. New Journal of Physics, **9**, 305

Brandenburg A, Nordlund Å. 2011. Rep. Prog. Phys., **74**, 046901

Brandenburg A, Schmitt D. 1998. Astron. Astrophys., **338**, L55

Brandenburg A, Sokoloff D D. 2002. Fluid Dynam., **96**, 319

Brandenburg A, Subramanian K. 2005a. Phys. Rep, **417**, 1

Brandenburg A, Subramanian K. 2005b. Astron. Astrophys., **439**, 835

Brandenburg A. 2018. J. Plasma Phys., 2018, **84**, 735840404

Brandenburg A, Tuominen I. 1988. Adv. Space Sci., **8**, 185

Brandenburg A, Tuominen I, Nordlund A, et al. 1990. Astron. Astrophys., **232**, 277

Brandenburg A, Nordlund A, Stein R F, et al. 1995. Astrophys. J., **446**, 741

Brandenburg A, Candelaresi S, Chatterjee P. 2009. MNRAS, **398**, 1414

Brandenburg A, Kleeorin N, Rogachevskii I. 2010. Astron. Nachr., **331**, 5

Brandenburg A, Kemel K, Kleeorin N, et al. 2011a. Astrophys. J., **740**, L50

Brandenburg A, Subramanian K, Balogh A, et al. 2011b. Astrophys. J., **734**, 9

Brandenburg A, Kahniashvili T, Tevzadze A G. 2015. PhRvL, **114**, 075001

Branson J, Moore R, Drakos N. 2003. Quantum Physics (UCSD Physics 130). https://quantummechanics.ucsd.edu/ph130a/130_notes/130_notes.html

Bray R J, Loughhead R E. 1965. Sunspots. New York: John Wiley & Sons

Brickhouse N S, Labonte B J. 1988. Solar Physics, **115**, 43

Brown B P, Browning M K, Brun A S, et al. 2011.//Johns-Krull C, Browning M K, West A A. Astronomical Society of the Pacific Conference Series, Vol. 448. 16th Cambridge Workshop on Cool Stars, Stellar Systems, and the Sun. 277

Bukai M, Eidelman A, Elperin T, et al. 2009. Phys. Rev. E, **79**, 066302

Buneman O. 1959. Phys. Rev., **115**, 503

Cacciani A, Varsik J, Zirin H. 1990. Solar Physics, **125**, 173

Cally P S, Dikpati M, Gilman P A. 2003. Astrophys. J., **582**, 1190

Calugareanu G. 1959. Rev. Math. Pures Appl., **4**, 5

Canfield R C, Pevtsov A A. 1998. Solar Physics, **182**, 145

Canfield R C, de La Beaujardiere J F, Fan Y H, et al. 1993. Astrophys. J., **411**, 362

Canfield R C, Pevtsov A, McClymont A. 1996.//Bentley R D, Mariska J T. Magnetic Reconnection in the Solar Atmosphere, ASP Conf. Ser., **111**, 341

Canfield R C, Hudson H S, McKenzie D E. 1999. Geophys. Res. Lett., **26**, 627

Casini R, Landi Degl'Innocenti E. 1993. Astron. Astrophys., **276**, 189

Casini R, Judge P G. 1999. Astrophys. J., **522**, 524

Chae J. 2001. Astrophys. J., **560**, L95

Chae J, Wang H M, Qiu J, et al. 2001. Astrophys. J., **560**, 476

Chae J, Moon Y J, Park Y D. 2004. Solar Physics, **223**, 39

Chandrasekhar S. 1950. Radiative Transfer. Oxford: Clarendon Press

Chandrasekhar S. 1961. Hydrodynamic and Hydromagnetic Stability. Oxford: Clarendon Press

Charbonneau P. 2011. Living Reviews in Solar Physics, **2**, 2

Charvin P. 1965. Ann. Astrophys., **28**, 877

Chase R, Krieger A, Švestka Z, et al. 1976. //Space Research XVI. Berlin: Akademie-Verlag, 917

Chatterjee P, Nandy D, Choudhuri A R. 2004. Astron. Astrophys., **427**, 1019

Chatterjee P, Guerrero G, Brandenburg A. 2011. Astron. Astrophys., **525**, A5

Chen J, Ai G, Zhang H, et al. 1989. Publ. Yunnan Astron. Obs., Suppl., 108

Chen J M, Wang H M, Zirin H. 1994. Solar Physics, **154**, 261

Chen H R, Chou D Y, TON Team. 1997. Astrophys. J., **490**, 452

Chen J, Bao S, Zhang H. 2006. Solar Physics, **187**, 33

Chen J, Bao S, Zhang H. 2007. Solar Physics, **242**, 65

Chen J, Su J T, Yin Z Q, et al. 2015. Astrophys. J., **815**, 71

Chen J, Pevtsov A A, Su J T, et al. 2020. Solar Physics, **295**, 59

Cheung M C M, Schüssler M, Moreno-Insertis F. 2006. ASPC, **354**, 97

Chiu Y T, Hilton H H. 1977. Astrophys. J., **212**, 873

Chodura R, Schlueter A. 1981. J. Comput. Phys., **41**, 68

Chou D Y, Duvall T L. 2000. Astrophys. J., **533**, 568

Choudhuri A R. 1989. Solar Physics, **123**, 217

Choudhuri A R, Schussler M, Dikpati M. 1995. Astron. Astrophys., **303**, L29

Choudhuri A. 2003. Solar Physics, **215**, 31

Choudhuri A R, Chatterjee P, Nandy D. 2004. Astrophys. J., **615**, L57

Choudhary D, Sakurai T, Venkatakrishnan P. 2001. Astrophys. J., **560**, 439

Chumak O V, Chumak Z N. 1987. Kinematics and Physics of Heavenly Bodies, Kiev Naukova Dumka (in Russian), **3**, 7

Chumak O V, Zhang H Q, Guo J. 2004. Astron. Astrophys. Trans., **23**, 525

Collin B, Nesme-Ribes E, Leroy B, et al. 1995. Comptes Rendus, 321, II b, N 3, 111-118

Condon E U, Odabaşi H. 1980. Atomic Structure. Cambridge: Cambridge University Press

Condon E U, Shortley G H. 1935. The Theory of Atomic Spectra. Cambridge: Cambridge University Press

Coppi B, Galvao R, Pellat R, et al. 1976. Resistive internal kink modes, Sov. J. Plasma Phys., **2**, 533

Covas E, Tavakol R, Tworkowski A, et al. 1998. Astron. Astrophys., **329**, 350

Covas E, Moss D, Tavakol R. 2004. Astron. Astrophys., **416**, 775

Cowling T. 1957. Magnetohydrodynamics. New York: Interscience

Cox A N. 1999. Allen's Astrophysical Quantities. 4th ed. New York: Springer-Verlag

Criscuoli S, Del Moro D, Giannattasio F, et al. 2012. Astron. Astrophys., **546**, A26

Cui Y M, Wang H N. 2008. Adv. Spa. Res., **42**, 1475

Cui Y M, Li R, Zhang L Y, et al. 2006. Solar Physics, **237**, 45

Cui Y M, Li R, Wang H N, et al. 2007. Solar Physics, **242**, 1

Cuperman S, Ofman L, Semel M. 1990. Astron. Astrophys., **230**, 193

Cuperman S, Li J, Semel M. 1992. Astron. Astrophys., **265**, 296

Degenhardt D, Wiehr E. 1991. Astron. Astrophys., **252**, 821

Deinzer W. 1965. Astrophys. J., **141**, 548

Démoulin P, Berger M A. 2003. Solar Physics, **215**, 203

Démoulin P, Pariat E. 2009. Adv. Space Res., **43**, 1013

Démoulin P, Cuperman S, Semel M. 1992. Astron. Astrophys., **236**, 351

Démoulin P, Bagala L G, Mandrini C H, et al. 1997. Astron. Astrophys., **325**, 305

Démoulin P, Mandrini C H, van Driel-Gesztelyi L, et al. 2002a. Astron. Astrophys., **382**, 650

Démoulin P, Mandrini C H, van Driel-Gesztelyi L, et al. 2002b. Solar Physics, **207**, 87

Demidov M L. 1996. Solar Physics, **164**, 381

Deng Y, Wang J, Ai G. 1999. Solar Physics, **42**, 1096

Deng Y Y, Wang J X, Yan Y H, et al. 2001. Solar Physics, **204**, 13

Deng Y, Wang J, Ai G. 2009. AdSpR, **43**, 365

Deng N, Choudhary D P, Balasubramaniam K S. 2010. Astrophys. J., **719**, 385

DeRosa M L, Schrijver C J, Barnes G, et al. 2009. Astrophys. J., **696**, 1780

DeVore C R. 2000. Astrophys. J., **539**, 944

Dikpati M, Charbonneau P. 1999. Astrophys. J., **518**, 508

Dikpati M, Gilman P A. 2001. Astrophys. J., **559**, 420

Dikpati M, Gilman P A. 2006. Astrophys. J., **649**, 498

Dikpati M, de Toma G, Gilman P A, et al. 2004. Astrophys. J., **601**, 1136

Ding M D, Fang C. 1989. Astron. Astrophys., **225**, 204

Ding M D, Fang C. 1991. ChA&A, **15**, 28

Ding Y J, Hong Q F, Wang H Z. 1987. Solar Physics, **107**, 221

Dobrowolny M. 1968. Instability of a neutral sheet. Nuovo Cimento, B 55, 427

Drake J F, Lee Y C. 1977. Phys. Rev. Lett., **39**, 453

Dun J P, Kurokawa H, Ishii T T, et al. 2007. Astrophys. J., **657**, 577

Dungey J W. 1958. Cosmic Electrodynamics. Cambridge: Cambridge Univ. Press, 183

Duvall T L, Kosovichev A G, Scherrer P H, et al. 1997. Solar Physics, **170**, 63

Elperin T, Kleeorin N, Rogachevskii I, et al. 2002. Phys. Rev. E, **66**, 066305

Elsässer W M. 1950. Phys. Rev., **79**, 183

Emonet T, Moreno-Insertis F. 1998. Astrophys. J., **492**, 804

Evans J W. 1949. J. Opf. Soc. America, **39**, 229

Fadeev V M, Kvartskhava I F, Komarov N N. 1965. Nucl. Fusion, **5**, 202

Falconer D A. 2001. J. Geophys. Res., **106**, 25185

Falconer D A, Moore R L, Gary G A. 2003. J. Geophys. Res., **108**, SSH11

Fan Y, Zweibel E G, Lantz S R. 1998. Astrophys. J., **493**, 480

Fan Y, Zweibel E G, Linton M G, et al. 1999. Astrophys. J., **521**, 460

Fan Y, Abbett W P, Fisher G H. 2003. Astrophys. J., **582**, 1206

Fárník M, Karlicky M, Švestka Z. 1999. Solar Physics, **187**, 33

Feldman U, Doschek G A, Klimchuk J A. 1997. Astrophys. J., **474**, 511

Field G B, Blackman E G. 2002. Astrophys. J., **572**, 685

Fisher G H, Fan Y, Longcope D W, et al. 2000. Solar Physics, **192**, 119

Fried B D, Conte S D. 1961. The Plasma Dispersion Function. New York: Academic Press

Frisch U. 1995. Turbulence. The legacy of A. N. Kolmogorov. Cambridge: Cambridge University Press

Frisch U, Pouquet A, Leorat J, et al. 1975. J. Fluid Mech., **68**, 769

Fuller F B. 1978. Proc. Natl Acad. Sci. USA, **75**, 3557

Furth H P, Killeen J, Rosenbluth M N. 1963. Phys. Fluids, **6**, 459

Gabriel A H. 1974. A magnetic model of the chromosphere-corona transition region//Athay R G . IAU Symp. No. 56. D. Reidel Publ. Co., 295

Gabriel A H. 1976. Phil. Trans. Roy. Soc. London A, **281**, 339

Galitskii V, Sokoloff D, Kuzanyan K. 2005. Astron. Reports, **49**, 337

Gao Y, Su J T, Xu H, et al. 2008. Mon. Not. R. Astron. Soc., **386**, 1959

Gao Y, Zhang H, Zhao J. 2009. Mon. Not. R. Astron. Soc., **394**, L79

Gao Y, Zhao J, Zhang H. 2012. Astrophys. J., **761**, L9

Garcia J P, Mark J E. 1965. J. Opt. Soc. Am., **55**, 654

Gary G A. 1989. Astrophys. J. Suppl. Ser., **69**, 323

Georgoulis M K. 2012. Solar Physics, **276**, 423-440

Georgoulis M K, LaBonte B J. 2007. Astrophys. J., **671**, 1034

Georgoulis M K, LaBonte B J, Metcalf T R. 2004. Astrophys. J., **602**, 446

Georgoulis M K, Rust D M, Pevtsov A A, et al. 2009. Astrophys. J., **705**, L48

Gibson E G. 1973. The Quiet Sun. Scie. Tech. Inf. Off., NASA

Gilman P A, Dikpati M. 2000. Astrophys. J., **528**, 552

Gilman P A, Howe R. 2003. //Saways-Lacosta H. Local and Global Helioseismology: The Present and Future. Noordwijk: ESA Publications Division, 283

Giovanelli R G. 1939. Astrophys. J., **89**, 555

Giovanelli R G. 1949. Electron energies resulting from an electric field in a highly ionized gas. Phil. Mag., Seventh Series, **40**, No. 301, 206

Giovanelli R G. 1980. SSolar Physics, **68**, 49

Giovanelli R G, Jones H P. 1982. Solar Physics, **79**, 267

Gizon L, Duvall T L, Schou J. 2003. Natur, **421**, 43

Glover A, Harra L K, Matthews S A, et al. 2003. Astron. Astrophys., **400**, 759

Goldreich P, Sridhar S. 1995. Astrophys. J., **438**, 763

Gough D O. 1969. J. Atmos. Sci., **26**, 448

Gough D O, Weiss N O. 1976. Mon. Not. Roy. Astr. Aoc., **176**, 589

Green L M, López Fuentes M C, Mandrini C H, et al. 2002. Solar Physics, **208**, 43

Greenspan H. 1968. The Theory of Rotating Fluids. Cambridge: Cambridge Univ. Press

Griem H R. 1964. Plasma Spectroscopy. New York: McGraw-Hill Book Co.

Griem H R. 1997. Principle of Plasma Spectroscopy. Cambridge: Cambridge University Press

Grigoryev V M, Kobanov N I, Osak B F, et al. 1985. //Hagyard M. Measurements of Solar Vector Magnetic Fields. NASA Conf. Pub., **2374**, 231

Grossmann-Doerth U, Uexkull M V. 1975. Solar Physics, **42**, 303

Gruzinov A V, Diamond P H. 1994. PhRvL, **72**, 1651

Gruzinov A V, Diamond P H. 1995. Phys. Plasmas, **2**, 1941

Guerrero G, Chatterjee P, Brandenburg A. 2010. Mon. Not. R. Astron. Soc., **409**, 1619

Guglielmino S L, Bellot Rubio L R, Zuccarello F, et al. 2010. Astrophys. J., **724**, 1083

Guo J, Zhang H Q. 2007. Adv. Spa. Res., **39**, 1773

Guo J, Zhang H Q, Chumak O V, et al. 2006. Solar Physics, **237**, 25

Guo J, Zhang H Q, Chumak O V. 2007. Astron. Astrophys., **462**, 1121

Guo Y, Ding M D, Jin M, et al. 2009. Astrophys. J., **696**, 1526

Guo J, Zhang H Q, Chumak O V, et al. 2010. Mon. Not. R. Astron. Soc., **405**, 111

Hagenaar H J. 2001. Astrophys. J., **555**, 448

Hagenaar H J, Shine R A. 2005. Astrophys. J., **635**, 659

Hagino M, Sakurai T. 2004. Publ. Astron. Soc. Jap., **56**, 831

Hagino M, Sakurai T. 2005. Publ. Astron. Soc. Jap., **57**, 481

Hagyard M J. 1988. Solar Physics, **115**, 107

Hagyard M J, Pevtsov A A. 1999. Solar Physics, **189**, 25

Hagyard M J, Rabin D M. 1986. Adv. Space Res, **6**, 7

Hagyard M J, Teuber D. 1978. Solar Physics, **57**, 267

Hagyard M J, Low B C, Tandberg-Hanssen E. 1981. Solar Physics, **73**, 257

Hagyard M J, Cumings N P, West E A, et al. 1982. Solar Physics, **80**, 33

Hagyard M J, Smith J B, Jr., Teuber D, et al. 1984. Solar Physics, **91**, 115

Hagyard M J, Cumings N P, West E A. 1985. //De Jager C, Chen Biao . Proceedings of Kunming Workshop on SolarPhysics and Interplanetary Traveling Phenomena, 1216

Hagyard M J, Adams M L, Smith J E, et al. 2000. Solar Physics, **191**, 309

Hale G E. 1908. Astrophys. J., **28**, 315

Hale G E, Nicholson S B. 1925. Astrophys. J., **62**, 270

Hale G E, Nicholson S B. 1938. Magnetic Observations of Sunspots. Carnegie Institution of Washington, 1917-1924

Hale G E, Ellerman F, Nicholson S B, et al. 1919. Astrophys. J., **49**, 153

Hanaoka Y. 2005. Publ. Astron. Soc. Jap., **57**, 235

Hanle W. 1924. Z. Phys., **30**, 93

Hao J, Zhang M. 2011. Astrophys. J., **733**, L27.

Harra L, Matthews S, van Driel-Gesztelyi L. 2003. Astrophys. J., **598**, L59

Harris E G. 1962. Nuovo Cimento, **23**, 115

Harvey J W. 1969. Ph.D. Thesis. Colorado University

Harvey J W. 1985. SVMF, NASA, 109

Harvey K, Harvey J. 1973. Solar Physics, **28**, 61

Hathaway D. 2010. Living Rev. Solar Phys, **7**, 1

Hazra G, Karak B B, Choudhuri A R. 2014. Astrophys. J., **782**, 93

Hazeltine R D, Strauss H R. 1978. Phys. Fluids, **21**, 1007

Hazeltine R D, Kotschenreuther M, Morrison R J. 1985. A four-field model for tokamak plasma dynamics. Phys. Fluids, **28**, 2466

He H, Wang H. 2008. J. Geophys. Res., **113**, A05S90

He H, Wang H, Yan Y H. 2008. 37th COSPAR Scientific Assembly, 1197

He H, Wang H, Yan Y. 2011. J. Geophys. Res., **116**, A01101

Higgins G H, Kennedy G C. 1971. J. Geophys. Res., **76**, 1870

Hinton F L, Horton C W. 1971. Phys. Fluids, **14**, 116

Hoeksema J T, Liu Y, Hayashi K, et al. 2014. Solar Physics, **289**, 3483

Hoh E C. 1966. Phys. Fluids, **9**, 277

Holder Z A, Canfield R C, McMullen R A, et al. 2004. Astrophys. J., **611**, 1149

Holtsmark J. 1919. Ann. Phys, (Leipzig), **58**, 577

Hong J, Ding M D, Li Y, et al. 2018. Astrophys. J., **857**, L2

Hooper C F, Jr. 1968. Phys. Rev, **165**, 215

Howard R F. 1991. Solar Physics, **136**, 251

Howard R, Harvey J. 1970. Solar Physics, **12**, 23

Howard R F, Harvey J W, Forgach S. 1990. Solar Physics, **130**, 295

Howe R, Christensen-Dalsgaard J, Hill F, et al. 2000. Astrophys. J., **533**, L163

Hsu C T, Hazeltine R D, Morrison P J. 1986. A generalized reduced fluid model with finite
    ion-gyroradius effects. Phys. Fluids, **29**, 1480

Hubbard A, Brandenburg A. 2012. Astrophys. J., **748**, 51

Hurlburt N E, Rucklidge A M. 2000. Mon. Not. R. Astron. Soc., **314**, 793

Iida Y, Hagenaar H, Yokoyama T. 2012. Astrophys. J., **752**, 149

Inoue S, Kusano K, Masuda S, et al. 2008. ASPC, **397**, 110

Iroshnikov R S. 1963. Astron Zh., **40**, 742 (English translation: 1964. Sov Astron, **7**, 566)

Jackson J D. 1962. Classical Electrodynamics. New York: John Wiley & Sons

Jeong H, Chae J. 2007. Astrophys. J., **671**, 1022

Ji H. 1999. PhRvL, **83**, 3198

Jin C, Wang J, Zhou G. 2009. Astrophys. J., **697**, 693

Jin J, Ye S. 1983. Acta Astrophysica Sinica, **3**, 183

Jing J, Qiu J, Lin J, et al. 2005. Astrophys. J., **620**, 1085

Jing J, Lee J, Liu C, et al. 2007. Astrophys. J., **664**, L127

Jing J, Wiegelmann T, Suematsu Y, et al. 2008. Astrophys. J., **676**, L81

Jing J, Park S, Liu C, et al. 2012. Astrophys. J., **752**, L9

Joshi N C, Bankoti N S, Pande S, et al. 2010. New Astron., **15**, 538

Jouve L, Brun A S, Arlt R, et al. 2008. Astron. Astrophys., **483**, 949

Jouve L, Proctor M R E, Lesur G. 2010. Astron. Astrophys., **519**, 68

Judge P G, Kleint L, Uitenbroek H, et al. 2015. Solar Physics, **290**, 979

Kahniashvili T, Tevzadze A G, Brandenburg A,et al. 2013.PhRvD, **87**, 083007

Karak B B. 2010. Astrophys. J., **724**, 1021

Käpylä P J, Korpi M J, Brandenburg A. 2008. Astron. Astrophys., **491**, 353

Käpylä P J, Mantere M J, Brandenburg A. 2012. Astrophys. J., **755**, L22

Keinigs R K. 1983. Phys. Fluids, **26**, 2558

Keller C U. 1992. Nature, **359**, 307

Keller C U, Harvey J W, the SOLIS Team. 2003. //Trujillo-Bueno J, Sanchez Almeida J. ASP Conf. Ser. Vol. 307, Third International Workshop on Solar Polarization. Astron. Soc. Pac, San Francisco, 13

Kerr R M, Brandenburg A. 1999. PhRvL, **83**, 1155

Khan J, Hudson H. 2000. Geophys. Res. Lett., **27**, 1083

Kim J S, Zhang H Q, Kim J S, et al. 2002. ChJAA, **2**, 81

Kippenhahn R. 1963. Astrophys. J., **137**, 664

Kitiashivili I N, Kosovichev A G, Mansour N N, et al. 2012. Astrophys. J., **751**, L21

Kitchatinov L L. 1987. Geophysical and Astrophysical Fluid Dynamics, **38**, 273

Kitchatinov L L. 1993. //Krause F, Rädler K H, Rüdiger G. The Cosmic Dynamo, IAU Symp., **157**, 13

Kitchatinov L L, Olemskoy S V. 2011. Astronomy Letters, **37**, 286

Kitchatinov L L, Pipin V V. 1993. Astron. Astrophys., **274**, 647

Kitchatinov L L, Ruediger G. 1995. A&A, **299**, 446

Kitchatinov L L, Pipin V V, Ruediger G. 1994. Astronomische Nachrichten, **315**, 157

Kleeorin N, Rogachevskii I. 1999. Phys. Rev. E, **59**, 6724

Kleeorin N, Rogachevskii I. 2003. PhRvE, **67**, 026321

Kleeorin N I, Ruzmaikin A A. 1982. Magnetohydrodynamics, **18**, 116

Kleeorin N, Rogachevskii I, Ruzmaikin A. 1995. Astron. Astrophys., **297**, 159

Kleeorin N, Mond M, Rogachevskii I. 1996. Astron. Astrophys., **307**, 293

Kleeorin N, Moss D, Rogachevskii I, et al. 2000. Astron. Astrophys., **361**, L5

Kleeorin N, Kuzanyan K, Moss D, et al. 2003. Astron. Astrophys., **409**, 1097

Kleeorin N, Safiullin N, Kuzanyan K M, et al. 2020. Mon. Not. R. Astron. Soc., **495**, 238

Köhler H. 1970. Solar Physics, **13**, 3

Kolmogorov A N. 1941a. Dokl. A N SSSR, **30**, 299

Kolmogorov A N. 1941b. Dokl. Akad. Nauk SSSR, **32**, 19 (reprinted in Proc. Roy. Soc. A, **434**, 15 (1991))

Korzennik S K, Rabello-Soares M C, Schou J. 2004. Astrophys. J., **602**, 481

Kosovichev A G. 2006. Adv. Space Res., **37**, 1455

Kosovichev A G. 2012. Solar Physics, **279**, 323

Kraichnan R H. 1965. Phys. Fluids, **8**, 1385

Kraichnan R H. 1973. J. Fluid Mech. 59, 745

Krause F. 1967. Eine lsung des dynamoproblems auf der grundlage einer linearen theorie der magnetohydrodynamischen turbulenz. Habilitationsschrift, University of Jena

Krause F, Rädler K H. 1980. Mean-Field Magnetohydrodynamics and Dynamo Theory. Berlin: Akademie-Verlag, 271

Krieger A, Vaiana G, Van Speybroeck L. 1971. //Howard R . Solar Magnetic Fields. IAU Symp., **43**, 397

Krivodubskii V N. 1984. Sov. Astron., **28**, 205

Kubo M, Shimizu T, Tsuneta S. 2007. Astrophys. J., **659**, 812

Kueveler G, Wiehr E. 1985. Astron. Astrophys., **142**, 205

Kuhn J R, Coulter R, Lin H, et al. 2003. Proc. SPIE, **4853**, 318

Küker M, Stix M. 2001. Astron. Astrophys., **366**, 668

Kurucz R, Furenlid I, Brault J, et al. 1984. National Solar Observatory Atlas No.1 Solar Flux Atlas from 296 to 1300 nm. Printed by the University Publisher, Harvard University

Kusano K, Maeshiro T, Yokoyama T, et al. 2002. Astrophys. J., **577**, 501

Kuzanyan K M, Sokoloff D. 1995. Geophys. Astrophys. Fluid Dyn., **81**, 113

Kuzanyan K M, Sokoloff D. 1997. Solar Physics, **173**, 1

Kuzanyan K, Zhang H, Bao S. 2000. Solar Physics, **191**, 231

Kuzanyan K M, Lamburt V G, Zhang H, et al. 2003. Chin. J. Astron. Astrophys., **3**, 257

Kuzanyan K M, Pipin V V, Seehafer N. 2006. Solar Physics, **233**, 185

Kuzanyan K M, Pipin V V, Zhang H. 2007. AdvSpR, **39**, 1694

Kuzanyan K, Kleeorin N, Rogachevskii I, et al. 2020. Geomagnetism and Aeronomy, **60**, 8, 1032

LaBonte B J, Mickey D L, Leka K D. 1999. Solar Physics, **189**, 1

LaBonte B J, Georgoulis M K, Rust D M. 2007. Astrophys. J., **671**, 955

Lamb D A, DeForest C E, Hagenaar H J, et al. 2008. Astrophys. J., **674**, 520

Lamb D A, DeForest C E, Hagenaar H J, et al. 2010. Astrophys. J., **720**, 1405

Landau L D, Lifshitz E M. 1959. Fluid Mechanics. London: Pergamon Press

Landau L D, Lifshitz E M. 1987. The Classical Theory of Fields. Translated from the Russian by Morton Hamermesh, University of Minnesota

Landi Degl'Innocenti E. 1976. A. Ap. Suppl. **25**, 379

Landi Degl'Innocenti E. 1979. Solar Physics, **63**, 237

Landi Degl'Innocenti E. 1982. Solar Physics, **79**, 291

Landi Degl'Innocenti E. 1984. Solar Physics, **91**, 1

Landi Degl'Innocenti E, Landi Degl'Innocenti M. 1972. Solar Physics, **27**, 319

Landi Degl'Innocenti E, Landolfi M. 2004. Polarization in Spectral Lines. Dordrecht: Kluwer

Landolfi M, Landi Degl'Innocenti E. 1982. Solar Physics, **78**, 355

Lanza A F, Rodono M, Rosner R. 1998. Mon. Not. R. Astron. Soc., **296**, 893

Laval G, Pellat R, Vuillemin M. 1966. Instabilites electromagnetiques des plasmas sans collisions//Proceedings of the Conference on Plasma Physics and Controlled Nuclear Fusion Research (IAEA, Vienna), Vol. II, 259

Lee J W. 1992. Solar Physics, **139**, 267

Lee E, Brachet M E, Pouquet A, et al. 2010.PhRvE, **81**, 016318

Leighton R B. 1969. Astrophys. J., **156**, 1

Leka K D, Barnes G. 2003. Astrophys. J., **595**, 1277

Leka K D, Barnes G. 2007. Astrophys. J., **656**, 1173

Leka K D, Fan Y, Barnes G. 2005. Astrophys. J., **626**, 1091

Leka K D, Canfield R C, McClymont A N, et al. 1996. Astrophys. J., **462**, 547

Li H, Sakurai T, Ichimoto K, et al. 2000. Publ. Astron. Soc. Jap., **52**, 465

Li H, Schmieder B, Aulanier G, et al. 2006a. Solar Physics, **237**, 85

Li H, Landi Degl'Innocenti E, Qu Z Q. 2017. Astrophys. J., **838**, 69

Li J, Amari T, Fan Y H. 2007. Astrophys. J., **654**, 675

Li J, van Ballegooijen A A, Mickey D. 2009. Astrophys. J., **692**, 1543

Li K J, Shen Y D, Yang L H, et al. 2010. Chinese Astron. and Astrophys., **34**, 142

Li W, Ai G X, Zhang H Q. 1994. Solar Physics, **151**, 1

Li X B, Zhang H Q. 2013. Astrophys. J., **771**, 22

Li X, Zhang J, Wang J. 2006b. //Bothmer V, Hady A A. . IAU Symposium, Vol. 233,
    Solar Activity and its Magnetic Origin, 83

Li X, Büchner J, Zhang H. 2009. Science in China G: Physics and Astronomy, **52**, 1737

Li X B, Yang Z L, Zhang H Q. 2015. Astrophys. J., **807,** 160

Li Z, Yan Y H, Song G. 2004. Mon. Not. R. Astron. Soc., **347**, 1255

Liang H F, Zhao H J, Xiang F Y. 2006. ChJAA, **6**, 470

Lim E, Jeong H, Chae J. 2007. Astrophys. J., **656**, 1167

Lim E K, Yurchyshyn V, Goode P. 2012. Astrophys. J., **752**, 89

Lin H, Penn M J, Tomczyk S. 2000. Astrophys. J., **541**, L83

Lin H, Kuhn J R, Coulter R. 2004. Astrophys. J., **613**, L177

Lin J, Ko Y K, Sui L, et al. 2005. Astrophys. J., **622**, 1251

Lin Y, Gaizauskas V. 1987. Solar Physics, **109**, 81

Lin Y, Zhang H, Zhang W. 1996. Solar Physics, **168**, 135

Lites B W, Skumanich A. 1985. //Hagyard M J . Measurement of Solar Vector Magnetic
    Fields, NASA CP-2374, 342

Lites B W, Skumanich A. 1990. Astrophys. J., **348**, 747

Lites B W, Elmore D F, Seagraves P, et al. 1993a. Astrophys. J., **418**, 928

Lites B W, Elmore D F, Tomczyk S, et al. 1993b. ASPC, **46**, 173

Lites B W, Low B C, Martinez Pillet V, et al. 1995. Astrophys. J., **446**, 877

Lites B, Socas-Navarro H, Kubo M, et al. 2007. Publ. Astron. Soc. Jap., **59S**, 571

Lites B W, Kubo M, Socas-Navarro H, et al. 2008. Astrophys. J., **672**, 1237

Liu J H, Zhang H Q. 2006. Solar Physics, **234**, 21

Liu J, Zhang Y, Zhang H. 2008. Solar Physics, **248**, 67

Liu J, Liu Y, Zhang Y, et al. 2022. Mon. Not. R. Astron. Soc., **509**, 5298

Liu Y, Lin H S. 2008. Astrophys. J., **680**, 1496

Liu S, Zhang H Q, Su J T, et al. 2011a. Solar Physics, **269**, 41

Liu S, Zhang H Q, Su J T. 2011b. Solar Physics, **270**, 89, **337**, 665

Liu S, Zhang H Q, Su J T. 2012. Ap&SS, **337**, 665

Liu Y, Zhang H Q. 2001. Astron. Astrophys., **372**, 1019

Liu Y, Zhang H Q. 2002. Astron. Astrophys., **386**, 646

Liu Y, Zhang H, Ai G, et al. 1994. Astron. Astrophys., **283**, 215

Liu Y, Jiang Y, Ji H, et al. 2003. Astrophys. J., **593**, L137

Liu Y, Zhao X, Hoeksema J T. 2004. Solar Physics, **219**, 39

Liu Y, Lin H. 2008. Astrophys. J., **680**, 1496

Liu Y, Schuck P W. 2012. Astrophys. J., **761**, 105

Liu Y, Hoeksema J T, Sun X. 2014. ApJL, **783**, L1

Livingston W R. 2002. Solar Physics, **207**, 41

Livingston W, Harvey J, Slaughter C. 1971. PROE, **8**, 52

Longcope D, Welsch B. 2000. Astrophys. J., **545**, 1089

Longcope D W, Fisher G H, Pevtsov A A. 1998. Astrophys. J., **507**, 417

López Fuentes M C, Demoulin P, Mandrini C H, et al. 2000. Astrophys. J., **544**, 540

López Fuentes M C, Demoulin P, Mandrini C H, et al. 2003. Astron. Astrophys., **397**, 305

Losada I R, Brandenburg A, Kleeorin N, et al. 2013. Astron. Astrophys., **556**,A83

Low B C. 1975. Astrophys. J., **197**, 251

Low B C. 1980. Solar Physics, **67**, 57

Low B C. 1982. Solar Physics, **77**, 43

Low B C. 1987. Astrophys. J., **323**, 358

Low B C, Lou Y Q. 1990. Astrophys. J., **352**, 343

Low B C, Wolfson R. 1988. Astrophys. J., **324**, 574

Lü Y P, Wang J X, Wang H N. 1993. Solar Physics, **148**, 119

Lyot B. 1933. Comptes Rendus, **197**, 1593

Lyot B. 1944. Ann. d'Astrophys, **7**, 31

Mackay D H, Van Ballegooijen A A. 2005. Astrophys. J., **621**, L77

Magain P. 1986. A. Ap, **163**, 135

Magara T, Katsukawa Y, Ichimoto K, et al. 2008. ASPC, **397**, 135

Makarov V I, Tlatov A G, Sivaraman K R. 2001. Solar Physics, **202**, 11

Mandrini C H, Demoulin P, van Driel-Gesztelyi L, et al. 2004. Ap&SS, **290**, 319

Mandrini C H, Demoulin P, Schmieder B, et al. 2006. Solar Physics, **238**, 293

Markiel J A, Thomas J H. 1999. Astrophys. J., **523**, 827

Martin S F, Livi S H B, Wang J. 1985. AuJPh, **38**, 929

Mason J, Cattaneo F, Boldyrev S. 2006. Phys. Rev. Lett., **97**, 255002

Mathys G. 1983. Astron. Astrophys., **125**, 13

Matthaeus W H, Goldstein M L, Smith C. 1982.PhRvL, **48**, 1256

Matthaeus W H, Pouquet A, Mininni P D, et al. 2008. Phys. Rev. Lett., **100**, 085003

Maunder E W. 1903. Observatory, **26**, 329

Maunder E W. 1904. Mon. Not. R. Astron. Soc., **64**, 747

Maurya R A, Ambastha A, Reddy V. 2011. J. Phys. Conf. Ser., **271**, 012003

McClintock B H, Norton A A. 2014. Astrophys. J., **797**, 130

McIntosh P S. 1990. Solar Physics, **125**, 251

Messiah A. 1961. Quantum Mechanics. Amsterdam: North-Holland

Metcalf T R. 1994. Solar Physics, **155**, 235

Metcalf T R, Jiao L, McClymont A N, et al. 1995. Astrophys. J., **439**, 474

Metcalf T R, Leka K D, Barnes G, et al. 2006. Solar Physics, **237**, 267

Meyer F, Schmidt H U, Wilson P R, et al. 1974. Mon. Not. R. Astron. Soc., **169**, 35

Meyer F, Schmidt H U, Weiss N O. 1977. Mon. Not. R. Astron. Soc., **179**, 741

Mickey D. 1985. Solar Physics, **97**, 223

Mickey D, Canfield D C, LaBonte B J, et al. 1996. Solar Physics, **168**, 229

Miesch M S, Brown B P, Browning M K, et al. 2011. //Brummell N H,Brun A S, Miesch
    M S, et al. IAU Symposium, Vol. 271,261

Mihalas D. 1978. Stellar Atmospheres. San Francisco: W. H. Freeman

Mikic Z, McClymont A N. 1994. //Solar Active Region Evolution: Comparing Models
    with Observations, Vol 68. ASP Conf. Ser, 225

Mitchell A C J, Zemansky M W. 1934. Resonance Radiation and Excited Atoms. Cam-
    bridge: Cambridge University Press

Moffatt H K. 1969. J. Fluid Mech, **35**, 117

Moffatt H K. 1978. Magnetic Field Generation in Electrically Conducting Fluids. Cam-
    bridge: Cambridge University Press

Moffatt H K. 1981. J. Fluid Mech., **106**, 27

Moffatt H K, Proctor M R E. 1985. J. Fluid Mech., **154**, 493

Monin A S, Yaglom A M. 1975. Statistical Fluid Mechanics: Mechanics of Turbulence.
    Cambridge, MA: The MIT Press, vol. 2

Moon Y J, Chae J, Choe G S, et al. 2002a. Astrophys. J., **574**, 1066

Moon Y J, Chae J, Wang H M, et al. 2002b. Astrophys. J., **580**, 528

Moon Y J, Choe G S, Park Y D, et al. 2002c. Astrophys. J., **574**, 434

Moon Y J, Wang H, Spirock T J, et al. 2003. Solar Physics, **217**, 79

Moore R L, Sterling A C, Hudson H S, et al. 2001. Astrophys. J., **552**, 833

Moreno-Insertis F, Emonet T. 1996. Astrophys. J., **472**, L53

Moreton G E, Severny A B. 1968. Solar Physics, **3**, 282

Moss D, Brooke J. 2000. Mon. Not. R. Astron. Soc., **315**, 521

Moss D, Tuominen I, Brandenburg A. 1990. Astron. Astrophys., **228**, 284

Moss D, Shukurov A, Sokoloff D. 1999. Astron. Astrophys., **343**, 120

Moss D, Sokoloff D, Usoskin I, et al. 2008. Solar Physics, **250**, 221

Moss D, Sokoloff D, Lanza A F. 2011. Astron. Astrophys., **531**, 43

Mozer B, Baranger M. 1960. Phys. Rev., **118**, 626

Muglach K, Dere K. 2005. //Dere K P, Wang J, Yan Y. Coronal and Stellar Mass Ejections,
    IAU Symp., **226**, 179

Murray S A, Bloomfield D S, Gallagher P T. 2012. Solar Physics, **277**, 45

Nakagawa Y, Raadu M A. 1972. Solar Physics, **25**, 127

Nandy D. 2006. JGRA, 11112S01

Nandy D, Choudhuri A R. 2002. Science, **296**, 1671

Newkirk G, Altschuler M D, Harvey J. 1968. IAU Symp., **35**, 379

Nguyen-Hoe, Drawin H W, Herman I. 1967. J. Quant. Spectrosc. and Radiat. Transf, **7**, 427

Nindos A, Andrews M D. 2004. Astrophys. J., **616**, L175

Nindos A, Zhang H Q. 2002. Astrophys. J., **573**, L133

Nindos A, Zhang J, Zhang H Q. 2003. Astrophys. J., **594**, 1033

Norton A A, Ulrich R K, Bush R I, et al. 1999. Astrophys. J., **518**, L123

November L J, Simon G W. 1988. Astrophys. J., **333**, 427

Obukhov A M. 1941. Dokl. A N SSSR, **32**, 22

Obridko V N, Shelting B D. 2003. Astronomy Rep., **47**, 333

Öhman Y. 1938. Nature, **141**, 157

Omont A, Smith E W, Cooper J. 1973. Astrophys. J., **182**, 283

Ono Y, Yamada M, Tajima T, et al. 1996. Phys. Rev, Lett., **76**, 3328

Orszag S A. 1970. Journal of Fluid Mechanics, **41**, 363

Osherovich V A. 1979. Solar Physics, **64**, 261

Osherovich V A. 1980. Solar Physics, **68**, 297

Osherovich V A. 1982. Solar Physics, **77**, 63

Osherovich V A, Flaa T. 1983. Solar Physics, **88**, 108

Ossendrijver M. 2003. Astron. Astrophys. Rev., **11**, 287

Ossendrijver M, Stix M, Brandenburg A. 2001. Astron. Astrophys., **376**, 713

Ossendrijver M, Stix M, Brandenburg A, et al. 2002. Astron. Astrophys., **394**, 735

Otmianowska-Mazur K, Kowal G, Hanasz M. 2006. Astron. Astrophys., **445,** 915

Parfrey K P, Menou K. 2007. Astrophys. J., **667**, L207

Pariat E, Demoulin P, Berger M A. 2005a. Astron. Astrophys., **439**, 1191

Pariat E, Demoulin P, Berger M A, et al. 2005b. Astron. Astrophys., **442**, 1105

Park S H, Chae J, Wang H M. 2010. Astrophys. J., **718**, 43

Parker E N. 1955a. Astrophys. J., **121**, 491

Parker E N. 1955b. Astrophys. J., **122**, 293

Parker E N. 1963. Astrophys. J., **138**, 552

Parker E N. 1972. Astrophys. J., **174**, 499

Parker E N. 1979a. Astrophys. J., **230**, 914

Parker E N. 1979b. Astrophys. J., **234**, 333

Parker E N. 1979c. Cosmical Magnetic Fields — Their Origin and Their Activity. Oxford: Oxford University Press

Parker E N. 1983. Astrophys. J., **264**, 642.

Parker E N. 1984. Astrophys. J., **283**, 343

Parker E N. 1993. Astrophys. J., **408**, 707

Parker E N. 2002. Astron. Astrophys., **200**, 3401

Parker E N. 2009. Space Sci. Rev., **144**, 15

Parnell C E, DeForest C E, Hagenaar H J, et al. 2009. Astrophys. J., **698**, 75

Paschmann G, Sonnerup B U O, Papamastorakis I, et al. 1979. Nature, **282**, 243

Pelz R B, Yakhot V, Orszag S A, et al. 1985. Phys. Rev. Lett., **54**, 2505

Penn M J, Kuhn J R. 1995. Astrophys. J., **441**, L51

Petrovay K, van Driel-Gesztelyi L. 1997. Solar Physics, **176**, 249

Petschek H E. 1964. Magnetic field annihilation//Hess W N. AAS/NASA Symposium on the Physics of Solar Flares. NASA, Washington, DC, 425

Pevtsov A A. 2000. Astrophys. J., **531**, 553

Pevtsov A. 2004. //Stepanov A V, et al. Multi-Wavelength Investigations of Solar Activity, IAU Symp., **223**, 521

Pevtsov A A, Latushko S M. 2000. Astrophys. J., **528**, 999

Pevtsov A A, Longcope D W. 2007. //Shibata K, et al. Astronomical Society of the Pacific Conference Series, Vol. 369, New Solar Physics with Solar-B Mission, 99

Pevtsov A A, Canfield R C, Metcalf T R. 1994. Astrophys. J., **425**, L117

Pevtsov A A, Canfield R C, Metcalf T R. 1995. Astrophys. J., **440**, L109

Pevtsov A A, Canfield R C, McClymont A. 1997. Astrophys. J., **481**, 973

Pevtsov A A, Canfield R C, Latushko S M. 2001. Astrophys. J., **549**, L261

Pevtsov A A, Dun J P, Zhang H Q. 2006. Solar Physics, **234**, 203

Pevtsov A A, Canfield R C, Sakurai T, et al. 2008. Astrophys. J., **667**, 719

Pierce A K, Slaughter C D. 1977. Solar Physics, **51**, 25

Pipin V V. 2007. Astron. Rep., **51**, 411

Pipin V V. 2008. Geophysical and Astrophysical Fluid Dynamics, **102**, 21

Pipin V V. 2013. //Solar and Astrophysical Dynamos and Magnetic Activity Proceedings IAU Symposium No. **294**, 595

Pipin V V, Kosovichev A G. 2011a. Astrophys. J., **738**, 104

Pipin V V, Kosovichev A G. 2011b. Astrophys. J., **741**, 1

Pipin V V, Kosovichev A G. 2011c. Astrophys. J., **727**, L45

Pipin V V, Seehafer N. 2009. Astron. Astrophys., **493**, 819

Pipin V V, Sokoloff D D. 2011. Physica Scripta, **84**, 065903

Pipin V V, Kosovichev A G. 2014. Astrophys. J., **785**, 49

Pipin V V, Kuzanyan K M, Zhang H, et al. 2007. Astrophys. J., **743**, 160

Pipin V V, Kuzanyan K M, Zhang H, et al. 2011. Astrophys. J., **743**, 160

Pipin V V, Sokoloff D D, Usoskin I G. 2012. Astron. Astrophys., **542**, A26

Pipin V V, Sokoloff D D, Zhang H, et al. 2013a. Astrophys. J., **768**, 46

Pipin V V, Zhang H, Sokoloff D D, et al. 2013b. Mon. Not. R. Astron. Soc., **435**, 2581

Politano H, Pouquet A. 1998a. Geophys. Res. Lett., **25**, 273

Politano H, Pouquet A. 1998b. Phys. Rev. E, **57**, 21

Pope S B, 2000. Turbulent Flows. Cambridge: Cambridge University Press

Pouquet A, Frisch U, Léorat J. 1975. J. Fluid Mech., **68**, 769

Pouquet A, Frisch U, Leorat J. 1976. J. Fluid Mech, **77**, 321

Priest E R. 1984. Solar Magnetohydrodynamics. Reidel: D.Reidel Publishing Company, 75

Priest E R. 2014. Magnetohydrodynamics of the Sun. Cambridge: Cambridge University Press

Priest E R, Forbes T. 1986. J. Geophys. Res., **91**, 5579

Priest E R, Forbes T. 2000. Magnetic Reconnection-MHD Theory and Applications. Cambridge: Cambridge Univ. Press

Pritchett P L, Wu C C. 1979. Phys. Fluids, **22**, 2140

Pritchett P L, Lee Y C, Drake J F. 1980. Phys. Fluids, **23**, 1368

Qiu J, Lee J, Gary D E, et al. 2002. Astrophys. J., **565**, 1335

Qu Z Q, Zhang X Y, Chen X K, et al. 2001. Solar Physics, **201**, 241

Qu Z Q, Zhang X Y, Xue, Z K, et al. 2009. Astrophys. J., **695**, L194-L197

Rachkovsky D N. 1962a. Izv. Krymsk. Astrofiz. Obs., **27**, 148

Rachkovsky D N. 1962b. Izv. Krymsk. Astrofiz. Obs., **28**, 259

Racine É, Charbonneau P, Ghizaru M, et al. 2011. Astrophys. J., **735**, 46

Rajaguru S P, Wachter R, Hasan S S. 2006. Influence of magnetic field on the Doppler measurements of velocity field in the solar photosphere and implications for helioseismology //Proceedings of the ILWS Workshop, Goa, India

Rädler K H. 1969. Monats. Dt. Akad. Wiss, **11**, 194

Rädler K H. 1980. Astronomische Nachrichten, **301**, 101

Rädler K H, Rheinhardt M. 2007. Geophys. Astrophys. Fluid Dyn., **101**, 117

Rädler K H, Kleeorin N, Rogachevskii I. 2003. Geophys. Astrophys. Fluid Dynam., **97**, 249

Raouafi N E, Riley P, Gibson S, et al. 2016. Frontiers in Astronomy and Space Sciences, **3**, 20

Ravindra B. 2006. Solar Physics, **237**, 297

Régnier S, Amari T. 2004. Astron. Astrophys., **425**, 345

Régnier S, Priest E R. 2007. Astron. Astrophys., **468**, 701

Rempel M. 2006. Astrophys. J., **647**, 662

Roberts P, Soward A. 1975. Astron. Nachr., **296**, 49

Rogachevskii I, Kleeorin N. 2000. Phys. Rev. E, **61**, 5202

Rogachevskii I, Kleeorin N. 2004. Phys. Rev. E, **70**, 046310

Rogachevskii I, Kleeorin N. 2007. Phys. Rev. E, **76**, 056307

Ronan R S, Mickey D L, Orrall F Q. 1987. Solar Phys., **133**, 353

Ronan R S, Orrall F Q, Mickey D L, et al. 1992. Solar Phys., **138**, 49

Roumeliotis G. 1996. Astrophys. J., **473**, 1095

Ruan G, Zhang H. 2006. NewA, **12**, 215

Ruan G, Zhang H. 2008. AdSpR, **42**, 879

Ruan G, Chen Y, Wang S, et al. 2014. Astrophys. J., **784**, 165

Rust D, Kumar A. 1996. Astrophys. J., **464**, L199

Rüdiger G. 1978. AN, **299**, 217

Rüdiger G. 1989. Differential Rotation and Stellar Convection. Sun and Solar-type Stars. Berlin: Akademie-Verlag

Rüdiger G . 1995. Astron. Astrophys., **296**, 557

Rüdiger G, Brandenburg A. 1995. Astron. Astrophys., **296**, 557

Rüdiger G, Hollerbach R. 2004. The Magnetic Universe, Geophysical and Astrophysical Dynamo Theory. WILEY-VCH Verlag GmbH & Co.KGaA

Rüdiger G, Pipin V V, Belvedère G. 2000. Solar Physics, **198**, 241

Rüdiger G, Kitchatinov L L, Brandenburg A. 2010. Solar Physics, **241**

Rüdiger G, Kitchatinov L L, Brandenburg A. 2011. Solar Physics, **269**, 3

Rüdiger G, Küker M, Schnerr R S. 2012.Astron. Astrophys., **546**, 23

Rutten R J. 2003. Radiative Transfer in Stellar Atmospheres. Lecture Notes, Utrecht University

Ryutova M, Hagenaar H. 2007. Solar Physics, **246**, 281

Sahal-Brèchot S. 1974. Astron. Astrophys., **36**, 355

Sainz Dalda A, Martínez Pillet V. 2005. Astrophys. J., **632**, 1176

Sainz Dalda A, Vargas Domínguez S, Tarbell T D. 2012. Astrophys. J., **746**, L13

Sakurai T. 1981. Solar Physics, **69**, 343

Sakurai T. 1982. Solar Physics, **76**, 301

Sakurai T. 2001. //Sigwarth M . ASP Conf. Ser. 236, Advanced Solar Polarimetry-Theory, Observation, and Instrumentation, 535

Sakurai T. 2002. Private Communication

Sakurai T, Ichimoto K, Nishino Y, et al. 1995. Publ. Astron. Soc. Jap., **47**, 81

Santos J C, Buechner J, Alves M V, et al. 2005. ESASP, 596E, 63S

Sato T. 1979. J. Geophys. Res., **84**, 7177

Sato T, Hayashi T. 1979. Powerful magnetic energy converter. Phys. Fluids, **22**, 1189

Schekochihin A A, Cowley S C. 2007. //Molokov S, et al. Magnetohydrodynamics: Historical Evolution and Trends. Dordrecht, The Netherlands: Springer, 85

Scherrer P H, Wilcox J M, Svalgaard L, et al.1977. Solar Physics, **54**, 353

Scherrer P H, Bogart R S, Bush R I, et al. 1995. Solar Physics, **162**, 129

Scherrer P H, Schou J, Bush R I, et al. 2012. Solar Physics, **275**, 207

Schiff L I. 1949. Quantum Mechanics. New York: McGraw-Hill

Schluter A, Temesvary S. 1958. //Electromagnetic Phenomena in Cosmical Physics, IAU Symp, **26**, 3

Schmidt G D. 1987. Mem. S. A. It., **58**, 77

Schmidt H U. 1964. //Hess W N . NASA Symposium on the Physics of Solar Flare, 107

Schmieder B, Demoulin P, Hagyard M, et al. 1993. AdSpR, **13**, 123

Schou J, Antia H M, Basu S, et al. 1998. Astrophys. J., **505**, 390

Schou J, Scherrer P H, Bush R I, et al. 2012. Solar Physics, **275**, 229

Schrijver C J. 2007. Astrophys. J., **655**, L117

Schrijver C J, DeRosa M L, Title A M, et al. 2005. Astrophys. J., **628**, 501

Schrijver C J, De Rosa M L, Metcalf T R, et al. 2006. Solar Physics, **235**, 161

Schrijver C J, DeRosa M L, Metcalf T, et al. 2008. Astrophys. J., **675**, 1637

Schrinner M. 2011. Astron. Astrophys., **533**, A108

Schrödinger E. 1926. Quantization as an eigenvalue problem Ⅲ. Ann. d. Physik, **80**(4), 437

Schuck P W. 2005. Astrophys. J., **632**, L53

Schüssler M. 1979. Astron. Astrophys., **71**, 79

Seehafer N. 1978. Solar Physics, **58**, 215

Seehafer N. 1990. Solar Physics, **125**, 219

Seehafer N. 1994. Astron. Astrophys., **284**, 593

Seehafer N. 1996.PhRvE, **53**, 1283

Seehafer N, Pipin V V. 2009. Astron. Astrophys., **508**, 9

Semel M. 1988. Astron. Astrophys., **198**, 293

Severny A B. 1958. Izv. Krim. Astrophys. Obs, **20**, 22

Severny A B. 1962. Trans. IAU, ⅡB, 426

Severny A B, Bumba V. 1958. Obs., **78**, 33

Sheeley Jr N R. 1969. Solar Physics, **9**, 347

Shibata K, Yokoyama T, Shimojo M. 1996. J. Geomag. Geoelectr, **48**, 19

Shine R, Title A. 2001. //Murdin P . Encyclopedia of Astronomy and Astrophysics, 3209

Shine R A, Title A M, Tarbell T D, et al. 1994. Astrophys. J., **430**, 413

Shkarofsky I P, Johnston T W, Bachynski M P. 1966. The Particle Kinetics of Plasma. Reading, Massachusetts: Addison-Wesley Publ., 518

Shore B W, Menzel D H. 1968. Principles of Atomic Spectra. New York: Wiley

Shukurov A, Sokoloff D, Subramanian K, et al. 2003. Astron. Astrophys., **448**, 33

Skumanich A, Lites B W. 1987. Astrophys. J., **322**, 473

Skumanich A, Rees D, Lites B W. 1985. //Hagyard M . Measurements of Solar Vector Magnetic Fields. NASA CP-2374, 306

Skumanich A, Lites B W, Martínez Pillet V. 1994. //Rutten R J, Schrijver C J . Solar Surface Magnetism, 99

Slater J C. 1960. Quantum Theory of Atomic Structure, 2. New York: McGraw-Hill Book Co.

Snyder J P. 1987. Map Projections: A Working Manual. U.S. Department of the Interior and U.S. Geological Survey

Sobotka M, Brandt P N, Simon G W. 1999. Astron. Astrophys., **348**, 621

Sokoloff D. 2004. Solar Physics, **224**, 145

Sokoloff D. 2007. Plasma Phys. Control. Fusion, **49**, 447

Sokoloff D, Bao S, Kleeorin N, et al. 2006. Astron. Nachr., **327**, No.9, 876

Sokoloff D, Zhang H, Kuzanyan K M, et al. 2008. Solar Physics, **248**, 17

Solanki S K. 1993. Space Sci. Rev., **63**, 1

Solanki S K. 2003. Astro. & Astrophys. Review, 11, 153

Solanki S K, Montavon C A P. 1993. Astron. Astrophys., 275, 283

Solanki S K, Rüedi I. 2003. Astron. Astrophys., 411, 249

Solanki S K, Lagg A, Woch J, et al. 2003. Nature, 425, 692

Somov B V. 2006. Plasma Astrophysics, Part I, Fundamentals and Practice.Berlin: Springer

Somov B V. 2007. Plasma Astrophysics, Part II: Reconnection and Flares.Berlin: Springer

Somov B V, Syrovatskii S I. 1972. Soviet Phys.JETP, 34, No. 5, 992

Song M T, Zhang Y A. 2004. AcASn, 45, 381

Song M T, Zhang Y A. 2005. Chinese Astronomy and Astrophysics, 29, 159

Song M T, Zhang Y A. 2006. Chinese Astronomy and Astrophysics, 30, 316

Song M T, Fang C, Tang Y H, et al. 2006. Astrophys. J., 649, 1084

Song M T, Fang C, Zhang H Q, et al. 2007. Astrophys. J., 666, 491

Song Q, Zhang J, Yang S, et al. 2013. RAA, 13, 226

Song Y, Tian H, Zhu X, et al. 2020. Astrophys. J., 893, L13

Spruit H C. 1974. Solar Physics, 34, 277

Spruit H C, Title A M, van Ballegooijen A A. 1987. Solar Physics, 110, 115

Stark J. 1915. Ann. d. Physik, 48, 193

Staude J, Hofmann A, Bachmann H. 1991. //November L . Solar Polarimetry. NSO
    Workshop, Sunspot, NM, 49

Steenbeck M, Krause F, Rädler K H. 1966. Zeitschrift Naturforschung Teil A, 21, 369

Stellmacher G, Wiehr E. 1970. Astron. Astrophys., 7, 432

Stellmacher G, Wiehr E. 1975. Astron. Astrophys., 45, 69

Stenflo J O. 1973. Solar Physics, 32, 41

Stenflo J O. 1978. Astron. Astrophys., 66, 241

Stenflo J O. 1988. ApSS, 144, 321

Stenflo J O. 1994. Solar Magnetic Field, Polarized Radiation Diagnostics. Dordrecht:
    Kluwer Academic Publishers

Stenflo J O. 2010. Astron. Astrophys., 517, 37

Stenflo J O. 2012. Astron. Astrophys., 541, A17

Stenflo J O, Harvey J W, Brault J W, et al. 1984. Astron. Astrophys., 131, 333

Stenflo J O, Kosovichev A G. 2012. Astrophys. J., 745, 129

Stepanov S I. 2008. AstL, 34, 337

Stepanov V E. 1958. Izv. Krymsk. Astrofiz. Obs., 18, 136

Stepanov V E, Severny A B. 1962. Izv. Krims. Astrofiz. Obs., 28, 166

Stix M. 2002. The Sun: An Introduction. 2nd ed.. Berlin: Springer

Su J T, Zhang H Q. 2004a. Chinese J. Astron. Astrophys., 4, 365

Su J T, Zhang H Q. 2004b. Solar Physics., 222, 17

Su J T, Zhang H Q. 2005. Solar Physics., 226, 189

Su J T, Zhang H. 2007. Astrophys. J., 666, 559

Su J T, Zhang H, Deng Y Y, et al. 2006. Astrophys. J., 649, L144

Su J, Liu Y, Liu J, et al. 2008. Solar Physics, **252**, 55

Su J T, Sakurai T, Suematsu Y, et al. 2009. Astrophys. J., **697**, L103

Su J T, Liu Y, Zhang H, et al. 2010. Astrophys. J., **710**, 170

Su J T, Liu Y, Shen Y D, et al. 2012. Astrophys. J., **760**, 82

Subramanian K, Brandenburg A. 2004. Phys. Rev. Lett. **93**, 205001

Subramanian K, Brandenburg A. 2006. Astrophys. J., **648**, L71

Suematsu Y, Tsuneta S, Ichimoto K, et al. 2008. Solar Physics, **249**, 197

Sur S, Brandenburg A. 2009. Mon. Not. R. Astron. Soc., **399**, 273

Švestka Z, Howard R. 1981. Solar Physics, **71**, 349

Švestka Z, Krieger A S, Chase R C, et al. 1977. Solar Physics, **52**, 69

Tan C, Chen P F, Abramenko V, et al. 2009. Astrophys. J., **690**, 1820

Tanaka K. 1991. Solar Physics, **136**, 133

Tang F. 1983. Solar Physics, **89**, 43

Taylor J B. 1963. The magnetohydrodynamics of a rotating fluid and the Earth's dynamo
    problem. Proc. Roy. Soc.,**A 274**, 274

Taylor J B. 1974. Phys. Rev. Lett., **33**, 1139

Taylor J B. 1981. Relaxation revisited//Proc. Reversed Field Pinch Theory Workshop,
    Los Alamos 1980, 239

Taylor J B. 1986. RvMP, **58**, 741

Ter Haar D. 1960. Problem in Quantum Mechanics. London: Jnfosearch Limited

Temmer M, Veronig A M, Vršnak B, et al. 2007. Astrophys. J., **654**, 665

Teuber D, Tandberg-Hanssen E, Hagyard M J. 1977. Solar Physics, **53**, 97

Thomas J H, Weiss N O, Tobias S M, et al. 2002. Astronomische Nachrichten, **323**, 383

Thompson M J, Christensen-Dalsgaard J, Miesch M S, et al. 2003. Ann. Rev. Astron.
    Astrophys. **41**, 599

Tian L, Zhang H, Bao S. 1999. //Fang C, et al. Understanding Solar Active Phenomena.
    World Publishing Corporation. Beijing: International Academic Publishers, 131

Tian L R, Bao S D, Zhang H Q, et al. 2001. Astron. Astrophys., **374**, 294

Tian L R, Liu Y, Wang J X. 2002. Solar Physics, **209**, 361.

Tian L, Alexander D, Liu Y, et al. 2005. Solar Physics, **229**, 63

Tian L, Alexander D. 2008. Astrophys. J., **673**, 532

Title A M, Ramsey H E. 1980. ApOpt, **19**, 2046

Tiwari S K, Venkatakrishnan P, Sankarasubramanian K. 2009. Astrophys. J., **702**, L133

Tlatov A, Illarionov E, Sokoloff D, et al. 2013. Mon. Not. R. Astron. Soc., **432**, 2975

Tobias S, Weiss N. 2007. //Hughes D W, et al. The Solar Tachocline, 319

Tsap T. 1971. Solar Magnetic field. //Howard R. IAU Symp, **43**, 223

Tsuneta S. 1996. Astrophys. J., **456**, L63

Tsuneta S, Acton L, Bruner M, et al. 1991. Solar Physics, **136**, 37

Tsuneta S, Ichimoto K, Katsukawa Y, et al. 2008. Solar Physics, **249**, 167

Tziotziou K, Georgoulis M K, Liu Y. 2013. Astrophys. J., bf 772,115

Uddin W, Chandra R, Ali S. 2006. JApA, **27**, 255

Ugai M. 1995. Phys. Plasmas, **2**, 388

Ulrich R K, Evans S, Boyden J E, et al. 2002. Astrophys. J. Suppl. Ser., **139**, 259

Unno W. 1956. Publ. Astron. Soc. Jap., **8**, 108

Usoskin I G, Mursula K. 2003. Solar Physics, **218**, 319

Usoskin I G, Sokoloff D, Moss D. 2009. Solar Physics, **254**, 345

Valori G, Kliem B, Keppens R. 2005. Astron. Astrophys., **433**, 335

Valori G, Kliem B, Fuhrmann M. 2007. Solar Physics, **245**, 263

van Driel-Gesztelyi L. 1998. ASPC, **155**, 202

Vasyliunas V M. 1975. Rev. Geophys. Space Phys., **13**, 303

Vishniac E T, Cho J. 2001. Astrophys. J., **550**, 752

Vainshtein S I, Kitchatinov L L. 1983. Geophys. Astrophys. Fluid Dynam., **24**, 273

Vemareddy P, Ambastha A, Maurya R A, et al. 2012. Astrophys. J., **761**, 86

Venkatakrishnan P, Tiwari S. 2009. Astrophys. J., **706**, L114

Vernazza J E, Avrett E H, Loeser R. 1976. Ap. J. Suppl., **30**, 1

Vernazza J E, Avrett E H, Loeser R. 1981. Ap. J. Suppl., **45**, 635

Vidal C R, Cooper J, Smith E W. 1970. J. Quant. Spectrosc. and Radiat. Transf., **10**, 1011

Vidal C R, Cooper J, Smith E W. 1973. Astrophys. J. Suppl. Ser., **25**, 214

Vishniac E T, Cho J. 2001. Astrophys. J., **550**, 752

Voigt W. 1912. Münch. Ber., 603

von Kármán T, Howarth L. 1938. Proc. Roy. Sac. A, **164**, 192

Vrabec D. 1971. //Howard R . IAU Symposium, Vol 43, Solar Magnetic Fields. Dordrecht: Reidel, 329

Vrabec D. 1974. //Athay R G . IAU Symposium, Vol 56, Chromospheric Fine Structure, 201

Wallace L, Hinkle K, Livingston W. 2000. An Atlas of Sunspot Umbral Spectra in the Visible from 15,000 to 25,500 cm^{-1} (3920 to 6664 Å)

Wang C, Zhang M. 2009. Science in China Series G, **52**, 1713

Wang C, Zhang M. 2010. Astrophys. J., **720**, 632

Wang D, Zhang M, Li H, et al. 2009. ScChG, **52**, 1707

Wang H. 2006. Astrophys. J., **649**, 490

Wang H. Zirin H, Patterson A, et al. 1989. Astrophys. J., **343**, 489

Wang H M, Tang F, Zirin H, et al. 1991a. Astrophys. J., **380**, 282

Wang H M, Zirin H, Ai G X. 1991b. Solar Physics, **131**, 53

Wang H M, Varsik J, Zirin H, et al. 1992. Solar Physics, **142**, 11

Wang H, Ewell M, Zirin H, et al. 1994a. Astrophys. J., **424**, 436

Wang H M, Qiu J, Jing J, et al. 2003. Astrophys. J., **593**, 564

Wang H M, Liu C, Deng Y Y, et al. 2005. Astrophys. J., **627**, 1031

Wang H, Jing J, Tan C, et al. 2008. Astrophys. J., **687**, 658

Wang J X, Shi Z X. 1992. Solar Physics, **140**, 67

Wang J, Zirin H, Shi Z. 1985. Solar Physics, **98**, 241

Wang J X, Shi Z X, Wang H N, et al. 1996a. Astrophys. J., **456**, 861

Wang J X, Zhou G P, Zhang J. 2004. Astrophys. J., **615**, 1021

Wang T J, Xu A A, Zhang H Q. 1994b. Solar Physics, **155**, 99

Wang T J, Ai G X, Deng Y Y. 1996b. Astrophys. Rep. **28**, 41

Wang X F, Zhang H Q. 2005. Progress in Astronomy , **23**, 40

Wang X, Su J, Zhang H. 2008. Mon. Not. R. Astron. Soc., **387**, 1463

Wang X, Su J, Zhang H. 2010. Mon. Not. R. Astron. Soc., **406**, 1166

Wang Y M, Nash A G, Sheeley N R. 1989a. Astrophys. J., **347**, 529

Wang Y M, Nash A G, Sheeley N R. 1989b. Science, **245**, 712

Wang Y, Sheeley N R Jr., Nash A G. 1991. Astrophys. J., **383**, 431

Wang C, Zhang M. 2009. Science in China G: Physics and Astronomy, **52**, 1713

Warnecke J, Brandenburg A, Mitra D. 2011. Astron. Astrophys., **534**, A11

Warnecke J, Brandenburg A, Mitra D. 2012.JSWJC, **2**, A11

Weiss N O. 1976. The pattern of convection in the Sun//Proc. IAU Symp. 71, Basic Mechanisms of Solar Activity, ed. Bumba & Kleczek, Prague 1975

Welsch B T. 2006. Astrophys. J., **638**, 1101

Welsch B T, Longcope D W. 2003. Astrophys. J., **588**, 620

Welsch B T, Fisher G H, Abbett W P, et al. 2004. Astrophys. J., **610**, 1148

West E A, Balasubramaniam K S. 1992. Proc. SPIE, **1746**, 281

West E A, Hagyard M J. 1983. Solar Physics, **88**, 51

Wheatland M S, Sturrock P A, Roumeliotis G. 2000. Astrophys. J., **540**, 1150

White J H. 1969. Am. J. Maths, **91**, 693

Wiegelmann T. 2004. Solar Physics, **219**, 87

Wiegelmann T, Inhester B, Lagg A, et al. 2005. Solar Physics, **228**, 67

Wiegelmann T, Inhester B, Sakurai T. 2006. Solar Physics, **233**, 215

William H P, Saul A T, William T V, et al. 1992. Numerical Recipes in FORTRAN

Wilson P R. 1986. Solar Physics, **106**, 1

Wittmann A. 1974. Solar Physics, **35**, 11

Woltjer L. 1958a. Proc. Natl Acad. Sci. USA, **44**, 480

Woltjer L. 1958b. Proc. Nat. Acad. Sci, USA, **44**, 833

Wu L, Ai G. 1990. AcApS, **10**, 371

Wu S T, Sun M T, Chang H M, et al. 1990. Astrophys. J., **362**, 698

Xie W, Zhang H, Wang H. 2009. Solar Physics, **254**, 271

Xu H Q, Gao Y, Zhang H Q, et al. 2007. Adv. Spa. Res., **39**, 1715

Xu H, Gao Y, Popova E P, et al. 2009. Astron. Reports, **53**, 160

Xu H, Stepanov R, Kuzanyan K, et al. 2015. Mon. Not. R. Astron. Soc., **454**, 1921-1930

Xu H, Zhang H, Kuzanyan K, et al. 2016. Solar Physics, **291**, 2253

Yaglom A M. 1949. Dokl. Akad. Nauk SSSR, **69**, 743

Yan Y. 1995. Solar Physics, **159**, 97

Yan Y, Li Z. 2006. Astrophys. J., **638**, 1162

Yan Y, Sakurai T. 1997. Solar Physics, **174**, 65

Yan Y, Sakurai T. 2000. Solar Physics, **195**, 89

Yan Y, Aschwanden M, Wang S, et al. 2001. Solar Physics, **204**, 27

Yang G, Xu Y, Cao W D, et al. 2004. Astrophys. J., **617**, L151

Yang S, Zhang H. 2012. Astrophys. J., **758**, 61

Yang S, Zhang H, Buechner, J. 2009. Astron. Astrophys., **502** , 333

Yang X, Zhang H, Gao Y, et al. 2012. Solar Physics, **280**, 165

Yang X, Lin G H, Zhang H, et al. 2013. Astrophys. J., **774**, L27

Ye S H, 1994. Magnetic Fields of Celestial Bodies.Berlin: Springer Netherlands

Yeates A R, Mackay D H. 2009. Solar Physics, **254**, 77

Yeates A R, Mackay D H, van Ballegooijen A A. 2008. Astrophys. J., **680**, L165

Yeates A R, Mackay D H, van Ballegooijen A A. 2009. Astrophys. J., **680**, L165

Yokoi A. 1996. Astron. Astrophys., **311**, 731

Yokoi N. 1999. Physics of Fluids, **11**, 2307

Yokoi N. 2011. JTurb, **12**, 27

Yoshimura H. 1975. Astrophys. J., **201**, 740

Yoshizawa A. 1990. Phys. Fluids B, **2**, 1589

Yoshizawa A, Yokoi N, Kato H. 1999. Physics of Plasmas, **6**,4586

Yoshizawa A, Kato H, Yokoi N. 2000. Astrophys. J., **537**, 1039

Yousef T A, Brandenburg A. 2003. A& A, **407**, 7

Yun H S. 1970. Astrophys. J., **162**, 975

Yun H S. 1971. Solar Physics, **16**, 398

Yurchyshyn V B, Wang H, Goode P R. 2001a. Astrophys. J., **550**, 470

Yurchyshyn V B, Wang H, Goode P R, et al. 2001b. Astrophys. J., **563**, 381

Zakharov L, Rogers B. 1992. Two-fluid magnetohydrodynamic description of the internal kink mode in tokamaks. Phys. Fluids B, **4**, 3285

Zanna G, Schmieder B, Mason H, et al. 2006. Solar Physics, **239**, 173

Zeiler A, Drake J F, Rogers B. 1997. Nonlinear reduced Braginskii equations with ion thermal dynamics in toroidal plasmas. Phys. Plasmas, **4**, 2134

Zelenka A. 1975. Solar Physics, **40**, 39

Zeldovich Y B, Ruzmaikin A A, Sokoloff D D. 1983. Magnetic Fields in Astrophysics. New York: Gordon and Breach

Zhang H. 1986. Acta Astrophysica Sinica, **6**, 295

Zhang H. 1993. Solar Physics, **146**, 75

Zhang H, Ai G, Yan X, et al. 1994. Astrophys. J., **423**, 828

Zhang H Q. 1995a. Astron. Astrophys., **304**, 541

Zhang H Q. 1995b. Publ. Beijing Astron. Obs., **26**, 13

Zhang H Q. 1995c. Astrophys. Astrophys. Sup., **111**, 27

Zhang H Q. 1995d. //Wang J, et al. Proc. of the 3rd China-Japan Seminar on Solar Physics. Beijing: International Academic Publisher, 163

Zhang H. 1996a. Astrophys. Astrophys. Sup., **119**, 205

Zhang H. 1996b. Astrophys. J., **471**, 1049

Zhang H. 2000. Solar Physics, **197**, 235

Zhang H Q. 2001a. Astrophys. J., **557**, L71

Zhang H Q. 2001b. Mon. Not. R. Astron. Soc., **326**, 57

Zhang H Q. 2002. Mon. Not. R. Astron. Soc., **332**, 500

Zhang H. 2003. Adv. Space Res., **32**, No.10, 1911

Zhang H. 2006a. Astrophys. Space Sci., **305**, 211

Zhang H. 2006b. Chin. J. Astron. Astrophys., **6**, 96

Zhang H. 2008. Adv. Space Res., **42**, 1480

Zhang H. 2010. Astrophys. J., **716**, 1493

Zhang H. 2012. Mon. Not. R. Astron. Soc., **419**, 799

Zhang H. 2019. Sci. China-Phys. Mech. Astron., **62**, Issue 9, 999601

Zhang H. 2020. Sci. China-Phys. Mech. Astron., **63**, Issue 11, 119611

Zhang H, Ai G. 1986. Act. Astron. Sin., **27**, 217

Zhang H, Ai G. 1987. Chin. Astron. Astrophys., **11**, 42

Zhang H, Ai G, Sakurai T, et al. 1991. Solar Physics, **136**, 269

Zhang H, Ai G, Wang H, et al. 1992. Solar Physics, **140**, 307

Zhang H, Wang T. 1994. Solar Physics, **151**, 129

Zhang H Q, Ai G X, Yan X, et al. 1994. Astrophys. J., **423**, 828

Zhang H, Bao S. 1998. Astron. Astrophys., **339**, 880

Zhang H, Scharmer G, Lofdahl M, et al. 1998. Solar Physics, **183**, 283

Zhang H, Bao S. 1999. Astrophys. J., **519**, 876

Zhang H, Zhang M. 2000a. Solar Physics, **196**, 269

Zhang H, Sakurai T, Shibata K, et al. 2000. **357**, 725

Zhang H Q, Bao S D, Kuzanyan K M. 2002. Astron. Rep., **46**, 424

Zhang H Q, Bao X M, Zhang Y, et al. 2003a. Chin. J. Astron. Astrophys., **3**, 491

Zhang H Q, Labonte B, Li J, et al. 2003b. Solar Physics, **213**, 87

Zhang H, Sokoloff D, Rogachevskii I, et al. 2006. Mon. Not. R. Astron. Soc., **365**, 276

Zhang H Q, Wang D G, Deng Y Y, et al. 2007. Chin. J. Astron. Astrophys., **7**, 281

Zhang H, Yang S, Gao Y, et al. 2010a. Astrophys. J., **719**, 1955

Zhang H, Sakurai T, Pevtsov A, et al. 2010b. Mon. Not. R. Astron. Soc., **402**, L30

Zhang H, Moss D, Kleeorin N, et al. 2012. Astrophys. J., **751**, 47

Zhang H, Yang S. 2013. Astrophys. J., **763**, 105

Zhang H, Brandenburg A, Sokoloff D. 2014. Astrophys. J., **784**, L45

Zhang H, Brandenburg A, Sokoloff D. 2016. Astrophys. J., **819**, 146

Zhang H, Brandenburg A. 2018. Astrophys. J., **862**, L17

Zhang J, Solanki S K, Wang J. 2003. Astron. Astrophys., **399**, 755

Zhang M, Zhang H Q. 1998. Astrophys. Reports (Publ. Beijing Astron. Obs.), Special Issue, **4**, 85

Zhang M, Zhang H Q. 1999a. Astron. Astrophys., **352**, 317

Zhang M, Zhang H Q. 1999b. Solar Physics, **190**, 79

Zhang M, Zhang H Q. 2000b. Solar Physics, **194**, 29

Zhang M, Low B, 2005. Annual Rev. Astron. Astrophys., **43**, 103

Zhang M, Flyer N. 2008. Astrophys. J., **683**, 1160

Zhang M, Flyer M, Low B. 2006. Astrophys. J., **644**, 575

Zhang Y, Liu J H, Zhang H Q. 2008a. Solar Physics, **247**, 39

Zhang Y, Zhang M, Zhang H. 2008b. Solar Physics, **250**, 75

Zhang Y, Tan B, Yan Y. 2008c. Astrophys. J., **682**, L133

Zhang Z, Smartt R N. 1986. Solar Physics, **105**, 355

Zhao J. 2004. PhD thesis. Palo Alto: Stanford University

Zhao J, Kosovichev A G. 2003. Astrophys. J., **591**, 446

Zhao J, Kosovichev A G, Duvall T L Jr. 2001. Astrophys. J., **557**, 384

Zhao J. 2004. Inference of solar subsurface flows by time-distance helioseismology. PhD thesis. Palo Alto: Standford University

Zhao J, Couvidat S, Bogart R S, et al. 2012. Solar Physics, **275**, 375

Zhao J, Chou D. 2013. Solar Physics, **287**, 149

Zhao J W, Bogart R S, Kosovichev A G, et al. 2013. Astrophys. J., **774**, L29

Zhao M Y, Wang X F, Zhang H Q. 2011. Solar Physics, **270**, 23

Zhao M Y, Wang X F, Zhang H Q. 2014. Sci China–Phys Mech Astron March, **57**, No. 3, 589

Zhou G, Wang J, Wang Y, et al. 2007. Solar Physics, **244**, 13

Zirin H. 1985. AuJPh, **38**, 961

Zirin H. 1988. Astrophysics of the Sun. Cambridge: Cambridge University Press

Zirin H, Liggett M A. 1987. Solar Physics, **113**, 267

Zirin H, Wang H. 1993. Nature, **363**, 426

Zöllner F. 1881.//Wissenschaftliche Abhandlungen, Bd. 4, Commissionsverlag von L. Staackmann

Zuccarello F. 2012. Mon. Not. R. Astron. Soc., **19**, 67

Zuccarello F, Romano P, Guglielmino S L, et al. 2009. Astron. Astrophys., **500**, L5

Zwaan C. 1987. ARA&A, **25**, 83

后　　记

　　回想起，我大学毕业分配到中国科学院北京天文台 (国家天文台的前身) 太阳室后，首先到中国科学院南京天文仪器厂，参加艾国祥院士领导的太阳磁场望远镜的研制工作。此后，在艾国祥院士领导下，我参加怀柔太阳观测站的建站和当时处于国际领先水平的太阳磁场望远镜观测运转工作等。在此过程中，我确定了在太阳矢量磁场课题的研究方向。我非常感激在此期间获得的良多学术受益和在这一过程中研究水平的不断提高。

　　回想起四十多年的研究工作，我的主要研究工作是围绕国家天文台怀柔太阳观测基地的磁场观测和理论分析进行的，并将其作为本书的主要脉络。

　　记得刚参加太阳磁场望远镜的课题组时，跟随艾国祥院士进行太阳磁场中 FeI λ5324.19Å 谱线形成的研究和计算。在他耐心的指导下，我进入太阳磁场测量的研究领域中。现在我使用的太阳磁场大气中辐射转移的程序还是建立在他的工作基础上。在这之后，我开始进行 Hβ 谱线辐射转移研究，该谱线是太阳磁场望远镜特有的工作谱线。我有幸首先从理论上分析了其在太阳宁静和活动区磁场中的特性，例如谱线的展宽和形成深度等。这些研究工作，使我对太阳磁场测量理论有了较深的理解，也为后续怀柔太阳磁场观测资料的分析提供了非常有益的基础。

　　太阳磁场望远镜在怀柔的成功运转，导致大量的太阳活动区矢量磁场和宁静区磁场被观测到。深入分析这些资料成为首要任务。在此期间，我们发现耀斑前后活动区光球矢量磁场的变化，太阳活动区光球磁场演化和电流浮现的联系等有趣的现象。参与美国大熊湖天文台联合进行的太阳磁场的"日不落"观测，确定网络寿命和活动区磁场的长时间演化规律等，在国际太阳物理界引起极大重视。和同事们一起探讨了太阳活动区的磁剪切、电流和电流螺度特征、电流螺度和通过日震方法获得的运动学螺度之间的联系，以及太阳磁场和太阳耀斑-日冕物质抛射的内在联系等。在进一步探讨怀柔矢量磁场观测资料的过程中，分析了磁光效应对观测精度的影响。

　　太阳色球磁场视频观测是怀柔太阳磁场望远镜有别于世界其他仪器的特点之一。开展太阳宁静区色球磁场的精细结构特征的观测应当是顺理成章的，从而发现了太阳活动区黑子色球超半影磁场纤维结构，分析了色球黑子强磁场区域信号反转的原因等。这些研究使我们对太阳磁场的关注扩展到高层太阳大气。

　　怀柔基地大量的太阳矢量磁场的系统观测资料的积累，使太阳活动区磁 (电流) 螺度的统计分析成为可能，我们首先探讨活动区磁螺度与太阳活动周的关系。一个直接发现就是太阳活动区磁 (电流) 螺度统计分布相对于黑子数的延迟效应和磁 (电流) 螺度随太阳周的摆动变化。观测事实激发了我们和其他国家的科学家对上述磁螺度结果与太阳内部磁场形成机制的兴趣，把太阳活动区螺度统计特征和太阳湍流发电机理论内在地联系起来。这里自然也涉及由活动区螺度引申的磁湍流谱的课题研究。

　　在研究过程中，也利用了部分国外的太阳磁场等观测资料等。我感觉这些资料和怀柔的观测资料配合使用，相得益彰，在研究工作中起到了良好的效果。

　　在上述研究的过程中，我和同事们一起，成功进行了全日面矢量磁场观测仪器的研制。可喜的是，该仪器率先在世界上获得高分辨率全日面矢量磁场图。该仪器至今还发挥着良好的作用。作为一个长期从事实测太阳物理研究的人，有幸参加了怀柔太阳观测基地的运转和组织，部分空间太阳磁场观测项目的推进工作，以及多次日全食的组织工作，这扩展了我对太阳物理研究的认知范畴。

　　回想起多年的研究工作，我逐渐懂得了太阳物理的部分内容。我知道，我在本书中展现的只是太阳物理中的一部分内容。太阳物理是在实测基础上建立的物理体系，它涵盖的范围如此之广，涉及的基础知识囊括了物理的众多领域，并相互盘根错节。当你深入其中时，会发现在我们对它有所了解的同时，它又展现出众多没有完全解决或没有解决的课题。现代科学门类繁多、博大精深，即使在太阳物理领域，也不可能都有所了解或建树。正如爱因斯坦说的，科学的任何一个分支都有可能吞噬一个人一生的经历。在国内外已有大量的太阳物理相关书籍，洋洋洒洒，几乎涵盖了其各个方向。

　　我感到，结合我这些年来的主要研究课题，围绕着我、我的同事、我带的研究生，以及国际合作者的研究工作取得了一些成果。我非常感谢与他们的合作，尤其是李威、包曙东、张枚、田莉荣、包星明、刘煜、敦金平、苏江涛、刘继宏、张印、阮桂平、郭娟、谢文斌、王晓帆、陈洁、高裕、徐海清、杨尚斌、孙英姿、刘锁、李小波、赵明宇、杨潇、王栋等中国科学院国家天文台 (或曾经在) 的同事 (和研究生)；北京师范大学的毛信杰；中国科学院紫金山天文台的宋慕陶；中国科学院云南天文台的林隽；在美国的科学家王海民、李京、王同江、赵俊伟、A. Pevtsov；日本科学家樱井隆、黑河宏企；希腊科学家 A. Nindos 等。在太阳磁螺度和太阳周等合作研究中，俄罗斯科学家 D. Sokoloff、K. Kuzanyan、V. Pipin、O. Chumak，德国科学家 J. Büchner，瑞典科学家 A. Brandenburg，以色列科学家 N.Kleeorin、I. Rogachevskii，以及英国的 D. Moss 等，他们卓有成效的工作，使我们的课题研究能够取得进展和可喜的成绩。在探讨太阳磁场测量方法过程中，得到了中国科学院国家天文台同事的良好合作，特别是邓元勇、杨世模、王东光、林钢华、胡柯良、林佳本、汪国萍、李焕荣、王薏等。在这里，我再次感谢国内外同事们的良好合作关系和融洽学术氛围，使我能在太阳物理领域中做一点有益的工作。

　　另外，由于本书以系列研究结果堆积的形式演变而成，同时穿插一些使其能串起来的背景知识，难免有各种各样问题。由于水平和认知的限制，书中可能会有不当之处，欢迎读者批评指正。其背景知识多引自他人的材料或研究成果，并列出了出处。不同的材料中公式的单位制可能会有差异，谨请注意。

　　研究工作中取得的成绩也源于国家重大项目、中国科学院和国家自然科学基金等系列项目的有力支持。